净水厂排泥水处理（第二版）

何纯提　著

中国建筑工业出版社

图书在版编目(CIP)数据

净水厂排泥水处理/何纯提著．—2版．—北京：中国建筑工业出版社，2016.3

ISBN 978-7-112-19085-0

Ⅰ．①净… Ⅱ．①何… Ⅲ．①净水-水厂-泥沙-水处理 Ⅳ．①TU991.2

中国版本图书馆CIP数据核字(2016)第030164号

作者根据近10年来国内净水厂排泥水处理技术的发展进步和在实践中出现的一些问题，结合自己的实践经验，对2006年出版的《净水厂排泥水处理》一书进行了补充完善，着重介绍了干泥量的计算、净水厂的排泥水处理流程、利用净化构筑物宽容度来确定非均匀回流比、两个水厂自用水量系数、超量污泥的处理和排放等内容。

本书可供从事给水排水工程设计、净水厂运行管理以及相关专业院校师生参考。

* * *

责任编辑：于 莉 田启铭

责任校对：陈晶晶 张 颖

净水厂排泥水处理（第二版）

何纯提 著

*

中国建筑工业出版社出版、发行(北京西郊百万庄)

各地新华书店、建筑书店经销

北京红光制版公司制版

北京市安泰印刷厂印刷

*

开本：787×1092毫米 1/16 印张：21¼ 字数：499千字

2016年7月第二版 2016年7月第二次印刷

定价：**65.00**元

ISBN 978-7-112-19085-0

(28139)

第二版前言

净水厂排泥水处理在国内起步较晚，1990 年前几乎是一片空白。随着我国环保事业的不断发展，2000 年后国内净水厂排泥水处理也有了长足的进步。目前，一些新建的净水厂都规划设计了排泥水处理，而且一般都是与净水厂同步建成投产。

2006 年对《室外给水设计规范》1997 年版进行了修编，新发布的《室外给水设计规范》GB 50013—2006 增添了这方面的内容，即第 10 章“净水厂排泥水处理”。

本人在国内实践经验不多的基础上于 2006 年编写了《净水厂排泥水处理》一书，由于理论水平和实践经验有限，需要在实践中不断丰富和完善。根据近 10 年来国内净水厂排泥水处理技术的发展进步和在实践中出现的一些问题，结合自己的实践经验，主要在以下几个方面对本书进行补充完善。

1. 对于干泥量的计算，由于影响干泥量大小的因素比较复杂，国内外提出了一些不同的计算公式，虽然基本思路大致相同，但也存在一些差异。其共同点是都是根据原水浊度（SS）、所投加的药剂量及其他添加剂进行计算；不同点是国外如日本采用的公式和国内《室外给水设计规范》推荐的公式都没有考虑色度和铁、锰、其他溶解性固体所生成的泥量。本书第二版为此增写了一节“干泥量计算公式讨论”，提出了本书的看法。本书推荐采用《室外给水设计规范》推荐的公式，与日本采用的公式相同，忽略色度和铁、锰、其他溶解性固体对于干泥量产量的贡献。不考虑色度和铁、锰、其他溶解性固体所产生的干泥量，不是要否定色度和铁、锰、其他溶解性固体转化成泥量这一事实，之所以不考虑，是基于以下原因：一是《室外给水设计规范》推荐的公式所得出的干泥量是计划处理干泥量，而不是某一日所发生的干泥量，它表示一个水厂在某一全量完全处理保证率下的排泥水处理规模。同一水源，原水浊度变化过程相同，保证率不同，计划处理浊度不同，计划处理干泥量也不同，全量完全处理保证率越高，计划处理浊度越高，计划处理干泥量就越大，因此，计划处理浊度和计划处理干泥量都是与发生频率相关的随机变量。用来计算计划处理干泥量的原水浊度不是单凭实测得到的，而是根据多年的实测资料采用分析水文现象的数理统计方法获得，用多年原水浊度平均值的倍数表示。按该公式计算得出的计划处理干泥量 S_0 能覆盖某一全量完全处理保证率下该时段任何 1 日所产生的泥量，而且还具有一定的安全余度，其安全余度能包住色度和铁、锰、其他溶解性固体所生成的泥量。满足工程要求。例如，全量完全处理保证率为 95%，计划处理浊度按多年原水平均浊度的 4 倍取值，除原水浊度变化幅度特别大的河流外，一般的都小于 4 倍，特别是水库水源。再者如果某一低温低浊水源，多年平均浊度为 5NTU，按 4 倍取值得出计划处理浊度是 20NTU，干泥量按 5NTU 计算时，色度生成干泥量所占比重可能不能忽略，但是，在按 20NTU 计算时，色度生成干泥量所占比重就可能忽略不计了。二是干泥量是由原水流量和原水浊度的乘积 QC 决定的，计算计划处理干泥量时，Q 是高日用水量，1 年中达到高日用水量的日数很少，高日用水量又赶上高浊，或者是赶上对应某一保证率的浊度就更少，计算得出的干泥量偏大，有一定的安全余度。就流量Q采用高日用水量这一点，其安全余度就有可能抵消色度所产生的泥量。上述两个因素安全系数的乘积就更大了。三是浊度转化成干泥量的系数是2，而色度是0.2，两者相差约10倍，因此，《室外给水设计规范》推荐的公式计算得出的计划处理干泥量 S_0 能覆盖某一全量完全处理保证率下该时段任何1日所产生的干泥量。而且，简化了计算，因为原水浊度的系列资料都很难找齐，色度和铁、锰、其他溶解性固体的系列资料就更难了。

但是对于进行课题研究，要具体计算某一日产生的干泥量，则色度和铁、锰、其他溶解性固体所产生的泥量不可忽略，特别是低浊高色度原水，因此不推荐《室外给水设计规范》的公式去计算某一天产生的干泥量，而且原水浊度、色度必须是当天的实测数据，不能采用数理统计法推算得出，流量也不能采用高日流量，而必须实测当日的进厂流量，因为一年中高日流量与平均日、低日流量相差很大。

2. 净水厂的水处理流程以下简称水线，净水厂排泥水处理流程以下简称泥线。本书对水线与泥线之间的关系，即水线运行对泥线的影响，泥线运行对水线的影响进行更深入的论述。

某净水厂规模50万 m^3/d，分两期建成，排泥水处理系统随二期工程同步建成投产。滤池反冲洗废水和浓缩池上清液回收。设计是按1日24h均匀回流。水厂在运行管理中，为了充分利用0：00～4：00这一时段的低谷电价，沉淀池排泥和滤池反冲洗全安排在这4个小时内完成，回流也安排在这4个小时内，而且还把全部排泥水集中回流到一期。只要回流水泵运行，一期的沉淀池就出浑水，严重影响出水水质。其原因是非均匀回流引起絮凝反应、沉淀、过滤严重超负荷运行，形成冲击负荷。这是水线和泥线相互关联，相互影响的一个典型实例。

本书进一步明确了均匀回流模式的概念，提出均匀回流模式就是回流水量在时空上均匀分布。所谓时间上均匀分布就是一日24h连续不间断均匀回流，回流流量是恒定不变的；与水线采用高日平均时这种连续、均匀体系相对应。所谓空间上均匀分布就是回流水量要与全厂原水均匀混合，不能把全部回流水量集中于某一点或某一期，全部回流水量只与某一期或流经某一点的原水汇合。

3. 提出了利用净化构筑物宽容度来确定非均匀回流比 y 的方法和计算公式。

在实际中要完全实现均匀回流模式，特别是一日24h连续不间断均匀回流，有一定的难度。回流水泵的选型在流量上不可能与实际需要完全吻合，不是大了就是小了。有时还需要设计成间断回流。因此，均匀回流模式只有理论上的意义。但是采用均匀回流模式，能保证净化构筑物维持原设计负荷，采用非均匀回流模式，就会引起絮凝反应池停留时间的缩短，沉淀池液面负荷和滤池滤速的增加。因此，应尽可能向均匀回流模式靠近，使构筑物超负荷的程度尽可能减小。超负荷只要限制在一定的范围内，也是可以接受的，这个范围就是宽容度。例如，设计人认为絮凝反应池停留时间从15min缩短到14min，沉淀池液面负荷从 $6m^3/(m^2 \cdot h)$ 提高至 $6.2m^3/(m^2 \cdot h)$，滤速从8m/h提高至8.3m/h都是可以接受的。其宽容度就分别是1min、$0.2m^3/(m^2 \cdot h)$、0.3 m/h，利用设计人员认可的宽容度就可求出非均匀回流比 y。利用宽容度来控制非均匀回流比值，计算回流流量，选择回流泵的大小，避免回流流量太大，避免出现前面所提到的把回流时间从 24h 缩短到 4h，集中回流到一期这种不正常的工况。

4. 提出了两个水厂自用水量系数，一个是生产过程自用水量系数 k_0，一个是自用水量净值系数 k。当净水厂排泥水不回收利用，全部排放时，可以用一个水厂自用水量系数表示，回流比 $y=0$，$k_0=k$，两个自用水量系数相等，表示生产过程自用水量全部排放。本书阐述了设两个水厂自用水量系数的理由。

5. 对超量污泥的处理和排放进行了更深入的论述。《室外给水设计规范》第 10.1.3 条："净水厂排泥水处理系统的规模应按满足全年 75%～95%日数的全量完全处理要求确定。例如，按全年 85%日数的全量完全处理要求确定，如果机械地理解，一年中约 310 日水厂产生的排泥水要全量完全处理，保证率 85%所对应的干泥量称计划处理干泥量 S_0，一年中还有约 55 日的原水浊度高于计划处理浊度，产生的干泥量 S 大于计划处理干泥量 S_0，产生的超量污泥 $\Delta S=(S-S_0)$ 需要排放。排泥水处理系统是按计划处理干泥量 S_0 设计，一些工程只重视计划处理干泥量 S_0 的处理，而忽略了如何安排超量污泥 ΔS 的出路。为了降低排泥水处理工程的投资，保证率尽量取低值，例如取 75%，但对产生的超量污泥如何处理，没有工程措施，为了应付环保部门的检查，没有设置排放口。由于缺乏处理这部分超量污泥的工程措施，超量污泥从排泥池进入浓缩池和脱水工序，特别是最高浊度时产生的超量污泥 ΔS 是计划处理泥量的好几倍。出现调节容积不够，浓缩池严重超负荷运行，脱水机台数不够的情况。一些已建排泥水处理工程运行时出现时好时坏的现象，这是一个重要原因。

著者

2015 年 6 月

第一版前言

净水厂排泥水处理在国内起步较晚，1990 年前几乎是一片空白。净水厂沉淀池排泥水、滤池反冲洗排水直接排入江河、湖泊或附近其他水域，对环境造成一定程度的污染。随着我国环保事业的不断发展，国内在石家庄润石水厂（水厂设计规模 30 万 m^3/d），北京市第九水厂（水厂设计规模 150 万 m^3/d）；深圳市梅林水厂（设计规模 60 万 m^3/d），广州西洲水厂（水厂设计规模 50 万 m^3/d），保定市中法供水有限公司净水厂（净水厂设计规模 26 万 m^3/d）等水厂相继建成排泥水处理系统，并投入运行。由于净水厂排泥水处理在国内起步较晚，目前还缺乏这方面的专著，新修编的《室外给水设计规范》（GB 50013—2006）列入了这方面的内容，新增了第 10 章“净水厂排泥水处理”。本书是在国内实践经验不多的基础上进行编著的。由于作者理论水平、实践经验有限，今后还需在实践中不断丰富和完善。希望本书能起一个抛砖引玉的作用。

关于“净水厂排泥水处理”这一概念，曾有过三种不同的提法：

1. 净水厂污泥处理

2. 净水厂排泥水处理

3. 净水厂生产废水处理

以上三种提法均有一定道理，但从国内一些专业技术书籍、期刊上来看，还是以第 1、2 种提法较多。《室外给水设计规范》（GB 50013—2006）修编最后统一为“净水厂排泥水处理”。

本书在编写过程中，得到了潘明同志的协助，提供了一些宝贵的资料，在此，表示感谢。

著者

2006 年 6 月

目　　录

上篇　理　论　基　础

第1章　概述 …… 3

1.1　净水厂排泥水处理的必要性 …… 3

1.2　国内外净水厂排泥水处理现状及实例 …… 5

1.2.1　国外现状及实例 …… 5

1.2.2　国内现状及实例 …… 8

第2章　理论基础 …… 14

2.1　污泥的分类 …… 14

2.1.1　天然污泥 …… 14

2.1.2　地下水污泥 …… 14

2.1.3　软化水污泥 …… 14

2.1.4　絮凝污泥 …… 15

2.2　污泥的性质 …… 15

2.2.1　有机物对给水污泥性质的影响 …… 15

2.2.2　污泥的亲水性和疏水性 …… 16

2.2.3　污泥中水分的性质 …… 16

2.2.4　污泥的可压缩性 …… 17

2.2.5　其他性质 …… 17

2.2.6　表征污泥性质的指标 …… 19

2.3　净水厂排泥水量组成及计算 …… 20

2.3.1　沉淀池排泥水量 …… 20

2.3.2　气浮池浮渣排出水量 …… 28

2.3.3　滤池反冲洗排泥水量 …… 29

2.3.4　清洗池子水量及其他水量 …… 42

2.4　净水厂自用水量及自用水量系数 …… 43

2.4.1　净水厂自用水量 …… 44

2.4.2　净水厂自用水量系数 …… 45

2.5　净水厂排泥水水质特点 …… 47

2.5.1　沉淀池排泥水 …… 47

2.5.2　滤池反冲洗排水 …… 47

2.5.3　气浮池浮渣 …… 48

2.6 净水厂运行方式对排泥水处理系统的影响 …… 48
2.6.1 沉淀池排泥和滤池反冲洗时序对调节工序的影响 …… 49
2.6.2 沉淀池排泥浓度对调节工序的影响 …… 50
2.7 排泥水处理系统运行方式对净水厂的影响 …… 54
2.7.1 回流系统流量关系分析 …… 54
2.7.2 回流比与回流模式 …… 57
2.7.3 回流系统水质关系分析 …… 69
2.7.4 净水厂自用水量系数讨论 …… 75
2.8 排泥水处理工艺流程综述 …… 81
2.8.1 调节 …… 81
2.8.2 浓缩 …… 90
2.8.3 脱水 …… 104
2.8.4 处置 …… 120
2.8.5 总体工艺流程的确定 …… 122
2.9 排泥水处理规模 …… 125
2.9.1 排泥水处理模式 …… 125
2.9.2 干泥量计算 …… 127
2.9.3 影响干泥量大小的因素分析及干泥量计算公式讨论 …… 131
2.9.4 计划处理浊度 …… 133
2.9.5 排泥水处理规模的确定 …… 156
2.9.6 非完全处理模式超量污泥排出口位置选择 …… 158
2.9.7 高浊度对策 …… 162
2.10 处理程度和受体要求 …… 162
2.10.1 受体对排泥水直接排放的要求 …… 162
2.10.2 受体对泥饼的要求 …… 165

下篇 净水厂排泥水处理设计

第3章 设计基础资料收集与分析 …… 169
3.1 基础资料收集 …… 169
3.1.1 原水资料 …… 169
3.1.2 净水厂规划资料和日常运行管理资料 …… 169
3.2 资料分析及小型试验 …… 171
3.2.1 水质资料分析及试验 …… 171
3.2.2 排泥水的性状分析及试验 …… 172
第4章 调节工序及调节构筑物 …… 174
4.1 调节工序子工艺流程及分析 …… 174
4.1.1 净水厂排泥水送往厂外处理 …… 174
4.1.2 净水厂排泥水厂内处理 …… 180

4.2 分建式调节构筑物设计 …… 189
4.2.1 排泥池 …… 189
4.2.2 排水池 …… 217
4.3 合建式调节构筑物 …… 241
4.3.1 综合排泥池入流负荷时序安排 …… 241
4.3.2 综合排泥池调节容量 …… 243
4.3.3 综合排泥池Ⅰ型 …… 244
4.3.4 综合排泥池Ⅱ型 …… 246
第5章 浓缩工序及浓缩构筑物 …… 254
5.1 浓缩工序子工艺流程及其选择 …… 254
5.1.1 浓缩方式 …… 254
5.1.2 浓缩工序子工艺流程 …… 254
5.1.3 浓缩工序工艺流程选择 …… 256
5.1.4 国内净水厂排泥水处理所采用的浓缩工艺及分析 …… 257
5.2 重力浓缩设计 …… 259
5.2.1 进入浓缩池干泥量 S_2 分析 …… 259
5.2.2 前处理设计 …… 260
5.2.3 重力连续式浓缩池设计 …… 262
第6章 脱水工序及脱水机房设计 …… 271
6.1 脱水工序子工艺流程 …… 271
6.1.1 污泥干化场脱水工艺流程 …… 272
6.1.2 机械脱水子工艺流程 …… 272
6.2 自然干化场设计 …… 275
6.2.1 设计要点 …… 275
6.2.2 设计参数取值与计算 …… 277
6.2.3 构造实例 …… 279
6.3 机械脱水 …… 281
6.3.1 脱水前处理 …… 281
6.3.2 脱水机械及脱水机房设计 …… 285
第7章 厂平面及分期建设 …… 315
7.1 厂平面 …… 315
7.1.1 厂址选择 …… 315
7.1.2 厂平面构筑物布置 …… 315
7.1.3 厂平面管道 …… 315
7.2 分期建设形式 …… 316
7.3 成本计算分析 …… 317
附录 …… 319
附录1 污水综合排放标准 GB 8978—1996 …… 319
附录2 皮尔逊Ⅲ型曲线模比系数 K_p 值表 …… 322
参考文献 …… 328

上　篇

理论基础

第1章　概　　述

1.1　净水厂排泥水处理的必要性

随着城市建设和环境保护事业的不断发展，净水厂排出的生产废水对环境的污染越来越引起人们的关注，净水厂的生产废水主要指沉淀池排泥水、气浮池浮渣和滤池反冲洗废水。这些废水的组成主要是无机泥沙，但也含有部分有机物，约占干污泥重量的10%～15%。其悬浮物含量远远超过国家排放标准。根据《污水综合排放标准》GB 8978—1996，生产废水排入按《地表水环境质量标准》GB 3838—2002规定的Ⅲ类水域执行一级标准，悬浮物含量不能超过70mg/L；生产废水排入一般保护水域，即排入Ⅳ、Ⅴ类水域执行二级标准，悬浮物含量不能超过200mg/L；排入城市下水道并进入二级污水处理厂进行生物处理执行三级标准，悬浮物含量不能超过400mg/L。对于未设置二级污水处理的城市下水道，必须根据下水道出口受纳水体的功能要求，分别执行一级或二级标准。

净水厂的生产废水特别是沉淀池排泥水，悬浮物含量一般在1000mg/L以上，有时高达10000mg/L。将造成下水道、湖泊和部分河道淤积和堵塞。

国外早就有专门针对净水厂生产废水排放的立法。英国1991年规定，净水厂排泥水产生的污泥不得直接排放至附近的水体中，而必须现场或运离现场进行妥善处理和处置。日本是实施净水厂排泥水处理比例最高的国家。日本政府在1975年6月颁布的水质污染防治法把净水厂的沉淀设施和过滤设施指定为“特定设备”，设有这些设备的净水厂其排出的废水必须符合相应的排放标准。日本关于废弃物处理和清扫法律指出，由净水厂排出的沉淀池排泥水和滤池反冲洗排水，无机性污泥的收集、搬运及处置必须符合该法律相应条款所规定的准则。

此外，日本还规定了填埋处理污泥应符合自然公园法、自然环境保护法，投入海洋时应符合海洋污染防治法，向下水道排放时应符合下水道法的规定。

为达到以上相关法律规定的标准，日本、英国、法国等国家对净水厂排出的生产废水进行处理，在净水厂建设了相应的排泥水处理设施。

净水厂排泥水处理在我国起步较晚。目前，我国实施净水厂排泥水处理的还不到10%。2006年修编发布的《室外给水设计规范》GB 50013—2006增加了这方面的内容，即第10章“净水厂排泥水处理”。这是国内在起步晚、实践不多的条件下，第一次将净水厂排泥水处理写入《室外给水设计规范》。这也是我国在净水厂排泥水处理领域第一部具有法律意义的文件。

在《室外给水设计规范》GB 50013—2006修编研讨会上，与会专家对净水厂排泥水处理的必要性进行了充分的研讨。一致认为，在净水厂排泥水没有出路的情况下，修建排泥水处理设施是必要的，例如，一些水厂把排泥水排入附近的大坑，填满了，再买另一块地。还有一些水厂利用附近的天然大坑，填满后，再用人工把泥挖走，费时、费力、费钱。但是，在面临大江大河，特别是西南山区的一些河流，坡陡流速大，对在这种情况下修建排泥水处理设施的必要性，部分与会专家提出了质疑，主要有以下方面的理由：

一是净水厂排泥水的组成主要是无机泥沙，而且排泥水量与河流流量相比，所占比例很小，排入河流后，由于河水流速大，与河水迅速混合扩散，对河流不会造成点污染。二是由于一些河流坡陡流急，不可能造成河流淤积，堵塞河道。三是这些河流的浊度变化幅度很大，平时浊度可能不高，但是雨季洪水时期，原水浊度特别高，达到1000～10000NTU，原水携带的干泥量特别大，处理这么大的泥量，其排泥水处理工程投资和日常运行费用都有可能超过净水厂的承受能力。而在雨季洪水时期，河水流量大，水流急，河流的环境容量比平时大，既不会造成污染，也不可能造成河道淤积堵塞。因此，按处理雨季洪水期间的泥量来确定排泥水处理规模会造成极大的浪费，在平时和旱季，大部分设备闲置。

如果不建设排泥水处理设施，一些河流特别是一些季节性河流，在雨季洪水期间流量大、流速高，但在平时流量小、流速低、浊度低，净水厂排泥水排入其中，有可能会造成污染和淤积。因此，可以取用平时较低的原水浊度来确定净水厂排泥水处理规模，以减少排泥水处理的工程投资和日常运行费用。在雨季洪水期间，原水浊度高于计划处理浊度，排泥水处理系统照常运行，只是高于计划处理浊度的这部分泥量，排泥水处理系统处理不了，需要排入河道。排入河道的这部分泥量称超量污泥。以一年为例，原水浊度小于等于计划处理浊度的日子，排泥水都能全量完全处理，高于计划处理浊度的日子，不能全量完全处理，超量污泥要排入河道，称非全量完全处理。《室外给水设计规范》GB 50013—2006 第 10.1.3 条规定，净水厂排泥水处理系统的规模应按满足全年 75%～95%日数的全量完全处理要求确定。也就是全量完全处理的保证率是 75%～95%，还有 25%～5%的日数有超量污泥排入河道，很明显，这是非全量完全处理。

环保部门原则上要求零污泥排放，即不允许超量污泥排放，也就是说，净水厂排泥水要达到全量完全处理。完全处理保证率要达到 100%，这与《室外给水设计规范》GB 50013—2006 第 10.1.3 条相矛盾。如果按这条规范执行，则达不到零污泥排放。不过，目前国外净水厂排泥水处理较为普遍的日本，也只要求全量完全处理的日数占全年日数的 95%，即全量完全处理的保证率为 95%，还有约 5%的日数因原水浊度高有可能排放一部分，对于原水一次高浊度延续时间较短的，也有可能利用沉淀池、排泥池等构筑物的容积对超量污泥作临时存储，在原水浊度较低的日子处理，再分期分批处理也能达到完全处理的保证率 100%。但没有明文承诺完全处理的保证率达到 100%。我国规范规定：全量完全处理的日数占全年日数 95%～75%，比日本要求低一些，这也是由我国国情和自然条件决定的。

自然环境，包括水环境对污染物质具有一定的承受能力，即所谓的环境容量。水体能够在其环境容量的范围内，经过水体的物理、化学和生物作用，使排入的污染物质的浓度，随时间的推移在向下游流动的过程中自然降低。这就是水体的自净作用。如果在环境评价中根据河流的环境容量提出对净水厂排泥水排入的承受能力，则河流容纳一部分，河流环境容量承受不了的再由排泥水处理设施承担，这对减小净水厂排泥水处理规模无疑有很大的作用。特别是对一些从原水浊度变化幅度很大的山区河流取水的规模较小的净水厂，意义尤为重要。

1.2 国内外净水厂排泥水处理现状及实例

1.2.1 国外现状及实例

净水厂排泥水处理在国外起步较早，一些经济发达的国家现在已经有比较系统、成熟的排泥水处理技术和相关的法律法规，净水厂内建有排泥水处理设施的也较为普遍。

早在1937～1938年，美国芝加哥实验性自来水厂就开展了自来水厂污泥处理研究。1946年，美国给水协会（AWWA）任命了一个8人工作委员会，分别对“石灰—石灰苏打软化污泥处理”、“沸石法离子软化处理再生盐水”和“净水厂沉淀池排泥水、滤池反冲洗废水”展开了调查和研究。

20世纪五六十年代，在美国、英国、日本开始对自来水厂的废弃物进行了少量的研究。日本于1975年6月颁布了《水质污浊防止法》，规定设有沉淀池和滤池的自来水厂，其排水水质必须符合排放标准。从法律上规定了自来水厂的排泥水必须进行处理。

20世纪70年代，新型脱水机械如板框压滤机、带式压滤机、离心脱水机的出现，污泥脱水从自然干化法发展到机械脱水，自来水厂污泥处理技术发展上了一个台阶，采用机械脱水处理工艺的实例逐渐增多。1980年9月，由国家城市建设总局派出的市政管道施工技术考察团对法国的巴黎、波尔多、鲁昂、尼斯等十几个城市的市政管道、自来水厂进行了考察，其中参观了5个自来水厂，只有2个进行了排泥水处理。可见20世纪70年代，自来水厂的排泥水处理还不普遍。其中法国雷恩市水厂第四期工程进行了排泥水处理，使用了脱水机械板框压滤机。

进入20世纪八九十年代，欧洲一些国家的自来水厂污泥处理约占总量的70%，日本达到80%。

到目前为止，欧、美、日本等发达国家的水厂一般均有完备的净水厂排泥水处理设施，欧、美、日本等国家的新建水厂，尤其是大型净水厂，将净水设施与排泥水处理设施同步进行设计施工。旧水厂则根据其净水工艺流程、占地情况和相关的法律法规，因地制宜地制定出适宜的排泥水处理流程。目前各国对净水厂排泥水处理的研究也由工艺流程、设备选型及污泥调质如药剂选择等方面逐渐延伸到微观理论和脱水泥饼的处置、有效利用上来。

下面根据国外出版发行的一些期刊、杂志和赴国外实地考察整理的资料，介绍几个国外的净水厂排泥水处理实例。其中有：法国雷恩市水厂第四期工程排泥水处理；日本东京朝霞净水厂排泥水处理；日本大阪丰野净水厂排泥水处理；日本西谷净水厂排泥水处理。

1.2.1.1 法国雷恩寺水厂第四期工程排泥水处理

图1.2.1-1是法国雷恩市水厂第四期工程排泥水处理流程。从图1.2.1-1可以看出，污泥（排泥水）进入储存池，储存池就是调节池，经过均质均量调节后，被提升进入一级浓缩池，经一级浓缩池浓缩后的底流重力流入二级浓缩池，浓缩前处理投加高分子絮凝剂。浓缩池上清液排放。经过二级浓缩的污泥进入脱水机前混合池（即平衡池），板框压滤机进料泵从混合池吸泥送入板框压滤机。脱水前处理投加石灰，石灰投加在平衡池。投

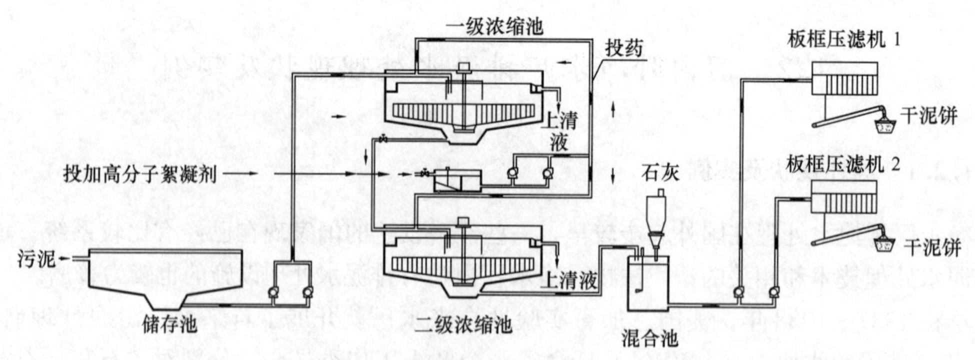

图 1.2.1-1 法国雷恩市水厂第四期工程排泥水处理流程

加石灰后脱水机脱水效果很好，含水率可降至 50%。

1.2.1.2 日本东京朝霞净水厂排泥水处理

图 1.2.1-2 是日本东京朝霞净水厂排泥水处理流程。从图 1.2.1-2 可以看出，调节池采用分建式，沉淀池排泥水流入排泥池，调节后经排泥泵提升进入一级浓缩池，经酸处理后提升进入二级浓缩池，浓缩工序前处理除进行酸处理外，在二级浓缩池还投加其他药剂。脱水机采用真空过滤脱水机，脱水前处理投加石灰。由于真空过滤脱水机能提供的过滤压力较小，对进机污泥浓度要求相对较高，因此浓缩前处理和脱水前处理都要求较高，前处理工艺复杂。

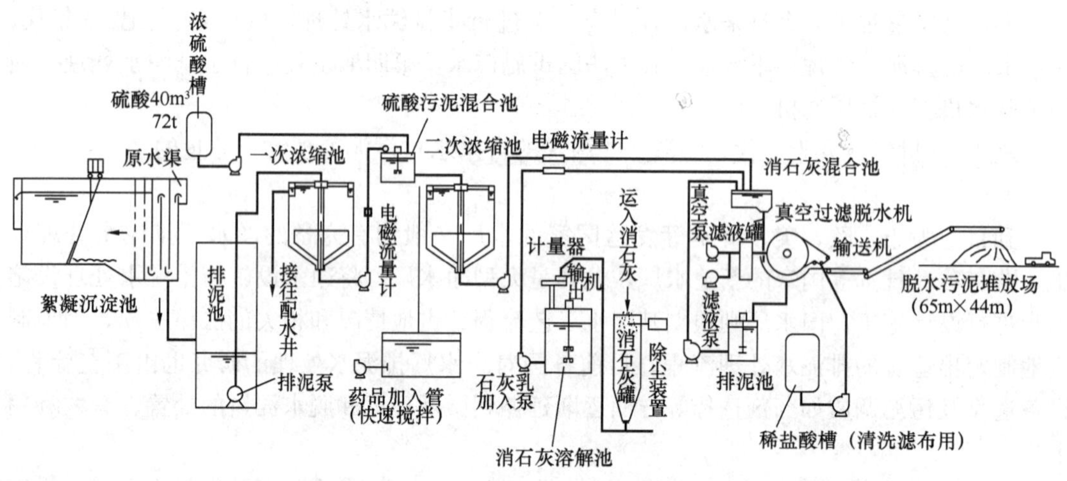

图 1.2.1-2 东京朝霞净水厂排泥水处理流程

1.2.1.3 日本大阪丰野净水厂排泥水处理

图 1.2.1-3 是日本大阪丰野净水厂排泥水处理流程。从图 1.2.1-3 可以看出，调节池采用分建式，沉淀池排泥水重力流入污泥供给池，调节后经污泥泵提升进入一级浓缩池，浓缩池上清液回流与原水混合后重复利用。浓缩过的浓缩池底流污泥进入脱水工序，脱水工序有两种脱水工艺，一是经污泥泵提升送至污泥干化场。另一种是在雨季期间，由污泥泵提升进入脱水机前混合池和污泥供给池，进料泵从污泥供给池吸泥送入带式压滤机。污泥进入脱水机前投加石灰调质，以提高进入带式压滤机的污泥浓度。

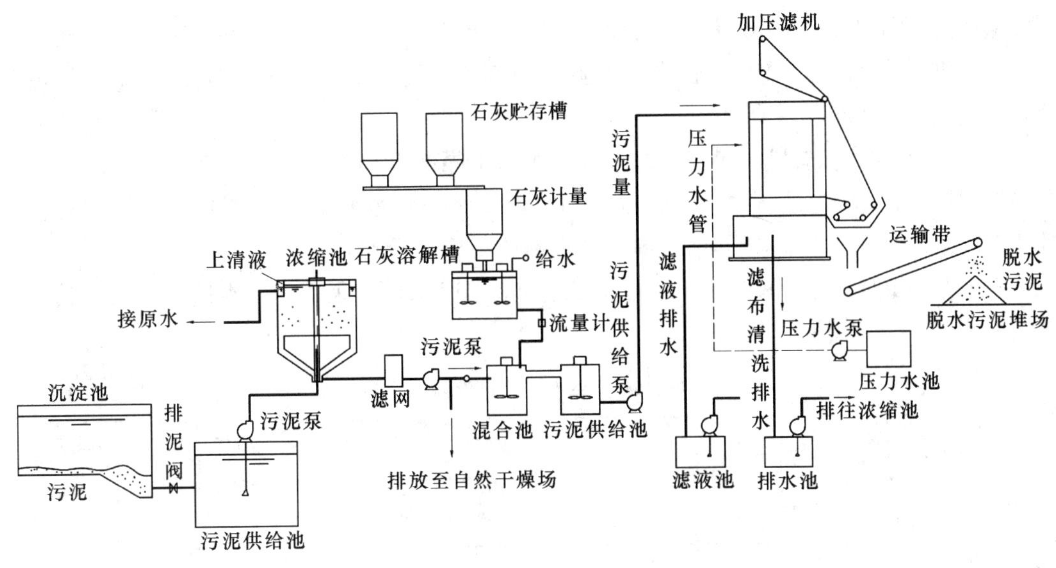

图 1.2.1-3　大阪丰野净水厂排泥水处理流程

1.2.1.4　日本西谷净水厂排泥水处理

图 1.2.1-4 是日本西谷净水厂排泥水处理流程，采用高分子絮凝剂＋造粒脱水机＋热风干燥＋燃气燃烧除臭流程。造粒脱水机简单，但泥饼含水率高，约 85％。经热风干燥后，含水率可降至 35％，为脱水污泥后续处置朝着有效利用方面创造了条件。后来，由于设备老化，在更新改造中，采用不加药处理方式，脱水设备采用长时间加压板框压滤机。

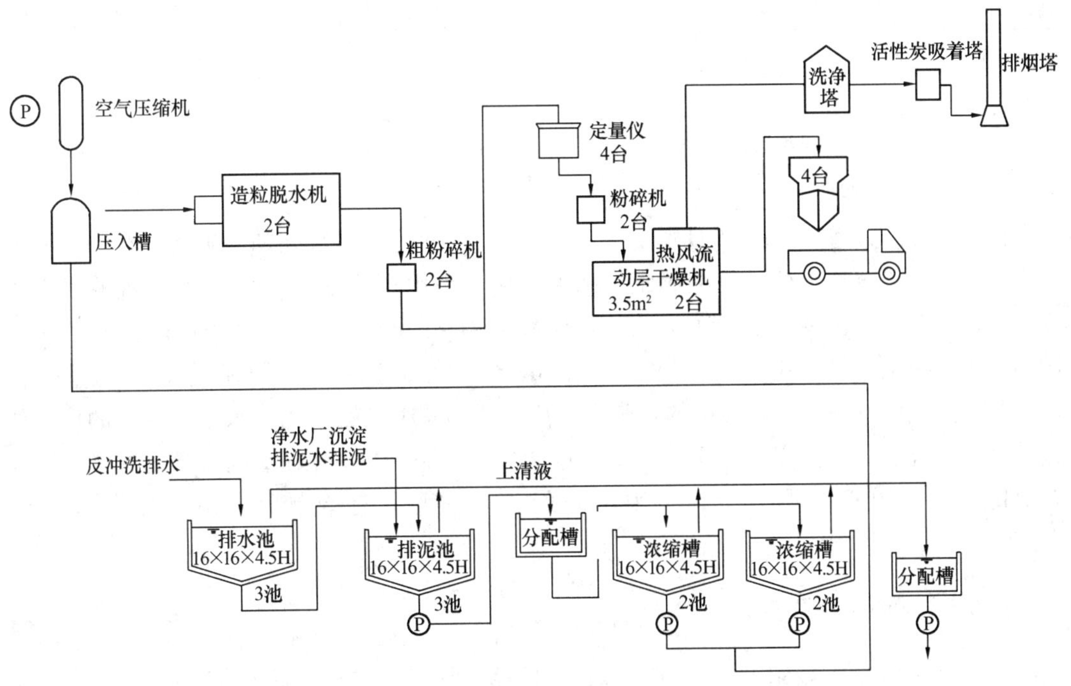

图 1.2.1-4　西谷净水厂排泥水处理设备工艺流程

从以上国外几个实例可以看出有以下几个共同点：

（1）都具有调节、浓缩、脱水、处置四道基本工序，是一个较完整的排泥水处理系统。只是其中污泥处置未予表示。

（2）都以不同方式和不同程度在浓缩和脱水工序前设有前处理。如东京朝霞净水厂排泥水处理在二次浓缩前设有酸处理，在脱水前投加石灰；法国雷恩市水厂第四期工程在一级和二级浓缩池前投加高分子絮凝剂，在板框压滤机前投加石灰。

表 1.2.1-1 是日本 1978 年统计的世界上 363 个净水厂所采用的污泥脱水方法。其中以自然干化及压力过滤脱水较为普遍。

各国 363 个净水厂的污泥脱水方法 **表 1.2.1-1**

水厂规模	$<1\times10^4m^3/d$		$<5\times10^4m^3/d$		$<10\times10^4m^3/d$		$<50\times10^4m^3/d$		$\geq50\times10^4m^3/d$		合计	总利
脱水方法	厂数（座）	利用率（%）	厂数（座）	利用率（%）	厂数（座）	利用率（%）	厂数（座）	利用率（%）	厂数（座）	利用率（%）	厂数（座）	用率（%）
天然干化	7	50	94	43	19	31	8	15	0	0	128	35
真空过滤	0	0	6	3	2	3	1	2	1	8	10	3
加压过滤	3	21	40	18	25	42	33	57	10	76	111	31
冰冻解冻	1	7	12	6	4	7	1	2	0	0	18	5
离心机脱水	1	7	15	7	3	5	2	3	0	0	21	6
造粒脱水	0	0	3	1	1	2	6	10	2	16	12	3
排入其他水厂	0	0	16	7	3	5	3	5	0	0	22	6
排入下水道	1	7	10	5	1	2	3	5	0	0	15	4
其　他	1	7	22	10	2	3	1	2	0	0	26	7
合　计	14		218		60		58		13		363	

注：1. 利用率系指采用某种脱水方法的净水厂占该规模给水厂总数的百分数；

2. 总利用率系指采用某种脱水方法的净水厂占总调查给水厂总数的百分数。

据有关资料报道，1997 年日本 1 万 m^3/d 以上水厂的排泥水处理设施共 542 个，处理方法分为 3 种：自然干化、机械脱水、两者合用。采用自然干化占 53.1%，机械脱水占 37.5%，两者合用占 9.4%。总处理干泥量总量 27.9 万 t。按干泥量统计，自然干化占 19.6%，机械脱水占 66.9%。自然干化占的个数达到 53.1%，但所处理的泥量仅占 19.6%，由此可见，水厂规模小的，脱水方法一般都采用自然干化，水厂规模大的，一般都采用机械脱水。据报道，10 万 m^3/d 以上的水厂大多采用机械脱水或者是机械脱水与自然干化合用。脱水污泥处置，采用填埋的占 54.3%，有效利用的占 33.4%，其他占 12.3%。

1.2.2 国内现状及实例

净水厂排泥水处理国内起步较晚，最早可追溯到 1985 年，北京市自来水公司在 17 万 m^3/d 的田村山水厂除建设深度处理外，还建设排泥水处理。深度处理包括臭氧活性炭，是国内第一个建设臭氧活性炭深度处理的水厂，也是第一个建设排泥水处理的净水厂。但由于脱水机选型考虑不周而失败。排泥水处理系统按调节、浓缩、脱水、处置四道基本工序设计。由于水厂用地紧张，排泥水处理系统建在厂外一个山坡上。调节构筑物排水池、排泥池建在净水厂内，反冲洗废水经排水池调节后均匀回流，重复利用；沉淀池排泥水重力流至排泥池，经调节后由排泥泵输送至厂外排泥水处理系统。当时除脱水机未到货外，其余排水池、排泥池、浓缩池，脱水机房均已建成。

脱水机选用带式压滤机，带宽 2m。确定脱水机前，用厂家提供的带宽 1m 的小型机现场取泥做试验，试验是成功了。但是，这种小型试验是把泥装在 1 个小布袋里，然后把这个装有泥的布袋放在小型机上试验，简称布袋试验，布袋能让水滤过，相当于滤布。曾有人怀疑这种布袋试验没有模拟带式压滤机的真实工况，因为带式压滤机滤带两侧是开放式的，而布袋试验的泥装在布袋里，处于封闭状态，布袋相当于板框压滤机的过滤小室，布袋试验模拟的不是带式压滤机工况，而是板框压滤机的工况。业主要求现场取泥用厂家 2m 带宽的真机作验证，由于没有布袋的约束，泥从带式压滤机滤带两侧挤出来。厂家经过 1 年左右时间更换不同的滤布和药剂组合反复进行试验，最后厂家提出除布袋试验使用的高分子絮凝剂外，还要增加无机絮凝剂石灰，才能达到要求。业主不接受这一结果，一是石灰粉尘飞扬，工人工作条件差；二是要增加 1 套投加石灰的设备；三是在小型试验时，厂家没有提出要投加石灰，如果当时提出要投加石灰，就不会选择这一机型了。业主要求厂家继续更换不同的滤布和其他药剂进行试验，直至达到要求为止。但最终没有成功，不投加石灰，泥就会从滤布两侧挤出来。后来听说业主支付了货款，厂家也发货了，业主却一直没收到脱水机，3 台脱水机去向不明，后来也就不了了之了。20 年后，田村山水厂的排泥水处理重新提上议事日程，脱水机械选用离心脱水机，现在，已经投入运行。1995 年北京市第九水厂排泥水处理脱水机械选型中，正是吸取了这一教训，没有选择带式压滤机，而是选择了板框压滤机。

净水厂排泥水处理在国内最早建成投入运行的是石家庄第八水厂(润石水厂，30 万 m^3/d)、北京市第九水厂(150 万 m^3/d)、深圳市梅林水厂(60 万 m^3/d)。在 1997 年左右投入运行，是国内净水厂排泥水处理建设的先行者。随后建成的还有广州市西洲水厂(50 万 m^3/d)、保定中法供水有限公司净水厂(26 万 m^3/d)、大连市沙河口净水厂(40 万 m^3/d)。还有其他净水厂也相继建成了排泥水处理系统，例如深圳市笔架山水厂(52 万 m^3/d)、深圳市南山水厂(60 万 m^3/d)、天津新开河水厂(100 万 m^3/d)、天津芥园水厂(50 万 m^3/d)、哈尔滨磨盘山水厂(90 万 m^3/d)等。虽然建了这么多大型的排泥水处理设施，但由于国内净水厂排泥水处理起步晚，据调查统计，至 2009 年全国建有排泥水处理的水厂不到 10%。

1.2.2.1 北京市第九水厂排泥水处理

北京市第九水厂总规模 150 万 m^3/d，分三期建设，每期规模 50 万 m^3/d。主要净化构筑物一期为机械搅拌澄清池、虹吸滤池、活性炭吸附池，活性炭吸附池采用虹吸滤池形式。二、三期采用大波形板絮凝池、大波形板侧向流斜板沉淀池、气水反冲洗均质煤滤料滤池，活性炭吸附池采用恒速恒水位滤池。

排泥水处理系统工艺流程由调节、浓缩、脱水、处置四道基本工序组成，其处理工艺流程见图 1.2.2-1。

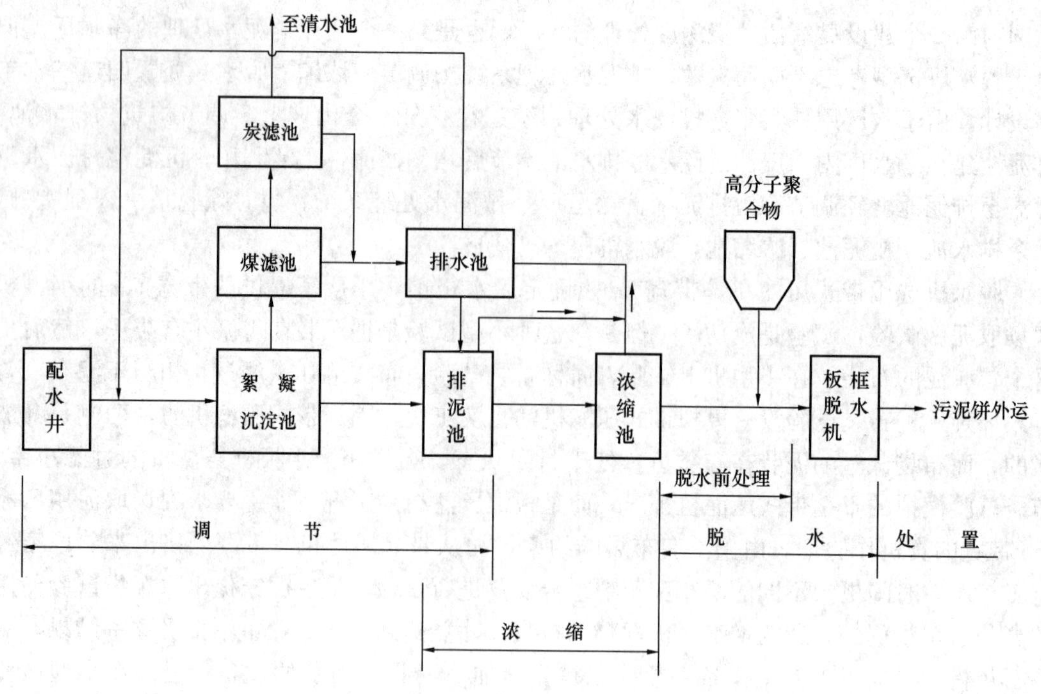

图 1.2.2-1　北京市第九水厂排泥水处理工艺流程

1. 调节

北京市第九水厂调节构筑物采用分建式，即排水池与排泥池分建。排水池（回流水池）采用分建式Ⅰ型，主要接纳和调节滤池和活性炭吸附池的反冲洗废水，经排水池调节后由排水泵回流到净水工艺与原水混合，重复利用，沉下来的泥累积到一定程度用潜污泵送往排泥池。排泥池主要接纳和调节沉淀池排泥水，排泥池采用既具有调节功能又具有一定浓缩功能的浮动槽排泥池。

浮动槽排泥池采用正方形中心进水辐流式浓缩池形式，共 3 个，每个平面尺寸为 24m×24m，为了避免池四角积泥，池下部做成圆形。设中心传动刮泥机。

2. 浓缩

由于沉淀池积泥靠重力流入排泥池，排泥池离沉淀池又有一段距离，因此，排泥池的水面高程较低。排泥池底流进入浓缩池，需用污泥泵提升。设提升泵房 1 座，排泥池底流提升和上清液提升合建在 1 座泵房里。

浓缩池 3 座，每座平面尺寸为 24m×24m，池型为中心进水辐流式浓缩池，每池设中心传动带浓缩栅条的刮泥机 1 台。浓缩池上清液重力流入排水池，与反冲洗排水混合后回流，重复利用。

3. 脱水

采用机械脱水，脱水机选型为带薄膜挤压的板框压滤机，板框压滤机选用英国的产品，脱水机附属设备及现场控制系统随主机一并提供。使用一段时间后，因为更换滤布需要远洋购买，价格较高，后来改为离心脱水机。

排泥水处理于 1995 年开始建设，1997 年投产。投产后运行正常，泥饼厚度约 30mm，含水率约60%。后来出现了一些问题，主要表现在排泥池调节容积不够，排泥池出水系统能力不足，出现浮动槽排泥池上清液溢流甚至冒顶现象。后来在浮动槽排泥池中增设潜水排水泵，虽然解决了溢流冒顶问题，但由于上清液由原来的面出流变成了点出流，破坏了浮动槽排泥池正常沉淀、浓缩过程，使上清液变浑浊，底流浓缩程度降低。其原因是：

（1）净化工艺流程改变

由于大波形板沉淀池中大波形板填料的坍塌，加上处理低温低浊水沉淀效果低下，国内有两个水厂相继将大波形板侧向流沉淀池拆掉，改为其他净化工艺。北京市第九水厂二期改为微砂循环工艺，由于这一工艺耗水量非常大，其沉淀池排泥水是原来的好几倍，这么大的排泥水量直接进入浮动槽排泥池，排泥池无法正常工作。曾经设想在沉淀池旁边新建1座沉淀池，用来沉淀微砂循环工艺产生的排泥水，将上清液回流至配水井，底流污泥送入浮动槽排泥池。这样，进入浮动槽排泥池的排泥水量就只有微砂循环工艺沉淀池排泥水量的5%左右。但由于微砂循环工艺沉淀池附近无地可占，不得已把部分微砂循环工艺排泥水送入一期机械搅拌澄清池，由于机械搅拌澄清池能消纳的排泥水量有限，微砂循环工艺沉淀池的排泥水量大部分仍进入浮动槽排泥池，排泥池仍然是超负荷工作。

（2）清洗池子的水量

一期采用机械搅拌澄清池，澄清区加向上流斜管，由于斜管积泥，平均每日清洗1个机械搅拌澄清池，1个池子约2000m^3要在2h内放空，给3个浮动槽排泥池造成冲击负荷。设计时虽然没有考虑到这一点，但由于3个浮动槽排泥池是按满足浓缩要求确定，干泥量按平均浊度的4倍计算，而实际发生的原水浊度远达不到计划处理浊度，沉淀池排泥水量没那么大，在接纳和调节原沉淀池排泥水量时，其调节容积有一定的富余，因此，在赶上同时接纳原沉淀池排泥水和洗池子负荷时没有显露出浮动槽排泥池调节容积不足。可见新工艺的排泥水量比原工艺大了很多。

1.2.2.2　广州西洲水厂排泥水处理

广州西洲水厂规模50万m^3/d，原水取自东江。主要净化构筑物采用平流式沉淀池，分4组，排泥方式采用桁架式排泥车；滤池为气水反冲洗滤池，分24组。排泥水处理系统于2001年建成，由调节、浓缩、脱水、处置四道基本工序组成，处理对象为沉淀池排泥水和滤池反冲洗废水，排泥水处理工艺流程见图1.2.2-2。

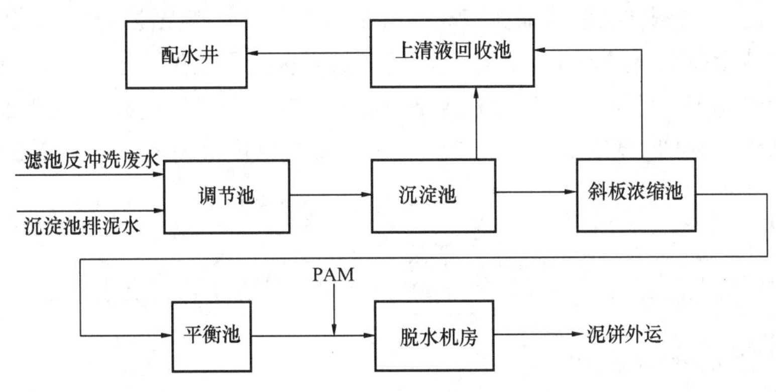

图1.2.2-2　广州西洲水厂排泥水处理工艺流程

1. 调节

采用合建式调节构筑物，也称综合排泥池。即把沉淀池排泥水和滤池反冲洗废水排入1个池子里进行调节，调节容积1800m^3。由于排泥浓度较高的沉淀池排泥水受到了浓度较低的反冲洗废水的稀释，不仅浓度大幅度降低，而且进入浓缩池的排泥水量也增加了约1倍。对浓缩很不利，因此在综合排泥池与浓缩池之间增加一级沉淀池进行泥水分离，沉淀池上清液流入回收水池，回收利用，底流进入浓缩池，以提高进入浓缩池的污泥浓度，减少进入浓缩池的水量。共设置尺寸为48.6m×10m×4m的沉淀池3座。

2. 浓缩

采用重力式斜板浓缩池，斜板浓缩池尺寸为12.4m×12.4m×6m，有效水深5.65m。斜板材质采用PVC板，板斜长1.85m，宽1m，厚4mm，倾角60°，板垂距80mm。斜板浓缩池上清液排入上清液回收池，再送入配水井与原水混合，重复利用。

3. 脱水

采用离心脱水机，选用国产LWY530×2270NA卧式螺旋沉降离心机。在脱水前投加聚丙烯酰胺阴离子型进行化学调质，投加量为2kg/tDs，滤液回流到沉淀池进水管，泥饼含固率达到了30%。

1.2.2.3 保定中法供水有限公司净水厂

保定中法供水有限公司净水厂设计规模26万m^3/d，水源为河北省西大洋水库。年平均浊度20NTU，大部分时间为低浊度（3～4NTU），净化构筑物采用折板絮凝池、平流式沉淀池、气水反冲洗V型滤池；投加药剂为碱式氯化铝。

排泥水处理系统处理沉淀池排泥水和滤池反冲洗废水。设有调节、浓缩、脱水、处置四道基本工序，调节池采用合建式综合排泥池，有效容积600m^3，池中设微孔曝气扰流，以防止池中污泥沉淀，起均质作用。

浓缩采用Densadeg高密度澄清池，池平面尺寸4.95m×6.75m，斜管部分有效面积25m^2，斜管斜长693mm，垂直高度600mm，斜管内切圆直径80mm，倾角60°，在斜管沉淀池前投加高分子絮凝剂聚丙烯酰胺，高密度澄清池中斜管沉淀池的液面负荷约15m^3/(m^2·h)。

脱水机选用离心脱水机1台，进机污泥含固率约3%（一般达不到3%），脱水后泥饼含水率为80%，在高密度澄清浓缩池与离心脱水机之间设有储泥池1座，容积300m^3。高密度澄清池底流由排泥泵送入储泥池，脱水机进料泵从储泥池吸泥送入离心脱水机。污泥脱水前进行化学调节，药剂经制备系统制成一定的浓度后，由计量泵压力投加，投加点在进料泵出水管上。处理工艺见图1.2.2-3。Densadeg高密度澄清池见图1.2.2-4。

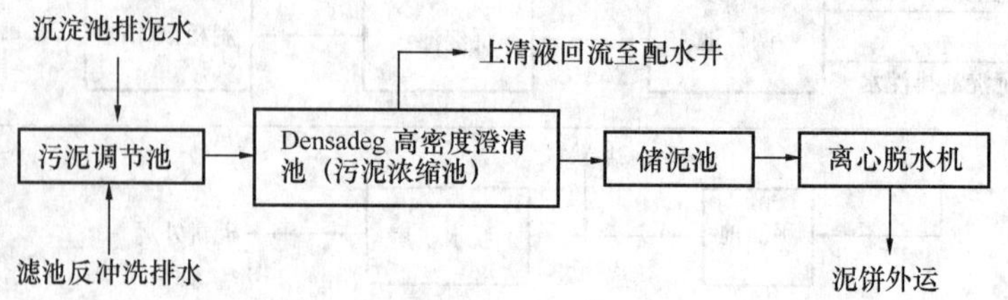

图1.2.2-3 保定中法供水有限公司净水厂排泥水处理工艺流程

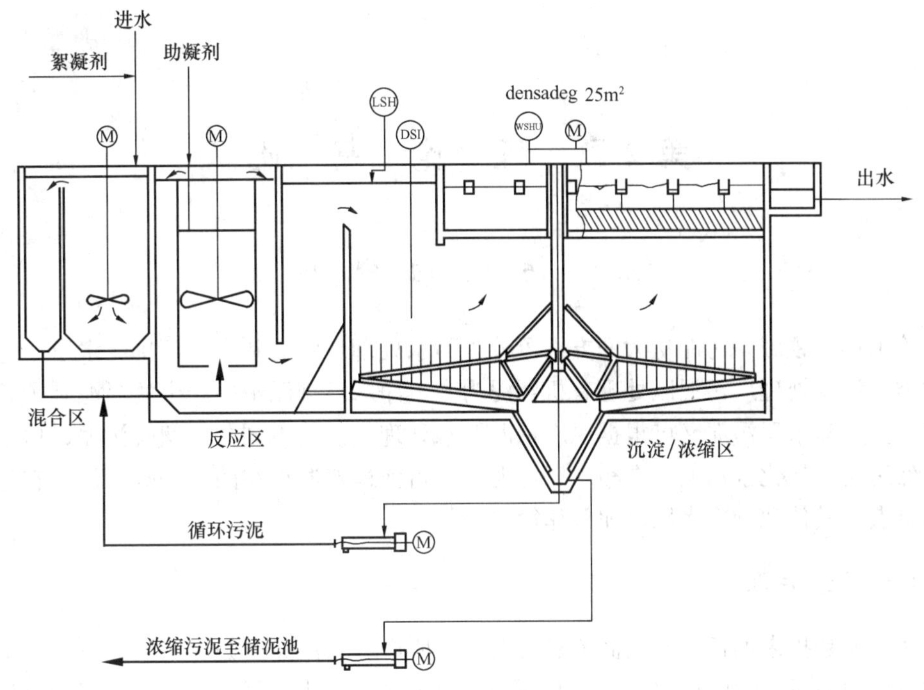

图 1.2.2-4　Densadeg 高密度澄清池示意图

通过介绍上述国内几个实例，可以看出，国内净水厂排泥水处理虽然起步较晚，但是起点较高，一般工艺处理流程都包含调节、浓缩、脱水、处置四道基本工序。国外脱水工序是从自然干化场起步，经过湿式造粒发展到机械脱水，而国内基本上没有采用过自然干化场和湿式造粒。脱水机械目前国内有板框压滤机、离心脱水机、带式压滤机 3 种形式。根据调查统计，板框压滤机约占 41.75%，离心脱水机约占 46.82%，带式压滤机约占 11.42%。

目前国内调节构筑物大部分采用合建式调节构筑物——综合排泥池，综合排泥池既接纳和调节沉淀池排泥水，又接纳和调节滤池反冲洗废水。根据调查统计，综合排泥池约占 70%，分建式调节构筑物约占 30%。合建式调节构筑物虽然简单，但一般在浓缩池前设置沉淀池，以提高进入浓缩池的污泥浓度和减少进入浓缩池的水量。因此，从发展的趋势看，分建式调节池是今后发展的方向。

目前，国内采用的浓缩方式有普通连续重力式浓缩池、斜板浓缩池、带污泥回流的高密度澄清池、离心浓缩等几种方式。普通连续重力式浓缩池使用最多，约占 60%。

污泥处置有陆地填埋和有效利用两种方式，目前国内绝大部分采用陆地填埋方式，有效利用在国内尚未见到报道。

第2章　理　论　基　础

2.1　污泥的分类

在给水排水领域，污泥从大的方面可分为污水处理厂污泥和净水厂排泥水所产生的污泥两大类。污水处理厂污泥以处理有机污泥为主，净水厂排泥水所产生的污泥则主要以无机成分为主。净水厂污泥又可根据原水性质及水处理工艺的不同分成絮凝污泥、地下水污泥、天然污泥、软化水污泥。在净水厂污泥中，目前最普遍存在的是絮凝污泥。它是本书论述的重点，其他几种净水厂污泥只作简单介绍。

2.1.1　天然污泥

天然污泥是指未加任何药剂而依靠自然沉淀所产生的污泥。如一些预沉池和很早以前使用过的慢滤池所产生的沉泥。虽然有些慢滤池也投加一些絮凝剂进行微絮凝，但絮凝是很不充分的，所产生的絮凝颗粒很小。慢滤池在滤层表面形成一种滤膜，依靠这层滤膜将原水中的污染物去除。每隔一定周期将这层滤膜及表层几厘米滤砂取出清洗，由洗砂废水产生的这种污泥只含从原水中去除的天然物质。

一些水厂在厂外利用自然地形设置预沉池，停留时间 3～7d，对于高浊度原水经预沉后，可以降低进厂的原水浊度，减轻后续处理的负担。另外，经过几日的天然曝气，有助于原水中有机物的去除和原水碱度的提高。

预沉池的沉泥经过一定时间后可用挖泥船定期清除。这种泥由于是自然沉淀产生的，因此，属于天然污泥。

2.1.2　地下水污泥

作为饮用水水源的地下水一般是低浊度和低色度的，只经过简单消毒处理就可以饮用，一般不产生污泥。但对于含高铁、高锰的地下水，要进行除铁、除锰处理。由地下水除铁、除锰所产生的污泥称地下水污泥。地下水除铁、除锰通常采用曝气、过滤，或投加适当的化学药剂用来氧化和调节 pH 值，所产生的地下水污泥其组成只含相对单纯的氢氧化物，与絮凝污泥产生的金属氢氧化物复合体相比，其性质、特点有很大的差别，其脱水和处置方法也相对简单。

2.1.3　软化水污泥

软化水污泥是指去除水中硬度所产生的污泥。主要是指用石灰和碳酸钠(Na_2CO_3)进行软化时，原水中钙和镁与石灰及碳酸钠(Na_2CO_3)形成氢氧化镁($Mg(OH)_2$)和碳酸钙($CaCO_3$)沉淀所产生的污泥。氢氧化镁($Mg(OH)_2$)的含量视原水中镁硬度含量而定，一般在1.8%～7.0%之间。而碳酸钙($CaCO_3$)的含量则在85%～95%之间。由于石灰投加量大，这种石灰—苏打软化工艺也会产生较多的污泥。与净水厂絮凝污泥相比，这种软化污泥较为稳定，纯度高，密度大。污泥脱水相对简单、容易。

我国水质标准对水的硬度要求不高，采用石灰—苏打软化工艺进行软化并不多见。但在西方国家净水厂内采用这种方法较为普遍。正是由于国内水质标准对水的硬度要求不高，国内在净水厂内进行软化处理的较少，加上采用其他方法，如离子交换法，产生的污泥量较少。因此，我国的软化水污泥处理显得并不突出。

2.1.4 絮凝污泥

目前，以地表水为水源的水处理工艺主要采用混凝、沉淀、过滤工艺，这种水处理工艺的排泥水所产生的污泥称为絮凝污泥。主要来自絮凝池、沉淀池的排泥水，以及气浮池的浮渣和滤池的反冲洗排水。当滤池排放初滤水和进行深度处理时，还包括初滤水和深度处理的反冲洗排水。这些排泥水所产生的污泥其成分由原水中的悬浮物质、部分溶解物质和药剂所形成的矾花组成。它的主要成分是无机物，但也有部分有机物，一般约占污泥质量的10%～15%。这些有机物主要来自原水中的色度、浮游生物和藻类等动植物残骸。近年来，随着江河、湖泊的污染及富营养化，有机物的比例呈上升趋势。特别是处理高藻水所产生的气浮池的藻渣，有机成分更高，一般藻渣的BOD为2500～8800mg/L，COD为9200～50900mg/L，藻渣的污染物浓度很高，根据《含藻水给水处理设计规范》第4.4.5条：气浮池藻渣必须全部收集，严禁直接排入水体，并应按照无害化的要求进行处理和处置。因此，对气浮池的藻渣，不仅不能排入水体，也不应排入城市排水管道。因为含高浓度藻渣的污泥进入污水处理构筑物，有可能破坏活性污泥法处理工艺的正常运行。

在净水厂排泥水处理中，经常碰到的是絮凝污泥。其他几种污泥一般较少见，且泥量不大，脱水也比絮凝污泥简单。因此本书净水厂排泥水处理主要讨论絮凝污泥。

2.2 污泥的性质

2.2.1 有机物对给水污泥性质的影响

给水污泥的性质与原水的组成及所投加的药剂种类有关。

水源中的有机物可分为以下两类：天然有机物（NOM）和人工合成有机物（SOC）。天然有机物是指动植物在自然循环过程中经腐烂分解所产生的物质，包括腐殖质、微生物分泌物、溶解的动物组织及动物的废弃物等，也称为耗氧有机物。人工合成有机物大多为有毒有机污染物。

在地表水体中，尤其是水库水和湖泊水中，腐殖质、富里酸是有机物的主要组成部分。腐殖质、富里酸是一类亲水的酸性的多分散物质，水的pH值偏低，且色度较高。近年来，随着一些江河、水库、湖泊的污染和富营养化，地表水水体中除天然有机物外，其他有机物及有害成分也在呈上升趋势。

当净水工艺投加铝盐混凝剂时，污泥中含有较多的氢氧化铝。地表水体含有的天然有机物由于其亲水性和酸性对这种铝盐污泥影响较大，对污泥的沉降、浓缩和脱水均造成不良影响。使矾花粒径变小，矾花的密度降低，污泥的含水率提高。污泥的浓缩速度减慢，污泥的停留时间增加，其脱水性能也随之降低。

在含有有机物的铝盐污泥中，投加高锰酸钾，可降低污泥比阻，明显提高这种含有机物铝盐污泥的脱水性能。

2.2.2 污泥的亲水性和疏水性

当污泥中含有较多的氢氧化物，特别是氢氧化铝时，由于氢氧化铝的亲水性，形成亲水性无机污泥。这种污泥含水率高，保水性好，不易成形，浓缩困难，脱水也要施加较大的能量。

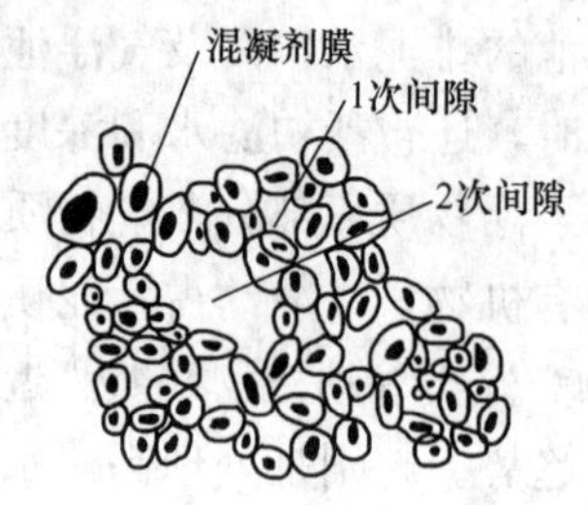

图 2.2.2-1　矾花模式图

亲水的氢氧化物，例如氢氧化铝、氢氧化铁主要来源于水处理工序中所使用的絮凝剂。如 $Al_2(SO_4)_3$。$Al_2(SO_4)_3$ 溶于水后，立即离解出 Al^{3+}，在 pH=7～8 时，Al^{3+} 水解形成较稳定的 $Al(OH)_3 \cdot 3(H_2O)$ 沉淀物，即矾花。形成污泥的氢氧化铝矾花模式如图 2.2.2-1 所示，这种矾花模式的二次间隙水难以去除，形成亲水性无机污泥。

疏水的无机污泥主要由不含结合水或结合水很少的颗粒物质组成（砂子、矿渣、结晶盐类等）。这种污泥的浓缩和脱水从理论上分析虽然比较容易，但要充分考虑投加絮凝剂形成的亲水性氢氧化铝矾花所带来的不利影响。

天然污泥也属于这种疏水性无机污泥。

2.2.3 污泥中水分的性质

污泥中所含的水分可分为游离水、结合水两大类。结合水又可分为絮体水、毛细管水及化学结合水。游离水存在于污泥絮体之间，可借助重力沉降、浓缩分离出来。絮体水也叫胶体结合水，藏于絮体内部，只有施加外力，改变絮体网状结构才能分离；毛细管水黏附于单个颗粒之间，只有施加更大的外力，使毛细孔变形才能分离；化学结合水只有改变污泥颗粒的化学结构才能将其分离。

释放结合水需要大量的能量，特别是化学结合水。因此，污泥中游离水和结合水的比例决定污泥的脱水方法。用热质量分析法可以获得近似值。即画出浓缩污泥试样在规定的操作条件下，在恒温时水的质量损失曲线，即热解曲线，如图 2.2.3-1 所示。热解曲线的弯曲点可以通过画出蒸发速率曲线 $V=f(S)$ 确定。V 为蒸发速率，S 为试样的干燥度，如图 2.2.3-2 所示。读出污泥试样相应于第一临界点的干燥度 S_L，S_L 被认为是污泥失去游离水的干燥度。在热质量分析法中，游离水被定义为在干燥速率不变的情况下所能去除的水量。

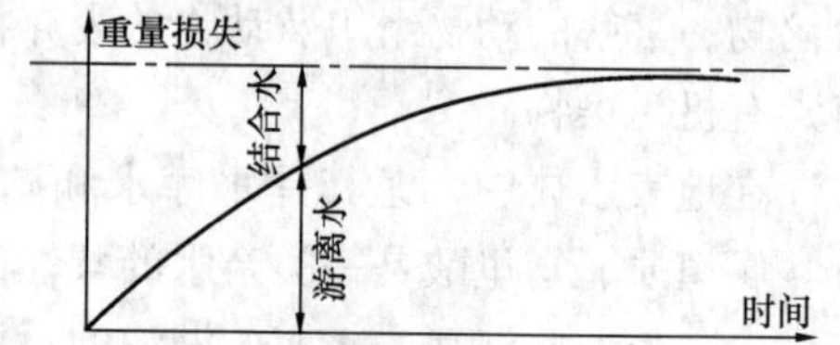

图 2.2.3-1　污泥在恒温下蒸发的脱水曲线

用热质量分析法还可以：

(1) 估计污泥的亲水倾向。

(2) 观察到结合水的放出随各种调质方法而变。

(3) 在实验室中能相当精确地估计脱水装置的性能。

(4) 确定每种处理方法的最大干燥度。

含氢氧化物特别是含氢氧化铝的污泥，由于污泥中的水分所含结合水的比例较大，因此形成难以浓缩和脱水的亲水性无机污泥。

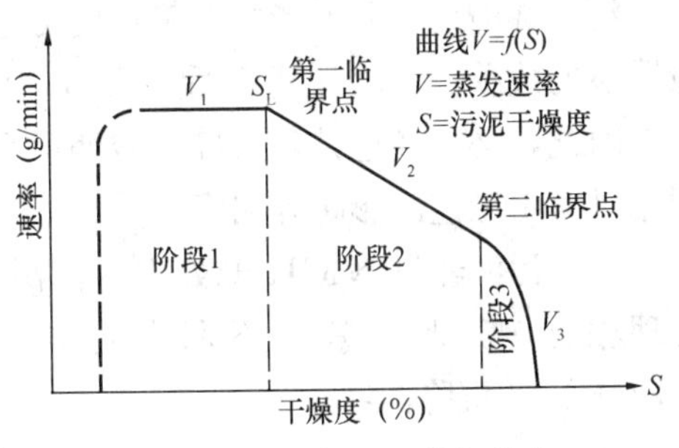

图 2.2.3-2 污泥的热解蒸发速率-干燥度曲线

2.2.4 污泥的可压缩性

污泥具有一定的可压缩性，在实际中用压缩系数 α 来衡量。压缩系数 α 表示在单位压力增量作用下，污泥孔隙比的减小。例如，在压滤脱水机中，对浓缩后的污泥施加不同的压力，污泥受到不同程度地压缩，其滤饼的孔隙率将不同程度地减小，因此，压缩系数 α 越大，表示污泥的压缩性越大。经浓缩后的污泥的压缩系数 α 一般在 0.6～0.9 之间。

污泥的比阻值 γ 随污泥压缩程度的变化而变化，污泥的压缩程度增大，污泥的孔隙率减小，过滤阻力增大，即污泥的比阻增大。以压力为横坐标，污泥比阻为纵坐标，将比阻随压力大小变化的试验值绘制在双对数坐标上，可得出一条直线，该直线的斜率即为污泥的压缩系数。如图 2.2.4-1 所示。

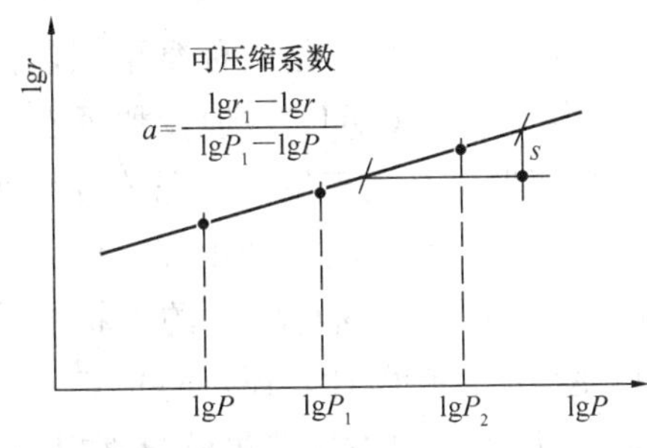

图 2.2.4-1 可压缩系数的测定

污泥的压缩系数 α 可用来评价污泥压滤脱水的性能。压缩系数大的污泥，当压力增加时，污泥比阻会迅速增加，这种污泥不宜采用压滤，而宜采用真空过滤或离心脱水。相反，压缩系数小的污泥应采用板框压滤机。

不溶解的结晶体和形态相近的物质，例如由疏水性颗粒物质组成的污泥，如无机泥沙通常不容易压缩，其压缩系数 α 接近于零，或小于 0.3。由亲水性颗粒如氢氧化铝组成的悬浮体可压缩系数较大，一般超过 0.5，接近 1。

在浓缩后的污泥中，投加惰性干物质如粉煤灰或其他窑灰等进行调理，可显著降低污泥的可压缩系数，使泥饼的孔隙率增加，因而可降低污泥的比阻抗系数，改善污泥的过滤性能。

2.2.5 其他性质

(1) 对于含氢氧化铝的亲水性无机污泥若进行酸处理，上述保水结构将遭到破坏。因为铝是一种两性电解质，pH 值<4，则变成铝离子并呈溶解状态存在。如果用硫酸等强酸把氢氧化铝污泥的 pH 值调到 2～3 时，构成矾花的氢氧化铝便溶解，分离出黏土粒子，氢氧化铝污泥的亲水性遭到破坏，提高了这种污泥的浓缩性和脱水性。一些试验资料提

出，污泥加酸后沉降性能的改善程度可达47%。当污泥pH值降到3以下时，浓缩性能有较明显的改善。但酸处理不适于含有浮游生物等沉降、浓缩性能较差的有机性微粒的污泥。因此，必须通过试验来确定酸处理后能否提高污泥的浓缩性和脱水性。并考虑上清液回用对净水工艺的影响等因素。

（2）污泥经过NaOH碱处理后，污泥的浓缩性能也得到了一定程度的改善。但与酸处理相比，其改善效果不那么明显。图2.2.5-1、图2.2.5-2分别表示加酸与加碱（NaOH）的沉降曲线。

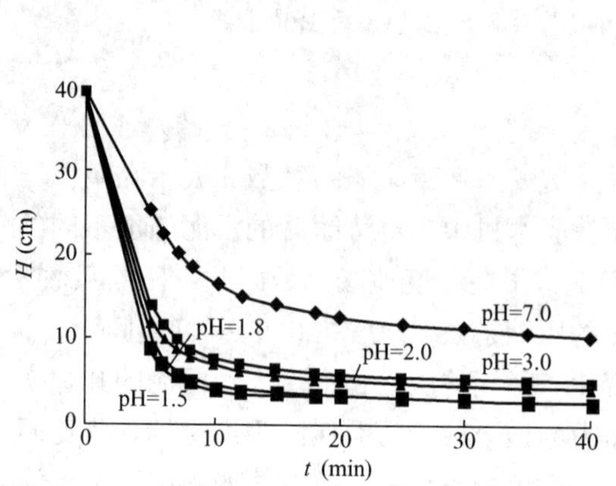

图2.2.5-1　污泥在酸性条件下的沉降曲线

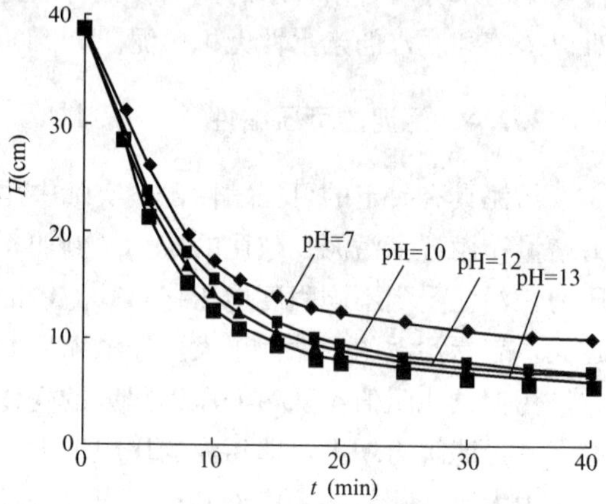

图2.2.5-2　污泥在碱性条件下的沉降曲线

（3）投加石灰对污泥的性能也产生较大的影响。$Ca(OH)_2$本身就是一种凝聚剂，投加石灰后，黏土粒子就与石灰浆进行凝聚。虽然凝聚能力不如$Al(OH)_3$，但投加了石灰的污泥，水分减少，含固率高，污泥易成形，即加压不易变形，有利于提高污泥的过滤性能。另外，还能有效提升脱水泥饼的力学性能，有利于泥饼的后续处置，如填埋。投加石灰后，产生多重铝矾土石灰盐（$3CaO \cdot Al_2O_3 \cdot 3CaSO_4 \cdot 32H_2O$）。这种坚固的针状结晶使黏土粒子分散凝聚，也使其过滤性能提高。投加石灰使污泥保持碱性，还可防止有机污泥发酵产生气体而妨碍污泥压实。如果把pH值提高到12以上，过滤性能虽然显著提高，但石灰投加量很大，使污泥量大幅度增加。因此，石灰的投加率必须根据脱水试验并考虑经济性和处置条件来决定。

（4）对污泥进行慢速搅拌，可使污泥的沉降浓缩性能得到改善。污泥呈絮体网状结构。在污泥沉降浓缩过程中对污泥进行慢速搅拌，可部分破坏这种污泥的絮体网状结构。在低速旋转过程中，部分彼此以网状结构连接在一起的污泥粒子分开，促使污泥内部的絮体水和毛细水析出。在污泥搅拌过程中，由于污泥颗粒的相互碰撞而发生凝聚，分开的污泥粒子又重新聚合成大的颗粒，使污泥得到更大程度的浓缩。

慢速搅拌对污泥浓缩的促进作用与哪些因素有关，目前还缺乏这方面的试验研究。但一般认为与污泥的性质及搅拌速度有关。不同性质的污泥应充分考虑它的特性，采取适当的搅拌速率。所采用的外缘线速度宜在0.6～2m/min之间。因此，应根据不同性质的污泥通过小型试验或在实际运行中探索出搅拌机适宜的外缘线速度。这就从构造上要求浓缩池刮泥机的刮板外缘线速度可调。刮泥机的线速度应设置2～3挡可调。

2.2.6 表征污泥性质的指标

2.2.6.1 表征污泥物理化学特性的指标

表征污泥物理化学特性的指标主要有以下几个：

1. 干固体含量（D_S）

也叫污泥浓度。一般以g/L表示，或以质量百分数表示。干固体含量是将污泥在105℃的温度下干化至恒重来测定的。就液体污泥而论，干固体含量一般接近于用过滤法或离心分离法测定的悬浮固体含量。

2. 挥发性固体含量（V_S）

也称灼烧减重。挥发性固体含量用干固体含量的质量百分数表示。测定的方法是将干固体置于550～600℃的烘箱内进行气化。对于亲水性有机污泥而言，挥发性固体含量接近于有机物含量，可以作为有机物含量的一种指标。

3. 湿污泥相对密度（ρ）

湿污泥质量等于污泥所含水分质量与干固体质量之和。湿污泥相对密度等于湿污泥质量与同体积的水的质量之比值。水的密度为1t/m³，湿污泥相对密度可用以下公式计算。

$$\rho=\frac{100\rho_s}{P\rho_s+(100-P)} \tag{2.2.6-1}$$

式中 ρ——湿污泥相对密度；

P——湿污泥含水率，%；

ρ_s——污泥中干固体平均相对密度。

4. 干污泥平均相对密度（ρ_s）

干固体中有机物（即挥发性固体）所占百分比及其相对密度用p_v、ρ_v表示，无机物（灰分）的相对密度用ρ_a表示，则干污泥平均相对密度ρ_v可用下式表示：

$$\frac{100}{\rho_s}=\frac{p_v}{\rho_v}+\frac{100-\rho_v}{\rho_a}$$

$$\rho_s=\frac{100\rho_a\rho_v}{100\rho_v+p_v(\rho_a-p_v)} \tag{2.2.6-2}$$

有机物相对密度一般等于1，无机物相对密度约为2.5～2.65，若以2.5计，则式（2.2.6-2）可简化为：

$$\rho_s=\frac{250}{100+1.5p_v} \tag{2.2.6-3}$$

由于给水污泥成分以无机物灰分为主，有机物只占10%～20%，将p_v=10～20代入式（2.2.6-3），得出干污泥平均相对密度ρ_s在1.92～2.17之间。

【例】已知浓缩池污泥含水率为97%，有机物含量为20%，求干污泥相对密度ρ_s和湿污泥相对密度ρ。

【解】

$$\rho_s=\frac{250}{100+1.5p_v}=\frac{250}{100+1.5\times20}=1.92$$

$$\rho=\frac{100\rho_s}{P\rho_s+(100-P)}=\frac{100\times1.92}{97\times1.92+(100-97)}=1.015$$

答：干污泥相对密度为1.92，湿污泥相对密度为1.015。

2.2.6.2　表征污泥结构特性的指标

1. 表观黏度

表观黏度可以认为是粒子间力的强度的一种量度，可以用黏度来估计污泥的触变特性。这种特性对评价污泥的收集、运输和抽送的可能性十分有用。

污泥的黏度越大，过滤比阻值γ越大，过滤性能越差，污泥脱水越困难。随着温度的下降，污泥的表观黏度增加，过滤比阻值γ增大。因此，在温度较低的冬天，污泥的过滤性能差，压滤机产率低。国外一些净水厂排泥水处理系统利用发电厂排出的废热加热污泥，又用滤液的余热去加温滤布反冲洗水，这样不仅提高了过滤效果，而且还改善了滤布上泥饼的剥离性能，提高了滤布的洗净效果。

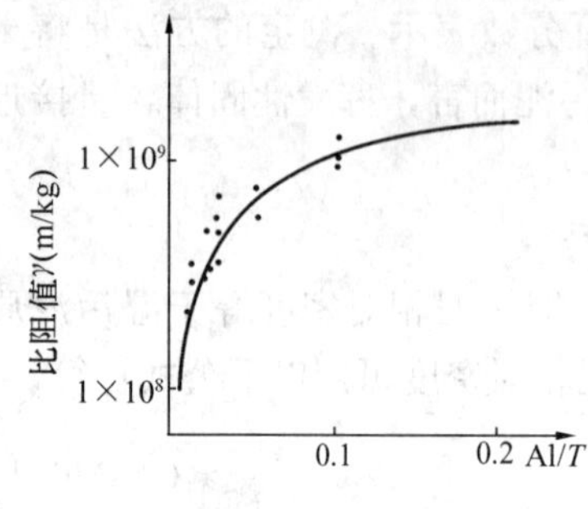

图2.2.6-1　浊度中所含铝盐与比阻值r的关系图

2. 污泥的比阻值γ

污泥的比阻值γ是评价污泥过滤性能的重要指标。比阻值γ越大，污泥的浓缩和脱水性能就越差。净水工艺中投加的絮凝剂铝盐越多，污泥的比阻值γ就越大。图2.2.6-1是浊度中所含铝盐与比阻值γ的关系图，图中T代表浊度值，Al/T为污泥中铝盐与浊质的比值。另外，原水中有机物含量高，水体富营养化也使污泥的比阻值γ增加。

3. 污泥颗粒的大小

污泥颗粒的大小影响污泥的结构性能。污泥颗粒越大，其压缩性越小，有利于污泥的浓缩和脱水。当污泥中细颗粒的成分较高时，浓缩和脱水都比较困难。特别是对离心脱水不利，细颗粒由于难以分离而进入离心机出水中，使脱水效果不佳。而且细颗粒成分所占比重越大，污泥脱水前处理所消耗的药剂也越多。

2.3　净水厂排泥水量组成及计算

2.3.1　沉淀池排泥水量

2.3.1.1　描述沉淀池排泥的相关参数

描述沉淀池排泥的相关参数有排泥周期r，排泥历时t_1，在排泥历时t_1时段内的平均排泥流量Q_1，平均排泥浓度C_1。这4个参数中，排泥周期r变化，会引起其他3个参数变化，例如排泥周期r延长，若排泥历时t_1不变，则平均排泥浓度C_1提高。这4个参数，任意知道3个，可利用它们之间的平衡关系求出另外1个。如果通过实测取得了这4个参数，则可通过计算校对实测数据的正确性，这样就可以发现在实测过程中因操作不当而引起的错误。

1. 平均排泥流量Q_1

沉淀池在t_1时段平均排泥流量Q_1可按以下方法确定：

（1）按排泥设备所提供的参数确定

一些排泥设备提供了排泥流量这一参数，例如，平流式沉淀池桁架式吸泥机有虹吸式和泵吸式，铭牌数据上都提供了排泥流量这一数据。这一数据的大小不会因为其他几个排泥参数的改变而自动改变。

（2）根据相关水力公式计算

一些沉淀池排泥不是采用成套设备，例如穿孔排泥管排泥、斗式排泥等，这种排泥方式的排泥流量与排泥水头的高低有关，可根据设计的排泥水头与排泥管路的水头损失按下列公式进行计算：

$$Q_1 = \mu A\sqrt{2gH} \tag{2.3.1-1}$$

式中 μ——流量系数；

A——过水断面，m^2；

H——排泥水头，m；

Q_1——排泥流量，m^3/s。

流量系数 μ 可根据管径、管道长度和局部阻力系数计算求出。穿孔排泥管根据上述公式已推导出专门的更详细的计算公式，在设计手册上可查到。水力排泥提倡快速排泥，流量大，以利于沉泥的启动。因此，水力排泥的平均流量 Q_1 这一数据的大小也不会因为其他几个排泥参数的改变而自动改变。

（3）根据4个排泥参数之间的关系计算

4个排泥参数中，已经知道 C_1、t_1、r 三个，可利用它们之间的平衡关系，利用式（2.3.1-2）～式（2.3.1-5）求出另一个参数 Q_1。

$$Q_1 = \frac{(1+k_0)Qr(C'-C'_1)}{nC_1t_1} \tag{2.3.1-2}$$

$$r = \frac{1}{n'} \tag{2.3.1-3}$$

$$Q_1 = \frac{W_{1r}}{mn't_1} = \frac{S_1}{mn't_1(1-p_1)} \tag{2.3.1-4}$$

当排泥浓度 C_1 用 mg/L 表示时

$$Q_1 = \frac{S_1}{mn't_1C_1} \times 10^6 \tag{2.3.1-5}$$

式中 Q_1——t_1 时段内每池平均排泥流量，m^3/h；

C_1——t_1 时段内平均排泥浓度，mg/L；

C'——加药经混合絮凝后的原水浊度，mg/L；

C'_1——沉淀池上清液出水浊度，mg/L；

Q——水厂生产规模，m^3/d；

k_0——生产过程自用水量系数；

r——沉淀池排泥周期，d；

S_1——沉淀池底部1日排出的干泥量，t/d；

p_1——沉淀池排泥水的含水率，用百分比表示；

n——池数；

n'——每池每日排泥次数；

t_1——每次排泥历时，h。

式中 S_1 是从沉淀池底部排出的干泥量，干泥量 S_1 与生产废水是否回收利用有关，当生产废水全部回收利用，或只回收滤池反冲洗废水时，则由原水浊度携带的干泥量全部由沉淀池底部排出，$S_1=S$。若滤池反冲洗废水不回收利用，则应减去沉淀池出水浊度 C'_1 所带走的泥量 S'_1。S'_1 按下式计算。

$$S'_1=(1+k_0-k_{01})QC'_1\times10^6 \tag{2.3.1-6}$$

$$S_1=S-S'_1 \tag{2.3.1-7}$$

在沉淀池出水浊度较低，原水浊度又较高时，沉淀池出水浊度所带走的干泥量也可忽略不计，直接用 S 代替 S_1。

根据式（2.3.1-2）计算得出的每个沉淀池排泥流量 Q_1 应该与式（2.3.1-4）、式（2.3.1-5）计算结果相同。

如果沉淀池出水浊度单位用“NTU”表示，则应实测转换系数，转换成“mg/L”。

若一个水厂有两种或两种以上的池型，其排泥周期 r、排泥历时 t_1 均不相同，则每种沉淀池的排泥流量 Q_1 应按所处理的流量 Q 分别计算，池数 n 对应每种类型沉淀池的池数，而不是水厂全部沉淀池的池数；每日排泥次数 n' 对应该种池型的每日排泥次数。

（4）实测法

可通过实测法确定，在测定排泥浓度历时曲线 $C_1—t$ 时，同时测定平均排泥流量 Q_1。如果排泥流量在排泥过程中随水位而变化，则应取其平均值。

沉淀池排泥流量 Q_1 还可以根据经过加药混合后的原水中、沉淀池排泥水中、沉淀池出水中所含混凝剂的有效成分按物料平衡法求出。假设所加混凝剂与原水完全混合均匀，测定与药剂混合后原水中的 Al^{3+} 浓度为[Al]，沉淀池排泥水中 Al^{3+} 含量为$[Al]_1$，沉淀池出水 Al^{3+} 含量为$[Al]'_1$，则有：

$$[Al]Q=[Al]_1Q_1+[Al]'_1Q'_1$$

铝$^{3+}$与水中的 OH^- 形成 $Al(OH)_3$ 沉淀，即 $Al(OH)_3$ 污泥，假设沉淀池出水中 Al^{3+} 浓度忽略不计，则上式可写成：

$$[Al]Q=[Al]_1Q_1$$

$$Q_1=\frac{[Al]}{[Al]_1}Q \tag{2.3.1-8}$$

这种方法会有一定的误差，当原水浊度较低时，沉淀池出水所携带的 Al^{3+} 不可忽略不计。例如原水浊度 2～3NTU，出水 1NTU，则出水浊度所携带的 Al^{3+} 所占比重不能忽略不计。

2. 排泥历时 t_1

可通过实测法确定，做出沉淀池排泥浓度历时曲线 $C_1—t$，根据曲线 $C_1—t$ 选取最佳排泥历时 t_1，同时可测定 t_1 时段内平均排泥浓度 C_1。排泥历时 t_1 也可参考类似水厂的运行参数确定。

如果知道了其他 3 个排泥参数，也可利用平衡关系求出排泥历时 t_1。

3. 平均排泥浓度 C_1

平均排泥浓度 C_1 除通过实测法得到外，还可以根据 4 个参数之间的平衡关系按以下公式计算：

$$C_1 = \frac{(1+k_0)Qr(C'-C'_1)}{nQ_1t_1} \tag{2.3.1-9}$$

$$C_1 = \frac{S_1}{mn'Q_1t_1} \times 10^6 \tag{2.3.1-10}$$

式（2.3.1-9）、式（2.3.1-10）中加药后的原水浊度 C'、沉淀池出水浊度 C'_1 为水厂日常检测项目，r、t_1、Q_1、C_1 这 4 个参数，只要知道前面 3 个，就可根据式（2.3.1-9）求出 C_1。平均排泥浓度 C_1 随着其他 3 个参数的变化而自动产生适应性变化。

4. 排泥周期 r

排泥周期 r 的确定有以下几种方法：

（1）根据实验确定

排泥周期的确定可现场从絮凝池出口、沉淀池进口取样做沉降浓缩试验，确定达到沉淀池排泥浓度目标值（例如 99.7%含水率）所需的时间作为排泥周期。由于静沉试验与实际沉淀池中动态沉淀有一定的差别，应考虑一定的安全系数。

（2）在水厂管理运行中，不断积累经验，通过一段时间摸索，总结出一整套适合该沉淀构筑物在该水源不同时段、不同浊度下的排泥周期。

在不影响沉淀池出水浊度的条件下，尽可能延长排泥周期，以提高排泥浓度，减少排泥水量。例如 1 年中确定 2～3 个不同时段的排泥周期。雨季原水浊度高，确定一个周期，平时一般浊度确定一个，冬季低浊度时确定一个。

（3）理论计算

1）根据沉淀池泥区容积和污泥的容积指数 SVI 计算

$$r = \frac{W}{S \times SVI} \tag{2.3.1-11}$$

式中 W——沉淀池泥区容积，m^3；

S——在排泥周期内进入沉淀池的干泥量，t/d；

SVI——容积指数，mL/g；

r——排泥周期，d。

污泥容积指数 SVI 可参考类似水厂的运行参数确定，也可现场测定。在原水经加药、混合、絮凝后，在絮凝反应池出口，沉淀池进口前取样，样本在量筒内沉降 30min 后，测定每克干泥量所形成的沉淀污泥所占的容积，以 mL 计，称容积指数 SVI（也称污泥指数）。

$$SVI = \frac{\text{混合液 30min 静沉后泥水容积(mL/L)}}{\text{干泥重(g/L)}} \tag{2.3.1-12}$$

污泥沉降比 $SV\%$是指泥水混合液在 100mL 量筒中，静沉 30min，沉淀污泥与混合液体积之比，容积指数 SVI 可根据污泥沉降比 $SV\%$求出：

$$SVI = \frac{SV\% \times 10}{\text{干泥重(g/L)}} \tag{2.3.1-13}$$

根据所测定的容积指数 SVI，求出所对应的污泥浓度 C 为：

$$C = \frac{10^6}{SVI}$$

式中　C——污泥浓度，mg/L。

根据所测得的容积指数 SVI 和某一时段 t 进入沉淀池的干泥量 S，可求出该时段内该容积指数下的湿污泥容积 W。

$$W = S \times SVI \times t \tag{2.3.1-14}$$

式中　W——湿污泥容积，m^3；

S——干泥量，t/d；

SVI——容积指数；

t——停留时间，d。

根据式（2.3.1-14），用排泥周期 r 代替 t，求出排泥周期计算公式（2.3.1-11）。

目前在水厂实际运行中，也有采用快速测定污泥沉降比直接确定排泥周期。例如机械搅拌澄清池，从二反应室取样测定 5min 沉降比，即将二反应室泥水倒入 100mL 量筒内，静沉 5min，泥渣体积所占百分比。最佳沉降比与水质有关，一般在 5%～20% 范围内。5min 沉降比与 30min 沉降比相比，两者都能反映污泥浓度和污泥界面高度的变化，5min 沉降比更快速，操作更方便，但 30min 沉降比准确度更高。

2）根据沉淀池的进、出水浊度和相关排泥参数之间的平衡关系计算

$$r = \frac{nQ_1C_1t_1}{(1+k_0)Q(C'-C'_1)} \tag{2.3.1-15}$$

式中　C_1——沉淀池平均排泥浓度，mg/L；

Q_1——沉淀池排泥水平均流量，m^3/h；

Q——水厂生产规模，m^3/d；

t_1——沉淀池 1 次排泥的历时，h；

r——沉淀池排泥周期，d；

n——沉淀池个数。

【例】 一水厂设计规模 20 万 m^3/d，进厂浊度计实测原水浊度为 30NTU，转换系数 $k_1=1.2$，投加精制硫酸铝 10mg/L，在絮凝反应池出口取样测定容积指数 SVI，1000mL 量筒内样本经 30min 静沉后，得出污泥容积 10mL，沉淀池采用斜管沉淀池，沉淀池泥区容积为 $700m^3$，求沉淀池排泥周期。

【解】 每日干泥量为

$$S = (k_1C_0 + k_2D) \times Q \times 10^6$$
$$= (1.2 \times 30 + 0.234 \times 10) \times 200000 \times 10^6 = 8.13t/d$$

求容积指数 SVI，投加药剂后的原水浊度为：

$$C' = (k_1C_0 + k_2D) = (1.2 \times 30 + 0.234 \times 10) = 38.34mg/L$$

1000mL 量筒中干泥量为：

$$38.34mg/L \times 1000\ mL = 38.34\ mg/L \times 1L = 38.34mg = 0.038g$$

$$SVI = \frac{10mL}{0.038g} = 263$$

根据式（2.3.1-11），取排泥时段 $t=r$，得出：

$$r=\frac{W}{S\times SVI}=\frac{700}{8.13\times 263}=0.327\text{d}=7.86\text{h}$$

答：沉淀池排泥周期 7.86h，取 8h 排泥一次。

【例】一水厂设计规模 20 万 m^3/d，进厂浊度计实测原水浊度为 30NTU，转换系数 $k_1=1.2$，投加精制硫酸铝 10mg/L，在絮凝反应池出口取样测定容积指数 SVI，1000mL 量筒内样本经 30min 静沉后，得出污泥容积 10mL，沉淀池采用斜管沉淀池，沉淀池每 12h 排泥一次，求沉淀池泥区容积。

【解】每日干泥量为

$$S=(k_1C_0+k_2D)\times Q\times 10^6=(1.2\times 30+0.234\times 10)\times 200000\times 10^6=8.13\text{t/d}$$

求容积指数 SVI，投加药剂后的原水浊度为：

$$C'=(k_1C_0+k_2D)=(1.2\times 30+0.234\times 10)=38.34\text{mg/L}$$

1000mL 量筒中干泥量为：

$$38.34\text{ mg/L}\times 1000\text{ mL}=38.34\text{ mg/L}\times 1\text{L}=38.34\text{mg}=0.038\text{g}$$

$$SVI=\frac{10\text{mL}}{0.038\text{g}}=263$$

根据式（2.3.1-13），有：

$$W=S\times SVI\times t=8.13\times 263\times\frac{12}{24}=1069\text{m}^3$$

在该排泥周期下的污泥平均浓度为：

$$C=\frac{10^6}{SVI}=\frac{10^6}{263}=3802\text{mg/L}$$

答：沉淀池的泥区容积为 $1069m^3$。

【例】某水厂设计规模 30 万 m^3/d，水厂生产过程自用水量系数 $k_0=5\%$，原水浊度 $C=25$NTU，沉淀池出水浊度 $C'_1=2$NTU，浊度 NTU 与 mg/L 单位转换系数 $k_2=1.2$，加药量为纯品 $Al_2(SO_4)_3\cdot 18H_2O$ 6mg/L，沉淀池池数 $n=2$，经实测和参照相似工程运行经验，确定排泥历时 $t_1=3$h，在 t_1 时段内，沉淀池平均排泥浓度 $C_1=2000$mg/L，平均排泥流量 $Q_1=432m^3/h$，求沉淀池排泥周期，每日排泥次数。

【解】根据式（2.3.1-15）计算：

$$C'=(k_1C+k_2D)=(1.2\times 25+0.234\times 6)=31.4\text{mg/L}$$

$$r=\frac{nQ_1C_1t_1}{(1+k_0)Q(C'-C'_1)}=\frac{2\times 432\times 2000\times 3}{1.05\times 300000\times(31.4-1.2\times 2)}=0.56\text{d}$$

$$n'=\frac{1}{r}=\frac{1}{0.56}=1.78\text{ 次}$$

也可按式（2.3.1-5）计算：

$$Q_1=\frac{S_1}{mn't_1C_1}\times 10^6$$

变换后得出：

$$n'=\frac{S_1}{nQ_1t_1C_1}\times 10^6$$

$$r = \frac{1}{n'} = \frac{nQ_1 t_1 C_1}{S_1} \times 10^{-6}$$

原水携带的干泥量：

$$S = (k_1 C + k_2 D) \times k_0 Q \times 10^{-6}$$
$$= (1.2 \times 25 + 0.234 \times 6) \times 1.05 \times 300000 \times 10^{-6} = 9.89\text{t/d}$$

沉淀池出水带走的干泥量：

$$S'_1 = (1 + k_0 - k_{01}) Q k_2 C'_1 \times 10^{-6}$$
$$= (1 + 0.05 - 0.03) \times 300000 \times 1.2 \times 2 \times 10^{-6} = 0.734\text{t/d}$$
$$S_1 = 9.89 - 0.734 = 9.156\text{t/d}$$
$$r = \frac{1}{n'} = \frac{nQ_1\ t_1 C_1}{S_1} \times 10^{-6} = \frac{2 \times 432 \times 3 \times 2000}{9.156} \times 10^{-6} = 13.4\text{h} = 0.56\text{d}$$
$$n' = \frac{1}{r} = \frac{1}{0.56} = 1.78\ 次$$

答：采用不同公式计算，结果相同。沉淀池排泥周期为 0.56d，合 13.5h，每日排泥次数 1.78 次，13.5h 排泥 1 次。也可调整排泥次数为整数 2 次，排泥周期 r=0.5d，则排泥浓度 C_1 或排泥历时 t_1 会有所变动。

2.3.1.2　沉淀池排泥水量计算

1. 沉淀池 1 次排泥水量计算

每个沉淀池 1 次的排泥水量可按以下公式计算：

$$W_{1c} = Q_1 t_1 \tag{2.3.1-16}$$

式中　Q_1——沉淀池 1 次排泥的平均流量，m^3/h；

t_1——沉淀池 1 次排泥历时，h；

W_{1c}——沉淀池 1 次排泥水量，m^3。

前面已经论述了沉淀池排泥参数 Q_1 的几种求法。如果利用 4 个排泥参数之间的平衡关系求解 Q_1，则将式（2.3.1-2)、式（2.3.1-4)、式（2.3.1-5）代入式（2.3.1-16）得出：

$$W_{1c} = Q_1 t_1 = \frac{(1 + k_0) Q r (C' - C'_1)}{n C_1} \tag{2.3.1-17}$$

$$W_{1c} = Q_1\ t_1 = \frac{S_1}{m n' (1 - p_1)} \tag{2.3.1-18}$$

$$W_{1c} = Q_1\ t_1 = \frac{S_1}{m n' C_1} \times 10^6 \tag{2.3.1-19}$$

式中　W_{1c}——沉淀池 1 次排泥水量，m^3；

S_1——沉淀池 1 日排出的干泥量，t/d；

C_1——排泥历时 t_1 时段内平均排泥浓度，mg/L；

C'——加药经混合絮凝后的原水浊度，mg/L；

C'_1——沉淀池上清液出水浊度，mg/L；

Q——水厂生产规模，m^3/d

k_0——生产过程自用水量系数；

r——沉淀池排泥周期，d；

p_1——沉淀池排泥水的含水率，用百分比表示；

n——池数；

n'——每池每日排泥次数；

t_1——每次排泥历时，h。

用式（2.3.1-18）、式（2.3.1-19）计算沉淀池1次的排泥水量，需要知道干泥量S_1，一般水厂运行管理中不测量这一数据，采用式（2.3.1-17）计算沉淀池一次排泥水量，相对方便一些，因为原水浊度加药混合絮凝后的浊度C'及C'_1是水厂日常检测数据，可根据原水浊度C计算出C'，沉淀池排泥周期和该周期下的平均排泥浓度C_1虽不是水厂日常检测数据，但一些大水厂为了提高管理水平，都有这方面的测试，而且积累了一些经验，测试也相对容易。

要根据式（2.3.1-17）计算沉淀池的1次排泥水量W_{1c}，必须知道排泥周期r、平均排泥浓度C_1这2个参数。这2个参数与原水浊度、排泥方式等因素有关。排泥周期是人为可以控制的，但排泥水浓度C_1难以准确取值，所以，要通过式（2.3.1-17）比较准确地计算出沉淀池最大1次排泥水量，需要在运行中实测和摸索，不断积累经验。

2. 沉淀池最大1次排泥水量计算

单个沉淀池或某一个排泥单元的最大1次排泥水量不一定是沉淀池最大1次排泥水量，当沉淀池个数或排泥单元数较多时，在时序安排上有可能赶上2个或2个以上的沉淀池或排泥单元同时排泥，这在后面的论述中称组团排泥。最大1次排泥水量应该是同时排泥的几个排泥水量之和。

在排泥水处理中，排泥池的调节容量与沉淀池最大1次排泥水量有关。在净水厂的扩建中，往往是分期建设的沉淀池的类型和大小不一，排泥水量大的沉淀池容易引起重视，几个沉淀池或排泥单元赶上同时排泥容易忽略。因此在沉淀池个数较多时，要注意有组团排泥的可能。

另外要注意的是，运行管理单位为了管理方便，有意将几个沉淀池组合在一起，或者是为了利用晚上低谷电价，将所有沉淀池集中在晚上几个小时排泥，这时的1次排泥水量往往比单个沉淀池的最大1次排泥水量大很多，造成排泥池超负荷运行，要引起注意。

3. 沉淀池1日排泥水量计算

（1）根据沉淀池1日排出的干泥量S_1和含水率P_1，按以下公式计算：

$$W_1 = \frac{S_1}{1-P_1} \quad (2.3.1\text{-}20)$$

当排泥水浓度用mg/L表示时，上式可写成：

$$W_1 = \frac{S_1}{C_1} \times 10^6 \quad (2.3.1\text{-}21)$$

式中 W_1——沉淀池1日的排泥水量，m^3；

S_1——沉淀池1日排出的干泥量，t/d；

P_1——沉淀池平均排泥水含水率；

C_1——平均排泥浓度，mg/L。

(2) 根据沉淀池排泥耗水率凭经验计算

沉淀池1日的排泥水量可借鉴相似水厂的运行管理经验，凭经验计算：

$$W_1 = k_{01}Q \tag{2.3.1-22}$$

式中 W_1——沉淀池1日排泥水量，m^3；

Q——水厂规模，m^3/d；

k_{01}——沉淀池排泥耗水率，一般为3%～4%。

这里所指的沉淀池排泥水量没有考虑排泥水回收利用这一因素，是从沉淀池直接排出来的水量。

2.3.2 气浮池浮渣排出水量

2.3.2.1 气浮池浮渣的排除

气浮池浮渣的含水率比一般沉淀池排泥水低得多，这是由于气浮池的浮渣受气泡的浮托逐渐露出水面，不断脱水之故。浮渣的含水率取决于原水的性质、混凝剂的种类、微气泡的黏附程度、排渣周期等多种因素，因此很难准确提出浮渣的含水率。一般在97%～95%之间，追求过低的含水率，会因浮渣的流动性差给排渣带来困难。因此浮渣的含水率宜控制在不低于95%。

浮渣厚度一般为5～10cm，浮渣积聚的时间越长，即排渣周期越长，浮渣厚度越大。浮渣厚度越大，其流动性就越差，一般控制在10cm左右，以免给浮渣的排除带来困难。

浮渣的排除有机械刮渣和水力溢渣两种方式，机械刮渣是借助于刮板用人工或机械设备进行定期刮渣。水力溢渣是依靠池子水位升高使浮渣溢出；这种形式可以连续外溢，也可以间歇外溢。两种浮渣排除方式各有其优缺点。

机械刮渣的优点：一是排渣浓度大，可达到3%～5%，即含水率达到97%～95%，排出的浮渣可不经浓缩直接送入脱水机前的集泥池进行脱水，简化了排泥水处理流程；二是排渣耗水量小，一般为处理水量的0.6%～0.7%。缺点：一是刮渣时对浮渣层有扰动，容易造成掉渣，影响出水水质；二是需要一套刮渣设备。

水力溢渣的优点：一是排渣时对浮渣层扰动小，一般不会影响出水水质；二是不需要排渣设备。缺点：一是排渣浓度低，一般不能直接进行脱水，还需要进一步浓缩；二是黏性大的浮渣无法溢出；三是排渣耗水量大，水力溢渣的浮渣浓度与操作运行有关，很难提出一个准确的数据。当气浮池与滤池迭合形成浮滤池时，可利用滤池的反冲洗排水进行水力溢渣，可以节省一部分排渣水量。由于滤池反冲洗周期长，气浮池排渣周期短，气浮池排渣次数大于滤池反冲洗次数，因此还需要消耗一部分排渣水量。

由于水力溢渣要稀释浮渣浓度，不能直接进行脱水，还需要进一步浓缩。而刮渣设备并不复杂，间歇运转，所耗能量也极少，因此目前最普遍采用的还是机械刮渣。

2.3.2.2 气浮池浮渣排出水量计算

气浮池浮渣排出水量按机械刮渣计算。

1. 1个气浮池1次的排渣水量

$$W_{1c} = Ah \tag{2.3.2-1}$$

式中 W_{1c}——单个浮渣池1次的排渣水量，m^3；

A——单个气浮池面积，m^2；

h——浮渣层厚度，一般取 0.05～0.10m。

2. 1日的排渣水量

公式一：

$$W_1 = \frac{Ah}{r} \tag{2.3.2-2}$$

式中　W_1——1个气浮池1日的排渣水量，m^3/d；

n——气浮池个数；

r——排渣周期，d。

公式二：

$$W_1 = (0.006 \sim 0.01)Q \tag{2.3.2-3}$$

式中　W_1——浮渣水量，m^3/d；

Q——处理水量，m^3/d。

由于机械刮渣浮渣的浓度高，质轻，黏性大，排渣渠道的底坡一般取2%～4%。当浮渣渠道长度超过5m时，最好不在一端出渣。若排渣渠道较长，宜设置冲洗水管。

2.3.3　滤池反冲洗排泥水量

2.3.3.1　描述滤池反冲洗过程的相关参数及确定

排水池专门接纳和调节滤池反冲洗废水及初滤水，其调节容积与滤池的最大1次反冲洗水量和最大1次初滤水量有关，滤池的最大1次反冲洗水量又与滤池的反冲洗方式、反冲洗周期等相关参数、反冲洗时序安排有关。因此，在进行排水池设计时，应对滤池的反冲洗方式、反冲洗过程、描述滤池反冲洗的相关参数及滤池运行模式有所了解。

描述滤池反冲洗过程的相关参数有：过滤周期 R，反冲洗强度 q_L，反冲洗历时 T_1，在 T_1 时段内反冲洗排水的平均浓度 C_L，平均排泥流量 Q_L。这几个参数中，反冲洗强度 q_L、反冲洗历时 T_1 在规范和相关设计手册中可以查到，反冲洗排水流量 Q_L 可根据反冲洗强度 q_L、反冲洗滤池面积和冲洗历时 T_1 计算得出。下面讨论过滤周期 R 及反冲洗排水的平均浓度 C_L 的确定方法。

1. 过滤周期

影响过滤周期的因素有很多，目前确定过滤周期 R 主要有以下3种方法：

(1) 按滤池出水浊度控制

按滤池出水浊度控制滤池反冲洗周期能比较严格地控制滤池出水达到预定的出水水质目标。当出水水质超过设定水质浊度指标时，就自动进行反冲洗。为了实现这种控制，需要在每格滤池出水设专用在线检测仪表——浊度仪进行在线检测，或者是几格滤池出水共用一台浊度仪进行巡回检测。

(2) 按滤层水头损失值控制

滤池的过滤水头确定以后，留给滤层的水头损失也就随之确定，随着过滤历时的增长，滤层水头损失不断增加，当滤层水头损失超过设定值时，就自动进行反冲洗。实现这种控制方法目前有两条途径，一是设专用检测仪表——水头损失计，每格安装1个。这种水头损失计使用较为普遍，除用来控制滤池反冲洗外，还可用来监视滤层水头损失的变化，以指导水厂的运行和管理。

另一条途径是不设水头损失计这种专用检测仪表，利用池中水位进行水力自动控制反冲洗。最典型的是虹吸滤池和无阀滤池，当水头损失达到一定值时，滤池水面上升到一定的水位，滤池就自动进行反冲洗过程。由于这条途径只适于恒速变水位过滤方式，具有一定的局限性，因此，目前主要采用第一条途径，即每格滤池设专用水头损失计，将水头损失信号传至现场 PLC 控制系统，统一排序自动冲洗。

从理论上分析，过滤周期 R 的确定应该是在保证出水浊度达标的前提下，滤层的容污能力已充分发挥，过滤水头全部用尽，但这是很难办到的。或者是滤层的容污能力已充分发挥，而滤层的水头损失尚有富余；或者是滤层的水头损失已全部用尽，而滤层的容污能力尚未充分发挥。真正要做到滤层的水头损失全部用尽，滤层的容污能力又完全发挥，出水水质又要达到预定的目标值，虽不能说完全没有可能，但几率很小，在滤池出水水质的保证率上很难达到要求，为了防止穿透滤层，一般在滤层的容污能力上留有余地。

（3）按过滤历时控制

按过滤历时控制就是过滤进行到某一时间后，滤池就自动进行反冲洗，以过滤历时作为反冲洗控制信号。过滤历时的设定，最理想的是在出水浊度达到设定值的条件下，滤层的容污能力已充分发挥，过滤水头已全部用尽，即滤层的水头损失已达到了极大值。这一般难以做到，而且也不安全，因为沉淀池的出水浊度在一定范围内波动，如果两者都用尽，或一个指标用尽，都有可能引起浊质穿透滤层，或过滤水头不够。一般的做法是过滤周期的确定在上述两个控制指标上留有一定的余度。在保证上述两个控制指标不突破的前提下，统一确定一个过滤周期。

在一些水厂运行中发现，过滤周期越长，被滤层截留的细小颗粒与滤料结合得越紧密，难以冲洗干净，往往造成超时冲洗，冲洗历时延长，冲洗水量增大。因此，在实际运行中当按浊度、过滤水头所确定的过滤周期远大于 24h，就以 24h 作为过滤周期，或者稍长一些，根据各厂的具体情况决定。一般来说，按时间控制过滤周期在保证出水浊度的前提下，滤层的容污能力和过滤水头均留有一定的富余。

（4）过滤周期的理论计算方法

前面提到了控制过滤周期的几种方法，下面讨论过滤周期的理论计算方法。

1）根据滤池进出水浊度进行计算

根据物料平衡法，滤池在 1 个周期内所截留的悬浮物量应等于反冲洗排水所带走的悬浮物量。滤池在 1 个周期内所截留的悬浮物量为：

$$VAR(C'_1 - C'_L)$$

反冲洗排水所带走的悬浮物量为：$W_L C_L$

$$VAR(C'_1 - C'_L) = W_L C_L$$

得出：

$$R = \frac{W_L C_L}{VA(C'_1 - C'_L)} \tag{2.3.3-1}$$

式中　V——滤速，m/h；

R——过滤周期，h；

C'_1——滤池进水浊度，mg/L；

C'_L——滤池出水浊度，mg/L；

A——单格过滤面积，m^2；

W_L——1 次反冲洗排水量，m^3；

C_L——反冲洗排水悬浮物平均浓度，mg/L。

式（2.3.3-1）还可写成：

$$W_L C_L = q_L A T_1 C_L$$

$$VAR(C'_1 - C'_L) = q_L A T_1 C_L$$

$$R = \frac{q_L T_1 C_L}{V(C'_1 - C'_L)}$$

经单位换算，可写成

$$R = \frac{0.06\, q_L T_1 C_L}{V(C'_1 - C'_L)} \tag{2.3.3-2}$$

式中 q_L——反冲洗强度，L/(m^2·s)；

T_1——反冲洗历时，min。

2）利用滤料的容污能力进行计算

过滤周期可根据滤料的容污能力和滤池进、出水浊度计算。滤料的容污能力是指在保持滤池出水水质的条件下，1 个过滤周期内，单位体积滤料所能容纳的污泥量，即 1m^3 滤料所能容纳的污泥量。用 kg/m^3 表示。这些污泥颗粒都是沉淀池不能去除的悬浮固体。由于在任何时候滤料孔隙容积都必须留有足够的空间让水通过，因此污泥颗粒不可能全部占用滤料孔隙体积。根据有关文献，污泥颗粒占用的空间平均不得大于滤料孔隙总体积的 1/4。不论滤料颗粒粒径大小，1m^3 滤料一般含有 450L 的孔隙，那么滤料孔隙总体积的 1/4 就是 113L。在净水厂中滤池滤料所截留的悬浮颗粒都是胶态絮体矾花，其干物质含量不超过 10g/L，因此 1m^3 滤料所能截留的悬浮固体量不大于：

$$10g/L \times 113L/m^3 = 1130g/m^3 = 1.13kg/m^3$$

即 1m^3 滤料所能容纳的悬浮固体量不能大于 1.13kg。国内一些厂家所提供的滤料容污能力不尽相同，有一些能达到 2kg/m^3。这与所截留的絮体矾花的干密度有关。上面所提到的按干物质含量不超过 10g/L 计算出滤料的容污能力不超过 1.13kg/m^3，为安全起见，可采用 1kg/m^3。要准确确定某一滤料在某一场合的容污能力最好进行测定。

设滤料的容污能力为 θ，如果滤料的容污能力全部发挥，则滤料的最大容污量可表示为 θAH，一般情况下滤料的容污能力未全部用尽，则表示为 $k\theta AH$，滤料在 1 个周期内截留的污泥量为 $VAR(C'_1 - C'_L)$，根据物料平衡，则有：

$$k\theta AH = VAR(C'_1 - C'_L)$$

$$R = \frac{k\theta H}{V(C'_1 - C'_L)}$$

经单位换算，得出：

$$R = \frac{k\theta H}{V(C'_1 - C'_L)} \times 10^3 \tag{2.3.3-3}$$

式中 θ——滤料容污能力，kg/m^3；

k——滤料容污能力利用系数，$k \leqslant 1$；

H——滤层厚度，m；

R——过滤周期，h；

C'_1——滤池进水浊度，mg/L；

C'_L——滤池出水浊度，mg/L；

V——滤速，m/h。

【例】一气水反冲洗滤池，滤层厚1.2m，滤速8m/h，出水浊度为0.5 NTU，根据运行经验，滤池最大进水浊度为3.5NTU，滤料容污能力利用系数取0.81，该滤池的过滤周期应采用多少小时。NTU与mg/L的转换系数$k_1=1.53$。

【解】$C'_1 = 1.53 \times 3.5 = 5.355 mg/L$，$C'_L = 1.53 \times 0.5 = 0.765 mg/L$。

$$R = \frac{1000k\theta H}{V(C'_1 - C'_L)} = \frac{1000 \times 0.81 \times 1.13 \times 1.2}{8 \times (5.355 - 0.765)} = 30h$$

答：滤池的过滤周期可采用30h。

2. 反冲洗排水悬浮物平均浓度 C_L

为了确定滤池反冲洗排水的处理方法，是回收利用还是直接排入附近水体或城市下水道，或者是经过处理后再回收利用和排放，需要知道反冲洗排水悬浮物平均浓度C_L。

滤池反冲洗排水的悬浮物含量即排水浓度在反冲洗开始时急剧上升，达到高峰后逐渐下降，最高可达到1000mg/L，最低在1～2mg/L，其最高和最低值相差很大，再继续冲洗，滤料洗净的程度相差不大，但要消耗大量的滤后水量，因此，存在一个最佳冲洗历时，最佳冲洗历时主要由反冲洗排水的最后悬浮物浓度决定。开始悬浮物浓度之所以较低，是因为滤料表层至排水槽之间有一层待滤水需要首先排除，这层待滤水悬浮物浓度低，一般在5mg/L以下。

由于反冲洗排水悬浮物浓度在冲洗历时T_1时段内是变化的，因此，取其平均值C_L，其平均值C_L与过滤周期R、滤前浊度C'_1、冲洗方式等因素有关，确定反冲洗排水悬浮物浓度C_L目前有以下几种方法：

(1) 实测法：测定反冲洗排水悬浮物浓度随时间变化的$C_L—T$过程曲线。

根据测定的$C_L—T$过程曲线，选择最佳冲洗历时T_1。将冲洗历时T_1分成若干个子时段T_i，分别测出其悬浮物浓度C_{Li}，其平均值为：

$$C_L = \frac{\sum C_{Li} T_i}{T_1} \tag{2.3.3-4}$$

1）可在滤池反冲洗排水槽人工取样测定。

2）如果在排泥水处理系统中，在分建式排水池入口设有流量计和污泥浓度计，则可在计算机上自动生成排水池入流浊度变化过程曲线。如果一次只冲洗1格滤池，即为反冲洗排水悬浮物浓度变化过程曲线$C_L—T$。

反冲洗强度一年内随温度而变化，应在不同温度下选择几个反冲洗强度测定$C_L—T$变化过程曲线，确定不同反冲洗强度下的最佳冲洗历时T_1。

反冲洗历时T_1虽然在设计规范和设计手册中都可以查到，但都是一个范围。测定

C_L—T 变化过程曲线对滤池运行有一定的指导意义，有助于正确选择最佳冲洗历时 T_1，避免超时冲洗，减少滤池反冲洗耗水量。

（2）理论计算方法

1）根据滤池的进出水浊度计算

根据物料平衡法，滤池在 1 个周期内所截留的悬浮物量应等于反冲洗排水所带走的悬浮物量。滤池在 1 个周期内所截留的悬浮物量为：

$$VAR(C'_1 - C'_L)$$

反冲洗排水所带走的悬浮物量为：$W_L C_L$

$$VAR(C'_1 - C'_L) = W_L C_L$$

$$C_L = \frac{VAR(C'_1 - C'_L)}{W_L} \tag{2.3.3-5}$$

式中 V——滤速，m/h；

R——过滤周期，h；

C'_1——滤池进水浊度，mg/L；

C'_L——滤池出水浊度，mg/L；

A——单格过滤面积，m^2；

W_L——1 次反冲洗排水量，m^3；

C_L——反冲洗排水悬浮物平均浓度，mg/L。

式（2.3.3-5）还可写成：

$$W_L = q_L A T_1$$

$$VAR(C'_1 - C'_L) = q_L A T_1 C_L$$

$$C_L = \frac{VR(C'_1 - C'_L)}{q_L T_1}$$

经单位换算，可写成：

$$C_L = \frac{16.7VR(C'_1 - C'_L)}{q_L T_1} \tag{2.3.3-6}$$

式中 q_L——反冲洗强度，L/(m^2 · s)；

T_1——反冲洗历时，min。

式（2.3.3-5）、式（2.3.3-6）中设计滤速 V、过滤周期 R、反冲洗强度 q_L、冲洗历时 T_1 为已知数，只要测定滤池进出水浊度 C'_1、C'_L，就可求出 C_L。

2）利用滤料的容污能力进行计算

如果滤料的容污能力全部发挥，则滤料的最大截污量可表示为 θAH，一般情况下滤料的容污能力未全部用尽，则表示为 $k\theta AH$，假设滤料的截污量全部被反冲洗水带走，则有：

$$k\theta AH = W_L C_L$$

$$C_L = \frac{k\theta AH}{W_L}$$

经单位换算，上式写成：

$$C_L = \frac{k\theta AH}{W_L} \times 10^3 \quad (2.3.3\text{-}7)$$

上式还可写成：

$$k\theta AH = q_L AT_1 C_L$$

$$C_L = \frac{k\theta H}{q_L T_1}$$

经单位换算，上式可写成：

$$C_L = \frac{1.67k\theta H}{q_L T_1} \times 10^4 \quad (2.3.3\text{-}8)$$

式中 θ——滤料容污能力，kg/m^3；

k——滤料容污能力利用系数，$k \leqslant 1$；

H——滤层厚度，m；

q_L——反冲洗强度，$L/(m^2 \cdot s)$；

T_1——反冲洗历时，min；

C_L——反冲洗排水悬浮物平均浓度，mg/L。

用式(2.3.3-7)、式(2.3.3-8)求 C_L 虽然简单，但滤料容污能力 θ 取值难以准确，前面提到的 $\theta = 1.13kg/m^3$，只适用于絮凝沉淀，且滤料容污能力利用系数 k 也是一个经验数值，难以估算准确，因此，利用式(2.3.3-7)、式(2.3.3-8)计算 C_L，会产生一定的误差。不如采用式(2.3.3-5)、式(2.3.3-6)计算更切合实际，式(2.3.3-5)、式(2.3.3-6)中参数 C'_1、C'_L 为滤池进出水浊度，为日常的常规检测项目，应该比较准确，只是需要比较准确地测定单位"NTU"和"mg/L"的转换系数 k_1。

对于气水反冲洗滤池，在气水联合反冲洗和单一水冲洗两个时段，其水冲强度 q_L 是不同的，式（2.3.3-6）、式（2.3.3-8）中 $q_L T_1$ 可采用下式计算：

$$q_L T_1 = \sum q_{Li} T_{1i}$$

利用式（2.3.3-1）～式（2.3.3-3）计算反冲洗周期 R 和利用式（2.3.3-5）～式（2.3.3-8）计算反冲洗排水悬浮物平均浓度 C_L 时，应注意以下几点：

① 滤速必须是实际发生的滤速。例如设计滤速为 10m/h，但是在投产初期，水厂运行未达到设计规模，实际发生的滤速小于设计滤速，只有 5m/h。如果利用上述公式计算 C_L 时，仍采用设计滤速 10m/h，则所求得的 C_L 是实际发生的 2 倍。

② 冲洗历时 T_1 也必须是实际发生的。对于用计算机按程序控制的反冲洗过程，设定的冲洗历时 T_1 与实际发生的能比较好地吻合，但是用人工控制的反冲洗过程，往往带有随意性，例如，发生超时冲洗，设定的 T_1 与实际发生的 T_1 也往往存在较大的差异，也导致所求得的 C_L 与实际不符。

③ 若滤池进出水浊度用单位 NTU 表示时，应通过实测，换算成以 mg/L 为单位。

【例】一气水反冲洗 V 型滤池，滤层厚 1.2m，滤速 8m/h，滤池进水浊度 3NTU，出水浊度 0.3NTU，过滤周期采用 30h，第一阶段气冲历时 3min，第二阶段气水联合冲洗，水冲强度 $4L/(m^2 \cdot s)$，历时 4min，水冲强度 $8L/(m^2 \cdot s)$，历时 5min，表冲强度 $1.95L/(m^2 \cdot s)$，滤料容污能力为 $\theta = 1kg/m^3$，求反冲洗排水悬浮物平均浓度 C_L 和滤料容污能力

利用系数 k，经实测，“NTU”和“mg/L”的转换系数 $k_1=1.25$。

【解】 $q_L T_1 = \sum q_{Li} T_{1i} = 4\times4+8\times5+1.95\times12=79.4$

根据式（2.3.3-6）有：

$$C_L=\frac{16.7VR(C'_1-C'_L)}{q_L T_1}=\frac{16.7\times8\times30\times1.25\times(3-0.3)}{79.4}=170\text{mg/L}$$

利用式（2.3.3-8）求滤料容污能力利用系数 k：

$$k=\frac{C_L\,q_L\,T_1}{16700\theta H}=\frac{170\times79.4}{16700\times1\times1.2}=0.67$$

滤层实际发挥的容污能力为：

$$k\theta=0.67\times1=0.67\text{kg/m}^3$$

由此可见，滤料容污能力只利用了 67%，还有 33%的富余。浊质穿透滤层的可能性较小，比较安全。滤料容污能力利用系数 k 是变化的，在其他条件不变的前提下，进水浊度越高，k 值越大，如果把滤池进水浊度从 3NTU 提高到 5NTU，其他不变，则计算出 C_L 为 297mg/L，k 值为 1.18。k 值应该 $\leqslant1$，说明滤料容污能力不仅全部发挥，而且还不够，滤层已经穿透，出水水质变坏。这也说明滤料容污能力不能全部用尽，留有一定的富余是合理的，因为很难保证滤池的进水浊度老是稳定不变，没有短时变坏的情况。同时也说明对于水厂管理来说，维持滤前浊度的稳定性，至关重要。

3. 利用滤料的容污能力求容许进水浊度

利用物料平衡法，滤料在 1 个周期内截留的污泥量为 $VAR(C'_1-C'_2)$，滤层所能容纳的污泥量为 $AH\theta$，则有：

$$VAR(C'_1-C'_L)=AHk\theta$$

$$C'_1-C'_L=\frac{k\theta H}{VR}$$

$$C'_1=\frac{k\theta H}{VR}+C'_L$$

出水浊度 C'_L 与容许进水浊度相比，可忽略不计，经单位换算，得出：

$$C'_1=\frac{1000k\theta H}{VR} \tag{2.3.3-9}$$

【例】 一气水反冲洗滤池，滤层厚 1.2m，滤速 8m/h，出水浊度为 0.5NTU，过滤周期采用 30h，求该滤池所能承受的进水浊度。

【解】 $C'_1\leqslant\frac{1000k\theta H}{VR}=\frac{1000\times1.13\times1.2}{8\times30}=5.65\text{mg/L}$

如果浊度单位采用 NTU 表示，可根据转换系数进行换算。式中滤料的容污能力 θ 采用极大值 1.13kg/m³，假设滤料容污能力全部发挥，$k=1$。实际运行中，滤料的容污能力都留有一定的富余，$k<1$，因此上述计算结果为所能承受的最大值。

2.3.3.2　滤池反冲洗排水量

滤池反冲洗排水量计算目前有两种方法，方法一是根据不同的池型和不同的反冲洗方式从理论上进行计算；方法二是根据相似水厂的运行情况凭经验计算。

1. 方法一：根据不同的池型和不同的反冲洗方式进行计算

滤池反冲洗排水量与反冲洗方式有关，目前滤池的反冲洗方式有以下几种：

(1) 单一水冲洗方式

单一水冲洗方式是最简单的一种冲洗方式。滤池运行到一定的时间后，单纯用水冲洗，冲洗强度为16～20L/(m^2・s)，冲洗历时 $T_1=8$～10min。由于单纯水冲洗难以冲洗干净，滤料之间容易结成泥球，因此常发生超时冲洗现象。冲洗历时 T_1 有时达到12～15min。这种超时冲洗现象增大了反冲洗水量，有可能造成水厂自用水量系数取值 k_0 偏小，使实际发生的水厂自用水量大于设计值 k_0Q，如果反冲洗废水不回收利用，则造成水厂产水量达不到设计规模。如果回收利用，则造成净化构筑物超设计负荷。另外这种超时冲洗对排水池影响较大，反冲洗历时 T_1 的延长，滤池1次反冲洗排水量增加，所需要的排水池池容增大。

单一水冲洗由于反冲洗强度高，冲洗历时 T_1 长，而且还发生超时冲洗现象，1次反冲洗水量大；加上滤层薄，滤料水力分级，形成表层过滤，滤料平均容污能力低，反冲洗排水平均浓度低，一般小于400mg/L。如果排泥水不回收利用，经排水池调节混合后，一般能直接排入附近水体和城市下水道，达到《污水综合排放标准》排入城市下水道的标准。

单一水冲洗方式反冲洗水量按下式计算：

$$W_L = 0.06q_L A T_1 \tag{2.3.3-10}$$

式中 W_L——1次反冲洗排水量，m^3；

q_L——反冲洗强度，L/(m^2・s)；

A——单格过滤面积，m^2；

T_1——冲洗历时，min。

反冲洗强度受水温的影响，一般冬季水温低，反冲洗强度可以低一些；夏季水温高，反冲洗强度应予提高。

【例】 一滤池滤层厚0.8m，滤速8m/h，单格过滤面积45 m^2，滤池进水浊度5NTU，出水浊度0.5NTU，过滤周期12h，采用单一水冲洗方式，水冲洗强度16L/(m^2・s)，冲洗历时 $T_1=8$min，经实测，"NTU"和"mg/L"的转换系数 $k_1=1.25$。求1次反冲洗排水量 W_L 和反冲洗排水悬浮物平均浓度 C_L。

【解】 $W_L = 0.06q_L AT_1 = 0.06\times16\times45\times8 = 345.6m^3$

$$C_L = \frac{16.7VR(C_1'-C_L')}{q_L T_1} = \frac{16.7\times8\times12\times1.25\times(5-0.5)}{16\times8} = 70.5\text{mg/L}$$

利用式（2.3.3-8）求滤料容污能力利用系数 k

$$k = \frac{C_L\ q_L\ T_1}{16700\theta H} = \frac{70.5\times16\times8}{16700\times1.13\times0.8} = 0.6$$

根据计算结果和《污水综合排放标准》，反冲洗排水悬浮物浓度为70.5mg/L，可以直接排入《地表水环境质量标准》GB 3838—2002中Ⅳ、Ⅴ类水域以及《海水水质标准》GB 3097—1997中三类海域和设置有二级污水处理厂的城镇排水系统。

(2) 表冲加单纯水冲洗方式

普通滤料用单一水冲洗，形成滤料水力分级，细小的滤料集中在表层，较大的颗粒在下层，形成表层过滤，只有10～20cm的表层滤料起过滤作用，被截留的污物集中在表层，下层滤料仍比较干净。而反冲洗时，水流从下往上将滤料膨胀悬浮冲洗，粒径大的滤料质量大，所受反冲洗水流的剪力大，而担负截留污物的小粒径滤料却因质量小所受的反冲洗水流的剪力小，表层小颗粒滤料难以冲洗干净，长期冲洗不干净，滤料容易结泥球。因此在单一水冲洗前，进行表面冲洗，以弥补表层小粒径滤料所受水流剪力小难以冲洗干净的缺陷。

除了水流剪力这一因素会影响滤料冲洗后的洁净程度外，还有一个更重要的因素就是冲洗时滤料颗粒的碰撞程度。表面辅助冲洗利用压力水高速喷射，冲刷滤池表层滤料，打碎或冲散表层的粘结滤料，增加滤料间相互碰撞摩擦的几率，提高冲洗效果。表冲在表层滤料产生的水力搅拌，对滤料接触碰撞所提供的动力要比单一水冲大得多，由此而引起的滤料接触碰撞次数，表冲往往是单一水冲的4～5倍。

表面辅助冲洗有固定式和旋转式两种，固定式的管道布置，一般喷嘴离砂表面为10cm，两喷嘴间距为60～90cm，池壁与喷嘴之间距离为30cm。旋转式表面冲洗了，其旋转冲洗管中心到砂层表面距离一般为5～25cm，旋转次数约7～10r/min。

单一水冲洗增加表面辅助冲洗后，虽然增加了表面冲洗耗水量，但后续的水反冲洗强度降低了，而且冲洗历时也可缩短了，只需4～6min。因此，总的耗水量并无增加，而是有所减少。

单一水冲洗加表冲的反冲洗排水量按下式计算：

$$W_L = 0.06q_L A T_1 + 0.06q'_L At \tag{2.3.3-11}$$

式中 q'_L——表冲强度，L/(m^2·s)；

t——表冲历时，min。

表冲强度及历时见表2.3.3-1。

表 面 冲 洗 **表2.3.3-1**

冲洗方式	冲洗阶段 / 参数	表面冲洗种类：固定式	表面冲洗种类：旋转式	水反冲洗
表面冲洗	表冲水压（MPa）	0.15～0.20	0.4～0.5	
	表冲强度 P' [L/(m^2·s)]	2.5～3.5	0.5～0.8	
	表冲历时（min）	4～6	4～6	
反冲洗	冲洗强度 P [L/(m^2·s)]			10～15
	冲洗历时（min）			4～6

(3) 气冲+气水联合冲洗方式

下面以“V型滤池”和“翻板滤池”为例介绍这种冲洗方式。

1) V型滤池

这种反冲洗方式一般分为三步：

① 气冲：约2 min，气冲强度13～17L/(m^2·s)。

② 气水同时冲洗：约 3～4min，气冲强度 13～17L/(m^2 · s)，水冲强度 3～4L/(m^2 · s)。

③ 单独水冲：约 3～4 min，水冲强度 7～8L/(m^2 · s)。

这种冲洗方式对滤池冲洗比较彻底，而且水冲强度较低，1 次反冲洗排水量比单一水冲洗方式小得多，且反冲洗周期相对较长，因此，排水池的调节容积与单一水冲洗方式相比，相对较小。

由于 1 次反冲洗排水量比单一水冲洗方式小得多，气水反冲洗滤池又比采用单一水冲洗方式的滤池的滤层厚度大，容污能力大，因此反冲洗排水平均排泥浓度 C_L 较单一水冲洗方式高。

V 型滤池反冲洗排水量计算：

① 表洗＋气冲

这一阶段只有表洗排水量：$W_a = q'_L A t_1$

② 表洗＋气冲＋水冲

$$W_b = q'_L A t_2 + q_{L1} A t_2$$

③ 表洗＋水冲

$$W_c = q'_L A t_3 + q_{L2} A t_3$$

则 V 型滤池 1 次反冲洗排水量为：

$$W_L = W_a + W_b + W_c = q'_L A \sum_{i=1}^{3} t_i + A(q_{L1} t_2 + q_{L2} t_3)$$

$$= A\left(q'_L \sum_{i=1}^{3} t_i + q_{L1} t_2 + q_{L2} t_3\right)$$

经单位换算，可写成：

$$W_L = 0.06A\left(q'_L \sum_{i=1}^{3} t_i + q_{L1} t_2 + q_{L2} t_3\right) \tag{2.3.3-12}$$

式中 W_L——单格滤池 1 次反冲洗排水量，m^3；

q'_L——表冲强度，L/(m^2 · s)；

q_{L1}——气水联合冲洗时水冲强度，L/(m^2 · s)；

q_{L2}——单一水冲强度，L/(m^2 · s)；

t_1、t_2、t_3——各阶段历时，min；

A——单格过滤面积，m^2。

【例】一气水反冲洗滤池，滤层厚 1.2m，滤速 8m/h，单格过滤面积 84m^2，滤料上面水深 1.2m，最大滤池进水浊度 5NTU，出水浊度 0.3 NTU，过滤周期采用 30h，第一阶段气冲历时 3min；第二阶段气水联合冲洗，水冲强度 4L/(m^2 · s)，历时 4min；第三阶段水冲强度 8L/(m^2 · s)，历时 5min，表冲强度 1.95L/(m^2 · s)，求反冲洗排水量 W_L 和反冲洗排水悬浮物平均浓度 C_L，经实测，"NTU"和"mg/L"的转换系数 $k_1 = 1.25$。

【解】$W_L = 0.06A\left(q'_L \sum_{i=1}^{3} t_i + q_{L1} t_3 + q_{L2} t_4\right) = 0.06 \times 84 \times [1.95 \times (3+4+5) + 4 \times 4 + 8 \times 5] = 400.2\text{m}^3$

根据式（2.3.3-6）有：

$$q_L T_1 = q'_L(t_1 + t_2 + t_3) + q_{L1} t_2 + q_{L2} t_3$$

$$= 1.95 \times (3 + 4 + 5) + 4 \times 4 + 8 \times 5 = 79.4$$

$$C_L = \frac{16.7VR(C'_1 - C'_2)}{q_L T_1} = \frac{16.7 \times 8 \times 30 \times 1.25 \times (5 - 0.3)}{79.4}$$

$$= 296.6\text{mg/L}$$

根据计算结果，气水联合冲洗滤池反冲洗排水悬浮物平均浓度 C_L 比单一水冲洗滤池高。本例采用进水浊度 5NTU 进行计算，计算结果为 296.6mg/L，C_L 与滤池进水浊度成正比，现在对滤前浊度要求越来越严格，要求达到小于 2NTU，如果按滤前浊度 2NTU 计算，计算结果为 107mg/L，参照现行《污水综合排放标准》GB 8978—1996，气水联合冲洗滤池反冲洗排水悬浮物平均浓度 C_L 一般低于 400mg/L，如果不回收利用，可以排入设置二级污水处理厂的城镇排水系统。本例 $1m^3$ 滤料洗净水量为 $3.97m^3$，而单一水冲洗方式为 $9.6m^3$ 水/m^3 滤料，其 $1m^3$ 滤料冲洗耗水量是气水联合冲洗滤池的 2 倍多。

2）翻板滤池

翻板滤池是因为滤池反冲洗排水舌阀阀板在 0°～90°范围内来回翻转而得名。冲洗程序如下：

① 当水头损失达到 2.0m 时，关闭进水阀门。

② 待滤池水面降至距滤料 0.15m 时，关闭出水阀门。

③ 打开反冲洗进气阀门，松动滤料层，摩擦碰撞附在滤料上的污物，气冲强度 16～20L/(m^2·s)，历时 2min。

④ 2min 后，气冲继续，同时开启反冲洗进水阀门，水冲强度为 3～4L/(m^2·s)，气冲强度维持在 16～20L/(m^2·s)不变，冲洗历时 4min。

⑤ 历时 4min 气水联合冲洗后，关闭反冲洗进气阀门，同时增大反冲洗进水阀门开度，使水冲强度由 3～4L/(m^2·s)提高到 15～16L/(m^2·s)，历时约 1min 高强度冲洗后，池中水位达到最高运行水位时，关闭反冲洗进水阀门。

⑥ 静止 20s，滤料基本着床，冲下来的污物还悬浮在水中，开启反冲洗排水舌阀，先开 50%开启度，然后 100%开启排水。

⑦ 一般 60～80s 内排完，关闭排水舌阀。

⑧ 再单一水冲洗 1 次，冲洗强度 15～16L/(m^2·s)，历时约 1.5min，滤池水位达到最高运行水位时，关闭反冲洗进水阀，静止 20s，开启反冲洗排水舌阀，排完反冲洗水后，关闭排水舌阀。开启进水阀，待池中水位达到设定高度时开启出水阀门，进行新的一轮过滤。

翻板滤池反冲洗与 V 型滤池相比，有两个重要特点，一是没有表面冲洗；二是 V 型滤池是边冲洗边排水，而翻板滤池是冲洗过程中不排水，待冲洗结束后再开启翻板阀排水。根据翻板滤池的这两个特点，其排水量计算方法除采用 V 型滤池的计算方法外，还可根据翻板滤池砂面上水深进行计算。

① 根据各冲洗阶段反冲洗水量之和计算：

翻板滤池反冲洗也分 3 个阶段：气冲阶段、气水联合冲洗阶段、水冲阶段。由于反冲洗时不同时排水，反冲洗废水积攒在滤池里，达到最高运行水位后再排水，留给水冲阶段的冲洗时间不到1min，因此，一般水冲阶段再重复一次。气冲阶段不消耗水，只计算第二、三两个阶段的反冲洗水量。

气水联合冲洗阶段：$W_b = 0.06Aq_{L1}t_2$

水冲阶段：$W_c = 0.06Aq_{L2}t_3$

$$W_L = W_b + W_c = 0.06Aq_{L1}t_2 + 0.06Aq_{L2}t_3$$

$$W_L = 0.06A(q_{L1}t_2 + q_{L2}t_3) \tag{2.3.3-13}$$

式中 W_L——单格滤池1次反冲洗排水量，m^3；

A——单格过滤面积，m^2；

q_{L1}——气水联合冲洗时水冲强度，$L/(m^2 \cdot s)$；

q_{L2}——水冲阶段反冲洗强度，$L/(m^2 \cdot s)$；

t_2——气水联合冲洗阶段历时，min；

t_3——水冲阶段反冲洗历时，min。

② 根据滤料上面水深进行计算：

$$W_L = n(H - 0.15)A \tag{2.3.3-14}$$

式中 H——滤料顶面以上水深，m；

A——单格过滤面积，m^2；

n——水冲阶段的次数。

由于翻板滤池反冲洗是先把滤料上面水深降至滤料上面0.15m才开始反冲洗，不是边冲洗边排水，而是积攒在滤料上面（$H-0.15$）m的空间里，第三阶段即水冲阶段结束时，积攒的反冲洗废水体积为（$H-0.15$）A，如果第三阶段再重复一次，则$n=2$。如果是简单估算，($A \times H$) 就是反冲洗排水量。如果水冲阶段再重复一次，就是$2(A \times H)$。

2. 方法二：根据滤池反冲洗耗水率凭经验进行计算

$$W_2 = k_{02}Q \tag{2.3.3-15}$$

式中 W_2——滤池1日的反冲洗排水量，m^3；

k_{02}——滤池反冲洗排水耗水率，一般可取3%～4%；

Q——水厂规模，m^3/d。

可根据1日的反冲洗排水量W_2和每日反冲洗次数，求出滤池1次的反冲洗水量。

上述两种计算反冲洗排泥水量的方法中，方法一根据不同的池型和不同的反冲洗方式进行计算，采用较多。方法二的优点是计算简单，不需要繁琐的计算，其缺点是反冲洗耗水率k_{02}凭经验取值，在有相似水厂运行经验的基础上，也可采用。这里要注意一点，这里所指的滤池反冲洗排泥水量没有考虑排泥水回收利用这一因素，是从滤池反冲洗直接排出来的水量。因此，滤池反冲洗耗水率k_{02}不能因为考虑回收利用这一因素而往小里取值。

【例】一翻板滤池，单格过滤面积$84m^2$，滤池进水浊度3NTU，出水浊度0.3NTU，滤速$V=8m/h$，过滤周期采用30h，砂面上水深1.6m，气水联合冲洗时水冲强度$q_{L1}=4L/(m^2 \cdot s)$，历时$t_2=4min$，第三阶段单一水冲强度$q_{L2}=16L/(m^2 \cdot s)$，经实测，“NTU”和“mg/L”的转换系数$k_1=1.25$，求反冲洗排水量W_L及反冲洗排水悬浮物平均浓度C_L。

【解】采用两种方法计算：

方法一：

$$W_b = 0.06Aq_{L1}t_2 = 0.06 \times 84 \times 4 \times 4 = 80.64\text{m}^3$$

W_b 所形成的水深：80.64÷84=0.96m，(1.6−0.15)−0.96=0.49m

$$t_3 = 0.49 \div 0.016 = 30.63\text{s} = 0.51\text{min}$$

$$W_c = 0.06Aq_{L2}t_3 = 0.06 \times 84 \times 16 \times 0.51 = 41.13\text{m}^3$$

由于水冲阶段历时只有 40s，水冲阶段再重复一次，重复一次的反冲洗历时为：

$$t_3 = (1.6 - 0.15) \div 0.016 = 90.25\text{s} = 1.51\text{min}$$

$$W_c = 0.06Aq_{L2}t_3 = 0.06 \times 84 \times 16 \times 1.51 = 121.77\text{m}^3$$

$$W_L = W_b + W_c + W_c = 80.64 + 41.13 + 121.77 = 243.54\text{m}^3$$

方法二：

$$W_L = n(H - 0.15)A = 2 \times (1.6 - 0.15) \times 84 = 243.6\text{m}^3$$

根据式（2.3.3-5）求 C_L：

$$C_L = \frac{VAR(C'_1 - C'_2)}{W_L} = \frac{8 \times 84 \times 30 \times 1.25 \times (3 - 0.3)}{243.6} = 279.3\text{mg/L}$$

根据式（2.3.3-6）有：

$$C_L = \frac{16.7VR(C'_1 - C'_2)}{\Sigma q_{Li}T_{1i}} = \frac{16.7 \times 8 \times 30 \times 1.25 \times (3 - 0.3)}{4 \times 4 + 16 \times 0.51 + 16 \times 1.51} = 279.9\text{mg/L}$$

与 V 型滤池相比，翻板滤池反冲洗水量小，主要是翻板滤池没有表冲，虽然单一水冲强度大，但冲洗历时短。另外，在相同的滤池进出水浊度 C'_1、C'_2 和过滤周期 R 等条件下，翻板滤池反冲洗排水悬浮物平均浓度 C_L 比 V 型滤池高，但远小于 400mg/L，按现行《污水综合排放标准》GB 8978—1996 的规定，同样可以排入下游建有二级污水处理厂的城镇排水系统。

2.3.3.3 初滤水排放水量

滤池反冲洗后，滤层中和滤层以上积存的反冲洗废水较为浑浊，因此，冲洗完成刚开始过滤的初滤水水质较差，浊度较高，存在致病原生动物如贾第鞭毛虫和隐孢子虫的几率较高。滤层以上是指从滤层顶至洗砂排水槽顶积存的这部分反冲洗废水。例如 V 型滤池则是从滤层顶至中心排水槽顶的高度 0.5m。但实际上 V 型滤池是恒速恒水位过滤，反冲洗结束后进水，水位要从排水槽顶上升到设定恒水位才开始过滤，这部分水进水与存留在砂面以上的反冲洗废水混掺，这部分水也需要排掉。初滤水排放量可按以下几种方法计算：

$$W_c = knA(H + \eta H_1) \qquad (2.3.3\text{-}16)$$

式中 W_c——初滤水排放量，m^3；

H——砂面上水深，m；

H_1——滤层厚度，m

η——滤料孔隙率，0.42～0.45；

A——单格滤层过滤面积，m^2；

n——同时冲洗的滤池格数；

k——安全系数。

当滤池采用恒速恒水位过滤方式时，初滤水排放量还可根据排放时间计算：

$$W_c = \frac{nVA\,T_c}{60} \tag{2.3.3-17}$$

式中 V——滤速，m/h；

T_c——初滤水排放时间，min。

初滤水排放时间可按下式计算：

$$T_c = \frac{60k(H+H_1)}{V} \tag{2.3.3-18}$$

初滤水排放时间 T_c也可按经验取值，《给水排水设计手册》中提出：T_c＝0.5～0.67h＝30～40min，安全度较高，主要是为了防止两虫指标泄漏。

【例】 一V型滤池，单格过滤面积84m²，滤速 V＝8m/h，滤层厚1.2m，砂面上水深1.2m，一次冲洗1格，为防止两虫指标泄漏，需排放初滤水，安全系数 k＝1.5，求初滤水排放量。

【解】 $T_c = \frac{60k(H+H_1)}{V} = \frac{60\times1.5\times(1.2+1.2)}{8} = 27\text{min}$

$$W_c = \frac{nVA\,T_c}{60} = \frac{1\times8\times84\times27}{60} = 302.4\text{m}^3$$

2.3.4 清洗池子水量及其他水量

2.3.4.1 清洗池子水量

净水厂排泥水量除了上述沉淀池（澄清池）排泥水、气浮池浮渣、滤池反冲洗废水外，还有清洗池子的水量等。主要是由前三项，即沉淀池（澄清池）排泥水、气浮池浮渣、滤池反冲洗废水（包括活性炭滤池反冲洗排水和初滤水）组成。因为这三项不仅水量较大，而且有规律的发生，比较稳定。清洗池子的水量与所采用的工艺流程和运行管理有关，其量在一些水厂可能很小，在另一些水厂可能很大；在一些水厂可能是暂态的，临时性的，而在一些水厂有可能是常态的，具有冲击负荷的特点，很不稳定。

清洗池子的水量主要发生在絮凝沉淀池和清水池。特别是向上流斜管沉淀池，在斜管上端容易积泥，南方一些水厂7～10d就放空池子清洗1次，北京市第九水厂一期工程采用机械搅拌澄清池加斜管，1个月冲洗1次。清水池虽然清洗周期很长，1～2年清洗1次，但清水池容积大，不仅放空的水量多，清洗耗水量也大。

由于清洗池子的水量与所采用的工艺流程和运行管理有关，而且水量一般也相对较小。因此，在计算净水厂排泥水量时应根据不同的工艺流程、是否回收利用、气候变化等情况进行考虑。

由于清洗池子有一定的时间限制，特别是放空池子往往要求在1～2h内完成，放出流量很大。如果这些水量进入调节池后回收利用，容易形成冲击负荷。这一点往往容易被忽略而影响处理效果。例如，北京市第九水厂排泥水处理系统，其排泥水量在设计中只考虑了沉淀池排泥水和滤池反冲洗废水，未计及清洗池子的水量。第九水厂一期工程沉淀构筑物选用机械搅拌澄清池，每个月清洗1次，平均每日清洗1～2个池子，1日放出清洗池子水量约2000m^3，1池子水在2h内放空，瞬时流量很大。担负调节功能的浮动槽排泥池在设计上留有很大的富余以应付沉淀池排泥，但没有考虑放空池子所形成的冲击负荷，致使在放空池子时用尽了设计上留有的富余，后来二期工程侧向流波形板沉淀池改成Actiflo高速沉淀池后，由于Actiflo高速沉淀池排泥水成几倍地增加，不仅造成排泥池调节容积不够，而且还造成上清液排出系统能力不足，临时增加水泵从排泥池中抽吸上清液，严重破坏了浮动槽排泥池的正常功能。

清洗絮凝沉淀池的排泥水量一般进入排泥水处理系统调节池，清水池的清洗水量由于高程关系一般排入厂区下水道。净水厂排泥水处理系统调节池除了接纳和调节沉淀池排泥水和滤池反冲洗废水外，是否还应考虑接纳和调节清洗池子的水量。根据设计规范，调节池调节容积是按最大1次排泥水量或滤池最大1次反冲洗水量确定的，如果接纳和调节清洗池子的水量，由于这部分水量很可能是冲击负荷，有可能大于最大1次排泥水量或滤池最大1次反冲洗水量，调节池的调节容积会因此而大幅度增加，占地面积和投资也会因此而增加。为了减小清洗池子水量对调节池的影响，应尽可能延长排放时间，降低其冲击程度。例如，这部分水量原计划2h放空，如果改成12h，则平均放空流量只有原来的1/6，其冲击程度大大减小。如果改成24h更好。当然，延长放空时间会影响水厂产水量，两者要统筹兼顾。清洗池子应尽可能放在用水低谷季节进行，对于产水量有富余的城市净水厂，应尽可能延长放空时间。

2.3.4.2　其他排水量

其他排水量包括加药、加氯所耗水量和生活污水排放水量。由于加药、加氯过程所用水量很小，这部分水量虽然取自水厂出水，但随着药剂又回到了水厂净水工艺，因此，加药、加氯用水量是循环水量，从产水量来说，并不消耗水量。只不过是净化构筑物的流量负荷有所增加，但量很小，可以忽略不计。

生活污水排放量可根据水厂值班人数，按居民生活用水定额[L/(人·d)]进行计算。

净水厂清洗池子水量和其他排水量因工艺流程和管理方式的不同而有较大的差异，应通过调查研究确定。也可根据耗水率凭经验计算

$$W_3 = k_{03}Q \tag{2.3.4-1}$$

式中　W_3——净水厂清洗池子水量和其他排水量；

k_{03}——耗水率（或耗水系数）。

2.4　净水厂自用水量及自用水量系数

图2.4.0-1表示净水厂工艺流程流量关系图，图2.4.0-2和图2.4.0-3表示净水厂排泥水量回收利用时的工艺流程流量关系图。从图2.4.0-1可以看出，来自取水口进入絮凝沉淀池的流量为$(1+k_0)Q$，图2.4.0-2和图2.4.0-3中来自取水口进入絮凝沉淀池的流量为$(1+k)Q$，图中出现了两个自用水量系数，一个是k_0，一个是k。k_0是水厂生产过程自用水量系数，一般可取设计水量的5%～10%；k是水厂自用水量净值系数。

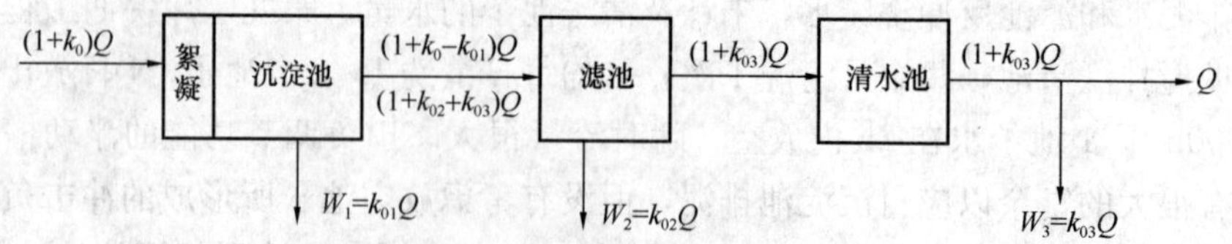

图 2.4.0-1 净水厂排泥水处理工艺流程流量关系图（一）（不回流）

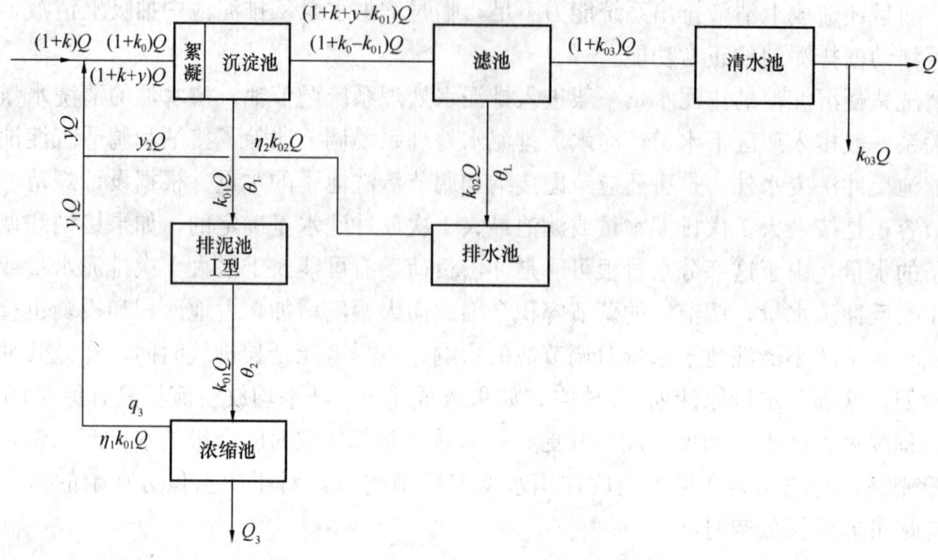

图 2.4.0-2 净水厂排泥水处理工艺流程流量关系图（二）（分建式）

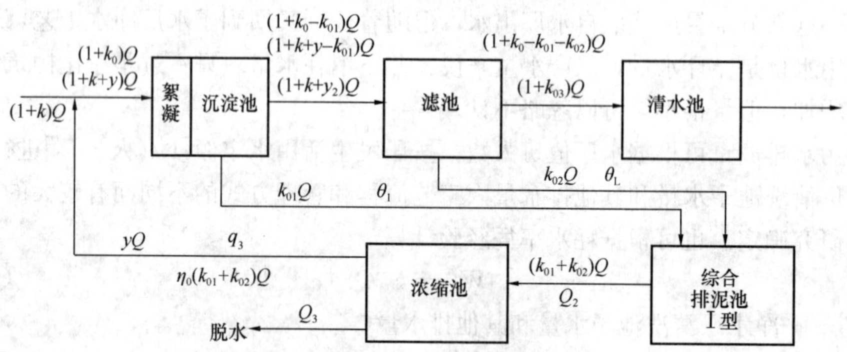

图 2.4.0-3 净水厂排泥水处理工艺流程流量关系图（三）（合建式）

2.4.1 净水厂自用水量

2.4.1.1 净水厂生产过程自用水量 q_0

净水厂生产过程中所消耗的水量如沉淀池排泥水、滤池反冲洗废水以及净水厂其他的生产废水和生活用水，称为水厂生产过程自用水量 q_0。净水厂生产过程自用水量 q_0 等于净水厂生产过程排泥水量 W_0，即 $q_0 = W_0$。

根据前面分析，净水厂生产过程排泥水量 W_0 可写成：

$$W_0 = W_1 + W_2 + W_3 = k_{01}Q + k_{02}Q + k_{03}Q \qquad (2.4.1\text{-}1)$$

则净水厂生产过程自用水量 q_0 可表示为：

$$q_0 = k_{01}Q + k_{02}Q + k_{03}Q \qquad (2.4.1\text{-}2)$$

式中 k_{01}——沉淀池排泥耗水率；

k_{02}——滤池反冲洗排水（包括初滤水）耗水率；

k_{03}——水厂内生活用水及少量其他生产废水耗水率。

式（2.4.1-1）中 $k_{01}Q$ 表示沉淀池排泥水量，$k_{02}Q$ 表示滤池反冲洗排水量（包括炭滤池反冲洗排水量和初滤水排放量），$k_{03}Q$ 表示厂内生活用水及少量其他生产废水排水量。耗水率 k_{01}、k_{02}、k_{03} 与原水水质有关，应实测确定，这是水厂运行管理的一个重要方面。为正确确定下面将要提到的两个重要系数 k_0 和 k 奠定基础。

2.4.1.2 净水厂自用水量净值 q

为了节省宝贵的水资源，把净水厂生产过程排泥水量的一部分或绝大部分回收利用，则净水厂自用水量大幅度减少，但水厂内生活用水及少量其他生产废水排放仍要消耗一部分水量，这部分水量称为水厂自用水量净值，净水厂自用水量净值等于净水厂生产过程自用水量扣除回收水量所得出的水厂自用水量净值。

当净水厂生产过程排泥水量 W_0 不回收利用，全部排放时，净水厂生产过程自用水量 q_0 等于净水厂自用水量 q，即 $q_0=q$。

2.4.2 净水厂自用水量系数

2.4.2.1 净水厂生产过程自用水量系数 k_0

净水厂生产过程自用水量 q_0 与净水厂生产规模 Q 的比值称为净水厂生产过程自用水量系数 k_0。即：

$$k_0 = \frac{q_0}{Q} \qquad (2.4.2\text{-}1)$$

由式（2.4.2-1）得出净水厂生产过程自用水量：

$$q_0 = k_0 Q \qquad (2.4.2\text{-}2)$$

根据式（2.4.1-2）和式（2.4.2-2）得出：

$$k_0 = k_{01} + k_{02} + k_{03} \qquad (2.4.2\text{-}3)$$

净水厂生产过程自用水量系数 k_0 是净水厂设计和运行管理中的一个重要参数。净水厂生产过程自用水量系数 k_0 可按以下方法求出：

（1）实测沉淀池排泥耗水率 k_{01}、滤池反冲洗排水（包括初滤水）耗水率 k_{02}、水厂内生活用水及少量其他生产废水耗水率 k_{03}，根据式（2.4.2-3）计算出 k_0。

（2）根据以下公式计算：

$$k_0 = \frac{Q_0 + yQ - Q}{Q} = \frac{Q_0 + yQ}{Q} - 1 \qquad (2.4.2\text{-}4)$$

式中 Q_0——进厂流量，m^3/d；

Q——出厂流量，m^3/d。

进厂流量 Q_0 可从净水厂进厂流量计读取 1 日的累计流量，出厂流量 Q 可从净水厂出厂流量计读取1日的累计流量，yQ 可从回流流量计读取1日的累计回流流量，这几个数据都是净水厂日常运行管理必须实测的数据。在没有实测数据时，规范规定，净水厂生产过程自用水量系数 k_0 一般取5%～10%。但由于取值范围太大，准确性差，最好经过实测确定。如果相似水厂有实测数据，也可参照采用。

2.4.2.2 净水厂自用水量净值系数 k

净水厂自用水量净值 q 与净水厂生产规模 Q 的比值称为净水厂自用水量系数 k。即：

$$k=\frac{q}{Q} \tag{2.4.2-5}$$

由式（2.4.2-5）得出净水厂自用水量：

$$q=kQ \tag{2.4.2-6}$$

净水厂自用水量净值系数 k 也是净水厂设计和运行管理的一个重要参数。k 可按以下方法求出：

（1）水厂生产过程排泥水量为 W_0，回收利用水量为 W，未被回收利用的水量 W_0-W，等于净水厂生产过程排泥水量扣除回收水量所得出的水厂自用水量净值 q。

$$\begin{aligned}q&=W_0-W=(W_1+W_2+W_3)-(\eta_1W_1+\eta_2W_2+\eta_3W_3)\\&=(1-\eta_1)W_1+(1-\eta_2)W_2+(1-\eta_3)W_3\end{aligned}$$

由 $q=kQ$ 得出：

$$kQ=(1-\eta_1)W_1+(1-\eta_2)W_2+(1-\eta_3)W_3$$

$$k=\frac{(1-\eta_1)W_1+(1-\eta_2)W_2+(1-\eta_3)W_3}{Q} \tag{2.4.2-7}$$

式中 η_1——沉淀池排泥水回收利用系数；

η_2——滤池反冲洗废水回收利用系数；

η_3——其他废水回收利用系数，一般不回收利用，$\eta_3=0$。

如果只回收利用滤池反冲洗废水，则可取 $\eta_2=1$，$\eta_1=0$，$\eta_3=0$。如果同时回收利用沉淀池排泥水和滤池反冲洗废水，则可取 $\eta_1=1$，$\eta_2=1$，$\eta_3=0$。对于沉淀池排泥由于浓缩池底泥要带走一部分排泥水量，只是上清液回收利用，因此，实际上 $\eta_1<1$，但是，当浓缩池底流污泥浓度达到含固率3%以上时，浓缩池底泥所带走的这部分排泥水量可以忽略不计，近似取 $\eta_1=1$，如果浓缩池底流污泥含水率很高，则应根据干泥量和含水率计算出浓缩池底流污泥所带走的水量，计算得出 η_1。

（2）采用下列公式计算：

$$k=\frac{Q_0}{Q}-1 \tag{2.4.2-8}$$

式中 Q_0——进厂原水流量，m^3/d；

Q——出厂流量，m^3/d。

式（2.4.2-8）中 Q_0 为取水口流量（m^3/d），可从进厂流量计读取1日的累计流量，Q 为水厂出厂流量，可从出厂流量计读取1日的累计流量。

【例】 某水厂实测沉淀池排泥耗水系数 $k_{01}=3.5\%$，滤池反冲洗排水耗水系数 $k_{02}=$

3.1%，其他生产和生活废水耗水系数 $k_{03}=0.4\%$。

(1) 当只回收利用滤池反冲洗废水时，求净水厂生产过程自用水量系数 k_0、净水厂自用水量净值系数 k。

(2) 当净水厂排泥水处理系统尚未建成，沉淀池排泥水和滤池反冲洗废水全部排放时，求自用水量净值系数 k。

【解】(1) 根据式 (2.4.2-3) 有：

$$k_0 = k_{01} + k_{02} + k_{03} = 3.5\% + 3.1\% + 0.4\% = 7\%$$

根据式 (2.4.2-7) 有：

$$k = \frac{(1-\eta_1)W_1 + (1-\eta_2)W_2 + (1-\eta_3)W_3}{Q} = \frac{(1-0)W_1 + (1-1)W_2 + (1-0)W_3}{Q}$$

$$= \frac{W_1 + W_3}{Q} = k_{01} + k_{03} = 3.5\% + 0.4\% = 3.9\%$$

(2) 根据式 (2.4.2-7)，由于排泥水未回收利用，回收利用系数 $\eta_1=\eta_2=\eta_3=0$，故：

$$k = \frac{(1-\eta_1)W_1 + (1-\eta_2)W_2 + (1-\eta_3)W_3}{Q} = \frac{W_1 + W_2 + W_3}{Q} = \frac{W_0}{Q} = \frac{q_0}{Q} = k_0 = 7\%$$

由此可见，当净水厂排泥水不回收利用全部排放时，净水厂生产过程自用水量系数 k_0 等于净水厂自用水量净值系数 k，即 $k_0=k$。

2.5 净水厂排泥水水质特点

净水厂排泥水水质与原水水质密切相关，排泥水中的物质主要来自原水中所含物质，是原水水质的进一步浓缩。但是也有一部分来自处理时所投加的药剂和粉末活性炭。其水质又因工艺流程和出处不同而各有其特点。

2.5.1 沉淀池排泥水

沉淀池排泥水水质与其他排泥水相比具有以下特点：

(1) 在净水厂排泥水中，以沉淀池排泥水的污泥浓度最高，最高可达 15000mg/L，对于高浊度的河流，预沉池和沉淀池的排泥浓度甚至达到 100000mg/L。因此，根据这一特点，沉淀池排泥水是不能直接排入天然水体和市政排水管道的。必须经过处理后才能排出，是净水厂排泥水处理的主要对象。

(2) 沉淀池排泥水浓度开始很高，但持续 30～60s 后，排泥浓度陡然下降。因此，要测定沉淀池排泥浓度历时曲线，选择最佳排泥历时，以提高排泥浓度，减小排泥水量。

2.5.2 滤池反冲洗排水

滤池反冲洗排水浓度比沉淀池低，据一些文献记载，当所有悬浮物都来自滤池时，如采用直接过滤，滤池反冲洗排水浓度可达 1000mg/L，在沉淀过滤情况下，一般为 200～500mg/L。其排水悬浮物浓度高低还与反冲洗方式有关，一般单一水冲洗，冲洗强度大，冲洗历时长，耗水量大，因此排水污泥浓度低，一般在 200mg/L 及以下。气水反冲洗耗水率低，带走同量的污泥，耗水量小，因此，排水污泥浓度较高，可达 300～400mg/L。

根据《污水综合排放标准》GB 8978—1996，净水厂排泥水排入执行一级标准的水域，排泥水悬浮物 SS 不能大于 70mg/L；排入执行二级标准的水域，排泥水悬浮物 SS 不能大于 200mg/L；排入执行三级标准的水域，例如设置二级污水处理厂的城镇排水系统，排泥水悬浮物 SS 不能大于 400mg/L。滤池反冲洗排水能否直接排入城镇排水系统，应根据水厂的具体情况确定。目前一些水厂采用沉淀池排泥水进行处理后再排放，而滤池反冲洗排水则直接或经调节后排入设置二级污水处理厂的城镇排水系统。

2.5.3 气浮池浮渣

与沉淀池排泥水水质一样，浮渣的水质特点也与原水的水质、投加的药剂等因素有关。

气浮池浮渣与沉淀池排泥水相比具有以下特点：

(1) 气浮池浮渣的浓度比一般沉淀池排泥水高得多，这是由于气浮池的浮渣受气泡的浮托逐渐露出水面，不断脱水之故。浮渣的含水率可达到 95%～97%。

(2) 气浮池常用来处理低温低浊高藻水，根据国内一些学者的研究结果，当原水为含藻水时，其藻渣污泥具有以下特点：

1) 含藻水是由于水体遭受污染、水体富营养化造成的，高浓度氮、磷出现后，高浓度藻密度和藻毒素也会相继出现，且藻密度、藻毒素浓度与水中氮、磷浓度成正相关关系。

2) 气浮池藻渣的主要成分是藻，另外还含有原生动物及其尸体、其他有机物碎屑、无机粒子、氢氧化物絮体等。

3) 藻渣的污染物浓度与原水浊度、日照、水温、水体富营养化程度等环境因素和排渣周期有关。BOD_5 一般为 2500～8800mg/L，平均约 5200mg/L；COD_{Cr} 一般为 9200～50900mg/L。$1m^3$ 藻渣中 BOD_5、COD_{Cr}的含量为 20～$50m^3$ 城市污水的 BOD_5、COD_{Cr}总量。

藻渣污泥除含有较高浓度的悬浮固体、BOD_5、COD_{Cr}外，还含有较高浓度的总砷、总锌、总镉、总铅、总铁、总氮、总磷、铝等。其中悬浮固体、BOD_5、COD_{Cr}、总砷、总锌、总镉、总铅、总铁这 8 种污染物浓度是污水排入城市排水系统最高允许浓度的 19～204 倍。

4) 藻渣含水率一般为 95%～97%，平均藻渣体积为气浮池处理水量的 0.04%，即气浮池处理 1 万 m^3 水量，产生的藻渣量为 $4m^3$。

5) 含藻水经过气浮池处理后，出水的藻毒素比进水减少了 60%。减少的藻毒素包括细胞内的和细胞外的，两种藻毒素都进入藻渣中。

处理含藻水的气浮池藻渣污泥污染物浓度高，不仅不能排入水体，也不应排入城市排水系统。而是应该经过处理达标后才能排放。

2.6 净水厂运行方式对排泥水处理系统的影响

由于泥线的调节工序与水线衔接，因此，净水厂运行方式对排泥水池系统的影响主要是对调节工序的影响。主要表现在当沉淀池排泥和滤池反冲洗时序安排不当时，会造成调节构筑物排泥池、排水池调节容积不够，发生溢流；继而影响浓缩池容积不够，出现上清液浑浊，达不到排放要求，底流污泥达不到浓缩目标值，造成脱水困难，泥饼达不到要求的含固率。或者是造成脱水设备能力不够。

2.6.1 沉淀池排泥和滤池反冲洗时序对调节工序的影响

沉淀池排泥和滤池反冲洗的时序安排下面统称为排泥模式，可分为两种，一是均匀模式，二是非均匀模式。

2.6.1.1 均匀模式

沉淀池连续均匀排泥，或者是沉淀池的排泥次数在24h内均匀分布，每次排泥延续时间相同，间隔相同；滤池反冲洗次数在24h内均匀分布。例如某水厂一、二、三期有沉淀池12个，滤池24格。每个沉淀池1日排泥2次，共24次，每格滤池1日反冲洗1次，每日反冲洗24次。均匀模式就是沉淀池每隔1h排泥1次，滤池也是每隔1h反冲洗1次。如果联合排序，就是每隔1h排1次泥，滤池反冲洗1次。

2.6.1.2 非均匀模式

沉淀池间断排泥，排泥次数在24h内分布不均匀，每次排泥延续时间也不尽相同；滤池反冲洗次数在24h内分布不均匀，其时序安排具有随意性。最典型的是滤池反冲洗，1格接着1格冲洗，24格滤池1次连续冲洗完毕。沉淀池排泥也是12个，1个接1个，1次排完，或者是安排在某一时段全部排完。在实践中最具代表性的是利用晚上低谷电价时段，例如某水厂低谷电价时段是0：00～4：00，为了节约电费，沉淀池排泥和滤池反冲洗全部安排在这4个小时低谷电价时段内完成。

2.6.1.3 非均匀排泥模式对调节工序的影响

1. 对调节构筑物调节容积的影响

非均匀排泥模式排泥的不均匀性越大，调节的任务就越重，调节的难度越大，所需的调节容积就越大。

以分建式调节构筑物为例，沉淀池排泥水进入排泥池，滤池反冲洗废水进入排水池。如果沉淀池排泥和滤池反冲洗废水排放采用均匀模式，均匀程度越高，与调节池出流的均匀程度越接近，则所需的调节容积越小，如果调节池的入流和出流的均匀程度完全一致，随来随走，则理论上所需的调节容积为0，调节池就成了一个水流通道。如果沉淀池排泥和滤池反冲洗废水排放采用非均匀模式，调节池出流也采用非均匀出流，调节池入流和出流的非均匀程度也完全一致，也是随来随走，理论上所需的调节容积也等于0，因此不需要设调节构筑物。但是，排泥池出流是下一道工序浓缩池的入流，浓缩池入流要求连续均匀，若调节池采用不均匀出流，则严重损害浓缩池浓缩功能。因此，在调节池只能采用连续均匀出流的前提下，只有沉淀池排泥和滤池反冲洗废水排放的时序安排采用均匀模式，才能减小调节构筑物调节容积。但是其均匀程度要达到调节池出流连续均匀的程度，达到完全同步，一般难以做到，因此，设调节池是不可避免的。调节池的任务就是把间断的、不均匀的入流变成连续的、均匀的出流。沉淀池排泥的不均匀性越大，调节的任务就越重，调节的难度越大，所需的调节容积就越大。

2. 对回流模式的影响

沉淀池和滤池的排泥模式不仅影响排泥水处理系统调节池的容积，如果排泥水回收利用，排泥模式还会影响回流的均匀程度，影响回流比的大小。在调节容积一定的情况下，沉淀池排泥模式、滤池反冲洗模式的不均匀性越大，回流的不均匀性也越大，回流比也就越大，给水线造成冲击负荷的可能性越大。

调节池调节容积按最大 1 次排泥水量和最大 1 次反冲洗水量确定时，下一次排泥水量和反冲洗水量到来时，存留在池中的上一次排泥水量和反冲洗水量必须排出，否则会出现溢流或空池子现象。如果采用均匀排泥模式，排泥水和反冲洗废水虽不连续，但均匀间歇进入调节池，经调节后可以做到连续均匀排出，理论上能形成均匀回流模式。如果采用非均匀排泥模式，沉淀池排泥或滤池反冲洗时间间隔时而长、时而短，排泥水和反冲洗废水既不连续，又不均匀进入调节池，当排泥间隔很短时，就会出现下一次排泥水和反冲洗废水到来之时，存留在调节池中的上一次排泥水量还没有排出，为了防止溢流，运行管理人员必然开足马力，把存留的和新来的泥水排掉，造成调节池出流流量很大，形成不均匀回流；当排泥间隔很长时，调节池的泥水抽空了，还不见进水，造成一段时间空池子，调节池出水断流，造成回流停止，形成时间上断断续续、流量上或大或小的非均匀回流模式。例如一些水厂为了利用晚上低谷电价，所有滤池反冲洗和沉淀池排泥都集中在晚上 4 个小时完成，滤池反冲洗 1 格接 1 格冲洗，沉淀池排泥 1 个接 1 个连续进行，造成调节池上一次来水还没有送走，下一次排水又到了，造成溢流，不得不增加排水泵的容量，小泵换大泵，提高回流比，虽然解决了排水池的溢流问题，但对水线的净化构筑物形成冲击负荷，影响出水水质。

2.6.2 沉淀池排泥浓度对调节工序的影响

不仅沉淀池的排泥方式对排泥水处理系统的调节容积有影响，沉淀池的平均排泥浓度对调节容积也有影响。排泥方式对调节容积的影响前面已经论述，下面讨论一下沉淀池排泥浓度对调节容积的影响。

2.6.2.1 沉淀池的排泥浓度

沉淀池排泥浓度是影响沉淀池排泥水量的重要因素，也是决定调节构筑物尺寸大小的重要因素。排泥水浓度可用含固率（或含水率）及每升液体中固体含量 mg/L 表示。根据国内外资料报道，沉淀池排泥含固率在 0.1%～2%范围内变化，即含水率在 99.9%～98%之间变化，北京市第九水厂沉淀池排泥水含固率为 0.01%～1%，上海月浦水厂在 2002 年测定的沉淀池排泥水含固率为 0.1%～4.5%。沉淀池排泥水浓度在排泥延续时间内是变化的，开始排泥浓度高，但下降很快，到每次排泥结束时，其排泥水含固率往往降至 0.01%及以下，再继续排，就要浪费大量的水资源。因此，存在一个最佳排泥历时问题。例如，国内某水厂测定的沉淀池排泥水含固率低于 1%的样品数达到 76%，含固率在 1%～2%的只占 18%，含固率 1%的在其中又占绝大多数，真正达到 2%的就很少了。因此，在利用排泥水含固率来计算沉淀池的排泥水量和调节池的尺寸时，排泥水浓度设计取值应慎重考虑，应取排泥历时内的加权平均值。绝不能取最高值，否则，计算得出的调节容积偏小，就会频繁出现调节池溢流和空池子的现象。

各水厂的排泥浓度有一定的差别，这与原水浊度、沉淀池的形式及泥区的构造有关，例如泥区为锥形泥斗和锥形泥沟的，排泥浓度就大。另外还与取样点的位置有关，直接从泥区取样，最高浓度大；从排泥水出流管道上取样一般浓度较低，因为泥区部分上层浓度较低的污泥水与下层浓度较高的污泥发生了混掺，还有一部分上层浓度较低的排泥水短路进入吸泥口。设泥区的污泥浓度为 C'_1，排出管道上的污泥浓度为 C_1，则 $C_1 = \varphi C'_1$。其中系数 $\varphi \leqslant 1$，称混掺系数。根据国外有关文献报道，它们分别为：

（1）当沉淀池排泥系统采用刮板集中刮至一个集泥沟，泥从集泥沟集中排出时，$C_1 = 0.7C'_1$，$\varphi = 0.7$。

（2）当沉淀池采用真空吸泥系统，如平流沉淀池采用虹吸式吸泥机时，$C_1 = (0.5 \sim 0.7)C'_1$，$\varphi = 0.5 \sim 0.7$。

（3）能形成悬浮泥渣层的竖流式沉淀池，上层水流要穿过悬浮泥渣层与泥区的污泥混掺，受到悬浮泥渣层的阻挡，对泥区排泥口的排出浓度影响较小，排出管道上的污泥浓度近似等于泥区的污泥浓度。即 $C_1 = C'_1, \varphi = 1$。

因此，当从泥区取样来表示沉淀池的排泥浓度时，应考虑排出口的位置可能产生的混掺情况，区分不同情况，乘以一个小于 1 的混掺系数。

沉淀池排泥开始浓度高，后来低，而且相差悬殊。其原因是排泥口附近的泥排完后，形成了一个与上层水相通的漏斗形通道，上层浓度较低的泥水短路进入排泥口而发生混掺。排泥过程中最高浓度才反映出沉淀池泥区的真实浓度，反映泥区的浓缩效果。后来排出的低浓度都是与上层短路水流混掺的结果，排出浓度越低，表示混掺得越厉害。为了尽可能减少上层短路水流的混掺稀释，沉淀池排泥不一定每次都要求排干净，可让排泥沟中存有一定的泥量，以阻止排泥口附近形成一个与上层水相通的漏斗形通道。例如，每一次只排出上一次收集的泥量，而将最近一次收集的排泥量存放在排泥口附近，作为下一次排泥的泥量。这就要求泥区容积适当做大一些。

上述 3 种情况，平流沉淀池虹吸式吸泥机的排出浓度最低，这是因为虹吸式吸泥机的吸口在水中移动时，开辟出一道道小泥沟，上层水顺势跟进，与下层的泥混掺。

2.6.2.2　提高排泥浓度对调节工序的影响

1. 提高排泥浓度，减小调节容积

如果调节构筑物按不小于最大 1 次排泥水量计算，则调节池的调节容积不小于最大 1 次排泥水量的体积。提高沉淀池的排泥浓度，能显著降低排泥水的体积，例如把沉淀池排泥水的含水率从 99.95%降低至 99.5%，则排泥水的体积缩小到原来的 10%。则调节池的容积也可以缩小到原来的 1/10。

由此可见，提高排泥浓度是减少调节容积的一条重要途径。

2. 减少了水厂自用水量，降低日常运行成本

提高排泥浓度，把沉淀池排泥浓度从含水率 99.95%降低至 99.5%，其排泥水量仅为原来的 1/10，降低了水厂生产过程自用水量，对节约日常电耗意义重大。这些自用水量都是经过了一级泵站的提升，加药、混合、絮凝、沉淀处理过的水，一些长距离引水还经过了长途搬运，因此，提高排泥浓度，不仅可以节省输送原水的电费，减少回流水量的提升电耗，而且还可以节省水资源费和药剂费。

2.6.2.3　提高沉淀池排泥浓度的方法

（1）正确选择排泥周期。

正确选择排泥周期对提高沉淀池排泥浓度具有重要意义。排泥周期太短，池底污泥浓缩程度不够，势必降低排泥浓度，增加排泥水量。排泥周期太长，污泥压得过于密实，污泥流动性差，有可能造成排泥困难；而且控制不好，还有可能造成泥面上升到清水区，影响沉淀池处理效果。

排泥周期的确定与以下几个因素有关：

1）与原水浊度有关。一般原水浊度越高，排泥周期越短。特别是高浊度时，每日排泥次数应适当增加，但不是与原水浊度成正比例地增加。只要不影响沉淀池处理效果，尽量提高排泥水浓度。因为高浊度时，原水浊度高，同样的停留时间，浓缩效果会提高。应通过实际运行，总结经验，摸索出一套不同原水浊度下，尽量提高排泥水浓度而又不影响沉淀池出水水质的排泥方法，包括每日排泥次数和每次排泥历时。

2）与沉淀构筑物的构造有关。沉淀构筑物泥区容积越大，存留的泥量就越多，浓缩效果越好，排泥周期就越长。相反，泥区容积小，泥面很快上升到沉淀构筑物清水区，影响沉淀效果，周期就要缩短。即每日排泥次数就要增加。另外，排泥周期与泥区的构造也有关，泥区做成锥形泥斗或锥形泥沟，污泥浓缩效果好，排泥周期可以长一些；相反，泥区构造是平底，浓缩效果差，污泥含水率高，同样的泥区容积，很快就满了，排泥周期就短。

由于排泥周期与许多因素有关，因此很难确定一个统一的适用于各种水源、不同构筑物形式的排泥周期。如何确定排泥周期，前面已有论述。

（2）根据沉淀池的池型及排泥设备的形式，选择合适的排泥过程控制方法。

选择合适的排泥过程控制方法，对提高排泥浓度具有重要意义。如果沉淀池为平流式沉淀池，排泥设备为桁架式吸泥机，可在吸泥机上安装泥位、浓度梯度检测仪，通过对泥位、浓度梯度变化的检测，控制吸泥机的运行。在沉淀池的起端，一般积泥较多，泥位高，污泥浓度较高，可通过程序控制，结合泥位和浓度梯度检测结果在局部积泥较多、泥位高的区域多次重复往返。这样就可以避免在积泥较少、泥位低的区域重复往返，吸走大量清水，降低排泥浓度。

如果是斜管斜板沉淀池，采用穿孔管排泥，可采用时间控制，但要通过试验确定最佳排泥历时和平均排泥浓度。

（3）在排泥过程中，对排泥水的浊度进行在线检测。

当排泥水浊度降到要求的给定值后，停止排泥。每次排泥不要求全部排干净，在不影响出厂水水质的情况下，在排泥沟或排泥口附近存留一部分污泥，待下一次排泥时排走，以减少上层短路水流的混掺而被稀释。存留的泥量越多，存留的污泥层厚度越大，与上层清水混掺的几率就越小，排泥浓度越接近泥区污泥浓度 C_1'。但要注意存留的这一部分泥量只是临时存留，在下一轮排泥时能够排走，这与吸泥口水流影响不到的死角产生的永久性积泥是不同的，这部分积泥需要人工清洗。

（4）测定排泥浓度—历时过程曲线 $C—t$，确定最佳排泥历时 t_1 和 t_1 时段内平均排泥浓度 C_1。

在实践中发现，沉淀池的排泥过程中，排泥浓度是变化的，开始浓度较低，在不到20s排泥浓度达到峰值，然后迅速陡降至最低值，这段时间也不到1min。如果再继续排泥，就会因排泥浓度低而浪费大量的水。因此，要提高沉淀池排泥浓度，确定最佳排泥历时十分重要。

某水厂曾对斜板沉淀池穿孔管排泥进行实测，每隔5s取一次样，测定其排泥浓度，实测值见表2.6.2-1。根据表2.6.2-1中数据，以排泥历时 t 为横坐标，排泥浓度为纵坐标，作出排泥浓度—历时过程曲线，如图2.6.2-1所示。

穿孔排泥管排泥浓度变化实测数据 **表2.6.2-1**

t (s)	0	5	10	15	20	25	30	35	40	45	50	55
浓度 (mg/L)	8010	10050	15000	15550	14800	7500	3300	1490	515	520	500	500

从表2.6.2-1及图2.6.2-1可以看出，排泥浓度在10～15s陡增到最大值约15000mg/L，在20s以后，骤然下降，到了35s以后，排泥浓度已经很低，到40s后，已经稳定在500mg/L左右，含水率达到99.95%。从图2.6.2-1可以看出，本案例最佳排泥历时应取35～40s。

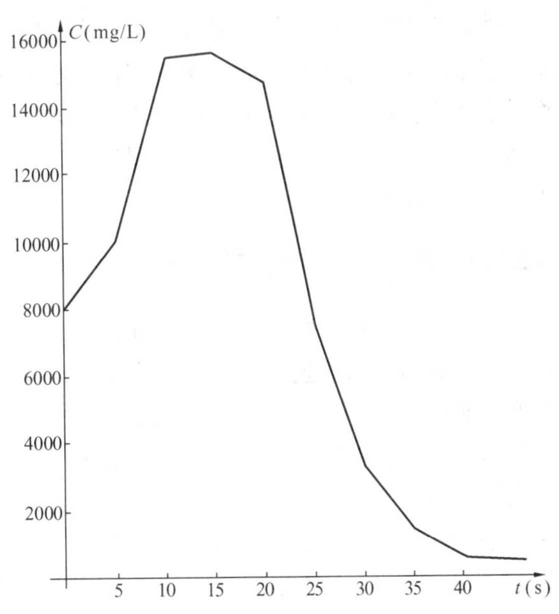

图2.6.2-1 排泥浓度—历时过程曲线

在排泥开始10～15s这一时段，排泥浓度之所以低，是因为穿孔排泥管里残存着上一次排泥末端的水，与下一次排泥进入排泥沟的浓度较高的泥水相互混掺，将原本应该较高的浓度稀释，因此，开始浓度较低。由于穿孔排泥管孔口吸泥的影响范围有限，很快形成一个与上层水相通的漏斗形通道，排泥浓度陡然下降，再继续排泥，就会因排泥浓度低而浪费大量的水资源。

图2.6.2-1仅仅是斜板沉淀池下穿孔排泥管这一特定条件下作出来的，是排泥浓度—历时过程曲线 C—t 的一个特例。随着沉淀池形式的不同，排泥方式的差异，其 C—t 曲线的形状各异，最佳排泥历时也不尽一致。如平流沉淀池采用桁架式吸泥机，其 C—t 曲线就不会有这种陡起陡落，曲线较平缓，且历时 t 较长。如果水源相同，沉淀池形式相同，排泥方式也一样，可以相互借鉴。沉淀池形式不同，排泥方式不一样，或者水源不一样，最好实测沉淀池排泥浓度—历时过程曲线 C—t，来选择最佳排泥历时，确定该时段下平均排泥浓度。

通过测定排泥浓度—历时过程曲线 C—t，还可近似确定反映混掺程度的混掺系数 φ 值，$\varphi = C_1/C'_1$，其泥区浓度 C'_1 可取 C—t 曲线上最高浓度，排出浓度 C_1 可取排泥历时时段的加权平均值。

一般水厂为管理方便，减少排泥次数，1次排泥持续时间较长，大大超过最佳排泥历时。因此，缩短排泥历时，增加排泥次数能提高排泥浓度，减少排泥水量。排泥池的调节容积按沉淀池最大1次排泥水量确定，因此，增加排泥次数，缩短排泥历时，减少每次排泥水量对减小排泥池调节容积具有重要意义。

2.7 排泥水处理系统运行方式对净水厂的影响

从前面分析可知，净水厂运行方式如沉淀池的排泥模式和排泥浓度、滤池的反冲洗模式对排泥水处理有很大影响。同样，排泥池处理系统的运行方式也对净水厂水处理工艺产生很大影响。主要表现在排泥水回收利用时，当回流模式选择不当时，有可能对絮凝、沉淀、过滤等环节造成冲击负荷，影响净水厂出水水质。

另外，当排泥水回收利用时，排泥水水质的好坏对净水厂出水水质也有影响。回流水水质决定于净水厂排泥水水质，净水厂排泥水水质又与原水水质密切相关，排泥水中的污染物质主要来自原水中所含的污染物质，是原水水质的进一步浓缩。如果排泥水中有害指标较高，这些有害指标去除后再重新回流到净水工艺中去，有可能产生循环累积，对水厂出水水质产生不利影响。

2.7.1 回流系统流量关系分析

图2.4.0-1表示净水厂工艺流程流量关系图，图2.4.0-2和图2.4.0-3表示净水厂排泥水量回收利用时的工艺流程流量关系图。从图2.4.0-1可以看出，来自取水口进入絮凝沉淀池的流量为$(1+k_0)Q$，沉淀池排泥耗水率为k_{01}，则沉淀池1日的排泥水量$W_1=k_{01}Q$；沉淀池上清液进入滤池的流量负荷是$(1+k_0-k_{01})Q$，或者是$(1+k_{02}+k_{03})Q$，滤池反冲洗耗水率为k_{02}，则滤池1日的反冲洗排水量为$W_2=k_{02}Q$，滤后水进入下一个构筑物的流量是$(1+k_{03})Q$。因此$(1+k_0)$称为絮凝、沉淀池的流量负荷系数，滤池的流量负荷系数为$(1+k_0-k_{01})$，或者是$(1+k_{02}+k_{03})$。清水池的流量负荷系数为$(1+k_0-k_{01}-k_{02})$或者是$(1+k_{03})$，例如假设$k_0=7\%$，$k_{01}=3\%$，$k_{02}=3\%$，$k_{03}=1\%$，则通过絮凝、沉淀池的流量负荷为$(1+k_0)Q=1.07Q$，通过滤池的流量负荷为$(1+k_0-k_{01})Q=1.04Q$，进入清水池的流量负荷为$(1+k_{03})Q=1.01Q$。也有除清水池外，所有构筑物的流量负荷系数都取$(1+k_0)Q=1.07Q$进行计算，这么做，虽然与理论不符，滤池的尺寸大了一些，但滤池的实际运行负荷低于设计负荷，对出水水质更有保证，而且计算更简便。由于清洗池子、加氯加药、生活用水等其他用水一般均由水厂出水承担，因此进入清水池的流量负荷不应该是水厂规模Q，而应该是$(1+k_{03})Q$，但由于清水池的流量负荷系数k_{03}较小，在计算清水池调节容积和停留时间时，习惯上都忽略不计，近似取$k_{03}=0$。当清洗池子、加氯加药等其他用水量所占比重较大时，不能忽略，特别是在清水池运行最低水位时，在清水池前未设接触池的情况下，要核对能否满足加氯最小接触时间30min的要求。

根据物料平衡关系，从图2.4.0-1可以看出：

$$(1+k_0)Q=k_{01}Q+k_{02}Q+k_{03}Q+Q$$

进而得出：

$$k_0 = k_{01} + k_{02} + k_{03} \tag{2.7.1-1}$$

由式（2.7.1-1）可以看出：净水厂生产过程自用水量系数 k_0 等于各构筑物排泥耗水率之和。因此，各构筑物排泥耗水率也称各构筑物生产过程分项自用水量系数。

排泥水回收利用时，来自取水口的流量为 $(1+k)Q$，进入絮凝沉淀池后与回流水量 yQ 汇合变成了 $(1+k_0)Q$。不回流时来自取水口进入絮凝沉淀池的流量维持不变，仍为 $(1+k_0)Q$，根据图 2.4.0-2 所表示的流量关系，进入絮凝沉淀池的流量负荷 $(1+k_0)Q$ 应等于来自取水口进入絮凝沉淀池的流量 $(1+k)Q$ 加上回流水量 yQ，由此得出：

$$(1+k_0)Q = (1+k)Q + yQ$$

$$(1+k_0)Q = (1+k+y)Q$$

$$k_0Q = kQ + yQ \tag{2.7.1-2}$$

由式（2.7.1-2）可以得出：

$$q_0 = q + yQ \tag{2.7.1-3}$$

式中　k_0——净水厂生产过程自用水量系数；

　　k——水厂自用水量净值系数；

　　y——回流比。

从式（2.7.1-3）可以得出：净水厂生产过程自用水量 q_0 等于净水厂自用水量净值 q 加上回流水量 yQ。由式（2.7.1-3）还可以得出，当水厂生产过程产生的排泥水不回收利用时，回流比 $y=0$，得出：

$$q_0 = q$$

即净水厂生产过程自用水量 q_0 和净水厂自用水量净值 q 相等。

如果排泥水量 W_1、W_2、W_3 全部回收利用，则回流水量 W_H 为：

$$W_H = yQ = W_1 + W_2 + W_3 \tag{2.7.1-4}$$

$$W_1 = y_1Q,\quad W_2 = y_2Q,\quad W_3 = y_3Q$$

$$yQ = y_1Q + y_2Q + y_3Q$$

$$y = y_1 + y_2 + y_3 \tag{2.7.1-5}$$

式（2.7.1-5）中 y_1、y_2、y_3 为分回流比，一般其他自用水量 W_3 不回收利用，即分回流比 $y_3=0$。如图 2.4.0-2 所示，回流水流量 yQ 由两部分组成：

$$yQ = y_1Q + y_2Q$$

$$y = y_1 + y_2$$

$$yQ = k_{01}Q + k_{02}Q + k_{03}Q$$

$$y = k_{01} + k_{02} + k_{03} \tag{2.7.1-6}$$

但由于排泥水回收利用时，水厂生产过程排泥水量 $W_0 = k_0Q$ 并没有全部回收利用，

第三部分厂内生活用水及少量其他生产废水 $k_{03}Q$ 一般不回收利用，第一、第二部分也不能全部回收，例如沉淀池排泥水经调节、浓缩后，上清液回收，含水率约97%的底泥进入脱水工序，要带走一部分水量，这部分水量由于含有药剂高分子聚合物，一般不回收利用。水厂生产过程排泥水量 W_0 > 回流水量 W_H，即 $k_0Q > yQ$，$k_{01} > y_1$，$k_{02} \geqslant y_2$，$y < k_{01} + k_{02} + k_{03}$。因此可写出：

$$W_H = \eta_0 W_0 \tag{2.7.1-7}$$

$$W_H = \eta_1 W_1 + \eta_2 W_2 + \eta_3 W_3 \tag{2.7.1-8}$$

$$y = y_1 + y_2 + y_3 = \eta_1 k_{01} + \eta_2 k_{02} + \eta_3 k_{03} \tag{2.7.1-9}$$

根据式（2.7.1-9），可进一步得出：

$$y = \eta_0 k_0 \tag{2.7.1-10}$$

$$\eta_0 = \frac{\eta_1 k_{01} + \eta_2 k_{02} + \eta_3 k_{03}}{k_0} \tag{2.7.1-11}$$

式中 η_1——沉淀池排泥水量回用系数；

η_2——滤池反冲洗排水量回用系数；

η_3——水厂生活用水和其他生产用水排泥水量回用系数；

η_0——综合回用系数；

W_H——回流水量，m^3。

从图2.4.0-2可以看出，沉淀池排泥水量 $W_1 = k_{01}Q$ 进入排泥池（以排泥池Ⅰ型为例），沉淀池每日排泥水量也可以写成 Q_1（m^3/d），在全部排泥水量进入排泥池的工况下，排泥池底流流量 $Q_2 = k_{01}Q$ 进入浓缩池，浓缩池底流流量为 Q_3，上清液为 q_3，上清液 q_3 是沉淀池排泥水转化而成的回流水量，因此可用 y_1Q 表示，如果以回用系数表示，则可写成 $\eta_1 k_{01}Q$。滤池反冲洗排泥水量 $W_2 = k_{02}Q$ 进入排水池（以Ⅰ型为例），滤池1日的反冲洗水量也可以用流量 Q_L（m^3/d）表示，排水池回流流量来自滤池反冲洗水量，因此可用 y_2Q 表示，如果以回用系数表示，则可写成 $\eta_2 k_{02}Q$。回流水量 y_2Q 与 y_1Q 汇合为 yQ，回流水量 yQ 与原水流量 $(1+k)Q$ 汇合得出 $(1+k+y)Q$，或者是 $(1+k_0)Q$。

从图2.4.0-2可以看出，回流水量 yQ 是循环使用的，理论上并不消耗，不需要补充，这部分水量也称为循环水量。y_1Q、y_2Q 又称为分循环水量，二者循环路径不同，对净化构筑物的影响也不一样。分循环水量 y_1Q 和 y_2Q 均通过絮凝沉淀池，只有 y_2Q 通过滤池，对絮凝沉淀池的影响最大。回流水量 yQ 循环使用，虽然降低了净水厂的自用水量净值，但是生产过程自用水量并没有减少，絮凝沉淀池、滤池的流量负荷并没有降低，而且如果不均匀回流，它还会增大净化构筑物的流量负荷，缩短絮凝池的停留时间，超过沉淀池设定的液面负荷，超过滤池的设计滤速，这是产生冲击负荷的根源，所以回流比必须控制在一定的范围内。

调节池为合建式的回流系统流量关系见图2.4.0-3。沉淀池排泥水量为 $k_{01}Q$，或用 Q_1 表示；滤池反冲洗排水量为 $k_{02}Q$，或用 Q_L 表示，沉淀池和滤池的排泥水量都进入综合排泥池（以Ⅰ型为例），底流流量为 Q_2，也可写成（$k_{01} + k_{02}$）Q，底流流量 Q_3 进入脱水工序，上清液 q_3 是由沉淀池排泥水和滤池反冲洗排水共同转化形成的，因此也可表示为 yQ，如果以回用系数表示，则可写成 $\eta_0(k_{01} + k_{02})Q$。

2.7.2 回流比与回流模式

2.7.2.1 回流比

从前面分析看出，回流水量对絮凝沉淀池的设计负荷有一定的影响，为了方便计算回流水量，将回流比定义如下：回流比为任一时段的回流流量与同一时段水厂出水流量的比值。

$$y = \frac{Q_p}{Q_h} \qquad (2.7.2\text{-}1)$$

式中 y——回流比；

Q_p——回流流量，m^3/h；

Q_h——水厂出水流量，m^3/h，当水厂按设计规模运行时，Q_h 为高日平均时流量。

由式（2.7.2-1）得出：

$$Q_p = yQ_h \qquad (2.7.2\text{-}2)$$

当回流比 y 确定后，就可根据式（2.7.2-2）计算得出回流流量 Q_p。

2.7.2.2 回流模式

根据回流水量的均匀程度，回流方式可分为均匀回流和非均匀回流两种模式。

1. 均匀回流模式

均匀回流模式就是回流水量在时空上均匀分布。所谓时间上均匀分布就是一日 24h 连续不间断均匀回流，回流流量是恒定不变的；与水线采用高日平均时这种连续、均匀体系相对应。所谓空间上均匀分布就是回流水量要与全厂原水均匀混合，不能把全部回流水量集中于某一点。例如，某水厂一、二、三期，排水池（回流水池）离一期很近，离三期较远，为了缩短回流管道长度，降低回流水泵扬程，把一、二、三期的排泥水量全部送入一期的混合井，只与一期的原水均匀混合，造成一期净化构筑物超负荷运行。

均匀回流模式的回流比称均匀回流比，用 y_0 表示。

2. 非均匀回流模式

非均匀回流模式就是回流水量在时空上分布不均匀。在时间上是间断回流，回流时间小于 24h，且回流流量和回流比在各个不连续的时段可能是不同的；在空间上，回流水量不是与整个水厂的原水均匀混合，而是集中回流到某一点，例如一、二、三期集中回流到一期，与部分原水混合。更有甚者，把几个水厂的排泥水集中到一个水厂处理，以追求规模效应。或者是已建设的几个水厂未建设排泥水处理系统，又未预留建设用地，不得已送往新建水厂进行处理。如果排泥水在受纳水厂回收利用，则受纳水厂的回流比因此而增大，这种空间上分布的不均匀性比起上面所提到的把一、二、三期排泥水集中回流到一期更有过之无不及。如果把几个水厂的排泥水集中到一个水厂处理，进入受纳水厂后又集中到某一期，再加上时间效应与空间效应迭加，则受纳水厂这一期的絮凝、沉淀、过滤严重超负荷，造成无法运行。

如果在时间上和空间上有一个不符合均匀回流模式标准，也属于非均匀回流模式。非均匀回流模式回流比用 y 表示。

2.7.2.3　均匀回流模式判别式及均匀回流比 y_0

1. 均匀回流模式判别式

根据均匀回流模式的定义，回流系统的回流流量连续、均匀，根据图 2.4.0-2 所表示的流量关系，进入絮凝沉淀池的流量负荷 $(1+k_0)Q$ 应等于来自取水口进入絮凝沉淀池的流量 $(1+k)Q$ 加上回流水量 y_0Q，由此得出：

$$(1+k_0)Q=(1+k)Q+y_0Q \qquad k_0Q=kQ+y_0Q$$

$$k_0=k+y_0 \tag{2.7.2-3}$$

$$y_0=k_0-k \tag{2.7.2-4}$$

由于水厂中生活污水和部分生产废水一般都要排掉，因此 $k>0$，得出：

$$y_0<k_0 \tag{2.7.2-5}$$

式 (2.7.2-4)、式 (2.7.2-5) 是均匀回流模式的判别式，是判别是否均匀回流的标准。

只要是均匀回流模式，均匀回流比 y_0 必然小于 k_0，除非排泥水量100%回收利用，即 $k=0$，这是不可能的，因此判别式的第一条 $y_0<k_0$ 就确定了均匀回流比 y_0 的取值范围。

2. 均匀回流比 y_0 计算

均匀回流比 y_0 可采用以下几种方法计算。

方法 1：根据回流比定义计算

假如 1 日的回流水量为 W_H，则均匀回流模式的回流比为：

$$y_0=\frac{W_H}{Q}=\frac{W_H}{24Q_h} \tag{2.7.2-6}$$

式中　W_H——1 日的回流水量，m^3/d；

Q_h——水厂运行规模，m^3/h。

从式 (2.7.2-6) 可以看出，均匀回流比 y_0 与回流水量 W_H 成正比，Q_h 是水厂运行规模。用平均时流量表示。水厂运行方式确定后，回流水量 W_H 也基本上确定，y_0 就是一个恒量。

回流水量 W_H 可用以下方法得出：

根据生产过程排泥水量进行计算，分别求出沉淀池排泥水量 W_1、滤池反冲洗水量 W_2 和其他排泥水量 W_3，根据式 (2.7.1-8) 求出回流水量 W_H。则均匀回流比 y_0 可表示为：

$$y_0=\frac{W_H}{Q}=\frac{\eta_1W_1+\eta_2W_2+\eta_3W_3}{Q} \tag{2.7.2-7}$$

利用式 (2.7.2-7) 求均匀回流比 y_0 时，首先求出沉淀池 1 日的排泥水量 W_1、滤池 1 日的反冲洗排泥水量 W_2、1 日的生活用水和其他生产用水产生的排泥水量 W_3，W_3 一般不回收利用，回用系数 $\eta_3=0$。η_1、η_2 根据实际情况取值，如果反冲洗排水全部回收利用，可近似取 $\eta_2=1$。对于沉淀池排泥由于浓缩池底泥要带走一部分排泥水量，只是上清液回收利用，因此 $\eta_1<1$，但是，当浓缩池底流污泥浓度达到含水率 97%时，浓缩池底泥所带走的这部分排泥水量可以忽略不计，近似取 $\eta_1=1$，如果浓缩池底流污泥含水率很高，则应根据干泥量和含水率计算出浓缩池底流污泥所带走的水量。

沉淀池排泥水量 W_1、滤池反冲洗排泥水量 W_2 及其他排泥水量计算方法详见前面相关章节。

方法 2：利用判别式计算

均匀回流比 y_0 可利用判别式第二条，即式（2.7.2-4）计算得出，式中相关参数 k_0、k 计算方法前面相关章节已有论述。

方法 3：实测法

在回流系统上安装流量计，用以测量回流水流量，将瞬时流量和累计流量上传至控制室。由于均匀回流模式的回流流量要求是连续均匀的，可直接从回流水流量计上读取 1 日的累计水量，然后除以水厂规模 Q，Q 可以从出厂水流量计读取 1 日的累计流量，代入式（2.7.2-6），得出 y_0。

利用方法 3 计算出均匀回流比 y_0 后，应与其他两种方法相比较。实测方法虽然简便，但仪表的准确度和读取会存在一定的误差，用公式计算也存在设计参数取值与实际发生不符的情况，因此利用上述 3 种方法计算，可相互校对。

利用式（2.7.2-6）、式（2.7.2-7）求均匀回流比 y_0 时，如果全水厂一、二、三期的排泥水集中回流至一期，则 Q 不是整个水厂的，而应该是一期的流量，是整个水厂流量的 1/3（如果一、二、三期规模相同），求出的回流比 $y>k_0$，这违反了均匀回流模式的判别式第一条 $y_0<k_0$ 的原则，不符合均匀回流模式。这是因为均匀回流模式要求回流水量在时空上分布均匀，虽然回流流量在时间上是连续均匀的，但在空间上分布不均匀，没有把回流水量均匀分布在一、二、三期。因此，计算出来的回流比 $y>k_0$。如果一、二、三期设计规模不同，则回流水量应按原水流量的权重分配。

2.7.2.4　非均匀回流模式判别式与回流比 y

1. 非均匀回流模式判别式

前面提到，均匀回流模式的判别式是 $y_0<k_0$、$y_0=k_0-k$。非均匀回流模式的判别式是：

$$y \geqslant k_0 \tag{2.7.2-8}$$

判别是否为非均匀回流模式，看是否 $y \geqslant k_0$，如果 $y \geqslant k_0$，肯定是非均匀回流模式。

2. 非均匀回流比 y 计算

非均匀模式下某一时段的回流流量可按以下公式计算：

$$Q_p = \frac{W_H}{t} \tag{2.7.2-9}$$

根据式（2.7.2-1），得出：

$$y = \frac{Q_p}{Q_h} = \frac{W_H/t}{Q_h} = \frac{W_H}{Q_h t} \tag{2.7.2-10}$$

式中　Q_p——回流流量，m^3/h；

W_H——某一时段 t 的回流水量，m^3；

t——回流时间，h。

式（2.7.2-10）与求均匀回流比 y_0 的式（2.7.2-6）相比可以看出：回流比 y 与 y_0 均与回流水量 W_H 成正比。不同的是式（2.7.2-6）中的回流时间是 24h，连续均匀回流；而式（2.7.2-10）中回流时间是 t，$t<24h$，是间断回流。当 $t=24h$ 时，则两式完全相同，由此可见，均匀回流比 y_0 是非均匀回流比 y 的一个特例。式（2.7.2-10）中回流时间 t 和 Q_h 的取值随回流水量 W_H 的时空分布不同，可能是变化的，这种变化有 3 种工况，一是

回流水量 W_H 在时间上分布不均匀，而空间上分布均匀，这时回流是不连续的，回流时间 $t<24h$，Q_h 两式取值相同，都是高日平均时或平均时流量；二是回流水量 W_H 在时间上分布均匀，1 日 24h 连续均匀回流，而在空间上分布不均匀，这时回流时间两式取值相同，均为 $t=24h$，但 Q_h 不能取高日平均时流量，例如一、二、三期的排泥水量集中回流至一期，则 Q_h 不是整个水厂的规模（以高日平均时表示），而是一期的处理水量，如果一、二、三期处理规模相同，则一期的 Q_h 是整个水厂的 1/3，在回流水量 W_H 不变的工况下，回流比 y 升高了 3 倍；三是回流水量 W_H 在时间上和空间上的分布都不均匀，这时回流时间 $t<24h$，Q_h 不是整个水厂的规模，而是某一期的处理水量，这种工况容易产生冲击负荷，应尽可能避免发生。

求回流水量 W_H 仍可采用均匀回流模式的计算方法。

(1) 根据生产过程排泥水量进行计算，分别求出沉淀池排泥水量 W_1、滤池反冲洗排泥水量 W_2 和其他排泥水量 W_3，根据式（2.7.1-8）求出回流水量 W_H。

(2) 实测法：在回流系统上安装流量计，用以测量回流水流量，将瞬时流量和累计流量上传至控制室。直接从回流水流量计上读取各个不连续时段 t 的累计流量，求出该时段的回流水量 W_H。由于回流流量在某一时段一般是均匀的，从理论上可以取某一时段进行计算，求出不同时段的回流比 y，但一般是回流水量 W_H 及回流时间 t 均取各时段之和进行计算，取其平均值，以简化计算。如果回流水泵输送的回流流量大小分成两级，回流流量既不连续，也不均匀，回流比也随之变化，则应分时段进行计算，求出回流比的最大值。

2.7.2.5 非均匀回流模式的不均匀系数

非均匀回流模式的回流比 y 大于均匀回流模式的回流比 y_0，非均匀回流模式的不均匀程度越大，回流比 y 越大，当大到一定程度时，会对净化构筑物产生冲击负荷，影响构筑物的净化效果，因此，应加以限制。非均匀回流模式的不均匀程度用不均匀系数 f 表示：

$$f=\frac{y}{y_0} \tag{2.7.2-11}$$

由于 $y>y_0$，因此不均匀系数 f 是一个大于 1 的系数。当 $y=y_0$ 时，不均匀系数 $f=1$，所以，均匀回流模式又是不均匀系数 $f=1$ 的回流模式。

根据式（2.7.2-11），得出：

$$y=fy_0 \tag{2.7.2-12}$$

如果知道了不均匀系数 f 和均匀回流比 y_0，即可求出非均匀回流比 y。不均匀系数 f 取值与净化构筑物承受超负荷的能力有关，如果该构筑物设计负荷取值较低，留有较大余度，则不均匀系数 f 可以取大一些，对水质的影响在可接受的范围内。但不均匀系数 $f\leqslant 2$ 为宜。

【例】一水厂设计规模 15 万 m^3/d，生产过程自用水量系数 $k_0=6\%$，沉淀池排泥水经调节、浓缩处理后上清液排放，只滤池反冲洗废水回收利用，滤池采用 V 型滤池，分 12 格，单格面积 $88m^2$，气水联合冲洗，气冲 2min，气水联合冲洗 4min，水冲强度 $4L/(m^2\cdot s)$；单一水冲洗 5min，水冲强度 $8L/(m^2\cdot s)$，表冲强度 $2L/(m^2\cdot s)$，滤池反冲洗周期为 24h，滤池反冲洗及回流集中在 1：00～4：00 低谷电价时段，求回流比 y，后改为 24h 连续均匀回流，求均匀回流比 y_0 和不均匀系数 f。

【解】 根据式（2.7.1-8），由于只回收利用滤池反冲洗废水，取回收利用系数 $\eta_2=1$，$\eta_1=0$，$\eta_3=0$，回流水量为：

$$W_H=\eta_1 W_1+\eta_2 W_2+\eta_3 W_3=\eta_2 W_2=W_2$$

根据式（2.3.3-12）有

$$W_L=0.06A(q'_L\sum_{i=1}^{3}t_i+q_{L1}t_2+q_{L2}t_3)$$

$$=0.06\times 88\times[2\times(3+4+5)+4\times 4+8\times 5]=422.4\text{m}^3$$

$$W_H=W_2=12\times W_L=12\times 422.4=5066.4\text{m}^3$$

根据式（2.7.2-10），求回流比：

$$y=\frac{W}{Q_h t}=\frac{5066.4}{6250\times 3}=0.27=27\%>6\%$$

$$Q_h=\frac{150000}{24}=6250\text{m}^3/\text{h}$$

根据判别式 $y\geqslant k_0$，为非均匀回流模式，回流比为 $y=27\%$。

后改为 24h 均匀回流，其回流比为：

$$y_0=\frac{W}{24Q_h}=\frac{5066.4}{24\times 6250}=3.38\%$$

不均匀系数为：$f=\dfrac{y}{y_0}=\dfrac{27}{3.38}=7.98$

2.7.2.6　维持净化构筑物不超过设计负荷的回流比

生产废水所占比例虽然不大，但回流后，有可能增加净水工艺流程中净化构筑物的处理负荷。使净化构筑物超设计负荷运行；有些甚至产生冲击负荷，严重影响净水厂出水水质。非均匀回流模式的不均匀系数越大，回流比就越大，对净化构筑物产生的冲击负荷越大，回流流量的大小取决于回流比，因此回流比的选取至关重要。

水厂设计规模为 Q，生产过程自用水量系数为 k_0，当净水厂排泥水不回收利用时，则通过絮凝沉淀池的流量负荷为 $(1+k_0)Q$，如图 2.4.0-1 所示；当净水厂排泥水回收利用时，如图 2.4.0-2 所示，来自取水口的流量为 $(1+k)Q$，回流流量为 yQ，进入絮凝沉淀池的流量负荷为 $(1+k)Q+yQ$，要维持净化构筑物不超过设计负荷，无论是否回流，通过絮凝沉淀池的流量负荷应该不变，即：

$$(1+k_0)Q=(1+k)Q+yQ$$

得出：

$$y=k_0-k$$

$$y=y_0$$

因此，维持净化构筑物不超过设计负荷的回流比是：$y=y_0$。即要维持净化构筑物不超过设计负荷，必须采用均匀回流模式，其回流比采用均匀回流比 y_0。

2.7.2.7　非均匀回流比引起水线净化构筑物超负荷分析

维持净化构筑物不超过设计负荷的回流比是均匀回流比 y_0，非均匀回流模式回流比 $y>y_0$，会引起各净化构筑物的流量负荷超过设计值，这是肯定无疑的，但是否会引起冲击负荷，影响出水水质，还需要进一步判定，这就需要对非均匀回流比引起的超负荷的程度进行分析，进一步确定非均匀回流比 y 所引起的超负荷值 Δ，絮凝反应池的设计参数是停留时间 t，回流流量的增加会引起停留时间的减小，这一超负荷值称 Δt；同样，回流流量的增加还会引起沉淀池液面负荷的增加和滤池滤速的提高，其超负荷值分别称为 ΔF 和 Δv。

根据回流水量在时空上的分布，按式（2.7.2-10）计算出回流比 y，然后根据非均匀回流比 y 按以下公式分别计算出发生的超负荷值 Δ。

1. 停留时间超负荷值 Δt

$$\Delta t = \frac{60z}{(1+k_0)Q_h} - \frac{60z}{(1+k+y)Q_h} \tag{2.7.2-13}$$

根据求出的超负荷值 Δt，进一步求出停留时间 t：

$$t = t_0 - \Delta t \tag{2.7.2-14}$$

式中 z——原设计絮凝反应池有效容积，m^3；

y——非均匀回流比；

Q_h——水厂生产规模，用平均时流量表示，m^3/h；

t_0——原设计絮凝反应池停留时间，min；

Δt——非均匀回流比 y 引起的超负荷值，min；

t——非均匀回流比 y 引起的停留时间，min。

2. 液面负荷超负荷值 ΔF

$$\Delta F = \frac{(y-y_0)Q_h}{A} = (y-y_0)F_0 \tag{2.7.2-15}$$

根据求出的超负荷值 ΔF，进一步求出液面负荷 F：

$$F = F_0 + \Delta F \tag{2.7.2-16}$$

或

$$F = F_0(1+y-y_0) \tag{2.7.2-17}$$

式中 F_0——原沉淀池设计液面负荷，$m^3/(m^2 \cdot h)$；

ΔF——液面负荷超负荷值，$m^3/(m^2 \cdot h)$；

F——非均匀回流比 y 引起的液面负荷，$m^3/(m^2 \cdot h)$；

y_0——均匀回流比；

y——非均匀回流比。

3. 滤池滤速超负荷值 Δv

$$\Delta v = \frac{(y-y_0)Q_h}{A} = (y-y_0)v_0 \tag{2.7.2-18}$$

根据求出的超负荷值 Δv，进一步求出滤池滤速 v

$$v = v_0 + \Delta v \tag{2.7.2-19}$$

或

$$v = v_0(1+y-y_0) \tag{2.7.2-20}$$

式中 v_0——原设计滤速，m/h；

Δv——滤池滤速超负荷值，m/h；

v——非均匀回流比 y 引起的滤速，m/h。

从式（2.7.2-15）、式（2.7.2-18）可以看出，超负荷值 Δ 与非均匀回流比 y、均匀回流比 y_0 两者的差值（$y-y_0$）成正比，非均匀回流比 y 越大，意味着回流越不均匀，超负荷值 Δ 越大，对净化构筑物出水水质的影响也越大。

【例】一水厂设计规模 60 万 m^3/d，分三期建成，每期 20 万 m^3/d，经实测，沉淀池排泥耗水系数 $k_{01}=3.5\%$，滤池反冲洗耗水系数 $k_{02}=3\%$，其他生产生活耗水系数 $k_{03}=0.5\%$，絮凝反应池设计停留时间 $t_0=15min$，沉淀采用斜管沉淀池，设计液面负荷 $F_0=6m^3/(m^2\cdot h)$，设计滤速 $v_0=8m/h$，除其他生产生活废水排放外，其余均回收利用，回流水量集中送入一期，求超负荷值 Δt、ΔF、Δv。

【解】在时间上采用 24h 连续均匀回流，由于生产废水集中回流至一期，在空间上分布不均匀，属于非均匀回流，引起一期净化构筑物设计负荷超标。

$$k_0=k_{01}+k_{02}+k_{03}=3.5\%+3\%+0.5\%=7\%$$

$$k=k_{03}=0.5\%$$

均匀回流比：$y_0=k_0-k=7\%-0.5\%=6.5\%$

回流水量 W_H：

$$W_H=k_{01}Q+k_{02}Q=(3.5\%+3\%)\times 600000=39000m^3/d$$

$$Q_h=200000m^3/d=8333.3m^3/h$$

根据式（2.7.2-10）计算非均匀回流比 y：

$$y=\frac{W_H}{Q_h t}=\frac{39000}{8333.3\times 24}=19.5\%$$

一期絮凝反应池有效容积：$z=Qt_0=1.07\times 200000\times\frac{15}{1440}=2229.2m^3$

$$\Delta t=\frac{60z}{(1+k_0)Q_h}-\frac{60z}{(1+k+y)Q_h}$$

$$=\frac{60\times 2229.2}{(1+0.07)\times 8333.3}-\frac{60\times 2229.2}{(1+0.005+0.195)\times 8333.3}$$

$$=15-12.5=2.5(min)$$

停留时间为：$t=t_0-\Delta t=15-2.5=12.5min$

$$\Delta F=(y-y_0)F_0=(0.195-0.065)\times 6=0.13\times 6=0.78m^3/(m^2\cdot h)$$

$$F=F_0(1+y-y_0)=6\times(1+0.195-0.065)=6.78m^3/(m^2\cdot h)$$

$$\Delta v=(y-y_0)v_0=(0.195-0.065)\times 8=1.04m/h$$

$$v=v_0(1+y-y_0)=8\times(1+0.195-0.065)=9.04m/h$$

答：絮凝反应池停留时间超负荷值为 $\Delta t=2.5min$，沉淀池液面负荷超负荷值为 $\Delta F=0.78m^3/(m^2\cdot h)$，滤速超负荷值为 $\Delta v=1.04m/h$。

由于回流水量集中回流到一期，在空间上分布不均匀，形成非均匀回流，引起超设计负荷，停留时间从 $t_0=15min$ 减小至 $t=12.5min$，液面负荷从 $F_0=6m^3/(m^2\cdot h)$ 增加至 $F=6.78m^3/(m^2\cdot h)$，滤速从 $v_0=8m/h$ 提高至 $v=9.04m/h$。设计人员可根据这些数据和原水水质、药剂情况以及实践经验判断对水厂出水水质的影响。如果集中回流到一、二期，虽然也形成非均匀回流，但不均匀的程度降低，超负荷值将有所减小。

2.7.2.8 回流模式选择

1. 回流模式优缺点分析

采用均匀回流模式的优点是：24h 连续均匀回流，不会产生冲击负荷，不会影响净水厂的出水水质。

其缺点是：

（1）由于 24h 连续均匀回流，回流流量小，回流水泵等设备小，效率低。特别是规模较小的工程，设备选型比较困难。在设备选型这一环节中，有时不经意就把设备选大了，造成回流比很大，形成不均匀回流。

（2）24h 连续均匀回流在实际中难以做到，受许多条件的限制，一个环节与其他环节之间衔接很难做到不留缝隙。

采用非均匀回流模式的优点是：回流流量大，回流水泵等设备大，设备效率高，设备选型较为容易。

其缺点是：

（1）非均匀回流模式回流比大，容易形成冲击负荷，造成净化构筑物超负荷运行，影响水厂出水水质。

（2）回流流量大，回流水泵大，虽然水泵效率高，但水泵电功率大，1 日运行时间短，不仅对净化构筑物造成冲击负荷，而且还对净水厂供电系统形成冲击负荷。

例如某水厂为了利用晚上低谷电价，把回流时间集中安排在晚上 4 个小时，水厂二期离排水池较远，回流管道较长，且水厂平面没有预留回流管道的位置，很难通过，把整个水厂的排泥水经排水池调节后集中排入一期混合井。水厂自用水量系数设计取值 $k_0=7\%$，$k_{01}=3\%$，$k_{02}=3\%$，$k_{03}=1\%$，如果近似取回用系数 $\eta_1=1$，$\eta_2=1$，$\eta_3=0$，则有 $y_1=k_{01}=3\%$，$y_2=k_{02}=3\%$，当采用均匀回流模式，24h 均匀回流时，计算出回流比 $y_0=6\%$，现在集中安排在晚上 4 个小时回流，且全部排入一期，属于非均匀回流模式，回流时间 t 是均匀回流模式的 1/6，回流比是均匀回流模式的 6 倍，即 $y=6y_0=36\%$；再加上集中排入一期混合井，回流比又提高 2 倍，则回流比又上升到 $y=72\%$，净化构筑物流量负荷严重超载，产生冲击负荷，首当其冲受影响的是絮凝沉淀池，紧随其后的是滤池。根据该水厂的反映，只要回流水泵一启动，沉淀池出水很快就变浑浊，水厂出水水质恶化。其原因很明显，由于絮凝沉淀池、滤池的流量负荷突然大幅度升高，絮凝时间缩短，沉淀池液面负荷大幅度提高，滤池的滤速急剧升高，再加上加药系统跟不上，出水水质必然恶化。解决的办法一是改集中排泥为分散排泥，变冲击负荷为匀布荷载。把沉淀池排泥和滤池反冲洗排泥统一排序，尽可能分布均匀，在排水池调节容积容许的情况下，尽可能做到 24h 均匀回流，并把回流水量均匀分配到一、二期。二是提高沉淀池排泥浓度，减少排泥水量。

2. 回流模式选择

根据回流模式优缺点分析，采用非均匀回流模式容易对净化构筑物造成冲击负荷，影响水厂出水水质；另外就是回流水泵电功率大，回流时间集中，还会对净水厂供电系统造成冲击负荷。而均匀回流模式能维持净化构筑物不超过设计负荷，因此应尽可能采用均匀回流模式。均匀回流模式虽然比较理想，但实际中有时难以做到，实际中绝大多数是非均匀回流模式。由于不能造成冲击负荷、降低净化构筑物的净化功能、影响出水水质，因此应综合考虑净化构筑物设计负荷取值的宽松程度，把非均匀回流模式的不均匀系数控制在一定范围内。如果一些工程基于某种特殊要求，需要采用非均匀回流，非均匀回流模式有3种方式可供选择：第一种是回流水量在空间上均匀分布，但在时间上不连续；第二种是回流水量在时间上连续均匀，但在空间上分布不均匀；第三种是回流水量不仅在时间上分布不均匀不连续，而且在空间上也分布不均匀。第三种方式不可取，在不得已采用非均匀回流模式时，第一、二种方式可以考虑，优先考虑第一种方式。

（1）回流水量在空间上均匀分布，但在时间上不连续。

例如，水厂分三期建成，回流水量按各期的设计规模均匀分配，但在回流时间上不是24h连续均匀回流。这种工况在实践中碰到较多，回流水泵选择不完全合适，调节池调节容积不完全匹配，都可能出现这些问题。回流时间小于24h，例如20h，还有可能这20h还分成几个时段间断回流。

（2）回流水量在时间上连续均匀，但在空间上分布不均匀。

例如，某水厂回流水池靠近一期工程，要把处理后的排泥水回流到三期没有预留管位，而且距离远，回流水泵扬程也高出许多，造成回流水电耗高。可以考虑把排泥水只回流到一、二期。这么做通过各净化构筑物的流量负荷虽然超过设计负荷，但设计负荷取值一般留有一定的富余，设计负荷超载一定要控制在设计允许的范围内。能否只回流到一期，要看各构筑物的设计负荷取值留有多大的余地，要通过计算确定。但最好避免这种回流地点高度集中，把多期工程甚至是其他水厂的排泥水集中回流到1个水厂的一期工程。

上述两种不均匀回流方式，回流水量在空间上分布均匀容易实现，但在时间上1日24h连续均匀难以做到。因此应优先考虑第一种方案。

均匀回流虽然难以实现，就是按均匀回流模式设计，实际运行中也有可能出现非均匀回流，但在设计阶段还是应立足于均匀回流模式进行设计，即使实际运行中偏离均匀回流状态，也不会偏离太远。例如，均匀回流要求1日24h连续均匀，但实际上回流时间只有23.5h，中间间歇了3次，每次10min，也可近似认为是均匀回流。按均匀回流设计，一般不会造成冲击负荷。

2.7.2.9　回流比的确定

1. 均匀回流比 y_0 的确定

前面已论述，均匀回流比 y_0 是维持净化构筑物不超过设计负荷的回流比，因此在有条件时应尽可能采用均匀回流模式回流。在回流水量 W_H 确定后，均匀回流比 y_0 就是一个定值，可采用式（2.7.2-4）、式（2.7.2-6）、式（2.7.2-7）计算。理论上几个公式的计算结果应相同，但实际上可能不尽相同，当采用判别式 $y_0=k_0-k$ 计算均匀回流比 y_0 时，主要是 k_0 与 k 取值不一定准确，一些设计人员对生产过程自用水量系数 k_0 不管采用何种排泥方式、何种滤池反冲洗方式、是否有初滤水排放、是否有炭滤池，千篇一律取 $k_0=5\%$。应该有所区别，很明显，有初滤水排放的 k_0 要比没有初滤水排放的大，有炭滤池的 k_0 要比没有炭滤池的大。一些设计人员考虑排泥水回收利用，就把 k_0 往小里取值，则差别更大。因此，当采用判别式 $y_0=k_0-k$ 计算均匀回流比 y_0 时，k_0 值应通过计算和实测确定，而不是在规范规定的范围内随意取值。

2. 非均匀回流模式回流比 y 的确定

根据式（2.7.2-10）计算得出的非均匀回流模式回流比 y 会引起各构筑物的流量负荷超过设计值，这是肯定无疑的，但是否会引起冲击负荷，影响出水水质，还需要进一步判定。一般净化构筑物的设计负荷都留有一定的富余，采用非均匀回流模式回流，构筑物的流量负荷会高于设计值，增加的幅度以不影响出水水质为标准，这种允许增加的幅度以下称宽容度 Δ_m。絮凝池停留时间宽容度用 Δt_m 表示，沉淀池液面负荷宽容度用 ΔF_m 表示，滤池滤速的宽容度用 Δv_m 表示。宽容度的大小由设计人员根据构筑物的形式、抗冲击负荷的能力等因素确定。如何确定非均匀回流比 y，有以下两种方法。

方法一：根据超负荷值 $\Delta \leqslant$ 宽容度 Δ_m 确定非均匀回流比 y

（1）停留时间宽容度 Δt_m

停留时间宽容度 Δt_m 可根据规范和设计人员的经验确定，例如，设计停留时间 $t_0=15\text{min}$，设计人员根据设计规范结合自己的经验认为停留时间不能低于 12min，则 $\Delta t_m=3\text{min}$。再根据初步设定的回流水量在时空上的不均匀分布，按式（2.7.2-10）计算出回流比 y，代入式（2.7.2-13）计算该回流比 y 所对应的超负荷值 Δt，与宽容度 Δt_m 进行比较，如果 $\Delta t \leqslant \Delta t_m$，则所选定的非均匀回流比 y 符合要求。如果所选定的非均匀回流比 y 引起 $\Delta t > \Delta t_m$，则需重新调整回流水量在时空上的分布，按上述步骤重新计算出 y 和 Δt。一直试算至超负荷值 Δt 在设计人员认可的范围内。例如絮凝反应池设计停留时间 $t_0=15\text{min}$，采用非均匀回流模式后，按式（2.7.2-13）求出超负荷值 $\Delta t=3\text{min}$，再按式（2.7.2-14）求出缩短后的停留时间 $t=15-3=12\text{min}$，规范规定为 12～20min，刚好在下限，对出水水质是否有影响，由设计人员根据原水水质和其他实际情况判定。如果要维持原设计负荷不变，只有增大原设计停留时间 t_0，也就是把回流比造成的超载因素预先考虑进去。例如将 $t_0=15\text{min}$ 改为 $t_0=18\text{min}$，$\Delta t=18-3=15\text{min}$，这样，可以维持原设计负荷不变，但絮凝反应池有效容积会随之扩大。如果设计人员根据实际情况，认为可以突破规范规定，例如，求出超负荷值 $\Delta t=5\text{min}$，设计停留时间 $t_0=15\text{min}$，缩短后的停留时间 $t=15-5=10\text{min}$，突破了规范下限 12min，絮凝效果可能差一些，但如果设计人员认为其他条件较好，可以补足，宽容度 $\Delta t_m=5\text{min}$ 也可以。这样絮凝反应池有效容积也可以不变。

（2）液面负荷宽容度 ΔF_m

液面负荷宽容度 ΔF_m 可根据规范和设计人员的经验确定，例如，设计液面负荷为 $F_0=6\text{m}^3/(\text{m}^2\cdot\text{h})$，设计人员根据设计规范结合自己的经验认为液面负荷不能高于 $6.3\text{m}^3/(\text{m}^2\cdot\text{h})$，则 $\Delta F_m=0.3\text{m}^3/(\text{m}^2\cdot\text{h})$。再根据初步设定的回流水量在时空上的不均匀分布，按式(2.7.2-10)计算出回流比 y，代入式(2.7.2-15)计算该回流比 y 所对应的超负荷值 ΔF，与宽容度 ΔF_m 进行比较，如果 $\Delta F \leqslant \Delta F_m$，则所选定的非均匀回流比 y 符合要求。如果所选定的非均匀回流比 y 引起 $\Delta F > \Delta F_m$，则需重新调整回流水量在时空上的分布，按上述步骤重新计算出 y 和 ΔF。一直试算至超负荷值 ΔF 在设计人员认可的范围内。例如，斜管沉淀池设计液面负荷为 $6\text{m}^3/(\text{m}^2\cdot\text{h})$，采用非均匀回流模式后，按式(2.7.2-15)求出超负荷值 $\Delta F=0.3\text{m}^3/(\text{m}^2\cdot\text{h})$，再按式(2.7.2-16)求出增加后的液面负荷 F 为 $6.3\text{m}^3/(\text{m}^2\cdot\text{h})$，规范规定为 $5\sim9\text{m}^3/(\text{m}^2\cdot\text{h})$，在规范容许的范围内，对出水水质是否

有影响，由设计人员根据原水水质和其他具体情况确定。

由于设计规范规定的上下幅度相差较大，设计人员不希望达到规范规定的上限，如果希望维持原设计负荷不变，则可将设计值 F_0 减去超负荷值 ΔF 作为沉淀池设计参数，也就是把回流比造成的超载因素预先考虑进去。例如，原设计负荷 $F_0=6\text{m}^3/(\text{m}^2\cdot\text{h})$，非均匀回流比高于均匀回流比，造成液面负荷增加 $2\text{m}^3/(\text{m}^2\cdot\text{h})$，改为 $F_0=4\text{m}^3/(\text{m}^2\cdot\text{h})$，这样，可以消除非均匀回流比高于均匀回流比造成的影响，维持原设计负荷不变，但沉淀池有效面积会随之扩大。如果设计人员根据实际情况，认为可以突破规范规定，例如，设计液面负荷 $F_0=6\text{m}^3/(\text{m}^2\cdot\text{h})$，非均匀回流比造成增大后的液面负荷为 $F=10\text{m}^3/(\text{m}^2\cdot\text{h})$，突破了规范上限 $9\text{m}^3/(\text{m}^2\cdot\text{h})$，如果设计人员认为宽容度可以达到 $\Delta F_{\text{m}}=4\text{m}^3/(\text{m}^2\cdot\text{h})$，沉淀效果可能差一些，但其他条件较好，可以补足，这样沉淀池有效面积也可以不变。

(3) 滤速宽容度 Δv_{m}

滤速宽容度 Δv_{m} 可根据规范和设计人员的经验确定，例如，设计滤速 $v_0=7\text{m/h}$，如果设计人员根据设计规范结合自己的经验认为滤速不能高于 8m/h，则 $\Delta v_{\text{m}}=1\text{m/h}$。再根据初步设定的回流水量在时空上的不均匀分布，按式 (2.7.2-10) 计算出回流比 y，代入式 (2.7.2-18) 计算该回流比 y 所对应的超负荷值 Δv，与宽容度 Δv_{m} 进行比较，如果 $\Delta v\leqslant\Delta v_{\text{m}}$，则所选定的非均匀回流比 y 符合要求。如果所选定的非均匀回流比 y 引起 $\Delta v>\Delta v_{\text{m}}$，则需重新调整回流水量在时空上的分布，按上述步骤重新计算出 y 和超负荷值 Δv。一直试算至超负荷值 Δv 在设计人员认可的范围内。例如滤池设计滤速为 $v_0=7\text{m/h}$，采用非均匀回流模式后，按式 (2.7.2-18) 求出超负荷值 $\Delta v=1\text{m/h}$，再按式 (2.7.2-19) 求出增加后的滤速为 $v=8\text{m/h}$，规范规定为 8～10m/h，在规范容许的范围内，对出水水质是否有影响，由设计人员根据原水水质和其他具体情况确定。

方法二：根据各构筑物的宽容度 Δ_{m} 直接计算非均匀回流比 y

(1) 根据停留时间宽容度 Δt_{m} 求非均匀回流比 y

如果超负荷值 Δt 为已知，则可根据式 (2.7.2-13) 反求非均匀回流比 y，得出：

$$y=\frac{60z(1+k_0)}{60z-(1+k_0)Q_{\text{h}}\Delta t}-(1+k) \tag{2.7.2-21}$$

式 (2.7.2-21) 还可写成：

$$y=\frac{(1+k_0)^2Q_{\text{h}}\Delta t}{60z-(1+k_0)Q_{\text{h}}\Delta t}+y_0 \tag{2.7.2-22}$$

$$y=\frac{(1+k_0)^2Q_{\text{h}}\Delta t}{60z-(1+k_0)Q_{\text{h}}\Delta t}+k_0-k \tag{2.7.2-23}$$

如果式中超负荷值 Δt 用宽容度 Δt_{m} 代替，则求出的非均匀回流比 y 是容许最大值，用 y_{m} 表示，得出：

$$y_{\text{m}}=\frac{60z(1+k_0)}{60z-(1+k_0)Q_{\text{h}}\Delta t_{\text{m}}}-(1+k) \tag{2.7.2-24}$$

$$y_{\text{m}}=\frac{(1+k_0)^2Q_{\text{h}}\Delta t_{\text{m}}}{60z-(1+k_0)Q_{\text{h}}\Delta t_{\text{m}}}+y_0 \tag{2.7.2-25}$$

$$y_m = \frac{(1+k_0)^2 Q_h \Delta t_m}{60z-(1+k_0)Q_h\Delta t_m} + k_0 - k \quad (2.7.2\text{-}26)$$

如果 $y>y_m$，则非均匀回流比 y 引起的超负荷值大于其宽容度，会影响水线各净化构筑物的出水水质。

式中 Q_h——净水厂平均时流量，m^3/h

z——絮凝池有效容积，m^3；

Δt——停留时间超负荷值，min；

Δt_m——停留时间宽容度，min；

k_0——生产过程自用水量系数；

k——自用水量净值系数，当净水厂排泥水不回收利用时，$k=k_0$。

式（2.7.2-22）、式（2.7.2-23）中第一项表示停留时间超负荷值 Δt 所引起的回流比的增加值，第二项为维持不超过设计负荷的回流比，即均匀回流比 y_0。从式（2.7.2-22）、式（2.7.2-23）可以看出，非均匀回流模式回流比 y 等于维持不超过设计负荷的回流比 y_0 加上停留时间超负荷值 Δt 所增加的回流比。

（2）根据液面负荷宽容度 ΔF_m 求非均匀回流比 y

如果超负荷值 ΔF 为已知，则可根据式（2.7.2-15）反求非均匀回流比 y，得出：

$$y = y_0 + \frac{\Delta F}{F_0} \quad (2.7.2\text{-}27)$$

根据 $y_0=k_0-k$，上式可写成：

$$y = k_0 - k + \frac{\Delta F}{F_0} \quad (2.7.2\text{-}28)$$

如果式中超负荷值 ΔF 用宽容度 ΔF_m 代替，则求出的非均匀回流比 y 是容许最大值，用 y_m 表示，得出：

$$y_m = y_0 + \frac{\Delta F_m}{F_0} \quad (2.7.2\text{-}29)$$

$$y_m = k_0 - k + \frac{\Delta F_m}{F_0} \quad (2.7.2\text{-}30)$$

如果 $y>y_m$，则非均匀回流比 y 引起的超负荷值大于其宽容度，会影响水线各净化构筑物的出水水质。

式中 F_0——设计液面负荷，$m^3/(m^2 \cdot h)$；

ΔF——液面负荷宽容度，$m^3/(m^2 \cdot h)$。

式（2.7.2-27）、式（2.7.2-28）中第一项为维持不超过设计负荷的回流比，即均匀回流比 y_0，第二项表示液面负荷超负荷值 ΔF 所增加的回流比，从式（2.7.2-27）、式（2.7.2-28）可以看出，非均匀回流模式回流比 y 等于维持不超过设计负荷的回流比 y_0 加上液面负荷超负荷值 ΔF 所增加的回流比。

（3）根据滤速宽容度 Δv_m 求非均匀回流比 y

如果确定了滤速超负荷值 Δv，可根据式（2.7.2-18）反求非均匀回流比 y，得出：

$$y = y_0 + \frac{\Delta v}{v_0} \quad (2.7.2\text{-}31)$$

$$y = k_0 - k + \frac{\Delta v}{v_0} \tag{2.7.2-32}$$

如果式中超负荷值 Δv 用宽容度 Δv_m 代替，则求出的非均匀回流比 y 是容许最大值，用 y_m 表示，得出：

$$y_m = y_0 + \frac{\Delta v_m}{v_0} \tag{2.7.2-33}$$

$$y_m = k_0 - k + \frac{\Delta v_m}{v_0} \tag{2.7.2-34}$$

如果 $y > y_m$，则非均匀回流比 y 引起的超负荷值大于其宽容度，会影响水线各净化构筑物的出水水质。

式中　v_0——设计滤速，m/h；

Δv——滤速超负荷值，m/h；

Δv_m——滤速宽容度，m/h。

式（2.7.2-31）、式（2.7.2-32）中第一项为维持不超过设计负荷的回流比，即均匀回流比 y_0，第二项表示滤速超负荷值 Δv 所增加的回流比，从式（2.7.2-31）可以看出，非均匀回流比 y 等于维持不超过设计负荷的回流比 y_0 加上滤速超负荷值 Δv 所增加的回流比。

如果希望维持原设计负荷不变，则可将设计值减去宽容度 Δv，作为滤池的设计参数，也就是把回流比造成的超载因素预先考虑进去，即降低原设计滤速，但滤池的有效过滤面积会随之扩大，工程规模也随之扩大。

根据絮凝、沉淀、过滤 3 个阶段的宽容度，计算得出 3 个 y_m 值，非均匀回流比 y 应按最小的 y_m 确定，作为整个回流系统的回流比。例如，根据絮凝反应池停留时间宽容度 Δt_m 得出 $y_m = 10\%$，根据沉淀池液面负荷宽容度 ΔF_m 得出 $y_m = 12\%$，根据滤池滤速宽容度 Δv_m 得出 $y_m = 11\%$，则非均匀回流比应按 $y \leqslant 10\%$ 确定。

在上述计算公式中，设计参数：平均时流量 Q_h、絮凝反应池有效容积 z、设计停留时间 t_0、沉淀池有效面积 A、设计液面负荷 F_0、滤池面积 A、滤速 v_0 均为已知，生产过程自用水量系数 k_0 在净水厂设计阶段就已确定，因为只有确定了 k_0，才能计算各净化构筑物尺寸。均匀回流比 y_0 计算方法前面章节已有论述，可根据相关公式计算。只有自用水量净值系数 k 是一个变量，需计算确定，k 是 k_0 的一部分，k 表示 k_0 中不回收利用而排掉的那部分废水，包括水厂的工作人员的生活用水和部分生产废水如冲洗池子用水，生活污水一般不回收利用，直接排入下水道。一些水厂只回收利用滤池反冲洗废水，沉淀池排泥水不回收利用，则 k 还包括沉淀池排泥水。

2.7.3　回流系统水质关系分析

前面讨论了回流系统中回流对净水厂主工艺流程的影响主要表现在量的方面，有可能造成构筑物超负荷运行，甚至造成冲击负荷，影响出水水质。下面进一步从排泥水水质方面讨论回流对净水厂主工艺流程的影响。水线是按高日平均时设计的，属于连续均匀流系统。而泥线的回流系统有两种模式：一是均匀回流模式，与水线一样，属于连续均匀流系统；另一个是非均匀回流模式。下面对理想状态均匀回流模式进行讨论。

回流水水质决定于净水厂排泥水水质，净水厂排泥水水质又与原水水质密切相关，排泥水中的污染物质主要来自原水中所含的污染物质，是原水水质的进一步浓缩。但是也有一部分来自处理时所投加的药剂和粉末活性炭。其水质又因工艺流程不同而各有其特点。

当净水厂排泥水不回收利用全部排掉时，净水厂主工艺流程（水线）流量、各污染物浓度、污染物量分布关系见图 2.7.3-1。假设原水中包括浊度、投加的药剂在内的各种污染物质的浓度都用 C' 表示，具体到某一污染物成分，以污染物浊度为例，从图 2.7.3-1 可以看出，加药前的原水浊度为 C，加药后包括药剂和其他添加剂形成的悬浮物，进入絮凝沉淀池的浊度为 C'，进入絮凝沉淀池的泥量为 $(1+k_0)QC'$，絮凝沉淀池排泥水所携带的泥量为 $k_{01}QC_1$，沉淀池上清液进入滤池所携带的泥量为（$1+k_0-k_{01}$）QC'_1，或者是（$1+k_{02}+k_{03}$）QC'_1；滤池反冲洗排水所携带的泥量为 $k_{02}QC_L$，滤池出水所携带的泥量为（$1+k_{03}$）QC'_2。

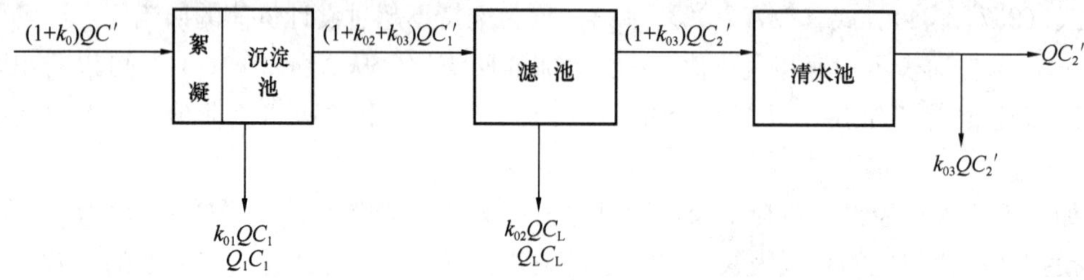

图 2.7.3-1　净水厂排泥水处理工艺流程水质关系图（一）

（不回流）

根据物料平衡原理，从图 2.7.3-1 可以得出：

$$(1+k_0)QC' = k_{01}QC_1 + k_{02}QC_L + k_{03}QC'_2 + QC'_2$$

与沉淀池排泥浊度 C_1、滤池反冲洗排水浊度 C_L 相比，滤池出水浊度 C'_2 很小，其他用水所带走的泥量 $k_{03}QC'_2$ 可忽略不计，则上式可写成：

$$(1+k_0)QC' = k_{01}QC_1 + k_{02}QC_L + QC'_2$$

$$(1+k_0)C' = k_{01}C_1 + k_{02}C_L + C'_2$$

原水浊度 C 和滤池出水浊度 C'_2 为水厂检测项目，沉淀池平均排泥浊度 C_1 和滤池反冲洗平均浊度 C_L 两个参数任意知道 1 个，可求出另 1 个。

$$C_1 = \frac{1+k_0}{k_{01}}C' - \frac{k_{02}}{k_{01}}C_L - \frac{C'_2}{k_{01}} \tag{2.7.3-1}$$

$$C_L = \frac{1+k_0}{k_{02}}C' - \frac{k_{01}}{k_{02}}C_1 - \frac{C'_2}{k_{02}} \tag{2.7.3-2}$$

式（2.7.3-1）、式（2.7.3-2）中，浊度 C' 包括原水浊度和加药所形成的浊度，可从絮凝反应池出水或沉淀池进水取样检测得出，也可用下式计算：

$$C' = k_1C + k_2D + B \tag{2.7.3-3}$$

式中　k_1——浊度单位 NTU 与 mg/L 的换算系数；

　　　k_2——药剂转换成干泥量的系数；

D——药剂投加量，mg/L；

B——其他添加剂和药剂杂质；

C——原水浊度，NTU，

C'——包括原水浊度和加药所形成的悬浮物含量，mg/L。

图 2.7.3-2 为排泥水回收利用时分建式回流系统中流量、各污染物浓度、污染物量分布关系图，仍以浊度污染物为例，原水流量为 $(1+k)Q$，携带的泥量为 $(1+k)QC$。泥线的回流水量与水线的原水汇合后，不仅水量增加了，浊度也发生了变化，变化后的浊度用 C_f 表示，汇合后的流量从图 2.4.0-2 回流系统流量关系图看出，流量为 $(1+k+y)Q$，从图 2.7.3-2 看出携带的泥量为 $(1+k+y)QC_f$，投加药剂后，进入沉淀池的泥量变为 $(1+k+y)QC'$。经过絮凝沉淀后，水线携带的泥量为 $(1+k_{02}+k_{03})QC'_1$；沉淀池排泥水平均流量为 Q_1，则 $Q_1=k_{01}Q$，排泥水平均浊度为 C_1，泥线所携带的泥量为 Q_1C_1，或者 $k_{01}QC_1$；沉淀池排泥水进入排泥池，假设排泥池为Ⅰ型，池中有搅拌设备，进出水浊度没有改变，则排泥池出流带入浓缩池的泥量不变，为 $Q_2C_2=Q_1C_1=k_{01}QC_1$；浓缩池上清液流量为 q_3，浊度为 C'_3，则上清液带走的泥量为 $q_3C'_3$，由于浓缩池底流要带走一部分水量，因此 $q_3<Q_2$，如果用回用系数 η_3 表示，也可写成 $q_3=\eta_1k_{01}Q$，上清液带走的泥量为 $\eta_1k_{01}QC'_3$；上清液流量如果用回流比表示，则为 $q_3=y_1Q$，携带的泥量为 $y_1QC'_3$。浓缩池上清液的浊度根据排入不同受纳水体有所区别，可根据相关规范确定；上清液流量还可以根据进水流量 Q_2、浓缩池底流流量 Q_3 求出，即 $q_3=Q_2-Q_3$。浓缩池底流带走的泥量为 Q_3C_3。

根据图 2.7.3-2，两路回流水量 $y_1QC'_3$ 和 y_2QC_L 汇合后，浊度为 C_m，浊度 C_m 可根据下式求出：

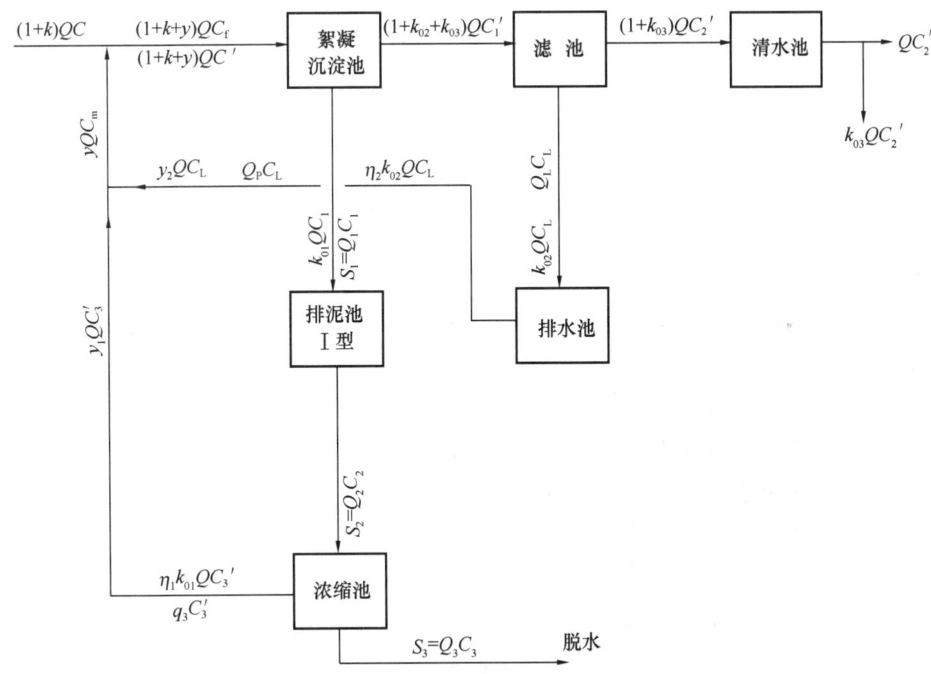

图 2.7.3-2 净水厂排泥水处理工艺流程水质关系图（二）

（回流，分建式）

$$C_m = \frac{y_1 C'_3 + y_2 C_L}{y} \tag{2.7.3-4}$$

回流水量所携带的泥量 yQC_m 与原水所携带的泥量 $(1+k)QC$ 汇合后，进入混合池的不再是原水浊度 C，而是汇合后的浊度 C_f，可用下式表示：

$$C_f = \frac{(1+k)C + yC_m}{1+k+y} \tag{2.7.3-5}$$

由于回流水浊度一般情况下高于原水浊度，从图 2.7.3-2 看出，进入絮凝沉淀池的泥量多了 yQC_m，因此浊度 C_f 一般高于原水浊度 C，也高于原水投加药剂后形成的浊度 C'，使进入絮凝反应池的泥量有所增加，对处理低温低浊水来说，无疑增加了凝聚核心，对沉淀有利。

图 2.7.3-3 是合建式回流系统流量、污染物浓度、污染物量关系图，仍以浊度污染物为例，沉淀池排泥流量为 Q_1，也可表示为 $k_{01}Q$，排泥水平均浊度为 C_1，排泥水携带的泥量为 Q_1C_1。也可表示为 $k_{01}QC_1$；滤池反冲洗排水平均流量为 Q_L，平均浊度为 C_L，反冲洗排水携带的泥量为 Q_LC_L，也可表示为 $k_{02}QC_L$，两股排泥水量在综合排泥池混合后，如果回收利用，则进入浓缩池，浓缩池上清液流量为 q_3，所携带泥量为 $q_3C'_3$，如果以回用系数表示，也可写成 $\eta_0(k_{01}+k_{02})QC'_3$。式中 η_0 为综合回用系数，用回流比表示，则可写成 yQC'_3，与原水混合后，浊度为 C_f，汇合后原水所携带的泥量为 $(1+k+y)QC_f$。

如果不回收利用，其出水浊度符合排入城市下水道即小于 400mg/L 的要求，也可排入设置二级污水处理厂的城市排水系统，综合排泥池的排出浓度 C_{Z2} 可用以下公式计算：

$$C_{Z2} = \frac{k_{01}C_1 + k_{02}C_L}{k_{01}+k_{02}} \tag{2.7.3-6}$$

$$C_{Z2} = \frac{(1+k_0)C' - (1+k_{03})C'_2}{k_{01}+k_{02}} \tag{2.7.3-7}$$

当原水浊度较高，水厂出水浊度 C'_2 与浊度 C' 相比，其所携带的泥量可以忽略不计时，则式（2.7.3-7）可简化为：

$$C_{Z2} = \frac{(1+k_0)C'}{k_{01}+k_{02}} \tag{2.7.3-8}$$

式中 k_{01}——沉淀池排泥耗水系数；

k_{02}——滤池反冲洗排水（包括初滤水）耗水系数；

k_{03}——其他用水耗水系数；

k_0——水厂生产过程自用水量系数；

C'——加药后的原水平均悬浮物含量，mg/L；

C'_2——水厂出水平均浊度，mg/L；

C_1——沉淀池排泥平均浓度，mg/L；

C_L——滤池反冲洗平均浓度，mg/L；

C_{Z2}——综合排泥池排泥浓度，mg/L。

一般来说，沉淀池排泥耗水系数 k_{01} 和滤池反冲洗排水耗水系数 k_{02} 都在 3%左右，原水浊度 C 和水厂出水浊度 C'_2 每日都有实测数据，可取其平均值，投加药剂后的原水悬浮物含量 C' 可在絮凝反应池出水或沉淀池进水口取样测定，也可根据计算得出。但不同的工艺流程，不同的原水浊度，不同的管理水平，系数 k_0、k_{01}、k_{02}、k_{03} 是不同的，以实测数据为准。在水厂的运行管理中，可以实测积累这些数据。

综合排泥池的排泥浓度还可以根据沉淀池排泥和滤池反冲洗相关参数计算得出：

$$C_{Z2}=\frac{NN'q_L C_L T_1+nn'Q_1 C_1 t_1}{NN'q_L T_1+nn'Q_1 t_1} \tag{2.7.3-9}$$

式中 C_{Z2}——综合排泥池排出浓度，mg/L；

q_L——单格滤池反冲洗排水在历时 T_1 时段内平均流量，m^3/s；

Q_1——每个沉淀池在排泥历时 t_1 时段内的平均流量，m^3/s；

C_L——滤池在反冲洗历时 T_1 时段内平均浓度，mg/L；

C_1——沉淀池排泥平均浓度，mg/L；

N——滤池格数；

N'——每格滤池每日反冲洗次数；

n——沉淀池格数；

n'——每格沉淀池每日排泥次数；

T_1——单格滤池反冲洗历时，min；

t_1——单格沉淀池每次排泥历时，min。

将每格滤池反冲洗周期 $R=\frac{1}{N'}$，每个沉淀池排泥周期 $r=\frac{1}{n'}$ 代入上式，则可得出：

$$C_{Z2}=\frac{rNq_L C_L T_1+RnQ_1 C_1 t_1}{rNq_L T_1+RnQ_1 t_1} \tag{2.7.3-10}$$

式中 R——滤池反冲洗周期，d；

r——沉淀池排泥周期，d。

式中沉淀池平均排泥流量 Q_1、平均排泥浓度 C_1、滤池反冲洗排泥平均浓度 C_L 及流量 q_L 均应实测确定。

与图 2.7.3-2 净水厂排泥水处理工艺流程水质关系图（二）相比，不同点在于以综合排泥池替代了排泥池和排水池，进入浓缩池的泥量为 $(k_{01}+k_{02})QC_2$，比分建式多了 $k_{02}QC_2$，增加了浓缩池的固体负荷；从图 2.4.0-2 看出，这是因为进入浓缩池水量多了滤池的反冲洗水量 $k_{02}Q$。由于滤池反冲洗废水的悬浮物浓度比起沉淀池排泥水低很多，两者混掺在一起，不仅降低了浓缩池的进水浓度，而且还增加了浓缩池液面负荷和固体负荷，对浓缩不利。特别是在非均匀回流模式中，如果产生冲击负荷，进入浓缩池的水量在某一时段突然大幅度增加，突破浓缩池满足沉淀要求的液面负荷界限，泥沉淀不下来，破坏了浓缩池的正常浓缩过程。

根据以上分析，回流水水质对净水工艺的影响有以下几个方面：

(1) 图 2.7.3-1 与图 2.7.3-2 相比，排泥水回收利用后，进入絮凝沉淀池的泥量多了 yQC_m，图 2.7.3-1 与图 2.7.3-3 相比，排泥水回收利用采用综合排泥池，进入絮凝沉淀池的泥量多了 yQC_N，对处理低温低浊水来说，无疑增加了凝聚核心，对沉淀有利。

但是，当采用非均匀回流模式，甚至产生冲击负荷时，短时间内絮凝池停留时间缩短，沉淀池液面负荷增加，滤池滤速提高，加上投药系统没及时跟上，甚至是回流期间加

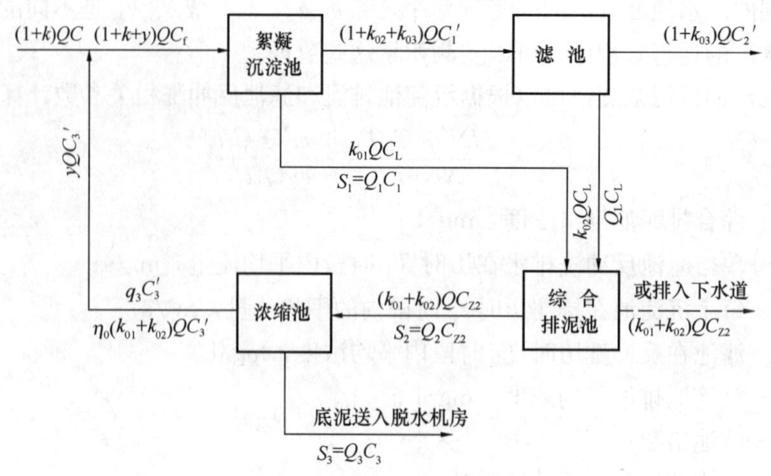

图 2.7.3-3　净水厂排泥水处理工艺流程水质关系图（三）
（回流，合建式）

药率维持不变，造成短期内出水浊度升高。

（2）当原水中藻类和隐孢子虫、贾第鞭毛虫等有害生物指标较高时，生产废水回流会引起这些有害指标的循环累积，增加了滤池堵塞和生物泄漏的风险。

两虫等生物指标与浊度成正相关，因此，降低浊度是使两虫指标合格的一个重要方法。目前，一些水厂采用膜法来降低出水浊度。例如，北京第九水厂采用浸没式超滤膜处理滤池反冲洗水，设计处理规模 7 万 m^3/d，膜处理工艺流程为：

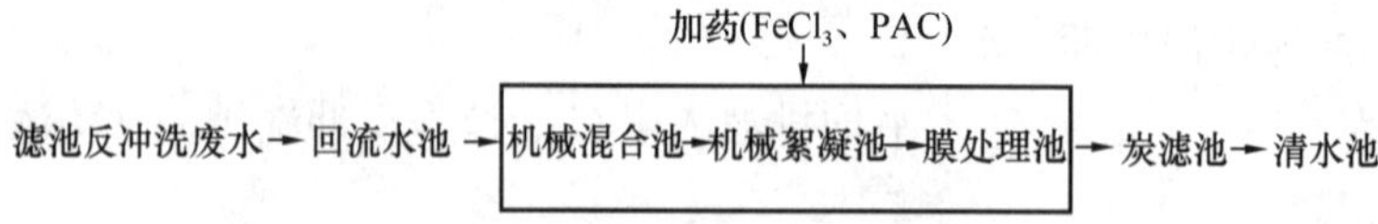

滤池反冲洗废水进入排水池（即回流水池），经排水池调节后，均匀进入膜处理车间机械混合池、机械絮凝池。每个混合池配 1 台轴流式搅拌机，混合时间 1～2min；絮凝池 2 个，每池配 1 台套筒式絮凝搅拌机。絮凝池出水经水泵提升后，进入膜处理池。膜处理池 2 个，每池又分为能独立运行的 2 格，每格安装 6 套浸没式超滤膜，膜处理池出水进入炭滤池。浸没式超滤膜设计产水通量小于 30L/（m^2·h）。经膜处理后的出水水质为：浊度≤0.2NTU，去除率≥99.99%，两虫指标去除率≥99.99%，藻类去除率≥70%。

还有一种比较好的方法是采用气浮法，气浮不仅能使水厂出水浊度降低，而且去除藻类、两虫指标达到 99.9%。由于气浮法释放出来的大量微细气泡对水体产生曝气充氧作用，因此能降低水中的有机物、嗅味与色度，增加水中的溶解氧。这种富含溶解氧的水进入炭滤池，特别是进入未设臭氧的单一活性炭滤池，能增加炭滤池的生物活性炭作用。

但是气浮池的进水浊度必须小于 100NTU，而滤池反冲洗废水的平均浊度大于 100NTU，一般达到 200～400mg/L，因此，反冲洗排泥水经排水池Ⅰ型调节后，需去除部分浊度，才能进入气浮池。如果滤池个数少，可利用在排水池中静沉的方法去除部分浊度。如果滤池个数多，可采用同向流斜板气浮池。在气浮池进水侧安装同向流斜板，既作为气浮池的均匀配水器，又作为起预沉作用的沉淀器。

另外，还与反冲洗废水的回流模式有关，一些水厂为了充分利用电价低谷时段，将回流时间集中在这一时段内，形成冲击负荷，造成出水浊度升高，这就有可能造成两虫指标随着出水浊度的超标而超标。因此，在反冲洗废水回流利用，又没有经过处理的水厂，应尽可能避免采用这种非均匀模式回流。避免在回流时段内，出水浊度短期升高而引起两虫指标和其他有害指标超标。

采用图 2.7.3-2 分建式回流系统进入絮凝沉淀池的泥量比不回流多了 yQC_m，采用图 2.7.3-3 合建式回流系统进入絮凝沉淀池的泥量比不回流多了 yQC_N，$yQC_N<yQC_m$，这是由于合建式回流系统反冲洗废水经过浓缩池沉淀后，上清液浊度降低所致。合建式回流系统虽然降低了浓缩池的进水浓度，增加了浓缩池液面负荷和固体负荷，对浓缩不利。但进入絮凝沉淀池的泥量比分建式少了，降低了滤池堵塞和生物泄漏的风险。

【例】 投加药剂后的原水日平均悬浮物含量 $C'=25$mg/L，经相似水厂实际运行测定，沉淀池排泥耗水系数 $k_{01}=3\%$，滤池反冲洗排水耗水系数 $k_{02}=2.5\%$，其他生产生活耗水系数 $k_{03}=0.5\%$，水厂出水浊度为 0.5mg/L，沉淀池排泥水和滤池反冲洗排水经综合排泥池混合调节后，排入城市下水道，求沉淀池排泥水和滤池反冲洗排水混合后的排泥浓度。

【解】 根据式（2.7.3-7）计算，得出：

$$k_0=k_{01}+k_{02}+k_{03}=3\%+2.5\%+0.5\%=6\%$$

$$C_{Z2}=\frac{(1+k_0)C'-(1+k_{03})C'_2}{k_{01}+k_{02}}=\frac{(1+0.06)\times 25-(1+0.005)\times 0.5}{0.03+0.025}=473\text{mg/L}$$

如果采用公式（2.7.3-8）计算，则有：

$$C_{Z2}=\frac{(1+k_0)C'}{k_{01}+k_{02}}=\frac{(1+0.06)\times 25}{0.03+0.025}=482\text{mg/L}$$

答： 混合后的排泥浓度为 473mg/L。

2.7.4 净水厂自用水量系数讨论

2.7.4.1 自用水量系数表述方法讨论

本书将水厂自用水量系数分成两个，一个是生产过程自用水量系数 k_0，其与水厂规模 Q 的乘积 k_0Q 表示水厂生产过程中消耗的水量；另一个是自用水量净值系数 k，其与水厂规模 Q 的乘积 kQ 表示净水厂自用水量净值，等于净水厂生产过程自用水量扣除回收利用水量所得出的水厂自用水量。

生产过程自用水量系数 k_0 是净水厂净化构筑物设计的一个重要参数，同时它又是絮凝沉淀池流量负荷系数，通过絮凝沉淀池的流量为 $(1+k_0)Q$，因此 k_0 取值大小，影响净化构筑物体积的大小。k_0 取值越大，构筑物体积越大；它也是排泥水处理系统中判别回流系统是否均匀回流的一个重要参数，是判别回流水量是否引起超过原设计负荷的一个重要标志。

在现行的设计规范和设计手册中，只用一个自用水量系数或自用水率表示。这种提法在净水厂排泥水不处理、不回收利用、随意排放时就已采用，沿袭至今。在生产废水不回收利用时，生产过程自用水量等于水厂自用水量净值，取水口取水量等于进入絮凝沉淀池的流量，即 $k_0=k$，两种表述方法没有差别。而且用一个自用水量系数表示既简洁，又能说明问题。但当净水厂排泥水进行处理后回收利用时，生产过程自用水量不等于水厂自用水量净值，即 $k_0\neq k$。在规范中，自用水率取 5%～10%。从这一点看相当于本书中的 k_0。

如图 2.4.0-1、图 2.4.0-2 所示，当净水厂排泥水不回收利用时，进入絮凝沉淀池的流量负荷只有来自取水口的流量，两者相等。但是，当净水厂排泥水回收利用时，进入絮凝沉淀池的流量负荷由两部分组成，一部分是来自取水口的流量 $(1+k)Q$，另一部分是回流水流量 yQ，因此进入絮凝沉淀池的流量负荷可表示为 $(1+k)Q+yQ=(1+k_0)Q$。这就出现了两个自用水量系数，计算取水口的规模用 $(1+k)Q$，k 为自用水量净值系数，计算絮凝沉淀池规模采用的流量负荷是 $(1+k_0)Q$，采用的是生产过程自用水量系数 k_0。如果采用一个自用水量系数 k_0 表示，不考虑回流水量的影响，取水口的流量也为 $(1+k_0)Q$。这种做法目前普遍存在，因为一般是先做水线设计，排泥水处理设计相对滞后，设计人员往往还是按老办法进行设计，这样，带来两种结果，一是絮凝沉淀池超负荷运行，因为通过絮凝沉淀池的流量负荷不是 $(1+k_0)Q$，而是 $(1+k_0)Q+yQ$，多了一个回流水量 yQ；另外就是水厂生产规模 Q 扩大了，水厂产水量比设计规模多了 yQ，例如一个 100 万 m^3/d 的水厂，如果均匀回流比 $y_0=5\%$，则产水量变成了 105 万 m^3/d。而且水处理构筑物还会出现超设计负荷运行。

如果还是沿用一个自用水量系数表述，但又要防止出现上述絮凝沉淀池超负荷运行和水厂产水量超过设计规模的情况，则有下述两种表示方法。

(1) 如果只用自用水量净值系数 k 表示，则取水口的取水流量为 $(1+k)Q$，进入絮凝沉淀池的流量为 $(1+k+y)Q$。

(2) 如果只用生产过程自用水量系数 k_0 表示，则取水口的取水流量为 $(1+k_0-y)Q$，进入絮凝沉淀池的流量为 $(1+k_0)Q$。

这两种表示方法虽然只用一个自用水量系数 k 或 k_0 表示，但是又多了一个参数即回流比 y。而求回流比 y 又必须先求出自用水量系数 k_0 和 k。前面提到，k_0 和 k 是水厂设计和运行中的一个重要参数，是水厂运行管理中需要进行实测的一个参数，比求回流比 y 更方便，因此，在净水厂排泥水回收利用时，本书采用两个自用水量系数 k_0 和 k 进行表示，更容易理解，计算更方便。当排泥水不回收利用时，$k_0=k$。

2.7.4.2　k_0 取值偏低的影响

生产过程自用水量系数 k_0 应通过实测或计算确定，但由于水厂设计时，一般先进行水线设计，排泥水处理设计相对滞后。生产过程自用水量系数 k_0 取值时，一般都不先进行调查研究，实测或计算出一个比较符合实际的生产过程自用水量系数 k_0，而是在设计规范提供的经验值 5%～10%范围内取值，而且一般取下限 5%。《室外给水设计规范》第 9.1.2 条指出：当滤池反冲洗水回用时，自用水率可适当减小。这给人一种错误的概念，认为排泥水大部分回收利用，实际耗水量很小，因此将自用水量系数 k_0 取值偏低，甚至取自用水量净值系数 k（小于 5%）。生产过程自用水量系数 k_0 取值偏低，就是实际发生的生产过程自用水量系数大于设计取值。无论生产过程自用水量是否回收利用，生产过程

自用水量系数 k_0 取值偏低，都会造成以下影响：

1. 对水线的影响

(1) 如果维持水处理构筑物不超过设计负荷，则水厂产水量将达不到设计规模。

k_0 设计取值与实际不符，假设实际发生的生产过程自用水量系数用 k'_0 表示。如果自用水量系数 k_0 取值偏低，即 $k_0<k'_0$，说明对生产过程用水量估计不足，不足部分用减少水厂产水量来弥补，造成净水厂产水量达不到设计规模。净水厂产水量与水厂设计规模之差用增量 ΔQ 表示，则有：

$$\Delta Q=(k_0-k'_0)Q \tag{2.7.4-1}$$

式中 k_0——生产过程自用水量系数设计取值；

k'_0——实际发生的生产过程自用水量系数；

Q——水厂设计规模，m^3/d；

ΔQ——净水厂产水量与水厂设计规模之差值，m^3/d。

ΔQ 为负值时，表示净水厂出水量小于设计规模。

(2) 如果维持净水厂产水量达到设计规模，则会造成净化构筑物超负荷运行。

由于要维持产水量达到设计规模，就需增加取水量，则通过净化构筑物的流量增加，从而引起水处理构筑物负荷增加，例如，絮凝反应池停留时间的减少、沉淀池液面负荷的增加、滤池滤速的提高。

1) 对于沉淀池，引起液面负荷 F 变化用增量 ΔF 表示，则：

$$\Delta F=(k'_0-k_0)F_0 \tag{2.7.4-2}$$

变化后的液面负荷为：

$$F=F_0+\Delta F \tag{2.7.4-3}$$

式中 A——沉淀池有效面积，m^2；

k'_0——实际发生的生产过程自用水量系数；

F_0——沉淀池设计液面负荷，$m^3/(m^2\cdot h)$；

ΔF——液面负荷增量，$m^3/(m^2\cdot h)$；

F——变化后的液面负荷，$m^3/(m^2\cdot h)$。

2) 对于滤池，滤速增量 Δv 为：

$$\Delta v=(k'_0-k_0)V_0 \tag{2.7.4-4}$$

变化后的滤速为：

$$v=v_0+\Delta v \tag{2.7.4-5}$$

式中 k'_0——实际发生的生产过程自用水量系数；

A——过滤面积，m^2；

Δv——滤速增量，m/h；

v_0——原设计滤速，m/h；

v——变化后的滤速，m/h。

(3) 有可能造成取水构筑物能力不足，需要扩建。

2. 对泥线的影响

(1) 生产过程自用水量系数 k_0 取值偏低，小于实际发生的生产过程自用水量系数，不仅有可能造成水线的净化构筑物超负荷运行，而且也会造成排泥水处理系统超负荷运行。

由于 $k_0 < k'_0$，生产过程用水量大于预期，进入排泥水处理系统的排泥水量也必然大于预期。使调节池、浓缩池超负荷运行。造成调节池容积不够，浓缩池浓缩效果下降。一些水厂工艺部分更改，原工艺耗用水量少，新工艺耗用水量大幅度增加，一些人认为处理工艺部分改动，虽然生产废水会有大幅度增加，只要生产废水回收利用了，不会有什么影响，这种看法是错误的。例如，北京市第九水厂原设计采用斜板沉淀池，由于原设计絮凝沉淀池选型不当，加上斜板积泥无法解决，改为微砂循环工艺，其生产废水大幅度增加。投产运行后，由于进入排泥池的排泥水量大幅度增加，使排泥池无法正常运行，原排泥池设计采用调节兼顾浓缩功能的分建式调节池Ⅱ型——浮动槽排泥池，结果浮动槽不能正常浮动。原排泥池上清液出水采用浮动槽均匀收集，由于进入的流量太大，大大超过原浮动槽的设计收水能力，不得已增加水泵抽吸上清液，上清液的收集由均匀集水变成了不均匀集水。使浮动槽排泥池的沉淀浓缩功能下降，上清液的浊度升高。

(2) 引起回流比增加。

以均匀回流模式为例，从均匀回流模式判别式（2.7.2-4）可以看出，当自用水量净值系数 k 维持不变，即排放的水量不变时，如果生产过程自用水量系数 k_0 取值偏小，实际发生的生产过程自用水量系数 k'_0 高，即 $k_0 < k'_0$，生产过程自用水量增加，则回收利用的水量增加，回流比比预期的高，均匀回流比增量 Δy_0 为：

$$\Delta y_0 = k_0 - k'_0 \tag{2.7.4-6}$$

则变化后的均匀回流比为：

$$y'_0 = y_0 + \Delta y_0 \tag{2.7.4-7}$$

式中 y_0——均匀回流比；

Δy_0——回流比增量；

y'_0——变化后的均匀回流比。

由于回流比 y'_0 比预期的 y_0 高，回流水量 y'_0Q 比预期的 y_0Q 大，造成水线净化构筑物超负荷运行。特别是采用非均匀回流模式回流，造成冲击负荷的可能性更大。

造成水厂生产过程自用水量系数取值偏低的主要原因有以下几个方面：

1) 在排泥水回收利用的情况下，采用一个水厂自用水量系数表示，容易造成生产过程自用水量系数按净值取值，造成生产过程自用水量系数取值偏低。

规范规定："水厂自用水率应根据原水水质、所采用的处理工艺和构筑物类型等因素通过计算确定，一般可采用设计水量的5%～10%。当滤池反冲洗水采取回用时，自用水率可适当减小。"一些工程因为建有排泥水处理系统，而且沉淀池排泥水和滤池反冲洗排水均回用，自用水量系数取值很低，取2%～3%。排泥水回收利用后，排放的水量少了，自用水量净值系数 k 会大幅度减小，排泥水回收利用程度越高，自用水量净值系数 k 越低。用 $(1+k)Q$ 来计算取水口流量是可以的，但用它计算絮凝沉淀池就会引起构筑物体积偏小，有可能引起水厂产水量达不到设计规模；或者是构筑物超负荷进行，因为通过絮凝沉淀池的流量是取水流量与回流流量之和。

2）没经过调查研究，没经过实测和计算，随意取值，造成设计取值与实际不符。例如，长流程处理与短流程处理 k_0 取值应该不同，有活性炭滤池的深度处理与一般的常规处理 k_0 取值应该不同，有初滤水排放和没有初滤水排放 k_0 取值应该不同。以排放初滤水为例，有初滤水排放的，生产过程自用水量比不排放初滤水的高出很多，k_0 取值也应该高些。一些人误认为初滤水回收利用了，往往采用相同的 k_0 取值。虽然初滤水排放后，又回流至混合池、絮凝池、沉淀池、过滤池，它不增加自用水量净值，但增加了构筑物生产过程自用水量，增加了构筑物的流量负荷。如果维持构筑物不超过设计负荷，则造成水厂产水量达不到设计规模，

3）水厂建成运行一段时间后，改变净化工艺，新工艺排泥水量比旧工艺大幅度增加。例如，北京市第九水厂原采用侧向流斜板沉淀池，后改为微砂循环工艺，生产过程自用水量大幅度增加。即生产过程自用水量系数 k_0 取值远小于实际发生的生产过程自用水量系数 k'_0。如果不增加取水量，水厂产水量将达不到设计规模。如果要产水量达到设计规模，增加取水量，净化构筑物将超负荷运行。

4）在净水厂改扩建中，延长水处理流程，变短流程处理为长流程处理，增加了水处理构筑物，新增加的构筑物在生产过程中需要消耗一定的水量。原设计没有考虑，造成生产过程自用水量系数 k_0 取值偏低。例如，在常规处理后面增加深度处理活性炭滤池、膜处理等。

5）原设计没考虑排放初滤水，后增加初滤水排放。

2.7.4.3　k_0 取值偏高的影响

k_0 取值偏高表示生产过程自用水量系数 k_0 设计取值大于实际发生的生产过程自用水量系数 k'_0，即 $k_0>k'_0$。这种取值偏高会带来以下影响：

（1）水厂产水量超过设计规模。

由于生产过程自用水量系数 k_0 取值偏高（$k_0>k'_0$），生产过程自用水量比预期的要低，节约的这部分水量转化成水厂的产水量，使水厂产水量超过设计规模。产水量增量可用式（2.7.4-1）计算。

（2）如果维持水厂产水量与设计规模保持一致，调整取水口水泵的运行参数，减少取水口取水量，则通过净化构筑物的流量负荷低于设计流量负荷，运行安全可靠。

（3）k_0 取值比实际发生的大得越多，越容易形成均匀回流，构筑物抗超负荷运行的能力越强。

一般很难做到生产过程自用水量系数 k_0 取值与实际发生的完全吻合，但也要防止不经过计算随意取值，要克服只要排泥水回收利用了，自用水量系数 k_0 就可以往小里取值的错误观念。因为不管排泥水的回收利用系数多大，k_0 值不变。既然 k_0 取值难以与实际吻合，由于 k_0 取值偏小，有可能造成净水厂出水量达不到设计规模，或者是造成水线和泥线超负荷运行，因此，从水厂运行安全考虑，k_0 取值可适当偏大一点，留有一点余地。但也不能太大，因为 k_0 取值大，通过净化构筑物的设计流量就大，构筑物体积大，工程投资会有所增加。

2.7.4.4 净水厂技术改造要重视新工艺的 k_0 值与旧系统是否匹配

k_0 取值小于实际发生的生产过程自用水量系数，产生的负面影响较大，应尽可能避免。在净水厂进行技术改造，采用新流程、新工艺时，不要只看到新流程、新工艺如何先进，还应重视新工艺的 k_0 值与原有系统是否匹配，也就是说，新工艺发生的生产过程自用水量 k_0Q 现有系统是否能适应。主要体现在以下两个方面。

（1）当新工艺的 k_0 值比旧系统的 k_0 值大时，应核算现有排泥水处理系统能否适应。

仍以北京市第九水厂将斜板絮凝沉淀池改为 Actiflo 微砂循环工艺为例，Actiflo 微砂循环工艺虽然净化效率高，但也存在生产过程自用水量系数 k_0 偏大，生产过程中排泥水量大，现有排泥水处理系统容纳不了的问题，由于进入排泥池的排泥水量大幅度增加，使排泥池无法正常运行，原设计采用分建式调节池Ⅱ型——浮动槽排泥池，结果浮动槽不能正常浮动。原排泥池上清液出水采用浮动槽均匀收集，由于进入的流量太大，大大超过原浮动槽的设计收水能力，不得已增加水泵抽吸上清液，上清液的收集由均匀集水变成了不均匀集水。破坏了正常的沉淀、浓缩过程，使浮动槽排泥池的沉淀浓缩功能下降，上清液的浊度升高。

（2）当排泥水回收利用时，不仅要核算现有排泥水处理系统能否适应，而且还要核算水线的水处理系统是否适应。

当新工艺的 k_0 值比旧系统的 k_0 值大时，对净水厂水线的影响有可能产生两种结果，一个是水厂产水量达不到设计规模；另一个是由于回流比提高，引起净化构筑物超设计负荷运行。如果构筑物设计负荷维持不变，则水厂产水量达不到设计规模；如果要维持水厂产水量达到设计规模，则净化构筑物的流量负荷超过设计负荷。

一般来说，新、旧处理工艺的 k_0 值完全相同很难做到，只要差别不大是容许的。因为水处理构筑物在设计时都留有一定的余量，当新工艺的生产过程自用水量比旧工艺大时，如果采取维持产水量达到设计规模，水处理构筑物超负荷运行，其超过的负荷一般都在容许的范围内。但要注意的是，如果在设计时就因排泥水回收利用而刻意将 k_0 取值很低，造成 k_0 设计取值小于实际发生的 k'_0，即 $k_0 < k'_0$，如果新工艺的生产过程自用水量又比旧工艺大很多，造成新旧工艺差别很大，则容易造成严重超负荷运行，影响水处理效果。

【例】某水厂设计规模 50 万 m^3/d，生产过程自用水量系数设计取值 $k_0=5\%$，其中：$k_{01}=2.5\%$，$k_{02}=2\%$，$k_{03}=0.5\%$，原设计采用斜板沉淀池，液面负荷 $6m^3/(m^2 \cdot h)$，后改用其他工艺，实际发生的生产过程自用水量系数 $k'_0=20\%$，生产过程自用水量大幅度增加，沉淀池排泥水和滤池反冲洗废水全部回收，求：

（1）维持水处理构筑物设计负荷不变，水厂产水量减少了多少。

（2）若维持水厂产水量达到设计规模，沉淀池超负荷的幅度。

【解】根据式（2.7.4-1），得出：

$$\Delta Q=(k_0-k'_0)Q=(0.05-0.2)\times 500000=-75000m^3/d$$

若维持水厂产水量不变，构筑物超负荷计算：

斜板沉淀池有效面积：$A=\dfrac{Q}{F_0}=\dfrac{1.05\times 500000 \div 24}{6}=3646m^2$

斜板沉淀池液面负荷超负荷 ΔF：

$$\Delta F = (k'_0 - k_0)F_0 = (0.2 - 0.05) \times 6 = 0.9\text{m}^3/(\text{m}^2 \cdot \text{h})$$

$$F = F_0 + \Delta F = 6 + 0.9 = 6.9\text{m}^3/(\text{m}^2 \cdot \text{h})$$

答：若维持水处理构筑物设计负荷不变，水厂产水量减少了 75000m^3/d；若维持水厂产水量不变，沉淀池超负荷 0.9$\text{m}^3/(\text{m}^2 \cdot \text{h})$，沉淀池液面负荷为 6.9$\text{m}^3/(\text{m}^2 \cdot \text{h})$。

2.8 排泥水处理工艺流程综述

净水厂排泥水处理流程大致可分为调节、浓缩、脱水、处置四道基本工序。调节是浓缩的前处理，调节、浓缩是脱水的前处理，调节、浓缩、脱水又是处置的前处理。净水厂排泥水处理流程可根据各水厂所处的社会环境和自然条件，以及污泥的特性选择由全部或部分工序组成。

在排泥水处理的各道工序中，都要去除一部分水量，因此，残留在污泥中的水量将随着工序向前推移而逐渐减小，污泥浓度将随着工序向前推移而逐渐增大，可以说净水厂排泥水处理就是一个采用不同方法使之逐步脱去水分的过程。在排泥水处理的各道工序中，脱去水分的多少是不同的，随着工序的向前推移，各道工序脱去的水分越来越少，但去除水分的难度越来越大。

调节、浓缩是脱水工序的前处理，脱水工序的前处理要达到两个目的：其一是残留在污泥中的水量将随着工序向前推移而逐渐减小，污泥浓度将随着工序向前推移而逐渐增大。经过脱水前处理，污泥浓度要满足脱水机的进机浓度要求，一般要求达到含水率小于等于 97%，即含固率达到大于等于 3%。其二是经过脱水前处理，进入脱水工序的干泥量要小于等于计划处理干泥量 S_0。干泥量与原水浊度有关，原水浊度越高，干泥量越大，由于原水浊度一年四季变化很大，有时短时的高浊度是平均浊度的几十倍，如果按最高浊度设计，脱水机及其附属设备的台数特别多，一年中满负荷运行几日时间，大部分时间闲置，造成浪费。因此，目前的净水厂排泥水处理都采用一部分处理、一部分排放的非全量完全处理模式，原水浊度所携带的干泥量 S 中，计划处理的部分是计划处理泥量 S_0，超过计划处理部分的干泥量 ΔS 或者排放，或者通过临时存储转化成计划处理内干泥量，保证进入脱水工序的干泥量不大于计划处理泥量 S_0。

2.8.1 调节

在净水厂排泥水处理系统中，调节池上与净水厂毗邻，下与本系统浓缩池相接，承上启下。既接纳和调节净水厂排出的排泥水，又是浓缩环节的前处理。

2.8.1.1 调节功能分析

生产废水一般水质、水量变化较大，为了减少冲击负荷对处理工艺的不良影响，可用调节池对水质进行均和，对水量加以调节。

调节构筑物的形式和容量的大小，随生产废水的特点和对调节的要求的不同而异。如果生产废水的水质变化不大，对处理没有影响，而只需要在水量上有所储存，这时只需要设置有足够容量的水池，作为水量调节之用，储存盈余，补充短缺，使后续处理设备在运行时段内能够得到均衡的进水量，保证正常工作。因此，水量调节池在设计上只考虑足够的池容，而不拘泥于形状，也无需特殊的设备。表 2.8.1-1 中所提到的分建式调节池Ⅱ型，包括排水池Ⅱ型和排泥池Ⅱ型，及合建式综合排泥池Ⅱ型均属于这种水量调节池。

如果水质也有很大变化，则为了使生产废水在水质浓度和组分上的变化得到均衡，减轻由于水质变化对处理设备的冲击影响，不仅要设置足够容积的调节池，而且在水池构造和功能上还需考虑在水池调节周期内不同时段使进出水水质均匀的措施，以便使在不同时段流入池内的生产废水都能达到完全混合的要求。表 2.8.1-1 中提到的分建式调节池Ⅰ型，包括排水池Ⅰ型和排泥池Ⅰ型，以及合建式综合排泥池Ⅰ型均属于这种匀质匀量调节池。目前，在调节池内进行调质，使生产废水完全混合的措施有机械搅拌、空气搅拌、水泵强制循环等几种方式。

净水厂排泥水处理的对象是净水厂生产构筑物排出的生产废水，主要是沉淀池排泥水和气浮池浮渣、滤池反冲洗废水。其成分大部分是原水中悬浮物、溶解物质的一部分与混凝剂形成的矾花。在质的组成上各阶段不会有太大的区别，只是在浓度上有所变化。由于沉淀池排泥水和滤池反冲洗排水是间断的，如一些沉淀池间隔几小时排一次泥，一次延续几分钟或十几分钟；滤池也是间断反冲洗。因此，其量和质是不稳定的，这里所指的质的不稳定，是指浓度上的变化，组分上没有变化。如果沉淀池排泥水和滤池反冲洗废水直接进入浓缩池，浓缩池接受脉冲负荷的冲击，则严重影响浓缩效果。为了尽可能使浓缩池的负荷均匀连续，有必要对沉淀池排泥水和滤池反冲洗废水做暂时的存留。以对其量和质进行调节，缓解和消除冲击负荷对浓缩的不良影响。由于在排泥水处理的各个阶段，质的组成上没有太大的区别，只是在浓度上有所变化，因此，净水厂排泥水处理在调节工序中，功能上着重于水量的调节。对质的调节主要是防止污泥在调节池中沉淀，采取扰流措施，使泥水混合均匀，匀质匀量。如果调节池没有扰流设备，池中污泥会产生部分沉淀，因此应有沉泥取出设施。

对质的调节虽然没有对量的调节重要，但在一些特殊条件下，调质也是不可缺少的。例如净水厂排泥水送往厂外集中处理，池中需设调质设施，进行量和质的调节后，匀质匀量输出。

调节构筑物除了匀质匀量的功能外，目前已扩展到其他功能领域，如净化功能、浓缩功能，一池多用，成为一个具有多功能的处理构筑物。例如，北京市第九水厂和深圳市笔架山水厂排泥水处理系统中所采用的浮动槽排泥池就是一个兼顾调节、沉淀、浓缩的多功能调节池。

在净水厂排泥水处理构筑物中，按接纳生产废水的种类可分为排水池和排泥池。具有接受、调节沉淀池排泥水功能的叫排泥池；具有接受、调节滤池反冲洗排水功能的叫排水池；当反冲洗废水回流到净水厂前面与原水混合重复利用时，也称回流水池。滤池反冲洗排水悬浮物含量较低，经调节池调节后，一般可直接回流到净水厂前面，与原水混合，重复使用。但下列情况不宜直接回用，须经过处理后方能回用。

（1）净水厂净化工艺采用直接过滤。由于没有沉淀池，原水中所有浊质全由滤池反冲洗水排出，如果不经处理直接回用，则浊度循环累积，进入滤池的浊度将越来越高，直至破坏直接过滤的条件。

（2）反冲洗废水水质不符合回用要求，影响净水厂出水水质。例如反冲洗废水中富含两虫指标，而消毒系统采用氯消毒，不能有效杀灭隐孢子虫卵囊，如果把富含两虫指标的反冲洗废水回流，作为原水重复利用，有可能影响净水厂出水水质。如果净水厂净化工艺采用气浮，或消毒采用紫外线＋氯多重消毒工艺，则可直接回用，因为一般沉淀工艺对隐孢子虫的去除率仅90％，而气浮工艺的去除率达到99.9％；紫外线也能有效杀灭隐孢子虫卵囊。若排泥水处理系统产生的废水不符合回用要求，经技术经济比较，也可经处理后回用。

为了使排水池和排泥池具有调节作用，排水池和排泥池应具有一定的容积，以对其量进行调节，例如，排水池的调节容积按不小于最大1次反冲洗排水量确定。

2.8.1.2　调节构筑物分类及特点

1. 调节构筑物分类

净水厂排泥水处理调节构筑物按其接纳生产废水的种类可划分为以接纳和调节沉淀池排泥水、气浮池浮渣为主的排泥池和以接纳和调节滤池反冲洗排水为主的排水池两类。根据排泥池与排水池两者的组合关系又可划分为分建式调节池和合建式调节池两类。分建式调节池是排水池与排泥池分开建设，即沉淀池排泥水只进入排泥池，反冲洗排水只进入排水池，两种生产废水在调节构筑物里互不混掺。合建式调节池是排水池与排泥池合建，也称综合排泥池，即滤池反冲洗排水与沉淀池排泥水进入同一个调节池里相互混掺。

排泥水处理调节构筑物按其调节功能还可划分为Ⅰ型和Ⅱ型，Ⅰ型具有调量和调质功能；Ⅱ型具有调量功能，没有调质功能，但Ⅱ型具有沉淀或浓缩功能。净水厂排泥水处理中调节构筑物分类及特点见表2.8.1-1。

调节构筑物分类及特点　　**表 2.8.1-1**

分类及名称	分建式				合建式	
	排水池		排泥池		综合排泥池	
	Ⅰ	Ⅱ	Ⅰ	Ⅱ	Ⅰ	Ⅱ
功能	调量＋调质	调量＋沉淀	调量＋调质	调量＋浓缩	调量＋调质	调量＋浓缩
	单一调节功能		单一调节功能	间歇式浓缩	单一调节功能	
构造特点	设搅拌机等扰流设备进行均质。 利用池容进行调量	不设扰流设备均质，允许部分污泥沉淀，但应有污泥取出设施。 利用池容进行调量	设搅拌机等扰流设备进行均质。 利用池容进行调量	充分利用池容进行量的调节和浓缩作用。上清液利浮动槽均匀连续取出，设刮泥机将泥连续刮至池中心排出	设搅拌机等扰流设备进行均质。 利用池容进行调量	
						一般不用

从表 2.8.1-1 可以看出，无论是Ⅰ型还是Ⅱ型，都具有调量的功能。为什么量的调节在排泥水处理系统中是最基本的调节，一是因为无论是滤池反冲洗排水，还是沉淀池排泥水，都是间断的、不连续的，调节池接纳这种间断的不连续的来水，而出水又要求是连续均匀的，《室外给水设计规范》第 10.3.2 条规定："调节池的出流流量应尽可能均匀、连续"。第 10.3.12 条规定："排泥池池底沉泥应连续均匀地排入浓缩池"。又如排水池，接纳的是脉冲式的滤池反冲洗排水，如果反冲洗废水回流重复使用，根据上述规范 10.3.8 条规定：当排水泵出水回流至水厂时，其流量应尽可能连续、均匀。以避免对净水厂净化构筑物造成冲击负荷，影响水厂出水水质。二是在调节这一工序中，排泥水在组成成分上基本没有变化，只是在含量多少即浓度上有所改变。因此，在调节这一工序中，主要着重于量的调节，

2. 不同类型调节构筑物优缺点及分析

(1) 分建式

分建式的优点是：

1) 滤池反冲洗废水悬浮物浓度低，与沉淀池排泥水浓度相差较大，单设排泥池接纳浓度较高的沉淀池排泥水，可免受排泥浓度较低的反冲洗废水稀释，提高了排泥水进入浓缩池的初始浓度。进入浓缩池的初始浓度越高，浓缩至同一目标浓度值所需的时间越短，有利于浓缩池内泥的沉降和浓缩。

2) 滤池反冲洗水量大，时间短，冲击负荷强度较高，单设排水池接纳这一冲击负荷，然后回流至净化构筑物重复利用。由于这一负荷不进入排泥池，免除了这一负荷对排泥池的冲击。

3) 分建式排泥池有利于拓展成带浓缩功能的排泥池，例如，拓展成在调节功能基础上兼顾浓缩功能的浮动槽排泥池。合建式综合排泥池两种水质混掺在一起，不仅水量大，而且滤池反冲洗排水与沉淀池排泥水相比，排水时间短促，瞬时流量大，冲击负荷强度较高，刚浓缩到一定程度，又被瞬时而至的反冲洗废水冲稀了。而分建式排泥池不接纳这一冲击负荷，减少了进入下一级浓缩池的水量，有利于拓展浓缩功能。经浮动槽排泥池调量＋浓缩后，更进一步提高了进入浓缩池的初始浓度，使进入下一级连续式重力浓缩池的初始浓度比合建式高出很多。从而提高了下一级浓缩池的浓缩效果，也就提高了脱水机的进机浓度。减少了进入下一级连续式重力浓缩池的水量。

4) 分建式调节池增加了泥水在浓缩池的停留时间，提高了浓缩池的浓缩效果。因为合建式综合排泥池是既接纳沉淀池排泥水量，又接受滤池的反冲洗水量，进入浓缩池的水量比分建式多了反冲洗排泥水量，如果是同样的浓缩池体积，则分建式因进入浓缩池的水量少了约 1 倍，停留时间长，浓缩效果好；而合建式综合排泥池因进入的水量多了 1 倍，停留时间约小了 1 倍，浓缩效果自然就差了很多。

5) 相同的排泥水处理规模，分建式调节池能大幅度降低浓缩池的液面负荷，提高浓缩池的浓缩效果。由于分建式排水池进入浓缩池的水量比合建式综合排泥池少了约 1 倍，同样的浓缩池面积，浓缩池的液面水力负荷大幅度降低，如果排水池的底泥不进入排泥池，固体负荷也有所降低。有利于提高浓缩池的浓缩效果，提高浓缩池的底流污泥浓度。

6）与合建式综合排泥池相比，分建式因进入浓缩池的泥水量少了约 1 倍，达到同样的浓缩效果，浓缩池的面积和体积可缩小，可降低工程投资。

7）有利于排泥水的回收利用。沉淀池排泥水与滤池反冲洗排水相比，悬浮物含量高出很多倍。由于排泥水中有害物质如隐孢子虫等原生动物孢囊、消毒副产物及其前体物、锰等有害物质的含量与其悬浮物含量成正相关，即悬浮物浓度越高，有害物质含量就越多。例如有一次实测，隐孢子虫约 80%～90%含在沉淀池排泥水中，而滤池反冲洗排水中只占约 10%～20%。因此，一般只回收排水水质较好的滤池反冲洗废水。回收利用反冲洗废水，一般可直接回流至净水厂配水井，只有部分污染较重的反冲洗废水需经处理后才能回用。如果排泥水调节构筑物采用合建式综合排泥池，两种排水混掺在一起，这种水质一般不符合回用要求，须经处理后方能回用。这就延长了反冲洗废水回收或排放的流程长度，本来经排水池调节后就可回收或排放，却要经过合建式综合排泥池调节后再进入浓缩池，成为浓缩池的上清液再回收或排放，不仅增大了浓缩池的体积，而且管道长度也要增加，增加了工程投资。另外，进入浓缩池一般需要提升，也增加了提升这部分水量的日常电耗和基建投资。为了提高浓缩效果，如果在浓缩前处理中投加聚丙烯酰胺，或者是含有聚丙烯酰胺成分的滤液回流到浓缩池，则浓缩池上清液中不可避免地含有聚丙烯酰胺单体成分，对回用水水质不利。即使是两种水质都需要其他处理，也是前一种水质处理难度大，投资多。

分建式的缺点是：

1）当净水厂规模很小时，把排泥池和排水池分开设置，单个池子的尺寸太小，不好设置。

2）如果排泥水经调节后送往厂外处理，或者是附近有大江大河，环境容量允许排入，经调节后匀质匀量往外排，则合建式更为简单，而分建式不仅池子数量多，需要的设备数量也多。

（2）合建式

合建式的优点是：

1）对于小水厂，当排泥水处理规模很小时，宜采用合建式综合排泥池。如果采用分建式，池子数量是合建式综合排泥池的 2 倍，池子之间有时还要有一定距离，占地面积大，而采用合建式综合排泥池占地面积小。

2）分建式单个池子尺寸小，不好设置。设备不好选型，有时最小的设备还比所需要的大很多。设备日常运转效率低，能耗高。例如，排泥管道按最小管径设计，管道流速还很小，容易造成管道沉淀、淤积。有时水泵也要按高几个档次选型，造成投资和能源消耗上的浪费。

3）如果排泥水经调节后送往厂外处理，或者是附近有大江大河，环境容量允许排入，经调节后匀质匀量往外排，则合建式更为简单，采用合建式综合排泥池，匀质匀量输出，只设 1 个泵站，1 条输泥管，不仅池子数量少，占地面积小，便于布置，而且设备数量也少，可减少工程投资。而分建式需设 2 个泵站，2 条输泥管。如果分建式只设 1 个泵站，1 条输泥管，那就还需要增加池子将两种水质排泥水进行混合，这就等于在分建式调节池后再增加一级合建式综合排泥池。

合建式的缺点也就是分建式的优点。这里不再叙述。

2.8.1.3　不同类型调节构筑物应用分析

1. 分建式调节池

分建式调节池一般在下列情况下采用：

(1) 一般情况下宜采用分建式调节池。

其原因在不同类型调节构筑物优缺点分析中已有详细阐述。下面简单归纳如下。

沉淀池排泥水和滤池反冲洗废水污泥浓度相差很大，当滤池排放初滤水时，初滤水悬浮物浓度更低，与沉淀池排泥水浓度相差更大。如果采用合建式综合排泥池，沉淀池排泥水被滤池反冲洗废水稀释，当滤池排放初滤水时，稀释得更厉害，这就等于沉淀池污泥区的初步浓缩白白浪费了，而且稀释后的浓度比起沉淀池排泥水浓度更低，又要在浓缩池从低浓度进行沉降浓缩，对浓缩大为不利。国内一些水厂采用合建式综合排泥池，既接纳和调节沉淀池排泥水，又接纳和调节滤池反冲洗废水，两者混掺后，比原沉淀池排泥水浓度还低很多。为了提高进入浓缩池的排泥水悬浮物浓度，又在合建式综合排泥池的后面设置平流式沉淀池进行泥水分离，再进入浓缩池。将进入浓缩池的排泥水悬浮物浓度提高到不低于原净水厂沉淀池的排泥浓度，把被滤池反冲洗废水稀释而降低的悬浮物浓度重新找回来。

如果采用的调节构筑物不是分建式，而是合建式综合排泥池，滤池反冲洗废水也进入浓缩池，大幅度增加了进入浓缩池的水量。特别是增加了初滤水之后，进入浓缩池的排泥水量是分建式调节池的3～4倍，其悬浮物浓度却是沉淀池排泥水的几分之一，按固体负荷确定的浓缩池面积势必小于按液面负荷确定的面积，必须增加浓缩池的面积才能满足沉降要求，造成浓缩池的体积很大。或者是在浓缩池之前再建一级沉淀池，将部分水量以沉淀池的上清液分流出去，经沉淀和初步浓缩后的底流再进入浓缩池。多了一级构筑物，增加了占地面积和工程投资。

采用分建式调节池有利于回收利用。因为排泥水中有害物质如隐孢子虫等原生动物孢囊、消毒副产物及其前驱物、锰等有害物质的含量与其悬浮物含量成正相关，即悬浮物浓度越高，有害物质含量就越多。这些有害物质主要在沉淀池排泥水里，滤池反冲洗废水中含量较少，一般可直接回用。如果采用合建式综合排泥池，两种水质的排泥水混掺，混掺后的排泥水水质一般不符合回用要求，必须经过处理。

(2) 水厂先期建成投产，而排泥水处理系统后建。但回收滤池反冲洗废水的回流水池（即排水池）与净水厂同步建成投产。这种情况，一般应采用分建式调节池。这种情况现在比较少了。在我国净水厂排泥水处理尚未实施和起步阶段，这种情况较多，很多水厂只建排水池接纳滤池反冲洗废水，其目的是为了回收利用，节约水资源。回流水池也因此而得名。排泥水处理系统未建成前，沉淀池排泥水排入附近水体，排泥水系统建成后，再将沉淀池排泥水排入排泥池。

现在也有一些新建的水厂因资金不足而实行分期建设，先期建设净水厂部分，但排水池与净水厂净化部分同步建成，用以回收利用反冲洗废水，预留排泥水处理用地。一般不提倡这种按流程分期建设的方式，因为沉淀池排泥水未经处理进行排放，对附近水体可能造成一定程度的污染。这种情况只有在水厂附近有大江大河，水体环境容量近期容许排入，不至于造成河道、沟渠堵塞、淤积，才允许，并经过环保部门同意。

（3）水厂沉淀池排泥水送往厂外集中处理，而滤池反冲洗废水经排水池调节后，回流到净水厂重复利用，或因水质不宜回收而排放，一般应采用分建式调节池。

2. 合建式调节池

虽然一般情况下宜采用分建式调节构筑物，但在下列情况下宜采用或可采用合建式调节池，即综合排泥池。

（1）当净水厂排泥水全部送往厂外集中处理，而不考虑在厂内回收滤池反冲洗废水时；或者是附近有大江大河，水体环境容量容许排入，一般宜采用合建式综合排泥池。接纳和调节沉淀池排泥水和滤池反冲洗废水，匀质匀量输出。如果采用分建式，2 种池子，2 个泵房，占地面积大，基建投资和运行费用高。

（2）当排泥水处理系统规模较小时，宜采用合建式调节池。若采用分建式调节池，一分为二，调节池尺寸小，设备选型比较困难，设备日常运转效率低，耗能高；池子虽小，但数量多，占地面积增大，综合各种因素考虑，在排泥水处理规模较小时，也可采用综合排泥池。

（3）滤池反冲洗废水须经沉淀池去除部分浊度后方能排放。这种情况，经比较后也可采用合建式调节池。

去除滤池反冲洗废水浊度的途径有两条，一是采用分建式调节池，在排水池后面增加一沉淀池或气浮池，上清液排放，沉泥排入排泥池。另一条途径是采用综合排泥池，沉淀池排泥水和滤池反冲洗废水都进入综合排泥池，经综合排泥池匀质匀量后进入下一道工序浓缩池，经沉淀浓缩后，上清液排放，浓缩池底泥进入脱水机前储泥池。这条途径虽然少了沉淀池，但是进入浓缩池的排泥水量多了滤池反冲洗废水，水量多了 1 倍，如果初滤水进入，则进入浓缩池的水量多了好几倍。沉淀池排泥水也被滤池反冲洗废水稀释，无疑浓缩池的面积和体积要增加，而且进入浓缩池一般需要提升，哪条途径更合理，需经过技术经济比较后确定。

合建式综合排泥池的优势是构筑物数量少，其总的占地面积可能要比分建式小。但也要看到相反的一面，进入浓缩池的流量多了约 1 倍，如果初滤水也排入，则流量大了好几倍，沉淀池排泥水受到了稀释，入流浓度降低了，浓缩池的液面负荷大了 1 倍或好几倍，要达到相同的浓缩效果，达到同样的上清液出水浊度，浓缩池的面积和体积都要相应增大。目前国内一些排泥水处理采用合建式综合排泥池，后续浓缩池浓缩效果不理想，浓缩池上清液十分浑浊，其原因之一就是忽略了采用合建式综合排泥池这种调节方式引起的浓缩池入流量成倍甚至是好几倍的增大，而浓缩池一般是按固体负荷设计，采用合建式综合排泥池和分建式调节池，其浓缩池的固体负荷相差不大，因为原水浊度所形成的浊质绝大部分含在沉淀池排泥水里，滤池反冲洗废水携带很少。因此应综合考虑这些不利因素，进行技术经济比较后确定。一般推荐采用分建式调节池。

在目前国内已建的净水厂排泥水处理中，北京市第九水厂、大连市沙河口市净水厂、深圳市笔架山水厂排泥水处理的调节构筑物采用分建式，即排水池与排泥池分开设置。石家庄市第八水厂、深圳市梅林水厂、广州市西洲水厂、保定中法水务有限公司等水厂的排泥水处理采用合建式调节构筑物，即综合排泥池。

3. Ⅰ型和Ⅱ型

(1) 调节池Ⅰ型

排泥水处理中调节构筑物按其调节功能可分为Ⅰ型和Ⅱ型，Ⅰ型具备调质调量功能，是最基本最传统的调节形式，即排泥水的量和质是不稳定的，经Ⅰ型调节池调节后，匀质匀量排出。由入流的不稳定变成了出流的稳定。要完成这种匀质匀量的调节功能，调节池Ⅰ型要具备一定的容积，来调节进、出水量的变化，这种容积称调节容积。还要加扰流设备，使其不同水质、来自不同构筑物的排水快速混掺，达到匀质的目的。扰流设备要消耗电能。调节池Ⅰ型根据具体情况可设计成排水池Ⅰ型、排泥池Ⅰ型、合建式综合排泥池Ⅰ型。

(2) 调节池Ⅱ型

调节池Ⅱ型的特点是：

1) 调节池Ⅱ型具备调量功能，不具备调质功能，调节池Ⅱ型可在调量功能的基础上拓展了沉淀功能和浓缩功能。

2) 调节池Ⅱ型由于具备沉淀和浓缩功能，有上清液和底泥排出，因此要有沉泥取出设施和上清液引出设备，例如排水池Ⅱ型需分别设置输送上清液的水泵和取出底泥的水泵。又如排泥池Ⅱ型之一的浮动槽排泥池，具备调量和浓缩功能，利用浮动槽均匀引出上清液，设置刮泥机将底泥排出池外。

调节池Ⅱ型与Ⅰ型相比，只具备调量功能，不具备调质功能，由于两者都具备调量功能，因此调节池Ⅱ型与Ⅰ型一样，需要设置有足够容量的水池，作为水量调节之用，储存盈余，补充短缺，使后续处理设备浓缩池在运行时段内能够得到均衡的进水量。不管是采用Ⅰ型还是Ⅱ型，两者的调节容积是相同的。由于两者其他功能不一样，其设备也不一样。Ⅰ型是安装扰流设备，以达到均质的目的，Ⅱ型是设置刮泥机将底泥排出池外，设置集水槽将上清液均匀排出池外。虽然Ⅰ型和Ⅱ型均有设备，但由于Ⅰ型是扰流设备，连续运行，日常能耗比Ⅱ型高。

调节池Ⅱ型根据具体情况可设计成排水池Ⅱ型、排泥池Ⅱ型。对于合建式调节池，由于滤池反冲洗水量大，负荷的冲击强度大，加上沉淀池排泥水被滤池反冲洗废水稀释，设计成带有沉淀和浓缩功能的合建式调节池Ⅱ型（即综合排泥池Ⅱ型）效果不好，不合算。因此调节池Ⅱ型主要设计成分建式排水池Ⅱ型、分建式排泥池Ⅱ型，不宜设计成合建式调节池Ⅱ型。

前面提到，对于分建式与合建式，一般推荐采用分建式。对于Ⅰ型和Ⅱ型，由于Ⅱ型和Ⅰ型所需调节容积相同，Ⅰ型搅拌设备日常耗电较多，Ⅱ型不仅具有调节水量的功能，而且还具有浓缩功能，因此对于分建式排泥池，推荐采用排泥池Ⅱ型，对沉淀池排泥水进行初步浓缩，提高进入浓缩池的污泥浓度，提高浓缩池的浓缩效果。目前国内采用排泥池Ⅱ型的实例有北京市第九水厂和深圳市笔架山水厂的浮动槽排泥池；哈尔滨磨盘山水厂排泥池采用滗水器代替浮动槽。

2.8.1.4 调节构筑物计算方法

调节构筑物调节容量的计算方法目前有两种，一是理论计算法，二是经验法。

1. 理论计算法

理论计算法是按收支动态平衡计算，这是比较通用的计算方法。与净水厂清水池调节容积计算方法相同。净水厂清水池和排泥水处理系统调节池两者均属于净水厂的一个部分，计算原理相同，都是用来调节时变化系数所引起的差额。所不同者，一是清水池入流是均匀的，出流是不均匀的；而排泥水处理系统调节池正好相反，入流是不均匀的，而由于下一道工序浓缩池的要求，出流是均匀的；另外就是调节池入流是沉淀池排泥水和滤池反冲洗废水，是间歇的，带有一定的冲击性。与清水池不均匀出流相比，其不均匀性更大。

利用收支动态平衡计算调节池的调节容积，需要作出调节池的入流流量变化过程曲线，或入流流量累计曲线，在排泥水处理系统中，由于沉淀池 1 日的排泥水量和排泥次数受原水浊度的影响而变化很大。滤池反冲洗排水量和反冲洗次数受滤池运行模式和控制方式的影响，滤池反冲洗时序安排也会发生变化，加上温度变化、反冲洗强度变化也会引起反冲洗流量变化。因此，要准确作出调节池的入流流量变化过程曲线，或入流流量累计曲线比较困难和繁琐。因此，调节池的调节容积一般都是根据经验法计算。

2. 经验法

排泥水处理系统调节构筑物调节容量的计算除理论计算方法外，还有一些比较简便实用的经验计算方法。就是不考虑动态平衡，只计及流入而不考虑流出的静态计算方法。

（1）排水池调节容积计算

《室外给水设计规范》GB 50013—2006 第 10.3.7 条：排水池调节容积应分别按下列情况确定：

1）当排水池只调节滤池反冲洗废水时，调节容积宜按大于滤池最大 1 次反冲洗水量确定。

2）当排水池除调节滤池反冲洗废水外，还接纳和调节浓缩池上清液时，其容积还应包括接纳上清液所需的调节容积。

本条第一款调节容积宜按大于滤池最大 1 次反冲洗水量确定。只考虑了入流水量，没考虑出流所带走的水量。如果排水池在接纳滤池反冲洗废水期间，排水池没有出流，按这种经验方法得出的调节容积是符合实际的，但是当净水厂规模较大，单格滤池反冲洗水量大，或为了延长回流泵的运行时间，降低回流水的冲击程度，排水池边进水边回流，则得出的调节容积比实际需要的要大。不过目前一般都按这种经验方法计算。

如果排水池还接纳和调节浓缩池上清液时，宜按第一种理论计算法，作出滤池反冲洗废水和浓缩池上清液的入流曲线，作出排水池的出流曲线，然后按面积法计算。具体计算由于入流和出流方式较多，在后面章节再作更深入的探讨。

（2）排泥池调节容积计算

《室外给水设计规范》GB 50013—2006 第 10.3.9 条："排泥池调节容积应根据沉淀池排泥方式、排泥水量以及排泥池的出流工况，通过计算确定，但不小于沉淀池最大 1 次排泥水量。

当考虑高浊期间部分泥水在排泥池作临时储存时，还应包括所需的储存容积。"

当净水厂的原水浊度一年四季变化不大，沉淀池的排泥方式、排泥水量以及排泥池的出流工况比较稳定时，能作出调节池入流流量随时间变化的过程曲线和出流流量随时间变化的过程曲线。可根据前面提到的理论计算方法进行计算。如果一年内原水浊度变化很大，上述条件不具备，则可采用经验计算法，按不小于沉淀池最大 1 次排泥水量计算。由于沉淀池最大 1 次排泥水量难以确定，当处理规模较小时，也有采用按不小于沉淀池 1 日的排泥水量计算。沉淀池 1 日的排泥水量 W_1 按一定保证率下的计划处理干泥量确定，不能按雨季洪水期间最高 1 日的排泥水量计算。但在雨季洪水期间，沉淀池排泥水量较大，应有应付原水高浊度的对策。

由于滤池的进水浊度相对稳定，1 日的反冲洗次数和每次延续时间也没什么变化，对于接纳和调节滤池反冲洗废水的排水池的调节容积可按最大 1 次反冲洗水量确定。根据滤池反冲洗时序安排，最大 1 次反冲洗水量可能是两个或几个滤池组团冲洗得出的水量。

2.8.2 浓缩

浓缩是污泥脱水前的一个重要环节，浓缩的目的是降低含水率，减小污泥体积。污泥的含水率越低，即污泥的浓度越高，脱水的速度越快。如果利用机械脱水，可以减少脱水机的台数，降低泥饼的含水率；如果利用自然干化床脱水，可减少干化床面积，节约占地，或缩短干化的日数。机械脱水要求进机污泥浓度达到 2%以上。净水厂沉淀池排泥浓度远小于 2%，一般在 0.5%左右，因此，脱水前必须进行浓缩。

浓缩主要是去除表面游离水，减小污泥体积，污泥体积与含水率的关系为：

$$\frac{W_2}{W_1}=\frac{100-P_1}{100-P_2} \tag{2.8.2-1}$$

式中 W_1——含水率 P_1 对应的体积；

W_2——含水率 P_2 对应的体积；

P_1、P_2——含水率，%。

式（2.8.2-1）适用于含水率大于 65%的污泥，因含水率小于 65%以后，体积内有很多气泡，体积和含水率的关系不再符合式（2.8.2-1）。

【例】 把含水率 99%的污泥浓缩到 95%，求浓缩前后的体积比。

【解】 由式（2.8.2-1）得出：

$$\frac{W_2}{W_1}=\frac{100-P_1}{100-P_2}=\frac{100-99}{100-95}=\frac{1}{5}$$

答：含水率 99%的污泥浓缩到 95%以后，其污泥体积是原来的 20%。

目前污泥浓缩主要有重力浓缩法、离心浓缩法、气浮浓缩法。由于离心浓缩法和气浮浓缩法耗能较多，日常运行维护费用较高，且失去了浓缩池池容对污泥量变化的调节作用，对原水短时高浊度冲击负荷的适应能力较差，因此，目前采用较多的仍然是重力浓缩法。

2.8.2.1 重力浓缩

1. 重力浓缩池面积计算方法

（1）迪克（Dick）理论

迪克（Dick）于 1969 年采用静态浓缩试验方法，分析了连续式重力浓缩池的工况，如图 2.8.2-1 所示，引入了浓缩池横断面固体通量这一概念。经分析推导得出以下结论：在浓缩池的深度方向，必然存在一个控制断面，这个控制断面的固体通量最小，称为极限

固体通量 G_L。其他断面的固体通量都大于 G_L，因此，浓缩池的设计断面面积应该是：

$$A \geqslant \frac{Q_2 C_2}{G_L} \tag{2.8.2-2}$$

式中　A——浓缩池设计断面面积，m^2；

Q_2——进入浓缩池的排泥水流量，m^3/d；

C_2——进入浓缩池的排泥水浓度，kg/m^3；

G_L——极限固体通量，$kgDs/(m^2 \cdot d)$。

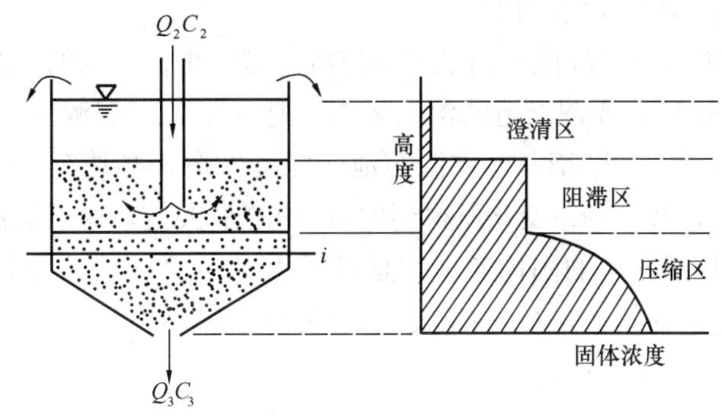

图 2.8.2-1　连续式重力浓缩池工况

式（2.8.2-2）中 Q_2、C_2 均为已知数，是排泥池底流流量和底流浓度，极限固体通量 G_L 可经过试验或按同类性质水厂相关运行参数确定。当缺乏以上资料时，可参考表 2.8.2-1 取值。

极限固体通量 G_L 取值　　　　**表 2.8.2-1**

污泥种类	比负荷		悬浮物可能浓度
	[kg 悬浮物/(m²·d)]	[1b/(ft²·d)]	(g/L)
新鲜初次沉淀污泥	80～120	16～24	100
	(根据挥发性悬浮固体含量)		
初次沉淀污泥+新鲜活性污泥	50～70	10～14	50～70
	(根据挥发性悬浮固体含量)		
单是活性污泥	25～30	5～6	50～70
	(根据挥发性悬浮固体含量)		
除碳酸盐工艺的污泥	400	80	150～250
用金属氢氧化物絮凝饮用水的污泥	15～25	3～5	30～40

从表 2.8.2-1 得出，对于金属氢氧化物絮凝饮用水污泥，其极限固体通量 G_L 可取 15～25$kgDs/(m^2 \cdot d)$。目前，工程设计上采用的就是这种极限固体通量法，固体通量采用 15～25$kgDs/(m^2 \cdot d)$。不过这一数据是极限固体通量，对于沉降浓缩性能较好的排泥水，还可以取高一些。

(2) 柯伊一克里维什（Coe—Clevenger）理论

柯伊一克里维什（Coe—Clevenger）用静态沉降浓缩试验的方法分析连续式重力浓缩

池的工况。经过一定时间的沉降，上清液和污泥之间即可得出明确的界面，每隔一定的时间，测定此界面高度，画出界面沉降曲线。沉降初期，界面呈等速沉降，求出等速沉降区间的界面沉降速度 V_1。根据 V_1 可求出浓缩池满足澄清条件的面积 A_1。

$$A_1 = \frac{Q_2}{V_1} \tag{2.8.2-3}$$

式中 Q_2——浓缩池入流流量，m^3/d；

V_1——根据沉降浓缩试验得出的等速沉降区间的界面沉降速度，m/d；

A_1——满足澄清条件的面积，m^2。

沉降浓缩曲线中等速沉降区下面是非等速沉降区，根据不同的浓缩时间 t_i 可求出不同界面的界面沉降速度 V_i，在浓缩池的深度方向，越往下，污泥浓度 C_i 逐渐增大，沉降速度 V_i 逐渐减小，最后达到平衡，即在浓缩池的深度方向，必然存在一个控制断面，这个控制断面就是由于污泥浓度 C_i 变化所得到的 A_i 中的最大值，这就是前面迪克理论提出的控制断面，通过该控制断面的固体通量就是极限固体通量 G_L。界面污泥浓度 C_i，界面沉速 V_i 的断面所通过的固体通量 G_i 与所需的断面面积 A_i 为：

$$G_i = \frac{V_i}{\dfrac{1}{C_i} - \dfrac{1}{C_u}} \tag{2.8.2-4}$$

$$A_i = \frac{Q_1 C_1}{G_i} = \frac{Q_1 C_1}{V_i}\left(\frac{1}{C_i} - \frac{1}{C_u}\right) \tag{2.8.2-5}$$

采用式（2.8.2-5）计算得出的是不同的 C_i 所对应的浓缩池面积 A_i，然后选取最大值，比较繁琐，如果界面沉速 V_i 采用平均沉速 V_m，则有

$$V_m = \frac{H_3}{t_u}$$

$$A = \frac{Q_2 C_2}{V_i}\left(\frac{1}{C_i} - \frac{1}{C_u}\right) = \frac{Q_2 C_2}{\dfrac{H_3}{t_u}}\left(\frac{1}{C_i} - \frac{1}{C_u}\right) = \frac{Q_2 C_2 t_u}{H_3}\left(\frac{1}{C_i} - \frac{1}{C_u}\right)$$

将上式中浓度倒数的差值 $\left(\dfrac{1}{C_i} - \dfrac{1}{C_u}\right)$ 近似用浓度平均值 C_m 的倒数代替，即：

$$C_m = \frac{C_2 + C_u}{2}$$

则可得出：

$$A = \frac{Q_2 C_2 t_u}{H_3} \times \frac{1}{C_m} = \frac{Q_2 C_2 t_u}{H_3 C_m} \tag{2.8.2-6}$$

式中 A——浓缩池面积，m^2；

t_u——停留时间，d；

Q_2——浓缩池入流流量，m^3/d；

C_2——浓缩池入流浓度，mg/L；

C_u——浓缩池浓缩目标值，mg/L；

C_m——浓缩池压缩区污泥平均浓度，mg/L；

H_3——浓缩池压缩区高度，m。

根据式（2.8.2-3）求出满足澄清条件的面积 A_1，然后根据式（2.8.2-5）求出若干个 A_i，经比较后，得出满足浓缩条件的浓缩池面积 A，也可用式（2.8.2-6）求出满足浓缩条件的浓缩池面积 A。满足澄清条件的面积 A_1 和满足浓缩条件的浓缩池面积 A 两者取其大者。式（2.8.2-3）中 V_1 在工程设计中一般用液面负荷表示，规范规定为 $1.0m^3/(m^2 \cdot h)$。

以上介绍了重力式连续浓缩池的几种计算方法，各种计算方法还存在一些尚未明确的因素和不足。特别是静沉试验与实际浓缩池的动水沉降存在一定的差别，因此，以静沉试验数据为依据来计算动水浓缩池，各种方法的计算结果往往存在一些差异，还需进一步研究解决。在实际工程实践中，目前均采用迪克(Dick)的固体通量法，规范规定，当无试验数据和资料时，浓缩池的固体通量可取 $0.5 \sim 1.0kg/(m^2 \cdot h)$。同时以液面负荷进行核对，液面负荷不大于 $1.0m^3/(m^2 \cdot h)$。

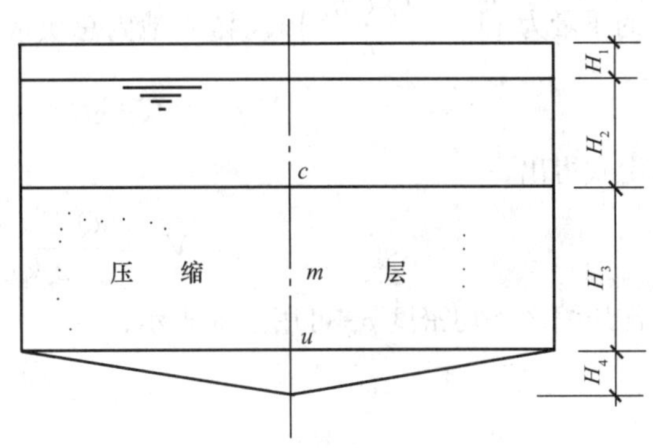

图 2.8.2-2　重力浓缩池深度构成示意

2. 重力浓缩池深度计算方法

如图 2.8.2-2 所示浓缩池总深度 H 由池底坡高 H_4、浓缩区高度 H_3、上清液区高度 H_2 及超高 H_1 组成，即

$$H = H_1 + H_2 + H_3 + H_4 \tag{2.8.2-7}$$

其中浓缩区高度 H_3 的确定是比较困难的，目前有以下几种计算方法。

（1）根据沉降浓缩曲线计算

该方法是在确定了目标浓缩值 C_u 后，根据试验得出的沉降浓缩曲线求出达到目标浓缩值 C_u 所需要的沉降浓缩时间 t_u。目标浓缩值 C_u 可根据实际需要确定，一般可根据脱水机的进机浓度要求确定，例如，脱水机进机污泥浓度要求达到 3%，即含水率不大于 97%。对于净水厂排泥水处理，污泥沉降浓缩时间 t_u 除根据沉降浓缩曲线求得外，在没有试验资料时，可取 24～48h。这里的污泥沉降浓缩时间是指污泥固体在浓缩池的平均停留时间，即泥龄，不要误认为是水力停留时间。

1）公式一：

$$H_3 = \frac{Q_2 C_2 t_u (\rho_s - \rho_w)}{\rho_s (\rho_m - \rho_w) A} \tag{2.8.2-8}$$

或

$$H_3 = \frac{S_2 t_u (\rho_s - \rho_w)}{\rho_s (\rho_m - \rho_w) A} \times 10^3 \tag{2.8.2-9}$$

式中　Q_2——浓缩池入流流量，m^3/d；

C_2——浓缩池入流浓度，kg/m^3；

S_2——进入浓缩池的干泥量，t/d；

t_u——污泥浓缩时间，即泥龄，d，可取 1～2d；

A——浓缩池面积，m^2；

ρ_s——污泥中干固体密度，kg/m³；

ρ_w——水的密度，1000kg/m³；

ρ_m——湿污泥平均密度，kg/m³。

入流污泥固体质量为 Q_2C_2，达到目标排泥浓度 C_u 所需停留时间为 t_u，则在停留时间 t_u 内进入浓缩池的总固体量为 $Q_2C_2t_u$，进入浓缩池的湿污泥体积为 V_s，则进入浓缩池里水的质量为 $\left(V_s - \frac{Q_2C_2t_u}{\rho_s}\right)\rho_w$，浓缩池内总质量等于固体总质量加上液体总质量，即：

$$V_s\rho_m = Q_2C_2t_u + \left(V_s - \frac{Q_2C_2t_u}{\rho_s}\right)\rho_w$$

由上式得出：

$$V_s = \frac{Q_2C_2t_u(\rho_s - \rho_w)}{\rho_s(\rho_m - \rho_w)}$$

污泥压缩区平均密度 ρ_m 可用下式表示：

$$\rho_m = \frac{\rho_c + \rho_u}{2}$$

式中 ρ_c——沉降浓缩曲线上压缩点的污泥密度，kg/m³；

ρ_u——目标浓缩值 C_u 的污泥密度，kg/m³。

则污泥压缩区高度为：

$$H_3 = \frac{V_s}{A}$$

$$H_3 = \frac{Q_2C_2t_u(\rho_s - \rho_w)}{\rho_s(\rho_m - \rho_w)A}$$

超高 H_1 一般取 0.3m，清水区高度 H_2 一般取 1.5m，当有浮动槽时，应考虑浮动槽底部离压缩区 0.5m，可取 1.5～2.0m；H_4 可根据池底坡度算出。

2）公式二：按固体负荷计算

如果不知道浓缩池的入流流量 Q_2 和入流污泥浓度 C_2，可根据固体负荷 G 用下式计算：

$$H_3 = \frac{Gt_u(\rho_s - \rho_w)}{\rho_s(\rho_m - \rho_w)} \tag{2.8.2-10}$$

式中 G——固体负荷，kg/(m²·d)；

其他符号意义同前。

3）公式三：按污泥压缩区平均含水率计算

$$H_3 = \frac{S_2t_u}{\rho_m(1 - P_m)A} \times 10^3 \tag{2.8.2-11}$$

或

$$H_3 = \frac{Gt_u}{\rho_m(1 - P_m)} \tag{2.8.2-12}$$

$$P_m = \frac{P_c + P_u}{2}$$

$$\rho_m = \frac{\rho_c + \rho_u}{2}$$

式中　G——固体负荷，kg/(m^2·d)；

ρ_m——湿污泥平均密度，kg/m^3；

t_u——污泥浓缩时间，d；

P_m——平均含水率；

P_c——沉降浓缩曲线上压缩点的含水率；

P_u——污泥压缩区底部的含水率。

4）公式四：

由于压缩区污泥平均密度与水的密度相比，差别很小，若不计及影响，则可得出下列公式：

$$H_3 = \frac{S_2 t_u}{(1-P_m)A} \tag{2.8.2-13}$$

$$H_3 = \frac{S_2 t_u}{AC_m} \times 10^6 \tag{2.8.2-14}$$

$$H_3 = \frac{Gt_u}{C_m} \times 10^3 \tag{2.8.2-15}$$

$$C_m = \frac{C_c + C_u}{2}$$

式中　S_2——进入浓缩池的干泥量，t/d；

C_m——压缩区平均浓度，mg/L；

C_c——压缩区起点的污泥浓度，mg/L；

C_u——压缩区底部的污泥浓度，mg/L。

当缺乏沉降浓缩试验资料时，压缩点 C 的污泥密度 ρ_c、含水率 P_c 及污泥浓度 C_c 难以确定，可用浓缩池入流的污泥密度、含水率及污泥浓度 C_2 近似代替。得出的压缩区平均密度 ρ_m、平均浓度 C_m 偏小，平均含水率 P_m 偏大，所求得的压缩区容积稍微偏大，偏于安全。

5）公式五：

根据公式（2.8.2-6）求得：

$$H_3 = \frac{Q_2 C_2 t_u}{AC_m} \tag{2.8.2-16}$$

由于固体负荷 G 的设计取值与实际发生的固体负荷有一定的差别，因此按式（2.8.2-10）、式（2.8.2-12）、式（2.8.2-15）计算出来的 H_3 与实际发生的压缩区污泥层厚度会有一定的差距。例如，原水浊度较低时，实际固体负荷比设计固体负荷取值要小，则实际发生的污泥层厚度 H_3 要小于计算出来的 H_3，设计的 H_3 有富余。当雨季浊度高时，实际固体负荷比设计固体负荷取值要大，则实际发生的污泥层厚度 H_3 要比按设计取值计算出来的 H_3 大。污泥层将往上长入设计的清水区 H_2 内，使上清液水质变差，浓缩池的正常运行遭到破坏。

上述不同的计算公式得出的浓缩池污泥压缩区高度 H_3 略有差异。从理论上分析，式（2.8.2-8）～式（2.8.2-10）不仅考虑了污泥压缩区的湿污泥平均密度，而且还考虑了干污泥密度、水的密度的综合影响，因此，较为准确，但计算比较复杂。式（2.8.2-11）、式（2.8.2-12）只考虑了压缩区湿污泥平均密度的影响；式（2.8.2-13）～式（2.8.2-16）没有考虑污泥密度和水的密度的综合影响，得出的压缩区高度 H_3 稍微偏大，偏安全。由于排泥水处理浓缩池的浓缩程度不高，一般只能达到含水率 97%，湿污泥密度只有 1.015，压缩区的平均湿污泥密度约 1.009，与水的密度 1 相差不到 1%，因此计算结果差别不大，但是计算简单多了。

(2) 根据经验公式计算

浓缩池有效水深（指池边水深）在池直径小于 30m 时，可用以下经验公式计算：

$$H' = 1.35 + 0.1D \tag{2.8.2-17}$$

式中　D——池直径，m；

H'——池有效水深，m。

池深 H' 只包括图 2.8.2-2 中 H_2 和 H_3，不包括超高 H_1 和坡高 H_4。

浓缩池上清液高度 H_2 可用下式计算：

$$H_2 = 0.225 + 0.05D \tag{2.8.2-18}$$

【例】一浓缩池直径 $D=20$m，固体负荷为 24kg/(m²·d)，入流污泥浓度为含水率 99.4%，设计污泥固体平均停留时间 36h，浓缩池排泥浓度要求达到含水率 97%，池底坡度 8%，求浓缩池压缩区深度 H_3。

【解】利用式（2.8.2-10）求解：

干污泥相对密度 ρ_s 为：

$$\rho_s = \frac{250}{100 + 1.5P_V} = \frac{250}{100 + 1.5 \times 20} = 1.92$$

则干污泥密度为 $\rho_s = 1920\text{kg/m}^3$，式中假定污泥中有机物含量为 $P_v = 20\%$。

含水率 $P=97\%$ 的湿污泥相对密度 ρ_m 为：

$$\rho_m = \frac{100\rho_s}{P\rho_s + (100 - P)} = \frac{100 \times 1.92}{97 \times 1.92 + (100 - 97)} = 1.015$$

则含水率 97% 的湿污泥密度为 $\rho_m = 1015\text{kg/m}^3$。

入流污泥相对密度 ρ_m 为：

$$\rho_m = \frac{100\rho_s}{P\rho_s + (100 - P)} = \frac{100 \times 1.92}{99.4 \times 1.92 + (100 - 99.4)} = 1.003$$

则入流污泥密度为 $\rho_m = 1003\text{kg/m}^3$。平均污泥密度为：

$$\rho_m = \frac{1003 + 1015}{2} = 1009\text{kg/m}^3$$

$$H_3 = \frac{Gt_u(\rho_s - \rho_w)}{\rho_s(\rho_m - \rho_w)} = \frac{24 \times 1.5 \times (1920 - 1000)}{1920 \times (1009 - 1000)} = 1.92\text{m}$$

根据公式（2.8.2-11）计算：

$$S_2 = GA = 24 \times 0.785 \times 20^2 = 7.536\text{t/d}$$

$$P_m = \frac{P_c + P_u}{2} = \frac{99.4 + 97}{2} = 98.2\%$$

$$H_3 = \frac{S_2 t_u}{\rho_m(1 - P_m)A} \times 10^3 = \frac{7.536 \times 1.5}{1009 \times (1 - 0.982) \times 314} \times 10^3 = 1.98\text{m}$$

根据公式（2.8.2-15）计算：

平均含水率为：
$$P_m = \frac{P_c + P_u}{2} = \frac{0.994 + 0.97}{2} = 0.982$$

$$C_m = (1 - P_m) \times 10^6 = 18000\text{mg/L}$$

$$H_3 = \frac{Gt_u}{C_m} \times 10^3 = \frac{24 \times 1.5}{18000} \times 10^3 = 2\text{m}$$

利用不同的公式计算，得出压缩区 H_3 的高度分别为：1.92m，1.98m，2.0m。相差不到5%。

3. 影响污泥重力浓缩的因素及工程措施

（1）影响污泥重力浓缩的因素

影响污泥重力浓缩的因素有以下几个方面：

1）与水深有关。池深越大，对泥的压力也越大，对泥的浓缩有利。因此，浓缩池一般都较深。

2）与泥的堆积厚度有关。泥的堆积厚度越大，对泥的浓缩越有利。其原因：一是泥的堆积厚度越大，对底层泥的压力越大而被压实；二是在排泥时上层水容易穿透泥层漏斗形成管流与浓缩污泥进行混掺，泥的堆积厚度越小，越容易被穿透而混掺，对浓缩污泥进行稀释。

3）与进入浓缩池的初始浓度有关。初始浓度越大，在同样的停留时间内，污泥经重力浓缩后所达到的污泥浓度越大，或者说，浓缩目标值已经确定，污泥初始浓度越大，与浓缩目标值的差距就越小，达到浓缩目标值所需的停留时间也就越小，浓缩单位干固体所需的面积就越小，可以减小浓缩池的面积。例如，进入浓缩池的污泥浓度分别为含水率99%和97%，要求浓缩到94%的含水率，根据式（2.8.2-1）有：

$$\frac{W_3}{W_1} = \frac{100 - P_1}{100 - P_3} = \frac{100 - 99}{100 - 94} = \frac{1}{6}$$

$$\frac{W_3}{W_2} = \frac{100 - P_2}{100 - P_3} = \frac{100 - 97}{100 - 94} = \frac{1}{2}$$

由此可见，把初始浓度为 $P_1 = 99\%$ 的污泥浓缩到 $P_3 = 94\%$，其体积缩小到原来的1/6，而把初始浓度为 $P_2 = 97\%$ 的污泥浓缩到 $P_3 = 94\%$，体积只缩小到原来的1/2。初始浓度较大的污泥需要浓缩的倍数小，离浓缩目标值较近，达到浓缩目标值 $P_3 = 94\%$ 的停留时间就短，浓缩单位干固体所需的面积就越小。

初始浓度越小，初始界面沉速越大。虽然从 $P_1 = 99\% \sim P_2 = 97\%$ 的界面沉速比从 $P_2 = 97\% \sim P_3 = 94\%$ 的大，但初始浓度较小的污泥浓缩到一定程度后，也要经历相同的过程。例如，$P_1 = 99\%$ 的污泥浓缩到97%以后，也要经历从97%～94%这一相同的过程。

相对于综合排泥池而言，分建式排泥池能提高进入浓缩池的污泥浓度，有利于减小浓缩池的面积。另外，在原水高浊度期间，进入沉淀池污泥区的初始浓度高，达到相同的污泥浓度，所需的面积小，可以容纳更多的泥量，提高污泥浓度。因此，在原水发生高浊度时，不要过多地增加排泥次数，而是应该适当提高排泥水的浓度，以沉淀池污泥区的泥面上升不影响出水水质为宜。在原水高浊期间计算沉淀池排泥水量和浓缩池底流流量时，应充分考虑提高沉淀池排泥浓度对调节池和浓缩池的影响。如果还按平时的排泥浓度计算沉淀池的排泥水量和进入浓缩池的初始浓度，则有可能造成调节池和浓缩池容积过大。

4）与储泥斗的形状有关。储泥斗做成上大下小的锥形斗，有利于污泥中水分的析出。另外，根据尖劈的力学原理，斗中的污泥除了受水及本身的重力压缩外，还受侧面的压力，对浓缩十分有利。

5）与污泥的pH值有关。污泥加酸以后，随着污泥pH值的降低，污泥的沉降浓缩性能得到不同程度的改善。这是因为混凝剂铝盐形成的氢氧化铝是污泥的主要成分，氢氧化铝［$Al(OH)_3$］具有亲水性和保水性，加大了排泥水沉降浓缩的难度。铝是一种两性电解质，在pH值4以下则变成铝离子并呈溶解状态存在；而在pH值9以上时，则变成铝酸根并以溶解状态存在。如果加酸把含氢氧化铝的污泥的pH值调至2.0～3.0，构成矾花的氢氧化铝被溶解出来，分离出黏土离子，使沉降浓缩性能得到改善。

根据一些文献介绍，排泥水经过加碱（如加NaOH）处理后，污泥的浓缩性能也得到一定程度的改善。但与酸处理相比，其改善效果不明显。

（2）加快浓缩的工程措施

1）沉淀池或浓缩池的储泥区应尽可能做成四面受挤压的锥斗形，或两面受挤压的上大下小的沟形。当泥区中泥堆积厚度较大时，这种形状有利于加速泥中水分的析出。

2）对污泥进行慢速搅拌。在污泥的性质一节中已经论及，对污泥进行慢速搅拌，可使污泥的沉降浓缩性能得到改善。在实际工程中，刮泥机上设垂直搅拌栅条，对污泥进行搅拌。栅条随刮泥机转动，在栅条后面，形成微小涡流，不仅使颗粒絮凝变大，并可造成空穴促使颗粒之间空隙水与气泡逸出。

3）尽可能提高进入浓缩池的初始浓度。例如，在原水发生高浊度期间，沉淀池的排泥次数及时序安排要适当，不要因为怕影响沉淀池出水浊度而过多地增加排泥次数。原水高浊度时沉淀池的排泥浊度应比平时浊度下的排泥浊度高。以提高进入浓缩池的初始浓度。

另外就是尽可能采用分建式调节池，以避免沉淀池排泥水受反冲洗废水稀释，有利于提高进入浓缩池的初始浓度。如果把调节池设计成具有调节和浓缩双重功能，如浮动槽排泥池，则效果更好。

4）对难以沉降浓缩的氢氧化铝亲水性无机污泥进行加酸或加碱处理，或投加高分子聚合物进行凝聚处理，可改善排泥水的沉降、浓缩性能，但要进行小型试验和技术经济比较后确定。

2.8.2.2　离心浓缩法

重力浓缩是在重力场中借助污泥颗粒的自重下沉而压实，而离心浓缩是由于物体高速旋转，产生离心力场，在离心力场内各质点都将承受较本身重力大许多倍的离心力。离心力大小与该质点的质量有关。固体质点所受的离心力按下式计算：

$$F = m\frac{v^2}{R} \tag{2.8.2-19}$$

式中　m——质点质量，kg；

v——质点线速度，m/s；

R——旋转半径，m；

F——离心力，N。

该质点所受重力为：
$$f=mg$$
离心力与重力之比为：

$$\frac{F}{f}=\frac{mv^2}{R}\times\frac{1}{mg}=\frac{v^2}{Rg}=\frac{(R\omega)^2}{Rg}=\frac{R\omega^2}{g}=\frac{R(2\pi n)^2}{g}=\frac{4\pi^2n^2R}{g}$$

$$=\frac{4\pi^2R\left(\frac{n}{60}\right)^2}{g}=\frac{4\pi^2n^2R}{3600g}=\frac{Rn^2}{900}$$

当 $R=0.1\text{m}$、$n=500\text{r/min}$ 时，$F/f=28$。

由此可见，离心力对固体颗粒的作用远远超过了重力。因此，离心浓缩占地面积小。但由于存在电耗高，日常运行费用高，离心机高速旋转产生对机器的磨损及噪声，且失去了重力浓缩池对污泥量变化的调节作用。因此，其推广使用受到了一定程度的限制。

但是离心浓缩可以作为重力浓缩的补充，在以下几种情况下得到应用：

(1) 脱水环节进行不加药处理，但脱水后泥饼达不到所期望的含水率，达不到处置工序对泥饼含水率的要求。前面已经论述，提高进机污泥浓度可降低泥饼的含水率。因此可在重力浓缩后，压滤机脱水前增加一级离心浓缩，提高压滤机的进机污泥浓度。

(2) 对于难以浓缩和脱水的亲水性无机污泥，即使进行加药处理也达不到脱水机进机浓度要求，需要进行酸处理后二次浓缩，或者是脱水机前投加高分子混凝剂后再加一级离心浓缩。采用哪一种方案，应经过技术经济比较后确定。

2.8.2.3 重力浓缩前处理

重力浓缩前处理是为了提高浓缩效率，减小占地面积；或者是为了提高浓缩池的底流浓度，进而提高脱水机的污泥进机浓度，增加脱水机的产率，降低泥饼的含水率。设置前处理虽然提高了浓缩和脱水的效率，但由于增加了前处理设备，增加了管理环节，同时还应考虑前处理环节对净水工艺的影响，对周围环境的影响，因此，应通过技术经济比较后确定。

浓缩前处理的方式一般有两种：一种是在浓缩进水中投加高分子絮凝剂，如聚丙烯酰胺进行凝聚处理；另一种是在二次浓缩池前投加硫酸进行酸处理。

1. 凝聚处理

高分子絮凝剂种类较多，目前国内使用较多的是聚丙烯酰胺，聚丙烯酰胺又有好几种类型。由于聚丙烯酰胺是以丙烯腈为原料经催化、合成制成丙烯酰胺单体，再由丙烯酰胺单体聚合成聚丙烯酰胺。在聚合过程中有一部分未被聚合的单体，这些单体具有一定的毒性。因此，在聚丙烯酰胺产品中，丙烯酰胺单体的含量有一定的限制。

丙烯酰胺单体在天然水体中，在微生物作用下会进行氧化分解而消失。国外一些学者进行了相关的研究，试验研究证明，1g 丙烯酰胺单体相当于 1.3gBOD，可见它在水体中的氧化还是比较容易的。若按 10mg/L 投加率投加丙烯酰胺单体，在适当补充微生物营养条件下曝气，在初期十余天由于微生物未被驯化，氧化分解较缓慢，在微生物驯化后，单体迅速氧化分解而消失。日本的研究表明，含 0.01～0.05mg/L 丙烯酰胺单体的地表水在 24h 内其单体含量就能达到 0.001mg/L 以下。但在经过杀菌消毒后的自来水中，即使 30d 后，仍旧残留 50%的单体。由此可见，天然水体中丙烯酰胺单体的氧化分解是由于微生物的作用。

在净水厂排泥水处理系统中，在浓缩池前投加聚丙烯酰胺进行凝聚处理，如果其上清液回用到净水工艺，由于净水工艺中投加氯或臭氧等药剂进行杀菌消毒，微生物难以存活，由浓缩池上清液带入的丙烯酰胺单体难以分解，将在自来水中存留较长时间。因此聚丙烯酰胺产品中丙烯酰胺单体含量及投加量有一定的限制。

聚丙烯酰胺中丙烯酰胺单体的毒性及含量受到世界各国的广泛关注。例如，美国食品和药物管理局规定聚丙烯酰胺中单体含量≤0.5%，容许在规定的范围内使用；日本的聚丙烯酰胺质量标准规定单体含量≤0.05%，并禁止在给水处理中使用。虽然容许在排泥水处理中使用高分子混凝剂聚丙烯酰胺，但为了使高分子混凝剂中的丙烯酰胺单体不混入净水流程，已投加高分子混凝剂的排泥水处理过程必须与净水厂处理流程断开操作。即不容许使用了高分子混凝剂如聚丙烯酰胺的排泥水处理上清液回流到净水厂净水处理流程中去。并且规定当上清液中残留的丙烯酰胺单体含量≤0.01mg/L时，才容许向江河排放。

中国国家标准对作为净水厂絮凝剂的聚丙烯酰胺产品中丙烯酰胺单体的含量规定为：

优级品：0.02%～0.04%；

一级品：0.05%～0.09%；

合格品：0.1%～0.2%。

聚丙烯酰胺的质量标准按《聚丙烯酰胺》GB/T 13940—1992执行，见表2.8.2-2。胶状聚丙烯酰胺质量标准见表2.8.2-3。

粉状聚丙烯酰胺的质量标准 **表2.8.2-2**

项目 \ 级别			优级品	一级品	合格品
外观			白色或浅黄色粉末		
特性黏度［η］(mL/g)			300～1540根据聚丙烯酰胺命名的规定，按标称值进行分档，小于300或大于1540，标称值容许偏差在±10%以内		
水解度			根据聚丙烯酰胺命名的规定，按标称值进行分档		
粒度（%）	2mm（10目）筛余物		0		
	0.64mm（20目）筛余物＜		10		
	0.11mm（120目）筛余物＞		90		
固含量（%）		≥	93	90	87
残留单体（%）	普通	非离子型 ≤	0.2	0.5	1.5
		阴离子型 ≤	0.2	0.5	1.0
	食品卫生级	≤	0.02	0.05	0.05
溶解速度（min）	普通型	≤	30	45	60
	速溶型	≤	5	10	15
黑点数（颗/g）		≤	14	40	80
不溶物（%）	［η］≥1400mL/g	非离子型 ≤	0.3	2.0	2.5
		阴离子型 ≤	0.3	1.5	2.0
	［η］＜1400mL/g		0.3	0.7	1.5

胶状聚丙烯酰胺的质量标准　　　　表 2.8.2-3

<table>
<tr><th colspan="3">级别
项目</th><th>优级品</th><th>一级品</th><th>合格品</th></tr>
<tr><td colspan="3">外观</td><td colspan="3">无色或浅黄色胶状物</td></tr>
<tr><td colspan="3">特性黏度 [η] (mL/g)</td><td colspan="3">300～1540 根据聚丙烯酰胺命名的规定，按标称值进行分档，小于 300 或大于 1540，标称值容许偏差在±10%以内</td></tr>
<tr><td colspan="3">水解度</td><td colspan="3">根据聚丙烯酰胺命名的规定，按标称值进行分档</td></tr>
<tr><td colspan="3">固含量（%）　≥</td><td colspan="3">指定值±0.5</td></tr>
<tr><td rowspan="3">残留单体（%）</td><td rowspan="2">普通</td><td>非离子型　≤</td><td>0.5</td><td>1.5</td><td>2.5</td></tr>
<tr><td>阴离子型　≤</td><td>0.5</td><td>1.0</td><td>2.0</td></tr>
<tr><td colspan="2">食品卫生级　≤</td><td>0.02</td><td>0.05</td><td>0.05</td></tr>
</table>

世界上除日本外，还没有其他国家明令禁止聚丙烯酰胺在给水处理中使用。日本规定残留的丙烯酰胺单体含量>0.01mg/L，不容许向江河等天然水体排放，国内对丙烯酰胺单体排入天然水体没有这一限制。根据我国卫生部 2001 年《生活饮用水水质卫生规范》及中华人民共和国城镇建设行业标准《城市供水水质标准》CJ/T 206—2005，生活饮用水中丙烯酰胺单体的含量小于 0.005mg/L。在排泥水处理系统中，浓缩池及脱水机含有絮凝剂聚丙烯酰胺的上清液、脱水机滤液能否回流到净水工艺中与原水混合，重复使用，可根据上清液、滤液流量及聚丙烯酰胺中单体含量，计算出与原水混合后丙烯酰胺单体的含量。如果经计算得出单体含量小于国家标准所规定的 0.005mg/L，即可回用。并以实测净水厂出水中丙烯酰胺单体含量进行校核。

如果难以测出浓缩池上清液和脱水机滤液的丙烯酰胺单体含量，净水厂出水丙烯酰胺单体的最大含量可根据聚丙烯酰胺的投加率、聚丙烯酰胺中丙烯酰胺单体的百分比含量及原水浊度按下式推算出：

$$C_j = k_1 C_0 \eta_1 \eta_2 \tag{2.8.2-20}$$

式中 C_j——净水厂出水丙烯酰胺单体的最大含量；

C_0——原水浊度，NTU；

η_1——聚丙烯酰胺投加率，用原水中干固体含量的百分数表示，一般取干固体含量的 2%～3%；

η_2——聚丙烯酰胺中丙烯酰胺单体的百分比含量；

k_1——浊度单位 NTU 与 mg/L 的转换系数。

式（2.8.2-20）仅仅是排泥水系统上清液回流所引起的净水厂出水丙烯酰胺单体含量的增值，如果水厂净水工艺也投加聚丙烯酰胺，则净水厂出水的丙烯酰胺单体含量应该是两者之和，不能超过 0.005mg/L。

【例】某水厂计划处理浊度 C_0=80NTU，转换系数 k_1=1.35，排泥水处理系统浓缩和脱水两道工序前处理投加聚丙烯酰胺，两道工序总投加率为干固体的 0.3%，净水工艺投加率为 0.2mg/L，聚丙烯酰胺中单体含量为 0.1%，求水厂出水中丙烯酰胺单体的最大含量。

【解】净水工艺投加聚丙烯酰胺所引起的单体含量为：

$$C_{j1} = 0.2 \times 0.001 = 0.0002\text{mg/L}$$

排泥水系统投加聚丙烯酰胺引起的单体含量为：

$$C_{j2} = k_1 C_0 \eta_1 \eta_2 = 1.35 \times 80 \times 0.003 \times 0.001 = 0.000324\text{mg/L}$$

$$C_j = C_{j1} + C_{j2} = 0.0002 + 0.000324 = 0.000524\text{mg/L}$$

答：水厂出水中丙烯酰胺单体最大含量为0.000524mg/L，超过了国家标准0.0005mg/L。

虽然排泥水系统投加聚丙烯酰胺所引起的单体含量没有超过国家标准，但是与净水工艺投加聚丙烯酰胺所引起的单体含量迭加后，超过了国家标准。以上计算是假设排泥水系统所投加的聚丙烯酰胺全部回流到净水工艺中去，因此是最大值，实际上不一定超标，因此，应以实测数据进行核对。

若只在脱水工序投加聚丙烯酰胺，浓缩工序不投加，浓缩池上清液不含药剂，只有脱水滤液中含有聚丙烯酰胺，则可将滤液弃掉，浓缩池上清液可以回用。

若排泥水处理系统上清液和滤液全部回用，在净水工艺不投加聚丙烯脱胺的情况下，则聚丙烯酰胺最大投加量和投加率可按下列公式计算：

$$G \leqslant \frac{Q\beta}{\eta_2} \times 10^{-6} \tag{2.8.2-21}$$

$$\eta_1 \leqslant \frac{\beta}{\eta_2} \tag{2.8.2-22}$$

式中 G——聚丙烯酰胺最大投加量，t/d；

Q——原水流量，m^3/d；

β——净水厂出水丙烯酰胺单体含量容许值，mg/L，国家标准为β=0.0005mg/L；

η_1、η_2——与式（2.8.2-20）相同。

要注意式（2.8.2-20）与式（2.8.2-22）中η_1虽然都表示聚丙烯酰胺投加率，但使用单位不一样，前者用原水中干固体含量的百分数表示，一般取干固体含量的0.2%～0.3%。而后者用单位体积原水中投加聚丙烯酰胺的质量表示，即用mg/L表示。

【例】某水厂设计规模20万m^3/d，排泥水处理在浓缩和脱水两道工序均投加聚丙烯酰胺进行前处理，要求滤液回流至浓缩池，浓缩池上清液回流重复使用，要求净水厂出水丙烯酰胺单体含量不超过国家标准0.0005mg/L，聚丙烯酰胺中单体含量为0.2%，试求排泥水系统中聚丙烯酰胺最大投加率和最大投量。

【解】根据式（2.8.2-22），最大投加率为：

$$\eta_1 \leqslant \frac{\beta}{\eta_2} = \frac{0.0005}{0.002} = 0.25\text{mg/L}$$

最大投量为：

$$G \leqslant \frac{Q\beta}{\eta_2} \times 10^{-6} = \frac{200000 \times 0.0005}{0.002} \times 10^{-6} = 0.05\text{t/d}$$

答：聚丙烯酰胺最大投加率为小于等于0.25mg/L，最大投量为小于等于0.05t/d。

2. 酸处理

酸处理能破坏亲水性污泥的保水结构，提高污泥的沉降性、可浓缩性和脱水性能。一些污泥沉降浓缩性能很差，但经过酸处理后，其沉降浓缩性能就变得非常好，酸处理使其

pH 值降至 2 时，效果最好。但也有一些小型试验认为，当 pH 值降至 3 以下时，污泥中悬浮固体的含量显著减少，此时的污泥浓缩性能有较为明显的改善，继续把污泥的 pH 值降至 2 以下时，发现对污泥的浓缩效果改善不大，但所需加入的酸量却显著增加，认为较为适宜的 pH 值在 3 左右。

经酸处理后，浓缩后的污泥最终可达 300g/L。酸处理一般投加硫酸等强酸。由于溶解了污泥中的铝，浓缩池的上清液成为稀硫酸铝上清液，这种稀硫酸铝上清液可再生回用到净水厂作为絮凝剂使用。假设所加混凝剂全部溶解，其回收率 λ 按下式计算：

$$\lambda = \frac{Q_2 - Q_3}{Q_2} \tag{2.8.2-23}$$

式中 λ——回收率；

Q_2——酸处理后流入浓缩池的污泥量，g/L；

Q_3——浓缩池底流污泥量，g/L。

其回收率大约在 50%～80%，且回收后的稀硫酸铝溶液混凝效果基本上与商品精制硫酸铝相同。从稀硫酸铝上清液回收硫酸铝返回到净水工艺作为混凝剂使用，从技术上是可行的。但也存在以下问题：

(1) 由于酸处理可能溶出对水质有害部分。因此，应经过试验后方能采用。

(2) 由于再生硫酸铝浓度较稀，储存设备和投加设备均需较大容量。

(3) 造成铁、锰等金属的浓缩循环。可浓缩到原水中铁、锰含量的 3 倍，导致铁、锰等金属元素超标，影响净水厂出水水质。

(4) 酸处理需增加一套设备，增加了管理环节。且酸处理不是任何污泥都有效，如对含有浮游生物等有机性微粒这一类难以沉降、浓缩的污泥就不适用。因此采用酸处理应慎重，应通过小型试验确定酸处理确实能提高污泥的浓缩性和脱水性，并进行经济比较后确定。

2.8.2.4 重力浓缩工序及其选择

重力浓缩的级数及前处理的设置与所处理污泥的性质有关，可以是一级浓缩，或者是二级浓缩。只有通过试验一级浓缩满足不了脱水机进机浓度要求，如板框压滤机的进机污泥浓度不能低于含固率 2%，才设第二级浓缩。若一级浓缩加前处理如凝聚处理与两级浓缩不加任何前处理均能满足进机浓度要求，则应通过技术经济比较和根据具体情况确定。如根据占地面积、上清液是否回用等具体情况确定；若受占地面积的限制不能采用两级浓缩，即使是一级浓缩需投加高分子混凝剂，引起日常经营费用的增加，也只能采用。若二级浓缩或二级浓缩加混凝处理仍不能满足进机浓度的要求，才在一、二级浓缩之间考虑增加酸处理，并通过小型试验证实酸处理有效后，方能采用。

重力浓缩工序的子工艺流程主要有以下几种，如图 2.8.2-3～图 2.8.2-5 所示。

目前国内的排泥水处理其浓缩工序大多采用第一种子工艺流程，即采用一级浓缩加混凝处理，或者不加药但有投加混凝剂的设备。没有采用二级浓缩和二级浓缩加酸处理的实例。但北京市第九水厂、深圳市笔架山水厂排泥水处理其调节池采用分建式，排泥池设计成带浓缩功能的浮动槽排泥池，其面积也按固体负荷设计，以满足浓缩功能要求，上清液用浮动槽取出。浮动槽排泥池由于进水是间歇的，其浓缩效果虽然赶不上连续式浓缩池，算不上是完全的二级浓缩，但也算是准二级浓缩。

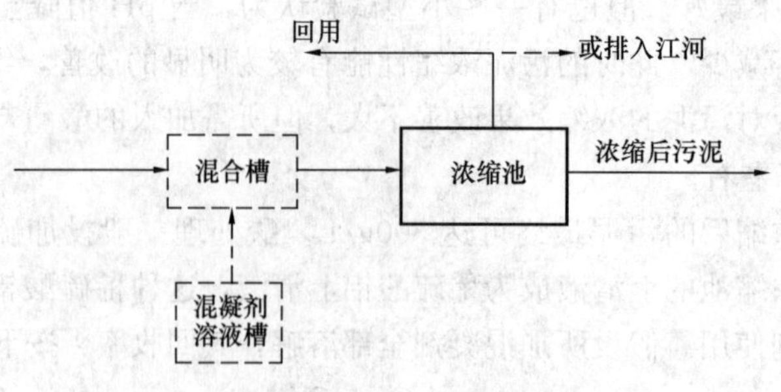

图 2.8.2-3　一级浓缩

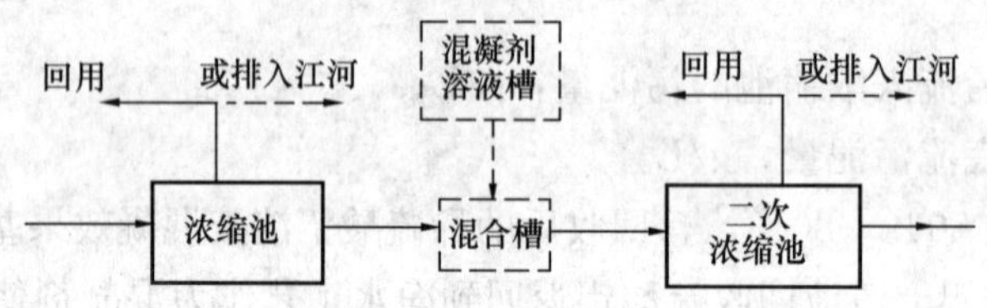

图 2.8.2-4　二级浓缩

注：图中虚线为可加可不加，经试验确定。

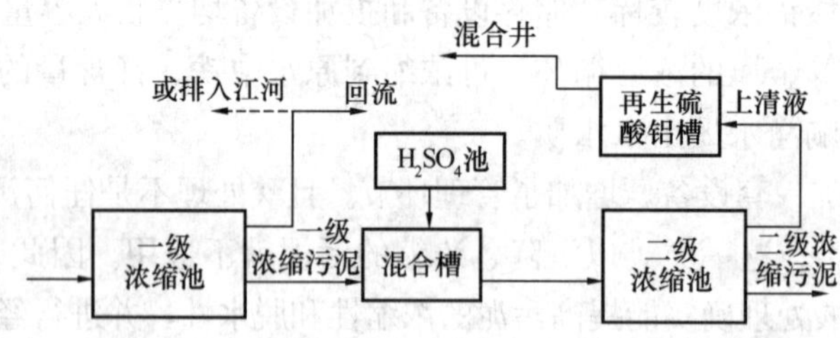

图 2.8.2-5　二级浓缩加酸处理

2.8.3　脱水

浓缩后污泥要进行脱水，使污泥减少水分，减少容积，以利于搬运和最终处置。

脱水方法大致可分为 3 种类型：

第一种类型：利用自然力。如自然干化。

第二种类型：利用机械脱水。如真空、压力过滤，离心脱水，造粒脱水。

第三种类型：利用热力。如加热干化，烧结。

目前国内外最常用的是第一、二两种类型。由于自然干化所占面积较大，因此，以机械脱水更为普遍。也有同时采用两种类型的，雨季采用机械脱水，在少雨的干旱季节采用自然干化，以充分节约能耗。第三种类型在净水厂排泥水处理中使用较少，一般与其他脱水方法联合使用。例如与湿式造粒脱水机串联使用，以求得较好的脱水效果和较好的经济效益。造粒脱水机构造简单，脱水成本低，但脱水后污泥产品含水率高，约为 85%，再经过加热干燥，含水率可达 35%。经干燥后的泥饼，由于含水率低，为泥饼的进一步利用创造了有利条件。如利用脱水后的泥饼制砖，或制成其他建筑材料，必须经过干燥、烧结、粉碎阶段。在脱水阶段就把泥饼干燥到含水率 35%，降低了泥饼利用阶段的能耗，而且还因为泥饼体积大幅度减小，便于运输，可降低运输费用，有较好的综合经济效益。

加热干化脱水方式除与湿式造粒脱水工艺联合使用外，还可与离心脱水工艺联合使用，进一步降低离心脱水泥饼的含水率。

目前国内净水厂排泥水处理脱水方法主要采用第二种类型，利用机械脱水。第三种类型在国内还没有先例，其原因主要是与脱水泥饼的处置方式有关。目前泥饼的处置方式基本上是填埋，不是当成资源利用，而是当成一种负担，脱水方法采用第二种类型，经济上是一个沉重的负担。如果泥饼处置方式采用有效利用，如制砖或制成建筑材料，在制砖和制造建筑材料的过程中也需要加热干化，不如把这一过程放在脱水阶段，则脱水泥饼由于含水率的降低，体积大幅度缩小，运输费用也随之大幅度降低，综合经济效益提高。净水厂能把脱水干化后的泥饼当成资源利用，有了市场，有了经济效益，脱水方法采用加热干化的积极性也就会随之提高。

2.8.3.1　自然干化

1. 自然干化床概述

自然干化床脱除水分依靠自然力——重力和蒸发。自然干化床脱除的水分包括重力脱除的水分 G 和蒸发脱除的水分 B。重力脱除的水分 G 包括自然干化床中上清液的排除及床底滤层过滤所排除的水分，占自然干化床脱除水量的大部分。但其所占比例 $\frac{G}{B+G}$ 随污泥的比阻 r、污泥浓度及施泥厚度的变化而变化。施泥厚度与污泥比阻 r 越大，重力排除的水分 G 越小，则要求蒸发脱除的水量就越多，污泥的干化周期就越长。因为蒸发脱除水分所需的时间较长，且受气候影响较大。因此，应采取相应的措施，增大重力脱除水分的比率，减小蒸发脱除水分的比率，以缩短污泥的干化周期。如及时撇除上清液，铺设人工滤床，投加絮凝剂降低污泥比阻，施泥厚度不要太大等措施。

床的构造不同，重力和蒸发所发挥的作用大不相同。当干化床铺设砂石人工滤床时，重力脱除的水分占绝大部分，所需干化周期较短。当自然干化床为土床，或单一混凝土床时，蒸发脱除的水分所占比例依次有所上升，干化周期要加长。从管理角度考虑，铺设人工砂石滤层，虽然提高了重力脱除水分的比率，干化周期大为缩短，但有可能造成滤层堵塞，泥饼搬出比较困难。干化床为混凝土床时，虽然重力脱除水分困难，但泥饼的搬出和清理相对容易。

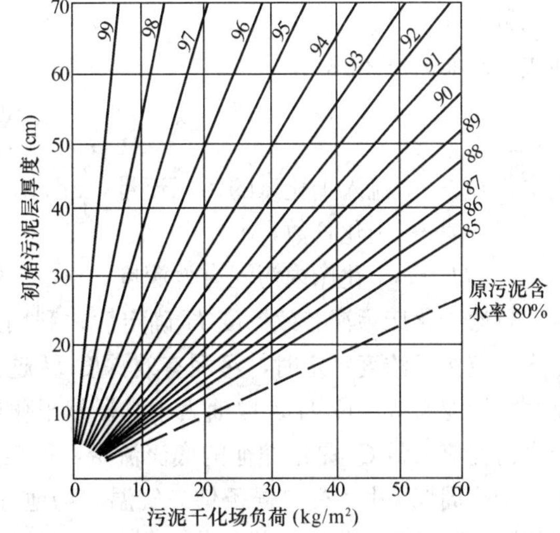

图 2.8.3-1　污泥厚度、含水率与污泥负荷的关系

污泥的重力脱水时间与初始施泥厚度、污泥比阻、进泥含固率及上清液的及时排除等因素有关。其中初始施泥厚度与进泥含固率（即污泥浓度）的影响较为明显。进泥含水率 P、施泥厚度与污泥负荷的关系见图 2.8.3-1。

当其他条件相同时，污泥比阻越大，

初始施泥厚度越大，所需重力脱水时间越长。污泥重力脱水时间由于受多种因素的影响，难以准确确定，一般需要1～4d。依靠蒸发脱除的水分虽然只占小部分，但蒸发这部分水量所花的时间却较长，且受气候影响较大。干化时间主要由蒸发脱水所需要的时间决定。

自然干化床有两种形式，一是露天干化床；二是污泥储留池。利用露天干化床进行自然干化时，是经浓缩池把污泥浓缩以后再排入露天干化床。利用污泥储留池进行自然干化时，可不设排泥池和浓缩池，沉淀池排泥水可直接排入污泥储留池，在污泥储留池同时进行污泥的沉降、浓缩及压实、干化处理。即污泥储留池兼备排泥池、浓缩池和自然干化床的功能。如果经浓缩池浓缩后再排入污泥储留池，虽然可以缩短污泥的重力脱水时间，但需要新建排泥池和浓缩池，更何况污泥的干化时间主要是由蒸发脱水时间决定的。

自然干化床虽然投资及经常运行费用低，但由于占地面积大，对环境有一定的负面影响，且气候条件好坏对其影响较大。因此，自然干化床适合于用地条件宽松的小规模水厂。在一些规模较大的水厂，除建有机械脱水外，还建有污泥储留池或自然干化床，作为旱季少雨时的自然干化设备兼原水高浊度时的污泥储留池，作为应付高浊度的一种对策。

2. 自然干化床计算方法

自然干化床计算主要求干化床的面积和床数，自然干化床的总面积由下式求出：

$$A = \frac{S_0 \times t}{G} \tag{2.8.3-1}$$

式中　A——自然干化床总面积，m^2；

S_0——计划处理干泥量，kg 干固体/d；

G——污泥干固体负荷，kg 干固体/m^2；

t——干化日数，d。

污泥干化床的有效深度（即施泥厚度）H 一般取 0.5～0.8m，假设流入自然干化床的污泥浓度为 C_3，当 H 确定后，则污泥干负荷 G 可表示为：

$$G = \frac{AHC_3}{A} = HC_3$$

干泥量可表示为：

$$S = Q_3 \times C_3$$

则式（2.8.3-1）可表示为：

$$A = \frac{S \times t}{G} = \frac{Q_3 C_3 t}{HC_3} = \frac{Q_3 t}{H} \tag{2.8.3-2}$$

式中　Q_3——流入干化床的污泥流量，m^3/d；

t——干化日数，d；

H——干化床内污泥有效深度，m，一般取 0.5～0.8m。

自然干化床污泥有效深度 H 确定后，利用式（2.8.3-2）求干化床面积更加方便。干化床入流污泥浓度一定时，污泥有效深度 H 越大，所需面积越小，但所需干化周期越长；反之，污泥有效深度 H 若取值太小，虽然干化周期缩短，但所需面积增大。

污泥流入量 Q_3 是浓缩池的底流流量，可根据每日计划处理干泥量 S_0 用物料平衡法求出。干化周期 t 由于受气候条件、气温、场地等条件的影响，最好经小型试验确定，或参照相近地区已经运行的自然干化床干化日数确定。在没有试验资料，又无相近地区运行数据时，可采用以下方法近似计算。

前面提到，重力脱除的水分 G 虽然占大部分，但脱除的时间短，1～4d 即可完成，而蒸发风干所脱除的水分 B 虽然量小，但脱除时间长，短则十几天，长则几个月。因此，干化时间主要由蒸发风干的时间决定。如果能求出蒸发脱水所需的时间，再加上 1～2d 重力脱水时间，即可得出干化时间。

蒸发脱水所需时间可用下式表示：

$$t=\frac{B}{E}\times 365 \tag{2.8.3-3}$$

式中 B——蒸发脱除的水分，mm；

E——污泥中水分的平均蒸发速率，mm/年；

t——干化时间，d。

污泥中水分的平均蒸发速率 E 是清水表面蒸发速率的 50%～75%。清水表面蒸发速率可在当地的水文、气象资料中查到。在计算污泥中水分的平均蒸发速率时，还应考虑降雨的影响，实践证明，污泥能吸收 57%左右的雨量。

重力脱除的水分 G 可用小型干化柱试验求出。在没有试验资料时，可采用以下数据进行估算：在排水良好的人工滤层干化床上经 1～4d 的重力脱水后，污泥的浓度可由 4%提高至 18%左右。根据物料平衡得出：

$$C_0H_0=C_1H_1$$

$$H_1=\frac{C_0H_0}{C_1}$$

式中 C_0——重力脱水前的污泥浓度，%；

C_1——重力脱水后的污泥浓度，%；

H_0——重力脱水前的污泥深度，mm；

H_1——重力脱水后的污泥深度，mm。

（H_0-H_1）即为重力脱除的水分 G。

【例】 某水厂采用自然干化床脱水，浓缩池底流浓度为含固率 6%，小型试验证明，排水良好的人工滤层干化床在 2～3d 内经重力脱水后，污泥的浓度可提高至 18%。当地年降雨量为 960mm，年蒸发量为 1624mm，干化床进泥厚度 $H_0=700$mm，要求干化后泥饼含水率降至 60%，求干化周期。

【解】

$$H_1=\frac{C_0H_0}{C_1}=\frac{6\times 700}{18}=233\text{ mm}$$

重力脱除的水分 $G=H_0-H_1=700-233=467$ mm

当含水率达到 60%时：

$$H_2=\frac{C_0H_0}{C_2}=\frac{6\times 700}{100-60}=105\text{mm}$$

需蒸发脱除的水分 $B=H_1-H_2=233-105=128$mm，当地年降雨量为 960mm，有 57%的雨量被干化床吸收，即：

$$960\times 57\%=547\text{mm}$$

污泥中水分年平均蒸发量 E 为：

$$E=1624-547=1077\text{mm}$$

干化周期：$t=\dfrac{B}{E}\times 365=\dfrac{128}{1077}\times 365=43\text{d}$

考虑 2d 的重力脱水时间，则干化时间为 45d。

答：干化周期为 45d。

2.8.3.2　机械脱水

排泥水经浓缩后，含水率可达到 97%～95%，虽然体积有所缩小，但其含水率还很高。若要得到能用工具"铲"和便于搬运的污泥，还需进一步脱除污泥中的水分。需将含水率进一步降至 75%以下。浓缩阶段脱除的水分是脱水阶段脱除水分的 5～6 倍。虽然浓缩阶段去除了大部分水量，但去除的是容易脱除的游离水；脱水阶段去除的水分虽然较少，但脱除的水分主要是难以脱除的结合水。要去除这些难以脱除的结合水，一般应对浓缩后的污泥进行调质，即脱水前处理。若不调质，即无加药处理，则脱水过程进行缓慢，脱水效率低。

污泥调质能降低污泥的比阻和毛细管吸水时间 CST 值，释放结合水，转换成较容易脱水的游离水，提高污泥的浓缩、脱水性能。

脱水前污泥的调质方法目前有物理调质和化学调质两种。物理调质如热调质和冷调质（即冻结融解法），在降低颗粒的亲水性，将污泥中结合水转换成较易脱除的游离水方面作用较大。化学调质如投加石灰处理、凝聚处理，对降低污泥比阻和毛细管吸水时间 CST 值有较大的作用。目前比较常用的是化学调质。

脱水前处理虽然提高了脱水效率，但增加了管理环节，从管理方便考虑，最方便的是无加药处理脱水。无加药处理脱水虽然管理方便，但脱水效率不如有前处理的高。处理同样的污泥量其脱水设备台数大量增加。而且无前处理脱水对脱水设备的选型比较严格，最好选用板框压滤机。因此，要在充分掌握污泥特性的情况下，通过小型试验并进行经济比较后确定。

1. 脱水前处理

（1）物理调质法

1）热调质

可以用加热法破坏水与胶质之间的结合。污泥热调质的概念始于 20 世纪初期，实际技术工艺是 1935 年由英国工程师鲍蒂厄斯（Porteows）首先提出的。从那以后对所用设备已有许多改进，热调质方法也有了发展。

将污泥加热到足够的温度，胶态的凝胶体被破坏，同时发生两个过程：

① 一些悬浮物固体由于温度升高而增加了溶解度，被溶解或部分溶解。

② 溶液中的物质沉淀出来。

释放污泥中的结合水，需要大量的能量。在脱水前对污泥进行热处理，为分离污泥中的结合水，使其转变成游离水，降低污泥中结合水的比例提供了能量。污泥中的某些结合水要分离出来，目前也只能采用加热方法。

对污泥进行加热处理还能降低污泥的比阻值，改善污泥的沉降、浓缩及过滤性能。图 2.8.3-2 为加热时间和温度对污泥比阻值的相对影响。从图 2.8.3-2 可以看出，污泥的比

阻值 r 随加热温度的升高和加热时间的增长而减小。

热调质对污泥性能影响的一个明显例子是脱水机的效率，即冬季低温与夏季高温时滤布的过滤速度差别很大。冬季由于水温低，滤布的过滤速度大幅度下降；而且还由于水温低，水的黏性大，造成滤布难以冲洗干净，泥饼剥离困难。对于板框压滤机来说，过滤速度下降，造成加压时间加长，滤布冲洗不干净；泥饼剥离困难又造成板框压滤机辅助工作时间加长，进而造成了板框压滤机运行周期所需的时间延长，使板框压滤机产率降低。理论上水温从 10℃升高到 40℃，脱水机的过滤速度提高到原来的 2 倍。实际上由于其他因素的影响，脱水效率可提高 1.4 倍以上。

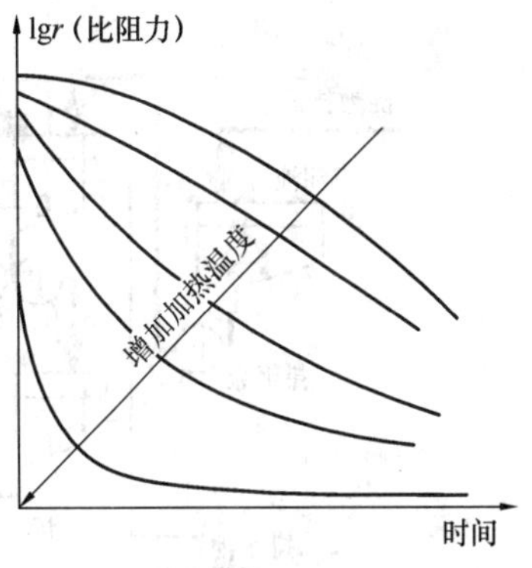

图 2.8.3-2　加热时间和温度对污泥比阻值的相对影响

提高污泥的温度能提高脱水效率，其原因是水温提高后，水的黏滞系数 μ 减小，污泥比阻 r 减小，从而提高了过滤速度，缩短了板框压滤机运行周期所需时间，提高了脱水机的产率，可以减少脱水机的台数。如果利用温度较高的滤液的余热来加温滤布的冲洗水，可使滤布的洗净效果及泥饼的剥离性能得到改善，提高脱水机的过滤效果。

脱水前对污泥进行热处理虽然能改善过滤效果，提高脱水机产率，减少脱水机的台数。但要消耗大量的热能而且增加了管理环节，因此，应通过技术经济比较后确定。

如果有废热、废气可供利用来加热污泥，这是一条比较好的途径。如日本东村山净水厂与金町净水厂，排泥水处理系统采用无加药处理系统，冬季时，由于水温低，过滤效果低下。后利用发电设备的排热来加热污泥，又利用滤液来加温滤布洗净水，改善了泥饼的剥离性能，提高了过滤效果。从表 1.2.1-1 可以看出，至 1978 年统计年限前，在所统计的世界 363 个自来水厂的污泥脱水方法中，利用加热的方法来提高污泥的脱水性能几乎没有。后来日本在部分净水厂排泥水处理中采用发电厂余热来加热污泥，开创了先例。在有废热可利用的地方，利用废热对污泥进行热处理，既利用了废热，又提高了污泥的脱水性能，为污泥进行无加药处理创造了有利条件。这是一条值得提倡的途径，

图 2.8.3-3 是国外某水厂利用发电设备排出的余热进行加温的实例。

2）冷调质—冻结融解法

冻结融解法是把浓缩后的污泥进行冻结后再融解，可提高污泥的脱水性能。其原因是减少了结合水的含量，将部分结合水转换成易于脱除的游离水。污泥由干固体和残留的水分组成，残留的水分有一部分是游离水，有一部分是结合水。未作前处理的污泥脱水性能差的原因就是难以去除这部分结合水。若将污泥冻结，水具有水分子结成冰结晶的性质。由于冰结晶呈高度对称规则排列，水结成冰时，如果没有外力，将不容纳任何杂质，悬浮物和溶解物质均因冰结晶被排了出来。这样接近于冰的污泥矾花中的水由于冰的形成而被析出，污泥中的固形物相互附着起来，形成水和固形物相互交错的层面，这样就减少了结合水的容量。提高了污泥的浓度，并对污泥中水和固形物的结合起到破坏组织的作用。

在污泥的冻结过程中，形成水和固形物相互交错的层面，当水冻结时，水由液态变成固体，即水变成冰时，由于体积膨胀使固形物被压缩，脱除部分水分。在进行冻结脱水

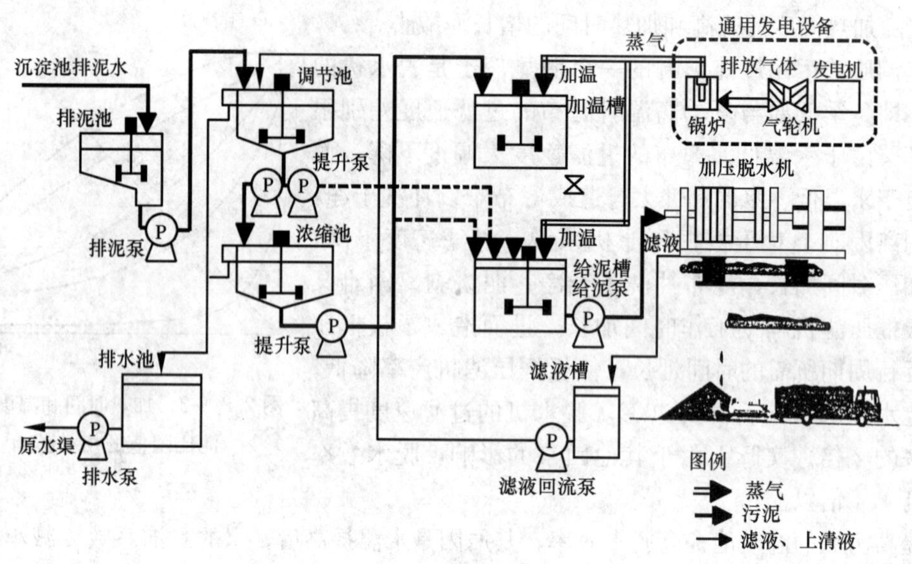

图 2.8.3-3　净水厂污泥处理脱水前热调质实例

（日本东京都水道局东村净水厂）

时，由于接近冻结完了时加压，从而提高了污泥的脱水性。

在冻结融解法中，冻结速度是一个重要因素，需要根据试验确定，一般尽量慢一些好。

综上所述，将污泥冷冻适当时间，使其全部固化，悬浮物和溶解物质均因冰结晶被排了出来。则固体颗粒集聚起来，形成水和固形物相互交错的层面，这种集聚作用导致污泥在冰融解后形成相对稳定的薄层，使污泥的可滤性获得改善，脱水性能得到提高。

从表 1.2.1-1 可以看出，在所统计的世界 363 个自来水厂排泥水处理脱水方法中，有 18 座净水厂采用了冻结融解法，约占 5%。虽然这种脱水方法已在世界上一些净水厂被采用，但采用的还是很少。而且这种方法主要用在饮用水和工业用水这种以无机物为主的污泥上，并不完全适合所有的污泥。虽然基建费用较低，但耗能较多。因此，要通过试验证明这种方法可行，并进行技术经济比较后方能采用。

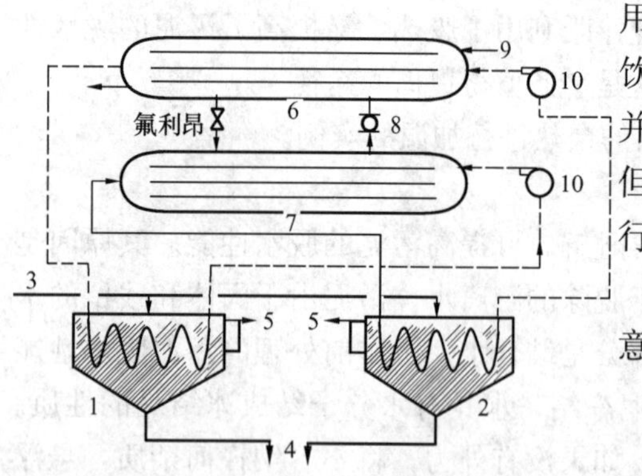

图 2.8.3-4　污泥冷冻设备的典型流程示意图

1—加热池；2—冷冻池；3—待冷冻的污泥入口；4—排除上层清液；5—经冷冻的污泥排往脱水装置；6—冷冻剂；7—冷凝器；8—氟利昂压缩机；9—乙二醇泵；10—循环泵

图 2.8.3-4 是污泥冻结融解法的典型流程示意图。

3）用惰性添加剂调质

在污泥脱水前加入惰性干物质如稠密的无机填料，使污泥中的胶态介质稀释，可以改善污泥的内聚力从而改善污泥的可过滤性。压缩系数也得到降低。这样可降低泥饼的含水率，提高含固率。泥饼便于运输和填埋。无机填料可以是灰（如从焚烧炉出来的灰）、粉煤灰、锯屑、硅藻土、纸纤维、碳酸钙等惰性物质。

国内曾对自来水厂排泥水经浓缩后投加粉煤灰、锯末、石灰进行调理，以降低污泥比阻值，改善压滤机脱水的过滤性能。排泥水取自沉淀池排泥和滤池反冲洗废水。粉煤灰为电厂的粉煤灰，实验证明，采用粉煤灰调理效果最好，可使污泥比阻大幅度下降，从处理前的10^{13}数量级降至10^{10}数量级。这主要是由于加入粉煤灰后，污泥的可压缩性减小，过滤性能提高所致。

用粉煤灰调理后的脱水后泥饼的含水率低，易成型。如果泥饼有效利用，其泥饼打碎后按比例掺入粉煤灰后，有利于焚烧处置。

添加惰性物质后，脱水机的脱水能力虽有所提高，但泥饼量也随之增加，因此不能显著提高脱水机的生产能力，提高的生产能力中很大一部分是所添加的惰性物质。同时还存在以下缺点：

① 泥饼量增加了，增加了处置成本。

② 若用管道输送，在管道内有固化的危险。因此，从惰性物质投加点至脱水机这一段管道增加了维修管理的难度。

③ 管道及其附件磨损率增大。

（2）化学调质法

1）石灰处理

以黏土粒子为主要成分的污泥在压滤脱水时投加石灰可以提高脱水效率，增加滤饼的机械强度。

污泥里投加石灰后，黏土粒子就与石灰浆进行凝聚。由于石灰浆的凝聚能力比$Al(OH)_3$的凝聚能力低，所以$Ca(OH)_2$黏土粒子矾花的一次间隙能保持很小尺寸。因此投加石灰的污泥，水分减少而强度增强，加压不易变形。

另外，在投加石灰的污泥中产生多重的铝矾土石灰盐（$3CaO \cdot Al_2O_3 \cdot 3CaSO_4 \cdot 32H_2O$），这是一种坚固的针状结晶，能使黏土粒子分散凝聚，使过滤性能变好。尤其是在浓缩工序中进行酸处理后，在有硫酸盐的情况下，在脱水工序中投加石灰，铝酸钙水合物迅速地变为铝矾土石灰盐，故酸处理后投加石灰效果更好。在没有酸处理的情况下，石灰的投加量将有所增加。

在投加其他药剂的同时，辅以投加石灰，会带来以下好处：

① 投加石灰后，增加了水中的碱度，形成合适的絮凝 pH 值（pH 值>9），有利于电解质在碱性条件下充分水解。在实践中发现，在投加高分子聚合物 PAM 的同时，投加石灰，使 PAM 在碱性条件下水解，使卷曲的高分子长链充分展开，充分发挥其吸附、架桥作用，提高混凝效果。

② 能降低结合水的比例，降低污泥比阻及可压缩性，产生比较干的和比较坚实的滤饼。

③ 加入稠密的无机填料石灰，使胶态介质稀释。单就亲水的氢氧化物而言，单独投加石灰一般就足以将污泥的可滤性改善到可以接受的程度，只是投加量较大，约占干固体的 50%（以 CaO 计）。若与其他药剂配合使用，石灰投加量可以减少。如法国的雷恩寺水厂第四期工程板框压滤机脱水，只投加石灰进行前处理，泥饼含水率达到 50%。而且板框

压滤机的压滤时间还可以缩短。

④ 可产生许多有机钙盐沉淀。

⑤ 能改善脱水后泥饼的力学性能，如耐压强度。

提高石灰投加率，例如把 pH 值调到 12 以上，其污泥的过滤性能显著提高，但提高石灰投加率会增加设备费用、药品费用，泥饼量大幅度增加还会增加泥饼的处置费用。同时还会引起滤液 pH 值升高，当滤液 pH 值升高到 11 左右时，不适于植物生长，排入下水道之前还要进行中和处理而增加设备费用和运行费用。另外，投加石灰常因钙盐固化而结垢，堵塞滤布、管道。还带来粉尘污染，操作条件差，对运行管理不利。由于受以上条件限制，一般石灰投加率以污泥干固体质量的 15%～50%左右为标准。具体投加率要根据污泥的性质，结合小型脱水试验及脱水机的运行情况确定。

投加的石灰有熟石灰 $Ca(OH)_2$ 和生石灰 CaO 两种，一般多使用熟石灰 $Ca(OH)_2$。生石灰若能进行充分地反应，在理论上大约只用熟石灰的 70%就能达到同样的效果，比较经济。而且投加生石灰后，生石灰与水结合，放出大量热量，能提高污泥温度，降低污泥比阻，改善污泥脱水性能。

投加生石灰也带来一个问题，操作条件差，尘土飞扬，粉尘污染严重，而且储存也比较困难。因此，目前仍采用熟石灰。

2）凝聚处理

脱水前化学调质除投加石灰外，还可以投加絮凝剂产生凝聚和絮凝现象，导致污泥中细小的颗粒粘结成三维体系的絮体（矾花）形式，不仅能提高污泥的沉降浓缩性能，而且还能降低污泥的比阻值 γ 和毛细管吸水时间 CST 值，提高污泥的脱水性能。投加率一般按干固体质量的 0.2%～0.3%考虑。由于各地不同水厂排泥水污泥性质差异较大，最好通过小型试验确定药剂种类和最佳投药量。

投加的絮凝剂有无机絮凝剂和有机高分子絮凝剂两类。无机絮凝剂与有机高分子絮凝剂相比，其絮体颗粒较细，投药量较大，但絮体强度高。而有机高分子絮凝剂所产生的絮体粗大，投加量要少得多，一般为$\frac{1}{200}$～$\frac{1}{30}$，但絮体强度低，比无机絮凝剂形成的絮体更容易破碎。

常用的无机絮凝剂有铁盐和铝盐两大系列。铁盐系列有：

① 氯化铁 $FeCl_3$；

② 硫酸铁 $Fe(SO_4)_3 \cdot 9H_2O$；

③ 硫酸亚铁 $FeSO_4 \cdot 7H_2O$；

④ 聚合硫酸铁(PFS)，$\left[Fe_2(OH)_n(SO_4)_3-\frac{n}{2}\right]_m$。

铝盐系列有：

① 硫酸铝 $Al_2(SO_4)_3 \cdot 18H_2O$；

② 碱式氯化铝(简称碱铝) $Al_2(OH)_2 \cdot C$；

③ 三氯化铝 $AlCl_3$；

④ 聚合氯化铝(PAC)，$[Al_2(OH)_n \cdot Cl_{6-n}]_m$。

铝盐和铁盐相比，所形成的絮体比较轻，耗药量也较多，经常会堵塞滤布。

有机高分子絮凝剂种类很多，按聚合度分为低聚合度（分子量约1千至几万）和高聚合度（分子量约几十万至几百万）两种；按离子型分为阳离子型、阴离子型、非离子型。阳离子型聚电解质，因其带有正电荷和分子结构的特点，既能压缩双电层，具有混凝剂的作用，又有长分子链，实现架桥絮凝的作用。因此，一般认为，它既能代替混凝剂（如硫酸铝、三氯化铁），又能作为絮凝剂。同时还具有污泥产量较少的优点。

国内常用的是聚合度较高的聚丙烯酰胺系列产品。聚丙烯酰胺是长链的，具有很高的摩尔质量，是一种无色无味、能溶于水的高分子聚合物。其溶液黏度大，腐蚀性低。由于聚合度高，能形成很长的分子链，同时又具有酰胺基（$-CONH_2$），故易在水中形成巨大的吸附表面积。且依靠其长分子链的架桥作用，形成的絮体颗粒大。聚丙烯酰胺虽然具有压缩双电层，使胶体颗粒脱稳，起到混凝剂的作用。但主要还是依靠分子链的强劲作用，实现架桥絮凝，起到絮凝剂的作用。因此，它不仅用于净水厂高浊度水的净化处理，也是处理高浊度污水、污泥的最有效的一种絮凝剂。

目前，絮凝剂的应用有两种方式：一种是絮凝剂单独使用；另一种是几种絮凝剂组合使用。

① 单独使用一种絮凝剂

若单独使用一种絮凝剂，目前一般多选择聚丙烯酰胺。聚丙烯酰胺有阳离子、阴离子、非离子三种类型。净水厂的污泥以泥沙等无机物的胶体颗粒为主，天然水中黏土胶粒都带负电荷。从理论上分析，由于阳离子型聚丙烯酰胺的链状分子上的荷电基团能中和污泥颗粒表面负电荷，压缩双电层，其链状分子又能在污泥颗粒之间产生架桥作用而显示出较强的凝聚力，调质效果较好。但由于在净水厂净化工艺流程中投加过铝盐或铁盐混凝剂，经双电层压缩，Zata 电位已明显降低。加入适量 PAM，主要促使污泥颗粒间架桥絮凝和降低污泥比阻。在投加率相同时，阳离子型与阴离子型效果均较好。但阳离子型价格较高，因此，一般选用丙烯酰胺单体含量较低的阴离子型。非离子型溶解速度慢，一般不采用。选择哪种药剂及最佳投加率应通过小型试验确定。

② 有机高分子聚合物与无机絮凝剂组合使用

使用有机高分子 PAM 虽然效果较好，但价格较高，可考虑与无机絮凝剂或其他有机絮凝剂配合使用，充分发挥不同絮凝剂之间的协同作用，优势互补，以增强絮凝剂性能和提高絮凝效果，减少絮凝剂投加量，降低成本。

在目前的排泥水处理实际运行中，絮凝剂的组合方式较多，主要有以下几种：

a. 阴离子型聚丙烯酰胺＋石灰

深圳市梅林水厂在排泥水处理中，将石灰与 PAM 配合使用，在实际运行中得到了良好的效果。加入石灰有利于 PAM 在碱性条件下水解，使卷曲的高分子长链充分展开，充分发挥其吸附、架桥作用，提高絮凝效果。

1989 年一厂家为北京市田村山水厂排泥水处理带式压滤机滤布选型进行了絮凝剂选型试验，进行了单一投加阴离子聚丙烯酰胺试验、无机絮凝剂＋有机高分子絮凝剂的组合试验。

絮凝剂组合选择了以下几种组合试验：

◆ 阴离子聚丙烯酰胺＋硫酸亚铁；

◆ 阴离子型 PAM＋石灰；

◆ 阴离子型 PAM＋明矾；

◆ 阴离子型 PAM＋硫酸铝。

实验证明两种絮凝剂组合比单用一种絮凝剂效果好，而两种絮凝剂组合使用又以第二种组合，即阴离子型 PAM＋石灰效果最好。其他几种组合对所选定的带式压滤机的各种滤布均不成功，在压滤过程中，泥从滤布两侧被挤出来。原设计没有投加石灰这一工艺，厂家也承诺不需要投加石灰。试验结果得出的第二种组合需要投加石灰，厂家违反了原来的承诺，业主不接受，希望厂家继续更换滤布和不同的药剂组合进行试验，最后不了了之。

阴离子型 PAM＋石灰这种组合方式虽然效果好，但需要建设一套投加、溶解、储存石灰的系统。而且有粉尘污染，操作条件差，一些水厂不愿采用。对于净水厂净化工艺流程中建有投加石灰这一环节，则排泥水处理系统可以共用，以节省基建投资。如果净水厂净化工艺流程中未建设投加石灰系统，从国内已建的几个净水厂排泥水处理系统来看，一般都是单加高分子聚合物。

b. 阴离子型 PAM＋碱式氯化铝

将碱式氯化铝与阴离子型 PAM 组合使用，有利于发挥各自的优势，减少投药量，降低成本。如果先投加 PAC，利用其水解提供的正电荷，使胶体颗粒表面的负电荷得以中和，斥力减弱，然后再投加 PAM，有利于充分发挥其吸附、架桥作用提高混凝效果。如果净水工艺也采用碱式氯化铝作絮凝剂，两者可相互调剂。

由于原水水质上的差异，各地污泥的性状也不尽相同，所要求投加的絮凝剂种类及其最佳组合也可能有差异，因此，应通过选型试验确定最佳药剂种类及组合方式。

2. 污泥脱水性能的评价指标

污泥脱水性能与污泥的性质、前处理方式密切相关。目前，世界上常用过滤比阻值 γ 和污泥毛细管吸水时间 CST 两项指标来评价污泥的脱水性能。当采用真空吸滤和压滤方法进行脱水时，可以相对评价出各种污泥脱水性能的好坏，确定投加药剂的种类、投加量、吸滤和压滤机械的种类。一般认为，比阻值 $\gamma>1.0\times10^9$ m/kg 的污泥不易脱水，0.5×10^9 m/kg $<\gamma\leqslant1.0\times10^9$ m/kg 为中等，$\gamma\leqslant0.5\times10^9$ m/kg 的污泥易脱水。对于不易脱水的污泥，一般应选用压滤机，最好是板框压滤机。其比阻值 γ 为（1～4）$\times10^{12}$ m/kg 或 CST 值小于 20s 时，选择压滤脱水机较为经济。表 2.8.3-1 是日本水道协会编著的《净水厂排水处理设备设计》所推荐的比阻值 γ，供脱水机械选择时参考。

利用比阻值选择过滤式脱水机械　　　　表 2.8.3-1

脱水机械	真空过滤机（m/kg）	加压过滤机（m/kg）	
		加压过滤一段式	加压挤压过滤机二段式
适用的比阻值	$10^9\sim10^{11}$	$10^{10}\sim10^{12}$	$10^{11}\sim10^{13}$

（1）比阻值 γ 公式

比阻值 γ 的物理意义是在 $1m^2$ 的过滤面积上，截留 1kg 干泥量时，滤液通过该面积所克服的阻力（m/kg）。比阻值越大的污泥，越难过滤，其脱水性能越差。化学调质和热调质均能使污泥的比阻值发生变化。投加 PAM 能使污泥颗粒凝聚成大的颗粒，可降低污泥的比阻值 γ 和污泥毛细管吸水时间 CST。对污泥加热，提高污泥的温度，也能降低污泥的比阻值，提高污泥的过滤性能。

日本土木学会出版的《水力公式集》关于污泥比阻值的公式为：

$$\frac{t}{V}=\frac{\mu\gamma C}{2PA^2}V+\frac{\mu R_m}{PA} \tag{2.8.3-4}$$

式中 V——在 t 时间（s）内所得滤液量，cm^3；

t——过滤时间，s；

γ——污泥比阻，s^2/g；

R_m——过滤开始时单位过滤面积上过滤介质的阻力，即初始滤抗，s^2/cm^2；

P——滤布的过滤压力，g/cm^2；

C——原污泥的干固体浓度，g/cm^3；

A——滤布面积，cm^2；

μ——滤液的动力黏滞系数，g·cm·s。

式（2.8.3-4）中 $\frac{t}{V}$ 与 V 成直线关系，可写成：

$$\frac{t}{V}=aV+b$$

其斜率 a 为：

$$a=\frac{\mu\gamma C}{2PA^2} \tag{2.8.3-5}$$

其直线在纵轴上的截距 b 为：

$$b=\frac{\mu R_m}{PA} \tag{2.8.3-6}$$

根据式（2.8.3-5）可求出比阻值 γ：

$$\gamma=\frac{2aPA^2}{\mu C} \tag{2.8.3-7}$$

根据式（2.8.3-6）可求出初始滤抗 R_m：

$$R_m=\frac{bPA}{\mu} \tag{2.8.3-8}$$

要求出比阻值 γ 和初始滤抗 R_m，就要先求出直线的斜率 a 和截距 b。测定不同时间 t 通过的滤液量 V，以滤液量 V 为横坐标，$\frac{t}{V}$ 为纵坐标，作出一条直线，这些点大致在一条直线上，从图上求出斜率 a 和截距 b。

不过也有人认为，用污泥比阻值 γ 作为脱水性能的评价指标，从理论上分析不完全可靠。因为污泥比阻理论是建立在 3 个重要的假设基础上：一是认为污泥在压滤过程中，滤饼的毛细管管径是不变的；二是认为污泥比阻只与污泥本身的固有性质有关，可不考虑过滤介质的影响；三是假定在压滤过程中，污泥是不可压缩的。而在实际压滤过程中，污泥是可压缩的；随着过滤时间的增长，毛细管孔隙的污泥沉积量逐渐增多，堵塞程度也逐渐加大，因此毛细管管径将随时间和位置而变化。以上3个假设与实际压滤过程存在一定的不符，有一定的差距。因此，用污泥比阻作为其脱水性能的评价指标还存在一定的缺陷，特别是对于压缩系数较大的污泥，其影响更大（图2.8.3-5）。

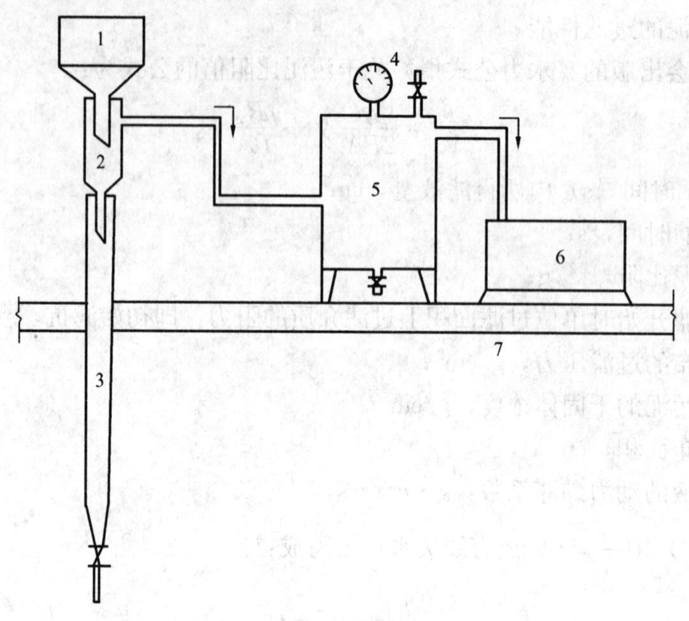

图2.8.3-5　比阻值测定装置

1—布氏漏斗 $\phi 75$；2—连接管；3—100mL滴定管；
4—真空表；5—稳定罐；6—真空泵；7—试验台

（2）毛细管吸水时间CST值及测定

CST是毛细管吸水时间Capillary Suction Time的英文缩写，是由巴斯克维尔（Backrville）和加尔（Gale）于1968年提出的。毛细管吸水时间是指污泥与滤纸接触时，在毛细管作用下，污泥中的水分在滤纸上渗透1cm距离所需的时间。污泥的可滤性越高，毛细管吸水时间CST越短。

毛细管吸水可滤性试验是由他们两人首创的快速测定试验，它可以替代过滤装置在工业运转中的比阻值的测定。他们发现在一定范围内污泥的毛细管吸水时间CST与其比阻值 γ 有一定的比例关系，而且与比阻值测定相比，具有测定设备简单，快速简便，数据重现性好等优点。

毛细管吸水时间CST的测定装置和原理见图2.8.3-6、图2.8.3-7，无底圆筒的污泥容器直接放在滤纸上方，在滤纸下方的底板、无底容器外两个同心圆上，布设o、a、b三个电触点，o、a在内同心圆上，b在外同心圆上，两个同心圆相距1cm。当污泥倒入无底圆筒后，污泥颗粒受到滤纸的阻截，污泥中的水分由于毛细管作用向外渗透，湿润滤纸的圆形面积逐渐扩大，当触及o点及a点时，这两个触点之间的电阻骤然下降，放大器A得到一个电信号，向干簧继电器发出一个电脉冲（约0.2s），干簧继电器的触点与计算器内部的“秒表”功能部分相连接，秒表开始计时，湿润圈继续扩大到b点，这时o和b两个电触点之间的电阻又下降了，放大器B开始工作，通过干簧继电器向计算器发出一个信

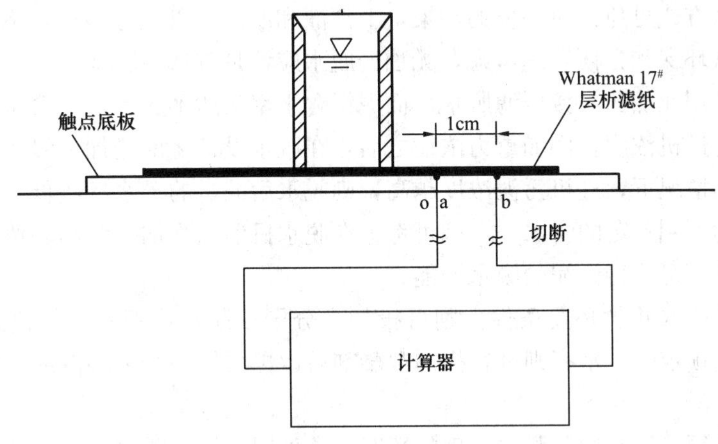

图 2.8.3-6　CST 值测定装置示意图

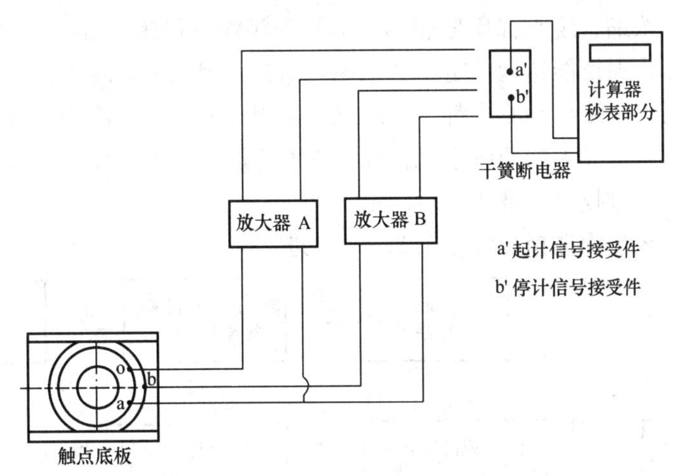

图 2.8.3-7　CST 值测定装置原理图

号，“秒表”停止工作，这时秒表上所显示的数字即是 CST 值，以 s 计。CST 值越大，污泥的脱水性能越差。

毛细管吸水时间 CST 可用于以下几个方面：

1）可作为过滤式脱水机械如板框压滤机、带式压滤机脱水性能的评价指标。CST 值越大，污泥脱水性能越差。由于 CST 值的测定与比阻值 γ 的测定相比，具有测定设备简单，快速简便，数据重现性好等优点，因此，应用更广泛。

2）可用 CST 值来选择脱水前处理药剂和最佳投量。

在现场取一定量的污泥样品，加入不同种类、不同量的药剂，经快速搅拌均匀混合后，分别测定其 CST 值，CST 值低者，污泥过滤阻力小，脱水性能好，则表示该药剂为首选药剂和最佳投量。

3. 机械脱水子工艺流程选择

在选定机械脱水设备及相应的前处理设备之前，要首先确定污泥脱水工序的子工艺流程。

无加药脱水方式可免去对环境的污染，上清液和滤液可以充分回用，不会影响净水厂的出水水质。从环保和方便管理考虑，无加药脱水应该是首选的脱水方式。

如果必须采用无加药直接压滤脱水，而泥饼含水率又达不到预定的含水率，则可采取措施提高污泥的进机浓度。例如重力浓缩之后，在脱水设备之前增加一级离心浓缩。在脱水机产率不变的情况下，进机污泥浓度越高，则脱水后泥饼的含水率越低。如果仅提高进机污泥浓度仍达不到预定的含水率，则可考虑在脱水机前除增加一级离心浓缩外，增加冻结融解这一环节，可改善污泥的脱水性能。

如果无加药脱水并非必要条件，则可投加高分子混凝剂或石灰来提高污泥的过滤性能。如果达不到预定的含水率则可在投加混凝剂后，再增加一级离心浓缩，或者增加酸处理环节。

对于并非必须采用无加药脱水处理的情况，是采用无加药脱水处理，还是采用加药脱水处理，则应通过技术经济比较后确定。如果所处理的沉淀池排泥水和滤池反冲洗废水是疏水性无机污泥，浓缩、脱水都比较容易，能达到污泥进机浓度要求，经小型试验证明，采用无加药脱水后，泥饼能达到预定的含水率，则应采用无加药脱水方式。但如果所处理的是亲水性无机污泥，浓缩和脱水都比较困难，采用无加药处理流程，势必造成进机浓度低，过滤性能低下，造成无加药脱水机台数大幅度增加，或者是要增加离心浓缩和冻结融解等环节。因此应通过技术经济比较后确定。

机械脱水子工艺流程选择可参考图 2.8.3-8 进行。

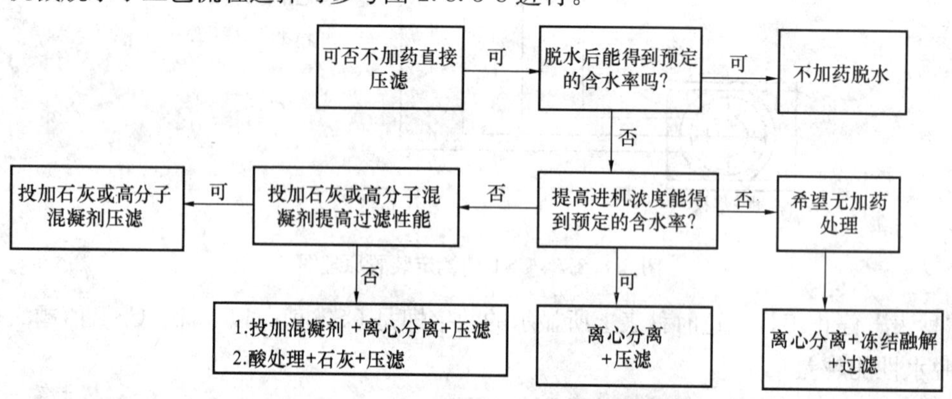

图 2.8.3-8　机械脱水子工艺流程选择

从净水厂排泥水处理的现状来看，采用无加药脱水仍是少数，在国内目前仅有长沙市第八水厂排泥水处理采用。特别是对于难以浓缩和脱水的亲水性无机污泥，脱水效率低，需要压滤机台数多，厂房大，一次投资高。但也不希望太复杂的投药系统，不仅维护管理复杂，日常运行费用高，而且在处置阶段还有可能要进行无害化处理。目前国内脱水前处理最简单的投药系统就是在脱水设备前投加高分子絮凝剂，如聚丙烯酰胺，以改善进机污泥的过滤性能。投加聚丙烯酰胺是否会影响上清液和滤液回用到净水工艺中去，要根据投加量进行计算。前面已有论述。

4. 脱水机械及其选择

脱水机械就其构造和原理可分为真空吸滤机、加压过滤机、离心分离机和造粒脱水机。其中加压过滤机又分为板框压滤机和带式压滤机。

板框压滤机能提供较大的过滤压力（0.6～1.5MPa），因此，比真空吸滤能承受更高的污泥比阻。这样可以降低药剂消耗量，或者可以使用较便宜的药剂。甚至可以不加前处理。另外板框压滤机脱水效果好，滤饼含固率高，滤液较清，固体回收率高，日常运行耗能比离心脱水机低。对需要运输、进一步干燥或焚烧及卫生填埋的污泥，可降低运输费用，降低燃料消耗，减少填埋场用地。而且进机污泥浓度要求相对较低，对不同性质的污泥适应性强，特别是对于难以浓缩和脱水的亲水性无机污泥，进机浓度可降至1.5%～2%，是无加药脱水工艺的首选设备。因此，在国外一些国家被广泛采用。在国内环保部门一般也要求采用板框压滤机，以降低滤饼的含水率。

但是板框压滤机为周期性间断工作，产率低，占地面积大，基建及设备费用高。

离心脱水机能自动连续运行，产率高，占地面积小，可封闭操作，卫生条件好，自动化程度高，运行管理相对简单，基建及设备费用低，因此离心脱水机也被广泛应用。但离心脱水机日常电耗高。由于机器高速旋转，噪声大。另外滤饼含水率相对较高，脱水滤液较浑浊。表2.8.3-2为常用污泥脱水机械性能比较表。

污泥脱水机械性能比较　　　　表2.8.3-2

比较项目	板框压滤机	离心脱水机	带式压滤机
对进机污泥浓度的适应性	最好，适于难脱水污泥（可达1.5%～2%）	好（可达3%）	稍差，对调质要求较高（4%～5%）
脱水后泥饼含固率	高（30%～45%）	中（20%～25%）	低（15%～20%）
析出液	清　澈	较浑浊，含有大量气泡	较浑浊
运行状态	周期性间歇运行	可连续运行	可连续运行
操作环境	开放式	封闭式，操作环境好	开放式
冲洗水量	大	小	大
设备投资	高	中	低
占地面积	大	小	中
运行电耗	中	高	低
噪声	中	大	小
附属设施	多、系统复杂	简单	简单

表2.8.3-2对几种常用脱水机械的性能进行了比较，各有其优缺点。一般环保部门要求采用板框压滤机，以减少在泥饼处置过程中对周围环境的影响。建设单位偏向于离心脱水机和带式脱水机。以减少投资和占地面积。

脱水机械的选择除考虑脱水机械本身性能外，还应考虑对总体工艺流程的适应性。主要考虑以下几点：

（1）在选择脱水设备时，首先应考虑污泥脱水采用什么方式。如果采用无加药脱水方式，则板框压滤机应为首选设备。

（2）应对脱水前后两道工序浓缩和处置统一考虑。

要根据污泥的性状、浓缩方式及设计参数，通过小型试验或其他类似工程，估算浓缩后的污泥浓度能否满足脱水机的进机浓度要求。不同的脱水机各有其适应的污泥浓度范围。在适应范围之外，存在不能处理的情况。例如某水厂处理难以浓缩和脱水的亲水性无机污泥，选用带式压滤机，由于进机浓度达不到3%，在进行试验时，连泥带水从滤布的两侧挤出来，形不成泥饼。因此，脱水机选型时，要充分估计浓缩后的污泥浓度能否满足脱水机的进机浓度要求。

处置上对泥饼性状的要求也是确定脱水机选型的重要因素。如果泥饼用来作为公园的填土，上面要栽培绿化用的树木、花草等，泥饼的 pH 值必须小于 11，且含水率须达到80%及以下。因此脱水机的选型就应考虑适应不投加石灰或无加药脱水等情况，有可能要选用能适应进机浓度较低的机种。

(3) 如果污泥处置是有效利用。例如用于制砖或其他建筑材料，则在机械脱水环节后一般有干燥、烧结、粉碎等环节。在选择脱水机械时可考虑选用构造简单、故障少的造粒脱水机与干燥工序相组合的脱水方式。造粒脱水机产品含水率高达85%，经过干燥工序后，含水率可达35%。为下一步有效利用创造了条件，节约了能量。相当于把下一工序如制砖的干燥环节前移。特别是对于有废热可利用的地方，采用这种脱水方式有较好的经济意义。

(4) 脱水机的选型也与运行管理有关。一般都要求尽量减少管理环节，但减少管理环节会带来脱水费用的增加，因此，应从技术经济上及运行管理方面统一考虑。

(5) 在确定脱水机选型时，除了考虑上述这些因素外，最好是用该厂的排泥水和拟采用的脱水机型进行脱水试验。可要求厂家进行现场脱水处理试验，或从现场取泥进行试验。

2.8.4 处置

2.8.4.1 污泥处置原则

脱水后的泥饼是排泥水处理系统最后一道工序处置的主要内容。处置它们总的原则是不能产生新的二次污染。

2.8.4.2 处置方法

目前，脱水后泥饼的处置方法有两种，一是陆地填埋，二是有效利用。第一种方法是浓缩污泥经脱水或进一步干化，当泥饼达到一定的含固率和力学性能指标要求后，进行陆地填埋。第二种方法有效利用又分两种情况：一种是利用脱水后泥饼作耕作土、制砖、水泥原料等；另一种是从软化水污泥中回收石灰，此法仅适用于石灰法或石灰－苏打软化法工艺。

1. 陆地填埋

污泥填埋分单独填埋和混合填埋两种方式。在有条件时，应尽可能送往城市生活垃圾填埋场与城市生活垃圾混合填埋。由于目前国内净水厂污泥经脱水后，其泥饼的含水率一般在75%～80%，无法满足城市垃圾填埋场对泥饼土力学性质方面的要求。如果要达到这一要求，需要对脱水后的泥饼进行后续处理，如在脱水工序增加投加石灰的内容或增设热风干燥工序，这样就增加了污泥处理的成本。因此，在一些国家出现了专用的污泥填埋场，即所谓单独填埋。目前国内已建成的净水厂排泥水处理其脱水后泥饼的含水率大多在

80%左右，满足不了城市垃圾填埋场的要求，城市垃圾填埋场一般不愿接受。因此也大多采用单独填埋方式。

污泥能否填埋主要取决于两个因素，一是脱水后泥饼的土力学性质；二是填埋后对环境可能产生的影响。

与填埋有关的泥饼土力学指标主要是抗剪强度。根据有关资料介绍，当采用单独填埋方式时，一般要求污泥的抗剪强度≥80～100kN/m^2。要达到这一指标，泥饼的含固率一般要大于35%。

为了对环境不造成负面影响，或把不利影响降低到国家有关法规容许的范围内，泥饼填埋应满足以下要求。

(1) 泥饼的含水率应不大于80%，否则应采取其他措施，使含水率降至80%。

(2) 泥饼填埋场的浸出液不能对公共水体或地下水造成污染。为避免污染地下水，填埋物离开地下水位应有一定距离。一些资料指出为填埋厚度的1倍左右。在砂、卵石地层，要在底部铺设厚度不小于0.5m的黏土层防渗。

(3) 要考虑填埋场地在未来城市规划中的用途，应为满足该用途的要求进行处置。例如，填埋场地将来规划成公园和绿地时，对污泥的处理应达到不妨碍植物生长的泥饼性状。否则，污泥处理流程中应有中和等无害化处理措施。

(4) 填埋场地的选择还应考虑运输工具和频繁程度。如果其他条件均合适，唯有输送有问题，也不是合适的填埋地点。采用卡车输送时，行车路线应尽可能避开闹市区。

(5) 选定填埋场地时，应根据每日的泥饼产量及使用年限估算出填埋场所占面积。泥饼的填埋深度一般为3～4m，以3m为佳，填埋场面积可由下式求出：

$$A=\frac{365yS}{HD} \tag{2.8.4-1}$$

式中 A——填埋场所需面积，m^2；

S——泥饼产生量，t/d；

H——泥饼填埋深度，m，一般 $H=3～4$m；

D——泥饼密度，t/m^3；

y——使用年限，年，一般取 $y=5$ 年。

(6) 在填埋地点周围设置围栏，并标明企业废弃物处置场所。

2. 有效利用

有效利用是泥饼处置发展的方向，目前，净水厂脱水后泥饼的有效利用主要有以下几个方面：

(1) 在农业上利用

净水厂污泥作为一种再生资源在农业上的利用可能性最大，可利用的范围也最广。例如用作土壤改良、花果栽培、耕作土、绿化用土等。

(2) 作回填土用

泥饼经粉碎后与石灰、水泥按一定比例掺和，造粒成一定粒径的再生砂可以作为管道铺设的砂垫层及回填土。

(3) 作为城市垃圾处理的覆土

作为城市垃圾处理的覆土，与城市生活垃圾一起填埋，这也是泥饼有效利用的一个重要方面。一方面城市垃圾填埋场需要从外面购进大量的土，在土源缺乏的地方，是一个沉重的负担；另一方面净水厂的泥饼又无去处，如果两者有机结合，是解决垃圾填埋场缺土，水厂污泥有效利用的一条重要途径。目前，净水厂脱水后泥饼用作城市垃圾处理的覆土，存在的主要问题是泥饼的耐压强度不够，可压缩性很大。其主要原因是泥饼的含水率高。如果两者统一协调，将净水厂污泥处置费用和垃圾填埋场购土费用用于泥饼的进一步脱水干化，例如热风吹干，将泥饼的含水率降至35%以下，泥饼作为垃圾填埋场覆土所存在的耐压强度不够的问题即可解决。也为用于回填土等其他用途准备了条件。

(4) 污泥骨料：干污泥经1300℃高温熔融，融化后，分子重新组合，呈熔融状态的污泥快速冷却后固化成颗粒状骨料，可用作混凝土的砂骨料、路基材料等。

(5) 渗水地砖：用污泥骨料与粘结料混合制成透水性极好的地砖。用于城市道路、人行道、公园铺装等。有利于地面排水和补充地下水。

(6) 污泥砖：脱水后泥饼进入800℃的如多段炉等焚烧炉燃烧，然后将其灰入模高压成呈各种形状的块状体，再经过1050℃高温烧成铺装砌块。强度较高，呈红色，类似陶土制品，用于墙体材料及公园、广场、道路的地面铺装材料。

在国内，一些自来水公司做了泥饼制砖及用作制造水泥掺合料的试验。试验证明，脱水后的污泥可烧制墙体材料，可用作水泥厂硅质原料，其焙烧性能与普通黏土相似。所得水泥与普通硅酸盐水泥相比，其化学成分、凝结时间、安定性、强度等均符合水泥产品规范要求。

有效利用目前还处在试验、研究阶段，由于一个水厂脱水后的污泥量有限，很难形成规模化经营，再加上工艺较复杂，因此成本太高。使污泥的有效利用在目前较难实现。但从发展的趋势看，泥饼填埋处置要占用大量土地，确保逐年增加的处置用地日趋困难，泥饼单独填埋这种消极处置方法最终是行不通的，有效利用才是发展方向。因此，在提高人们认识的同时，在政策上应给予扶持。

2.8.5 总体工艺流程的确定

以上综述了净水厂排泥水处理总体工艺流程的四道基本工序及一些基本工序中的子工艺流程，可根据排泥水的特性和净水厂的社会环境及自然条件选择由其中一道或全部工序组成。

总体工艺流程的选择首先要从大的方面确定以上四道基本工序的取舍，即确定总体工艺流程的基本框架。然后再确定各道工序具体的子工艺流程。如浓缩方式、脱水方式及与前处理方式的组合。

2.8.5.1 总体工艺流程基本框架的确定

要确定总体工艺流程的基本框架，即四道基本工序的取舍和组合，首先应确定排泥水处理的最终处置方式。泥饼是填埋，还是有效利用；上清液及滤液是排放，还是回收利用。由处置方式进一步确定排泥水处理程度及四道基本工序的取舍与组合。一般来说，泥饼要达到填埋和有效利用的程度，其含水率均要求在80%以下。前面已经提到，净水厂排泥水处理就是一个随着工序向前推移，采用不同的方法使之逐步脱去水分的过程。在浓缩工序，污泥的含水率只能达到 97%～95%，只有再经过脱水工序，其含水率才能降至80%以下，才能达到最起码的运输和填埋条件；对于有效利用，则要求含水率更低。因此，对于泥饼要达到运输、填埋及有效利用的程度，一般都要经过调节、浓缩、脱水、处置四道基本工序。

前面已经提到，填埋又有两种方式，一种是混合填埋，一种是单独填埋，在有条件时，应尽可能送往城市生活垃圾填埋场与城市生活垃圾混合填埋，若采用混合填埋，则要求较低的泥饼含水率，因此，总体工艺流程除需要采用四道基本工序组合外，还对浓缩、脱水两道工序有更高的要求。目前国内净水厂排泥水处理虽然也采用了上述四道基本工序组合，但由于浓缩与脱水两道工序相对简单，主要是为了节约投资和日常运行费用，有些还省掉了浓缩工序，因此泥饼的含水率较高，一般只能达到80%，满足不了与城市生活垃圾混合填埋的要求。目前国内净水厂一般采用单独填埋。

当沉淀池排泥水排泥浓度较高，其含固率能达到 3%，经调节工序后，也可直接进入脱水工序，免去一道浓缩工序。例如，国内一些净水厂采用气浮沉淀池，浮渣浓度的含固率达到了 3%，可不经浓缩直接进入脱水工序。

如果排泥水处理的最终处置方式是将排泥水送往厂外集中处理，或直接排入城市下水道，则只在厂内建一调节工序即可。排泥水经调节后，连续、均匀送往厂外，其后续工序浓缩、脱水均可免去。例如，下面章节“4.1 调节工序子工艺流程设计及分析”，图 4.1.1-1、图 4.1.1-2 中几个小水厂的排泥水输送到一个较大的水厂合并处理；图 4.1.1-3、图 4.1.1-4 中滤池反冲洗废水回收利用，或者是直接排入城市下水道或天然水体，沉淀池排泥水送入厂外集中处理。例如，长沙市第三水厂规模 30 万 m^3/d，长沙市第八水厂规模 50 万 m^3/d，将第三水厂排泥水送入第八水厂合并处理。因此，第三水厂排泥水处理只要调节池就可以了；如果反冲洗废水本厂回收利用，若需要进一步提高回流水水质，除了建一套反冲洗废水净化设备外，浓缩和脱水两道工序可以不建。

又如泥饼的处置采用填埋，填埋场地将来规划成公园绿地，则泥饼的性状不能影响到植物的生长，pH 值要小于 11，且含水率不能大于 80%。因此处理流程除选择全部四道基本工序外，浓缩和脱水两道工序以采用无加药处理较为理想。若在流程中采用了投加石灰或酸处理，则应在流程中考虑中和等无害化处理。

综上所述，净水厂排泥水处理总体工艺流程基本框架的确定，即四道基本工序的取舍和组合，其中第一道调节工序承上启下，上连净水厂主要净化构筑物，下接排泥水处理系统，是必不可少的。后续工序可根据最终处置要求进行取舍与组合。从国内外已建的净水厂排泥水处理实例来看，一般都由这四道基本工序组成。

总体工艺流程的选择、优化及确定可结合本厂的社会环境状况和其他具体条件参照图 2.8.5-1 进行组合优化。

2.8.5.2 子工艺流程的确定

在调节、浓缩、脱水、处置四道工序中，除了处置工序外，由于每道工序都要同时受到上一道工序和下一道工序的约束，因此每道工序都会采用不同的子工艺流程来适应上下两道工序的要求。在上述四道工序中，其中又以调节和脱水两道工序的子工艺流程较为繁多。

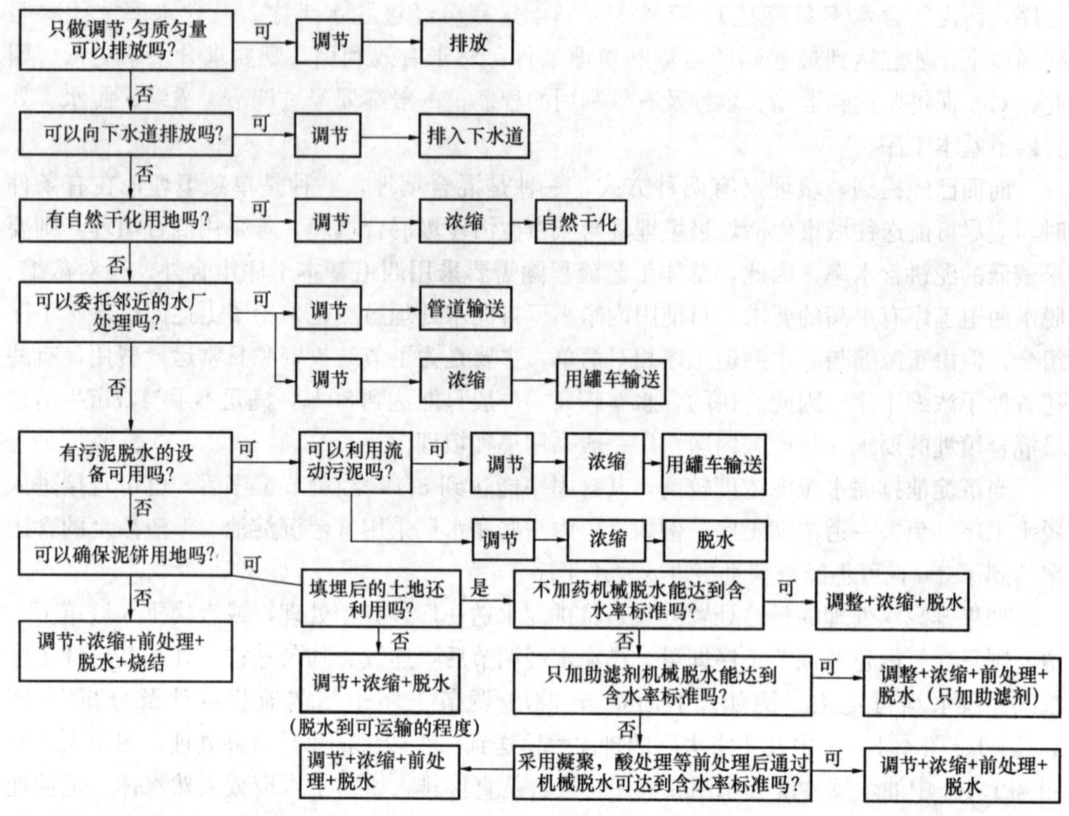

图 2.8.5-1　总体工艺流程选择参考图

调节工序是排泥水处理系统的第一道工序，是净水厂从水线进入泥线的门槛，承上启下，既要接受净水厂沉淀池排泥和滤池反冲洗废水不同排放方式的要求和最不利结果，又要符合浓缩的要求；而且在这一工序中还有排泥水的回收利用和直接排放问题，因此，需要选择各种不同的调节工序子工艺流程来适应上述要求。

脱水工序中脱水方式较多，可选择的范围较广，耗能也比其他工序多。脱水方式目前可供选择的有机械脱水和自然干化床脱水。机械脱水又有板框压滤机、离心脱水机、带式压滤机等。总体工艺流程的基本框架确立后，如果需要调节、浓缩、脱水、处置四道工序组合，则下一步面临的最重要的课题是以什么样的脱水方式连接浓缩和处置这两道工序。因为脱水方式同时受浓缩工序和处置工序的制约，既要接受和适应浓缩工序的最不利结果，又要符合处置工序的各种要求。因此，脱水方式的选择是否得当，对整个系统的成败及节能具有重要意义。

例如，若污泥的性质是亲水性无机污泥，浓缩和脱水都比较困难，经浓缩后的污泥含固率较低，则脱水方式的选择要适应这种最不利的结果，以选择适应进机污泥浓度低的板框压滤机较好。

例如，泥饼的处置采用填埋，填埋场地将来规划成公园绿地，则泥饼的性状不能妨碍将来植物的生长，pH 值要小于 11，且含水率不大于 80%。因此处理流程除选择全部四道基本工序外，在脱水和浓缩两个环节以采用无加药处理较为理想。若在工艺流程中采用了石灰或酸处理，则应在子工艺流程中考虑中和等无害化处理。

若浓缩工序中进行了酸处理，则在脱水工序中宜投加石灰进行前处理。

综上所述，各工序子工艺流程的确定，应在兼顾上下两道工序对本工序的要求基础上，结合该水厂的具体情况，选择经济上合理，运行管理方便的既简单又可靠的子工艺流程。

2.9 排泥水处理规模

2.9.1 排泥水处理模式

下面明确几个概念。

2.9.1.1 计划处理浊度 C_0

在净水厂达到设计规模时，排泥水系统能够完全处理的干泥量所对应的原水浊度值就是计划处理浊度，用 C_0 表示。

计划处理浊度 C_0 与实际发生的浊度是不同的，实际发生的原水浊度用 C 表示，可以用实测的方法得到，而计划处理浊度 C_0 是在现有系列资料基础上采用数理统计方法获得，是象征排泥水处理系统处理能力一个重要参数。实际发生的原水浊度 C 是变化的，有可能 $C \leqslant C_0$ ，也有可能 $C > C_0$ 。

2.9.1.2 完全处理

净水厂所产生的排泥水量经处理后，在排水水质上达到了国家颁布的相关排放标准。这种处理就是完全处理。

2.9.1.3 非完全处理

净水厂所产生的排泥水经处理后，在排水水质上未达到国家颁布的相关排放标准。这种处理就是非完全处理。

2.9.1.4 全量完全处理

净水厂某一时段所产生的排泥水量，经处理后在排水水质上都达到了国家颁布的相关排放标准。这种处理就是全量完全处理。

在某一时段只有实际发生的原水浊度 C 小于或等于原水浊度设计取值 C_0 时，即干泥量 $S \leqslant S_0$ 时，排泥水系统才有能力在这一时段实施全量完全处理。否则就要减小净水厂的运行规模。

全量完全处理又可分为全量完全即时处理和全量完全延时处理两种模式。

当原水高浊度连续时间较短（1～2d，甚至是几个小时）时，可采用完全延时处理模式，将部分泥量临时存储在净水厂部分构筑物如沉淀池和排泥水处理系统内，使进入脱水工序的泥量的峰值减小，不超过计划处理泥量 S_0。

全量完全即时处理的原水浊度 C 都等于或小于计划处理浊度 C_0 ，即 $C \leqslant C_0, S \leqslant S_0$ ，排泥水系统的处理能力足够应付该时段发生的高浊度。

2.9.1.5 非全量完全处理

净水厂某一时段所产生的排泥水量部分进行了完全处理，还有一部分排泥水量未经处理直接排放，或者是经处理后未达到国家颁布的相关排放标准。这种处理就是非全量完全处理。

当原水浊度 C 高于计划处理浊度 C_0 时，其高于设计取值部分所产生的干泥量（$S-S_0$），因排泥水系统能力不足而直接排放。或者是经部分处理，例如经过调节工序后均匀排放。

2.9.1.6　全量完全处理保证率

全量完全处理的日数加上非全量完全处理的日数等于一年的日数。一年中全量完全处理的日数占全年日数的比率称全量完全处理保证率，简称保证率。用 u 表示。《室外给水设计规范》GB 50013—2006 第 10.1.3 条“净水厂排泥水处理系统的规模应按满足全年 75%～95%日数的全量完全处理要求确定。”中所提到的“满足全年 75%～95%日数的全量完全处理要求”就是要求保证率达到 75%～95%，即 u=75%～95%。如果任何一年 365 日全部是全量完全处理的日数，则全量完全处理保证率达到了 100%。这种全量完全处理保证率达到 u=100%的处理模式以下称全量完全处理模式。这种模式达到了零排放。

2.9.1.7　计划处理干泥量 S_0

计划处理浊度 C_0 所产生的干泥量，称计划处理干泥量，用 S_0 表示。实际发生的原水浊度 C 所产生的干泥量用 S 表示。S_0 是一个定值，代表排泥水系统的处理能力，决定排泥水系统的规模。而 S 随着原水浊度的变化而不断变化。有可能 $S>S_0$，$S=S_0$，$S<S_0$。

如果净水厂按设计流量运行，而原水浊度超过了计划处理浊度，则 $S>S_0$，超过部分（$S-S_0$）不能完全处理，不经处理直接排入水体。如果 $S<S_0$，则说明实际发生的泥量小于计划处理的泥量，排泥水处理系统能力有富裕。

非全量完全处理模式中的 S_0 和全量完全处理模式中的 S_0，虽然都是表示计划处理的干泥量这一概念，但是这两者在数值上差别很大。全量完全处理模式中的 S_0 是按某一时段的最高浊度取值，全部泥量都要完全处理，都是计划处理的泥量，没有超量污泥排出。而非全量完全处理模式只计划处理部分泥量，有超量污泥排出。因此，全量完全处理模式中的 S_0 等于非全量完全处理模式中的（$S_0+\Delta S$）。

2.9.1.8　超量污泥 ΔS

当原水浊度 C 超过计划处理浊度 C_0，其差值部分（$C-C_0$）所对应的泥量（$S-S_0$）是超过计划处理的泥量，称超量污泥。用 ΔS 表示。ΔS 可用以下公式计算。

$$\Delta S=S-S_0 \tag{2.9.1-1}$$

$$S=S_0+\Delta S \tag{2.9.1-2}$$

$$\Delta S=[k_1(C-C_0)+k_2(D-D_0)]\times k_0 Q_0\times 10^{-6} \tag{2.9.1-3}$$

式中　C——原水浊度，NTU；

C_0——计划处理浊度，NTU；

D——药剂投加量，mg/L；

D_0——相当于计划处理浊度时的药剂投加量，mg/L；

ΔS——1 日产生的超量污泥，t/d。

式中 ΔS 是 1 日产生的超量污泥，由于高浊度期间，原水浊度变化很大，每日所产生的超量污泥 ΔS 是不一样的，如果要把连续几日的超量污泥 ΔS 临时存储在某一池子里，则要按不同的原水浊度分别计算每日的超量污泥后迭加，计算出超量污泥 ΔS 总量 $\Sigma\Delta S$ 。

对于全量完全处理，$C \leqslant C_0$ ，超量污泥 $\Delta S=0$；对于 $C_0<C$ 的非全量完全处理就是将携带超量污泥 ΔS 的排泥水量直接排入水体，以缓解排泥水处理系统能力不足。因此可以说全量完全处理就是超量污泥 $\Delta S=0$ 的排泥水处理；非全量完全处理就是在一年中有部分日数 $\Delta S>0$，超量污泥 ΔS 排入水体的排泥水处理。

排泥水处理不只是处理计划处理干泥量 S_0，如何处理超量污泥 ΔS 也是排泥水处理的一项重要内容。一些工程只重视计划处理干泥量 S_0 的处理，而忽略了如何安排超量污泥 ΔS 的出路。为了减小处理规模，保证率又往低里取，造成超量污泥 ΔS 很大，由于没有考虑超量污泥的出路，超量污泥 ΔS 从沉淀池排出后，进入排泥池、浓缩池和脱水设备，而这些构筑物和设备又都是按计划处理干泥量 S_0 设计的，因此，在原水浊度 C 高于其计划处理浊度 C_0 的时段，特别是原水高浊度时，排泥池调节容积不够，造成溢流；浓缩池上清液浑浊，底流达不到浓缩目标值；脱水设备台数不够，泥饼含水率达不到要求。因此，对超量污泥的处理应引起重视。

2.9.2 干泥量计算

干泥量即原水中所携带的干固体总量。干泥量由原水中悬浮物及投加的药剂和其他添加剂组成。其他添加剂如粉末活性炭。

干泥量可采用以下公式计算：

$$S = QC' \times 10^{-6} \tag{2.9.2-1}$$

式中 Q——水厂规模，m^3/d；

C'——包括原水浊度及投加药剂和其他添加剂混合凝聚后所形成的悬浮物含量，mg/L；

S——干泥量，t/d。

投加药剂和其他添加剂与原水混合凝聚后的原水悬浮物含量 C' 的计算，包括原水浊度单位 NTU 和色度转换成 SS 的单位 mg/L 转换系数的确定，药剂和其他添加剂转换成干泥量的系数的确定。C' 的计算方法国内外大致相同，但也有差异。

2.9.2.1 国外公式

1. 日本水道协会《水道设施设计指南》(2000) 采用的公式

$$C' = TE_1 + CE_2$$

$$S = Q(TE_1 + CE_2) \times 10^{-6} \tag{2.9.2-2}$$

式中 S——干泥量，t/d；

Q——水厂设计规模，m^3/d；

T——原水浊度，NTU；

E_1——浊度单位 NTU 与 SS 单位 mg/L 换算系数；

C——药剂投加量（以 Al_2O_3 计），mg/L；

E_2——药剂、其他添加剂转换成干泥量的系数，Al_2O_3 与 AL $(OH)_3$ 的换算系数，为 1.53。

2. 英国《供水》手册 (2000) 采用的公式

$$C' = X + SS + H + C + \mathrm{Fe} + \mathrm{Mn} + P + L + Y$$

$$S = Q(X + SS + H + C + \mathrm{Fe} + \mathrm{Mn} + P + L + Y) \times 10^{-6} \quad (2.9.2\text{-}3)$$

式中 X——混凝剂形成的悬浮固体，mg/L；

SS——悬浮固体，mg/L；

H——色度；

C——叶绿素；

Fe——水中含铁量，mg/L；

Mn——水中含锰量，mg/L；

P——粉末活性炭（Powdered activated carbon），mg/L；

L——石灰投加量，mg/L；

Y——聚合电解质投加量，mg/L。

3. 英国水研究中心在《污泥处理指南》中推荐的公式

$$C' = 2T + 0.2E + 1.53A + 1.9\mathrm{Fe}$$

$$S = Q(2T + 0.2E + 1.53A + 1.9\mathrm{Fe}) \times 10^{-6} \quad (2.9.2\text{-}4)$$

式中 S——干泥量，t/d；

T——原水浊度，NTU；

E——原水色度；

A——铝盐投加量，mg/L；

Fe——铁盐投加量，mg/L；

Q——水厂设计规模，m^3/d。

4. 美国 Cornwell 推荐的公式（1981）

（1）用铝盐作絮凝剂时

$$C' = 0.44\mathrm{Al} + SS + B$$

$$S = Q(0.44\mathrm{Al} + SS + B) \times 10^{-6} \quad (2.9.2\text{-}5)$$

（2）用铁盐作絮凝剂时

$$C' = 1.9\mathrm{Fe} + SS + B$$

$$S = Q(1.9\mathrm{Fe} + SS + B) \times 10^{-6} \quad (2.9.2\text{-}6)$$

式中 SS——原水中悬浮固体，mg/L；

Al——硫酸铝投加量，以 $Al_2(SO_4)_3 \cdot 14H_2O$ 计，mg/L；

Fe——铁盐投加量，以 Fe 计，mg/L；

B——其他添加剂，mg/L，如粉末活性炭等。

5. 法国采用的公式

法国采用以下公式计算每 $1m^3$ 原水的干泥量：

$$C' = TE_1 + 0.07H + CE_2 + B$$

若将原水水量因素考虑进去，则上式可写成：

$$S = Q(TE_1 + 0.07H + CE_2 + B) \times 10^{-6} \quad (2.9.2\text{-}7)$$

式中 S——干泥量，t/d；

T——原水浊度，NTU；

C——药剂投加量，mg/L；

H——原水色度，度；

B——其他药剂投加量，mg/L；

E_1——浊度单位 NTU 与 SS 单位 mg/L 换算系数；

E_2——药剂转换成干泥量的系数。

2.9.2.2　国内采用的公式

1.《给水排水设计手册》第 3 册采用的公式

当使用铝盐时：

$$C' = T \times E_1 + 0.2C + 1.53A + B$$

$$S = Q(T \times E_1 + 0.2C + 1.53A + B) \times 10^{-6} \quad (2.9.2\text{-}8)$$

当使用铁盐时：

$$C' = T \times E_1 + 0.2C + 1.9F + B$$

$$S = Q(T \times E_1 + 0.2C + 1.9F + B) \times 10^{-6} \quad (2.9.2\text{-}9)$$

式中　T——原水浊度，NTU；

E_1——浊度单位 NTU 与 SS 单位 mg/L 换算系数；

C——原水色度，度；

A——铝盐投加量，以 Al_2O_3 计，mg/L；

F——铁盐投加量，以 Fe 计，mg/L；

B——水处理中其他添加剂的投加量，mg/L。

2.《室外给水设计规范》采用的公式

$$S_0 = (k_1 C_0 + k_2 D) \times k_0 Q \times 10^6 \quad (2.9.2\text{-}10)$$

式中　S_0——计划处理干泥量，t/d；

C_0——计划处理浊度，NTU；

k_1——原水浊度单位 NTU 与悬浮物 SS 单位 mg/L 的换算系数，应经过实测确定；

D——药剂投加量，mg/L，当投加几种药剂时，应分别计算后迭加；

k_2——药剂转化成干泥量的系数，当投加几种药剂时，应分别取不同的转化系数计算后迭加；

Q——水厂设计规模，m^3/d；

k_0——水厂生产过程自用水量系数。

当投加的药剂不只 1 种时，应将各种药剂和添加剂所产生的干泥量迭加，各种药剂转化成干泥量的系数是不同的。即采用 $\Sigma k_i D_i$ 代替 $k_2 D$，包括添加剂在内。把药剂也看成是一种添加剂。

式（2.9.2-10）中 k_1 为单位换算系数，相当于式（2.9.2-2）、式（2.9.2-7）～式（2.9.2-9）中的 E_1，式（2.9.2-4）中为常数 2，其他几个计算公式直接采用 SS 单位 mg/L 计算，不需要将浊度单位 NTU 转换成 mg/L，虽然计算方便一些，但测量浊度的浊度仪一般用 NTU 表示，获取比较容易，因此最后还是要把 NTU 转化成 mg/L 进行计算。

在没有试验资料时，一般取 $k_1 = 1$。即 1NTU 转换成 1mg/L，但实际上 k_1 与原水水质有关，不一定等于 1。由于浊度仪是根据光源通过被测水的散射光强度来测定浊度，虽然能有效检测水中属胶体颗粒范围的杂质颗粒，但原水浊度单位 NTU 与悬浮物 SS 单位 mg/L 之间并不存在按某一固定比值可以直接换算。因此，在确定净水厂原水浊度所携带的干泥量之前，应先对全年不同时段的原水取样进行浊度单位 NTU 和 SS 单位 mg/L 的同步检测对比，对所获数据进行数学回归和相关分析，得出浊度单位 NTU 和 SS 单位 mg/L 的相关关系。

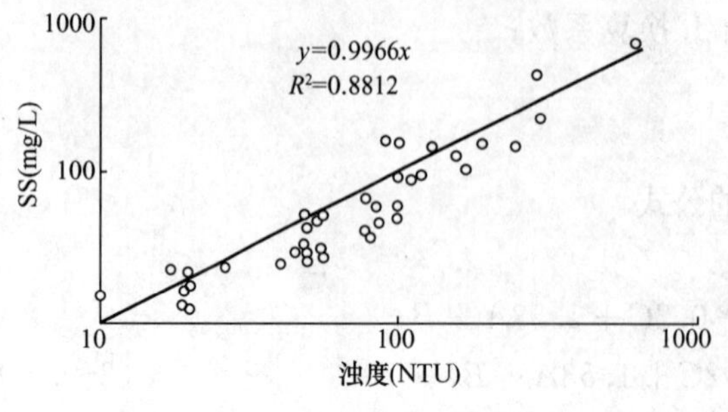

图 2.9.2-1　Cornwell 的原水浊度 T 与 SS 相关关系

图 2.9.2-1 为美国 Cornwell 所列举的一个浊度单位 NTU 与 SS 单位 mg/L 相关关系的例子。从图 2.9.2-1 可以看出，该例的浊度单位 NTU 与 SS 单位 mg/L 的换算系数 k_1 接近 1。

但也有相差较大的，如国内某水厂曾分别测定不同季节原水浊度单位 NTU 与悬浮物 SS 单位 mg/L 之间的关系，得出以下线性回归关系式：

$$SS=1.76NTU+4.9 \quad (mg/L)$$

根据上式推算，当原水浊度为 10NTU 时，SS 值为 22.5mg/L，两者相差甚远。

Cornwell 推荐的原水浊度单位 NTU 与悬浮物 SS 单位 mg/L 之间的换算关系式为：

$$SS = k_1 T \tag{2.9.2-11}$$

式中　k_1 ——SS 与浊度 T 的相关系数，即换算系数；

T——原水浊度，NTU。

Cornwell 认为，在原水色度不高的情况下，相关系数 k_1 在 0.7～2.2 之间变化。由于浊度仪是根据光源通过被测水的散射光强度来测定浊度，原水色度很高时，高色度对散射光强度会产生一定的干扰，换算系数 k_1 会突破 0.7～2.2 的范围。

式(2.9.2-10)中 k_2 为混凝剂转换成干泥量的系数。以硫酸铝混凝剂为例，并以 $Al_2(SO_4)_3 \cdot 18H_2O$ 纯品计算混凝剂，其换算系数 $k_2=0.234$。可根据反应方程式 $Al_2(SO_4)_3 \rightarrow 2Al(OH)_3\downarrow$ 进行推算：形成沉淀物 $Al(OH)_3$ 的分子量为 78，$Al_2(SO_4)_3 \cdot 18H_2O$ 的分子量为 666，则有：

$$k_2=\frac{2\times78}{666}=0.234$$

有些产品含有 $14H_2O$ 结晶水，分子量为 594，同样可算出：

$$k_2=\frac{2\times78}{594}=0.26$$

因此，式（2.9.2-5）中铝盐有效成分以 $Al_2(SO_4)_3 \cdot 14H_2O$ 计，混凝剂换算成干泥量的系数不应该是 0.44，而应该是 0.26。

纯硫酸铝的分子式为 $Al_2(SO_4)_3 \cdot 18H_2O$，含 Al_2O_3 为 15.3%；工业硫酸铝的分子式为 $Al_2(SO_4)_3 \cdot 14H_2O$，含 Al_2O_3 为 17%。我国精制硫酸铝大致与这几种产品相当。

前面以 $Al_2(SO_4)_3 \cdot 18H_2O$ 计算，得出 $k_2=0.234$；若以 Al_2O_3 计算，则混凝剂换算成干泥量系数为 $k_2=1.53$。Al_2O_3 分子量为 102，则有：

$$k_2=\frac{2\times78}{102}=1.53$$

式（2.9.2-4）、式（2.9.2-8）中铝盐 A 的换算系数为 1.53，就是以有效成分 Al_2O_3 计算得出的。

若以纯 Al 计算，根据 $Al \rightarrow Al(OH)_3\downarrow$ 得出：

$$k_2=\frac{78}{27}=2.89$$

液态硫酸铝的 $Al_2(SO_4)_3$ 含量因厂家不同而有所不同，一般为 6%左右。

若以铁盐作混凝剂。例如投加 $FeSO_4$，生成 $Fe(OH)_3$ 沉淀，铁盐混凝剂有 $Fe_2(SO_4)_3\cdot9H_2O$、$FeSO_4\cdot7H_2O$ 等产品，以 $Fe_2(SO_4)_3\cdot9H_2O$ 为例，$Fe_2(SO_4)_3\cdot9H_2O \rightarrow 2Fe(OH)_3$，$Fe_2(SO_4)_3\cdot9H_2O$ 分子量为 562，$Fe(OH)_3$ 分子量为 107，则有：

$$k_2=\frac{2\times107}{562}=0.38$$

如果以 Fe 计，$Fe \rightarrow Fe(OH)_3\downarrow$，则有：

$$k_2=\frac{107}{56}=1.91$$

式（2.9.2-4）、式（2.9.2-6）、式（2.9.2-9）中铁盐的换算系数为 1.9，就是以有效成分 Fe 计算得出的。

如果还投加石灰，生成 $CaCO_3$ 沉淀，石灰以有效成分 CaO 计，$CaO \rightarrow CaCO_3\downarrow$，CaO 分子量为 56，$CaCO_3$ 分子量为 100，则有：

$$k_2=\frac{100}{56}=1.79$$

色度转换成干泥量的系数不像铝盐、铁盐、石灰等药剂转换成干泥量的系数有一个固定的计算方法，英国水研究中心在《污泥处理指南》中推荐的公式（2.9.2-4）色度转换成干泥量的系数采用 0.2，法国采用 0.07，目前还没有见到有成熟的计算方法。

2.9.3 影响干泥量大小的因素分析及干泥量计算公式讨论

2.9.3.1 影响干泥量大小的因素及分析

干泥量的大小决定净水厂排泥水处理规模，是净水厂排泥水处理的关键数据。从式（2.9.2-10）可以看出，净水厂发生的干泥量与以下几个因素有关。

（1）与原水浊度值 C 有关，原水浊度 C 越高，产生的干泥量就越大。同样规模的净水厂，其排泥水处理的规模并不一样。甚至一些规模小的净水厂，其排泥水处理规模反而比规模大的净水厂还大。因此，不能单以净水厂规模来衡量排泥水处理规模。

（2）与投加药剂的种类和多少有关。投加的药剂量越多，所产生的干泥量越大。在原水浊度较高时，投加的药剂量也大，双重因素共同造成高浊度时产生的干泥量大。药剂种类不同所产生的干泥量也有很大的区别，其中以投加石灰所产生的干泥量最大。

（3）与净水厂所处理的原水水量有关。在原水浊度及投加的药剂相同时，净水厂所处理的水量越大，即净水厂的规模越大，则相应的干泥量也越大。

2.9.3.2 干泥量计算公式讨论

前面列举了关于国内外计算干泥量的公式，基本思路大致相同，其共同点是都是根据原水浊度（SS）、所投加的药剂量及其他添加剂进行计算，不同点是国外日本采用的公式（2.9.2-2）和国内《室外给水设计规范》推荐的公式（2.9.2-10）都没有考虑色度和溶解固体所生成的泥量。因此，从理论上分析在原水低温低浊高色度时，计算出来的干泥量比实测值偏低。另外，在投加多种药剂时，这两个公式没有分别列入，应把式（2.9.2-2）中的CE_2理解为$\Sigma C_i E_{2i}$，把（2.9.2-10）中的$k_2 D$理解为$\Sigma k_{2i} D_i$，其中包括了各种药剂和添加剂。在设计时也是这么做的，例如投加碱式铝和石灰时，都是分别计算后叠加。如果添加剂是投加粉末活性炭，要考虑是常态化投加，还是临时投加，如果只是一种备用，不一定每年都投加，或者一年只投加几日到半个月，可酌情考虑不计。

关于干泥量的计算主要有以下几种类型：一类是计算计划处理干泥量S_0，用以确定排泥水处理的规模；第二类是计算最高浊度所产生的干泥量S，用以计算超量污泥干泥量ΔS；第三种类型是计算某一日产生的实时干泥量，这种干泥量也称实测干泥量，是通过实测某一日的原水浊度、原水流量，用上述计算公式计算出当日的干泥量。一般用于科学研究，或者是用于水厂日常管理，了解时下的干泥量与本工程计划处理干泥量S_0的差距。

计算时下的干泥量S必须实测当天的所有参数，如原水浊度、原水流量Q、药剂和添加剂投加量等参数。而前两种类型的一些参数是无法实测的，例如第一种类型的计划处理浊度C_0，无法实测未来几十年所产生的浊度，是根据已发生的浊度资料采用数理统计方法按满足一定保证率推算出来的。第二种类型计算最高浊度所产生的干泥量S，其浊度也是无法实测的，因为最高浊度有可能发生在未来，也只能按发生的频率为0，保证率达到100%按数理统计方法进行推算。

（1）进行第一类计算，即计算计划处理干泥量S_0时，推荐采用《室外给水设计规范》的计算公式（2.9.2-10）进行计算。《室外给水设计规范》所推荐的计算公式（2.9.2-10）与日本的计算公式相同，没有考虑色度和其他溶解固体所产生的泥量，为什么推荐，理由如下：

1）按式（2.9.2-10）计算得出计划处理干泥量S_0能覆盖某一全量完全处理保证率下该时段任何1日所产生的泥量，而且还具有一定的安全余度，其安全余度能包住色度和有机溶解物所产生的泥量，满足工程要求。而且避免了计算色度和有机溶解物转化成泥量的繁琐。

式（2.9.2-10）中没有考虑色度和有机溶解物所产生的干泥量，但不能否定色度和溶解固体转化成泥量这一事实，之所以不考虑，是因为计划处理浊度C_0不是实测得到的，而是采用分析水文现象的数理统计方法获得，用原水浊度平均值的倍数表示。采用数理统计方法需要较长年限的水文资料，而一般很难满足，特别是原水浊度资料。因此很多工程都采用经验数据，例如，对于浊度变化幅度较大的江河水源，按多年平均浊度的4倍取值，一般都能达到95%全量完全处理保证率。以水库水为水源的工程为例，不允许有超量污泥排入水库，一般要求全量完全处理保证率达到95%及以上，甚至达到100%。对于浊度变化幅度不大的水库水源，如果也按多年平均浊度的4倍取值则有很大的富余，其安全余度比起色度所形成泥量还大，如果再加上多年平均色度所形成的泥量的4倍，安全余度就更大了，再考虑色度所形成的泥量就没有什么意义了。而且按平均浊度的4倍取值后，计划处理浊度C_0就有可能不再是低浊度了。而高色度多发生在低浊度的水库水源。对于多年平均浊度较高的江河水源，一般不会发生高色度，其色度值与浊度相比，可以忽略不计。

对于低浊度水库水源来说，多年平均浊度一般 2～4NTU，按多年平均浊度的 4 倍取值也只有 15NTU 左右，免除了繁琐的水文计算，一般容易接受。北京市第九水厂以密云水库为水源，按多年平均浊度 5NTU 的 4 倍取值进行计算。实际测定干泥量远达不到设计数据。

2）前面提到，由原水浊度 C 所引起的干泥量 S 是由原水流量和原水浊度的乘积 QC 决定的，Q 取高日用水量，1 年中达到高日用水量的日数很少，高日用水量又赶上高浊，或者是赶上对应某一保证率的浊度就更少，计算得出的干泥量偏大，有一定的安全余度。就流量 Q 采用高日用水量这一点，其安全余度就有可能抵消色度所产生的泥量。

3）色度转化成干泥量的系数较小，一般取 0.2，法国的公式取 0.07，而浊度转化成干泥量一般为 2.0，是色度的 10 倍，因此色度所生成的干泥量，一般情况下可忽略不计，即使是低浊高色度水源所生成的干泥量与按公式计算会有一定的误差，也能被前面两个因素抵消。而且计算简化，找到长系列的浊度资料比较困难，找到包括色度、有机溶解物在内的长系列资料更加困难，临时测几个数据，又很难对未来不同时期的浊度、色度、有机溶解物趋势做出准确的判断。

（2）第二类是计算最高浊度所产生的干泥量 S，用以计算超量污泥干泥量 ΔS。高浊度时，色度和有机溶解物所产生的干泥量可以忽略不计。

另外，与计划处理浊度一样，最高浊度也不是实测值，因为最高浊度有可能发生在未来，因此也是采用数理统计方法对现有实测系列资料查补延长得出的。因此计算最高浊度所产生的干泥量 S 时，同样推荐采用《室外给水设计规范》的计算公式（2.9.2-10）进行计算。

（3）第三种类型是计算某一日产生的实测干泥量，一般用于科学研究，或者是用于水厂日常管理，了解时下的干泥量与本工程计划处理干泥量 S_0 的差距。

如果是采用实测某一日原水浊度的方法来计算当日的干泥量 S，则不推荐采用《室外给水设计规范》的计算公式（2.9.2-10）进行计算。特别是对于低浊度高色度的原水。建议采用其他带有色度和有机溶解物的计算公式。

2.9.4 计划处理浊度

2.9.4.1 计划处理浊度 C_0 的确定及影响因素分析

计划处理浊度 C_0 的高低直接影响排泥水处理规模。同样的原水浊度，如果要求完全处理保证率越高，则计划处理浊度 C_0 越高，计划处理的干泥量 S_0 越大，排泥水处理规模越大，基建投资和运行费也高。很明显，计划处理浊度取最高值和最低值，其排泥水系统规模相差很大，工程造价相差悬殊。因此，原水计划处理浊度的确定应综合考虑各方面的因素，充分利用各种有利条件，尽可能降低原水计划处理浊度 C_0，减小计划处理干泥量 S_0，以降低排泥水处理规模，降低工程投资。可考虑以下措施来降低原水计划处理浊度。

（1）是否可设原水取水调节构筑物避开短时段高浊度峰值。

在国外的一些净水厂设有原水储留池，停留时间 3～5d 或 1 个星期。当高浊度发生时，可只用储留池中的原水，待高浊度过去后，再从河流中取水。当然，储留池还有其他作用。如果净水厂设有原水储留池这一调节构筑物，在决定计划处理浊度时，应考虑其避开高浊度时段的能力，减小排泥水处理规模，降低工程投资。例如，包头市画匠营子水源一期工程，设调蓄水库1座，有效库容360万m^3，考虑了9d的取水量。水库为平原型水库。在黄河沙峰期（含沙量大于50kg/m^3），取水口停止从河中取水，而改从调蓄水库取水，这样，就可避免大于50000mg/L的高浊度原水直接进入净水厂。如果净水厂排泥水要进行处理，在计算净水厂排泥水处理干泥量，决定处理规模时，其计划处理浊度就不应以黄河高浊度为对象进行取值，而应以调蓄水库预沉过的原水为对象进行取值。经调蓄水库预沉下来的泥沙则另行处理，由于调蓄水库容积大，可用于储存泥沙的容积也就大，因此，可隔一年半载用挖泥船清挖一次。用自然干化床进行干化。

（2）如果一个城市有2个或2个以上的水源，例如一个是河流水源，另一个是水库水源。2个水源的原水输水管如果能够相互连通，则在河流水源发生高浊度时段内，使用水库水源，避开河流水源雨季高浊度时段取水。

（3）净水设施储留污泥的能力

当净水厂净化构筑物选用平流沉淀池时，由于平流沉淀池平面面积大，池底预留有一定高度的污泥区，污泥区容积较大，具有较大的储存污泥的能力。当发生高浊度时，由于原水浊度的提高，排泥浓度也会提高，污泥区储留污泥的能力因排泥浓度的提高而提高。例如，排泥浓度从含水率99.95%降低到99.5%，其污泥体积缩小到原来的1/10，具有一定的临时储留污泥的能力。根据日本《水道设施设计指南》，在高浊度期间平流沉淀池储留的污泥量，可按7～14d从沉淀池排出来，以此来确定排泥水处理构筑物的容量和脱水设备的台数。

当净化构筑物采用斜管、斜板等高效沉淀设备时，由于平面面积比平流沉淀池小很多，污泥区容积较小，所储留的污泥量有限，可酌情考虑或不予考虑。

（4）排泥水处理系统储留污泥的能力

排泥水处理系统可用来储存污泥的地方有以下3处：

1）调节构筑物：如排泥池。

2）浓缩池。

3）脱水机前的平衡池，一般按1～2d的污泥量设计。

由于沉淀池排泥浓度的提高，产生连锁反应，排泥池、浓缩池和平衡池的污泥浓度相应提高。以浓缩池为例，进入浓缩池的污泥初始浓度提高了，浓缩池的底流污泥浓度也随之提高，如果浓缩池的底流污泥浓度含固率从3%提高到3.5%，其污泥体积减少到原来的85%。以上3处与净水厂净化构筑物如平流沉淀池共同储留高浊度期间高于计划处理浊度部分所产生的超量污泥ΔS。

平流沉淀池污泥区存储容积越大，超量污泥ΔS在其中的停留时间就可以长一些，每日从平流沉淀池排出的超量污泥就可以少一些，排泥水处理系统可用来储存污泥的容积就可以小一些。例如在高浊度期间，沉淀池储留的超量污泥ΔS按7d排出，则进入排泥水系统的超量污泥为$\frac{1}{7}\Delta S$，如果沉淀池的污泥区存储容积再大一些，让其在沉淀池污泥区多停留几日，则每日进入排泥水系统的超量污泥可以小一些，例如按 14d 排出，则每日进入排泥水系统的超量污泥仅为 $\frac{1}{14}\Delta S$，减轻了高浊度期间排泥水系统的负荷。

但是要注意，如果有超量污泥进入调节池、浓缩池，则调节池、浓缩池的容量不能再按计划处理干泥量 S_0 设计，而是按 $S_0+\Delta S$ 设计。否则，浓缩池因固体负荷超限，上清液变浑浊，调节池产生溢流。但超量污泥不能进入脱水机，脱水机及其附属设备的台数仍按满足计划处理干泥量 S_0 设置。

（5）当地的社会环境和自然环境

若当地的社会环境及自然环境容量容许部分污泥排入附近水体，如大江大河，雨季洪水期间流量特别大，部分排泥水排入其中不会对河流造成污染和堵塞，则在确定计划处理浊度时可不考虑雨季洪水期间的原水高浊度，计划处理浊度取用较低的浊度值，将高于设计取值的超量污泥排入河流，以减小排泥水处理规模。

这是一个比较现实的问题，在西南和南方的一些小县城的小水厂，平时河流流量不大，原水浊度也不算太高，但是在雨季洪水期间，水位猛涨，水深流急，原水浊度达到将近 10000mg/L，最高与最低相差几十倍，这种水厂的排泥水处理若采用全量完全处理模式，计划处理浊度取用最高浊度，则排泥水处理系统规模很大，其工程投资可能远远超过净水厂部分的工程投资，其运行费用也会不堪重负。像类似情况笔者认为，只考虑旱季期间不造成河流堵塞和污染，计划处理浊度不考虑雨季高浊度，因为雨季洪水期间，水深流急，河流流量大，流速也大，排泥水水量所占河流流量比例很小，不会造成污染，更不会造成河道堵塞。

（6）适当考虑高日用水量与高浊度发生期间的联系。

前面提到，由原水浊度 C 所引起的干泥量 S 是由原水流量和原水浊度的乘积 QC 决定的，而水厂的设计流量 Q 采用高日用水量，如果计划处理浊度 C_0 按一年中最高浊度取值，由于用水量高日往往不一定是原水高浊，1 年中高日用水量出现的日数较少，高日用水量又赶上高浊的几率就更小。计算干泥量时，如果采用高日用水量，原水浊度又取用最高浊度，则计算得出的干泥量一般偏大，这是在确定计划处理浊度时应该考虑的问题。因此，在排泥水系统采用全量完全处理模式时，应采用最高浊度时的日用水量，而不是简单地采用高日用水量。也就是说，由 QC 乘积的最大值决定。这里的 Q 不是水厂设计规模高日用水量，而是一年中某一日所发生的流量 Q，原水浊度 C 也是当日发生的原水浊度。

2.9.4.2　原水浊度变化过程曲线分析

以日平均浊度值为纵坐标，以一年日数按先后顺序排列为横坐标，作出一年内原水浊度变化过程曲线。如图 2.9.4-1 所示。

（1）从图 2.9.4-1 可以看出：原水浊度变化过程曲线与横坐标轴所围成的面积在数值上表示净水厂单位流量原水一年所携带的干泥量。如图 2.9.4-1 中竖直线阴影面积所示。若采用 $u=100\%$ 的全量完全处理保证率，则这些泥量须全部处理达标。

（2）对于非全量完全处理模式，根据净水厂所处的社会环境和自然条件，在国家相关政策和规范允许的范围内确定全量完全保证率 u。《室外给水设计规范》GB 50013—2006 规定全量完全处理保证率 $u=75\%\sim95\%$，确定 u 值后，求出计划处理浊度 C_0，在原水浊

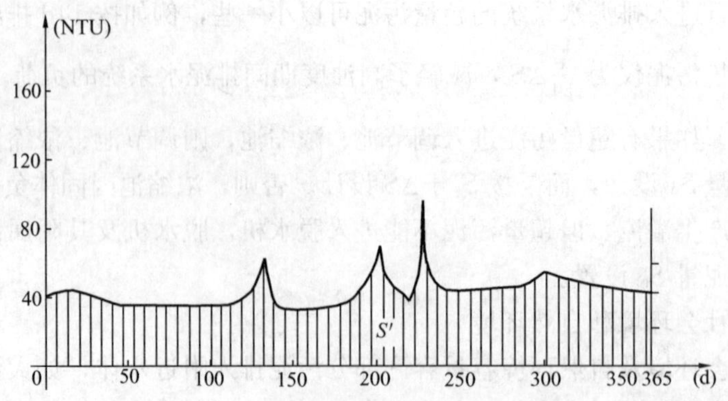

图 2.9.4-1 原水浊度变化过程曲线

度变化过程曲线上过纵坐标 C_0 点作一平行于横坐标轴的直线，该直线称计划处理浊度取值线，如图 2.9.4-2 所示。图中上面一条为全量完全处理保证率 $u=95\%$的计划处理浊度取值线，下面一条是全量完全处理保证率 $u=75\%$的计划处理浊度取值线。从图 2.9.4-2 可以看出：对于非全量完全处理模式，计划处理浊度取值线位于原水浊度变化过程曲线峰值的下方，说明计划处理浊度取值线具有削峰作用，削去的峰值越大，计划处理浊度取值就越低，全量完全处理保证率也越低，排泥水处理规模也就越小，但排入水体的超量污泥越多。从图 2.9.4-2 还可看出，对于全量完全处理模式，计划处理浊度取值线通过原水浊度变化过程曲线峰顶，无削峰作用，全量完全处理保证率达到 100%，无超量污泥排出，达到了零排放。但排泥水处理规模大，工程投资高。

(3) 计划处理浊度取值线与横坐标围成的面积在数值上表示该排泥水处理系统计划处理的干泥量 S_0，代表该排泥水处理系统的处理能力。从图 2.9.4-2 可以看出：位于上方的一条计划处理浊度取值线（保证率 $u=95\%$）与横坐标围成的面积大，表示该排泥水处理系统计划处理的干泥量 S_0 比下面一条大，全量完全处理保证率比下面一条高。

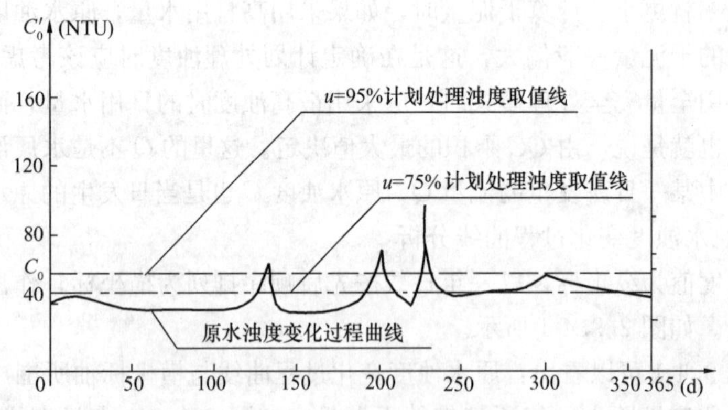

图 2.9.4-2 不同保证率计划处理浊度取值线（非完全处理模式）

(4) 设原水浊度变化过程曲线与横坐标所围成的面积为 S，如图 2.9.4-3 所示，计划处理浊度取值线与横坐标围成的面积为 S_0，前者代表净水厂一年所产生的干泥量，后者代表净水厂排泥水处理系统一年能处理的干泥量，表示该系统的处理能力，两者之差（$S-S_0$）为

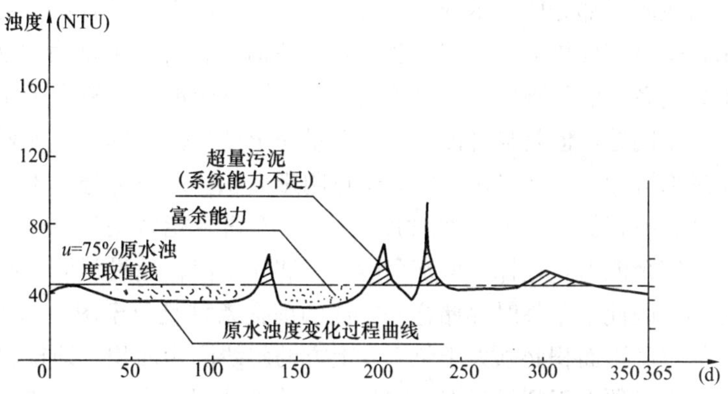

图 2.9.4-3　排泥水处理系统处理能力盈亏图

原水浊度变化过程曲线与计划处理浊度取值线所围成的面积，这部分面积可分成两部分，如图 2.9.4-3 所示，分别代表排泥水处理系统的盈亏能力。位于计划处理浊度取值线上方的这部分面积（如图 2.9.4-3 中斜线阴影面积所示），表示一年中部分时段原水浊度 C 高于其计划处理浊度取值 C_0，排泥水处理系统能力不足。这几块面积表示超量污泥 ΔS，因系统能力不足，处理不了，须排入附近水体。

计划处理浊度取值线下方的这几块面积（如图 2.9.4-3 中点阴影面积所示），表示一年中部分时段排泥水处理系统能力有富余，其面积大小代表排泥水处理系统的富余能力。一般来说，一年中大部分时段原水浊度 C 低于其计划处理浊度取值 C_0，大部分时段处理能力有富余 。完全处理保证率越高，两者之差（S_0-S）越大，即图 2.9.4-3 中点阴影面积越大，表示该排泥水处理系统的富余能力越多，设备大部分时间闲置。这容易给人造成一种错觉，认为计划处理干泥量与实际发生的干泥量相差太大，计算公式有问题。保证率越高，计划处理的干泥量越大，以 95%的保证率为例，理论上一年中只有 5%的日数约 18 日原水浊度高于计划处理浊度取值，实际发生的干泥量 S 高于计划处理干泥量 S_0，其余 347 日中实际发生的干泥量 S 大部分低于计划处理干泥量 S_0，在低于计划处理浊度取值的时段里，计划处理干泥量可能是实际发生的干泥量的几倍。如果全量完全处理保证率达到 100%，也许一年中只有 1 日甚至是几个小时是满负荷运行，其余的日数都不满负荷运行，计划处理干泥量 S_0 与原水低浊度时段实际发生的干泥量 S 差值更大。因此计划处理干泥量 S_0 与实际发生的干泥量 S 在一些时段有一定的差值是正常现象，这就是为什么《室外给水设计规范》GB 50013—2006 在修编过程中，经过一番争论后把全量完全处理保证率从 95%降为 95%～75%，就是因为 95%的保证率时计划干泥量 S_0 与大多数时间实际发生的干泥量 S 差值太大，设备大部分时间闲置。但环保部门要求保证率达到 100%，实现零排放。

能否将图中设计取值线上方 $C \geqslant C_0$（图中斜线阴影部分）所表示的超量污泥挪移至设计取值线下方原水低浊度 $C < C_0$ 有富余能力时段（图中点阴影部分）来处理，这就是前面提到的完全延时处理模式和非完全延时处理模式。可减少甚至消除超量污泥的排放，增加完全处理保证率，这就是利用临时存储来降低计划处理浊度取值的基本思路。即在高浊

度期间，把图中斜线阴影部分所表示的超量污泥临时存储起来，然后在点阴影面积这一时段分期分批排出，这就需要排泥水系统具备一定的临时存储污泥的能力。从图 2.9.4-3 可以看出，排泥水处理系统的处理能力一般盈大于亏，即富余能力一般大于超量污泥，实现临时存储方法一般没问题，但是当排泥水处理全量完全处理保证率低，计划处理浊度取值低，图中斜线阴影部分面积（超量污泥）大于点阴影面积，亏空部分大于富余部分时，如果把超量污泥全部临时存储，在原水低浊度 $C < C_0$ 有富余能力时段再进行处理，由于超量污泥大于系统的富余能力，这样不但富余能力不够完全消化超量污泥，而且用来临时存储的容积也非常大。因此采用临时存储这一方法的前提条件是位于图 2.9.4-3 中原水浊度设计取值线下方的点阴影面积必须大于位于其上方的斜线阴影面积，即排泥水处理系统低浊度时段的富余能力必须大于超量污泥，这就限制计划处理浊度取值不能太低，全量完全处理保证率不能太低。如果为了减小工程规模，节约投资，计划处理浊度取值很低，全量完全处理保证率很低，则超量污泥只能排放，或者是部分排放，部分临时存储，不能全部临时存储。

（5）从图 2.9.4-2、图 2.9.4-3 还可直观看出一年中原水浊度的分布状况。可直观地看出非全量完全处理模式是不同时段的非全量完全处理和全量完全处理过程的组合，在一年中某一时段原水浊度 C 高于其取值 C_0，即 $C > C_0$，则这一时段所进行的是非全量完全处理过程，有超量污泥排出。当一年中某一时段 $C<C_0$，则这一时段是全量完全处理过程。这一时段排泥水系统处理能力有富余。

（6）图 2.9.4-3 中斜线阴影面积所表示的超量污泥与原水浊度变化过程曲线、横坐标围成的面积（即图 2.9.4-1 中竖垂线阴影面积）相比，即超量污泥与一年的总污泥量相比虽然所占比例不大，但短时浊度高，在 1～2d 内发生的泥量大，若以此浊度作为计划处理浊度，则排泥水处理规模很大，一年中大部分时间不满负荷运行，设备闲置。

2.9.4.3　计划处理浊度取值方法

在“2.9.3 影响干泥量大小的因素分析及干泥量计算公式讨论”一节已提到，影响净水厂干泥量大小的因素有原水浊度、原水流量和投药量。其中最主要的是原水浊度的大小。在“2.9.4.1 计划处理浊度的确定及影响因素及分析”中提到，在确定计划处理浊度时，应考虑净水厂和排泥水处理系统临时储存不同浓度污泥的能力，应考虑当地的社会环境和自然环境，能否采用非全量完全处理模式，以降低计划处理浊度取值，降低工程投资。根据上述影响因素，可按净水厂所产生的排泥水是全部处理，还是部分处理、部分排放，分为非全量完全处理模式取值法和全量完全处理模式取值法；按计划处理浊度取值时所考虑的因素可分为只考虑浊度的单因素取值法和同时考虑浊度和流量的双因素取值法；按污泥能否在净水厂作临时存储又可分为考虑临时存储的取值法和不考虑临时存储的取值法。下面主要介绍以下几种取值方法。

方法一：非全量完全处理模式取值法；

方法二：全量完全处理模式取值法；

方法三：同时考虑浊度和流量的双因素取值法；

方法四：考虑临时存储的取值法。

1. 非全量完全处理模式取值法

非全量完全处理模式计划处理浊度取值有以下两条途径：

(1) 按设定的完全处理保证率 u 确定计划处理浊度取值

《室外给水设计规范》GB 50013—2006 第 10.1.4 条规定：将排泥水全量完全处理的日数定为全年日数的 75%～95%，即全量完全处理的保证率 u=75%～95%。各水厂可根据当地的社会环境和自然环境及相关政策，确定适合本水厂完全处理的保证率 u，进而计算出本水厂一年内完全处理的日数及计划处理浊度取值。

采用这种方法取值时，应收集包括流量、浊度、水温在内的系列水文资料进行统计分析。在列表计算的基础上，进一步作出原水浊度历时变化曲线进行分析。

1) 列表计算

以一年的资料为例，将浊度资料如下编排，如表 2.9.4-1 所示。

计　算　结　果　　　　**表 2.9.4-1**

日期排列	原水浊度 C (NTU)	从小到大排列		排序号码 m	保证率 u (%) ($C_0 \geqslant C$)	
		发生日期	原水浊度 C			
1	10.2	1月5日	6.2	1	0.3	
2	9.8	1月6日	6.2	2	0.5	
3	9.5	1月9日	7.0	3	0.8	
4	8.0	1月25日	7.5	4	1.1	
5	6.2	1月16日	7.6	5	1.4	
6	6.2	1月18日	7.8	6	1.6	
7	9.1	1月4日	8.0	7	1.9	
8	8.2	1月8日	8.2	8	2.2	
9	7.0	1月7日	9.1	9	2.5	
308	15.2	9月5日	24.5	308	84.2	
309	20.1	9月7日	25.3	309	84.4	
310	26.5	9月8日	26.5	310	84.7	
311	28.0	11月6日	28.0	311	85.0	
312	27.8	10月20日	29.5	312	85.2	
313	29.5	11月5日	31	313	85.5	
360		7月5日	110	360	98.3	
361		7月6日	110.5	361	98.6	
362		5月23日	112	362	98.9	
363		5月26日	114	363	99.2	
364		7月18日	117	364	99.5	
365		6月25日	120	365	99.7	

表中 1～2 列是按一年 365 日时间先后顺序记录每日发生的原水浊度 C；第 4 列是将第 2 列原水浊度 C 从小到大进行排序，第 3 列是该原水浊度发生的日期，例如 $C=$

28NTU，发生在 11 月 6 日，是一年中第 311 日。第 5 列 m 是原水浊度按从小到大排列的序号，也表示小于或等于某一浊度值的累计日数，C=28NTU 时，m=311，第 6 列是完全处理的保证率，即排泥水系统能全量完全处理该浊度所对应的日数占全年日数的比例。采用 $u=\frac{m}{n+1}$ 进行计算，C=28NTU 时，$u=\frac{311}{365+1}=85\%$，即原水浊度设计取值 C=28NTU 时，完全处理保证率为 u=85%。

【例】某水厂原水浊度资料如表 2.9.4-1 中第 1 列、第 2 列所示，采用非全量完全处理模式，全量完全处理保证率 u=85%，求计划处理浊度 C。

【解】将原水浊度整理排序成表 2.9.4-1，根据水厂情况、设计规范和相关政策确定完全处理保证率 u 为 85%，从表 2.9.4-1 查出，完全处理保证率 u=85%的计划处理浊度为 C_0 =28NTU，该浊度发生在 11 月 6 日，1 年中完全处理的日数为 365×85%=311d。

答：全量完全处理保证率 u=85%时的计划处理浊度为 C_0=28NTU。

2）利用原水浊度历时变化曲线计算

以一年的水文资料为例，以日平均浊度值为纵坐标，以超过某一浊度值的累计日数为横坐标，即相当于表 2.9.4-1 中排序号 m，作出一年内原水浊度历时变化曲线（一），如图 2.9.4-4 所示。如果在纵坐标上取一个原水浊度作为设计取值，则所对应的横坐标值就是一年中能完全处理的日数。如果从横坐标上取一年中能完全处理的日数，则所对应的纵坐标值就是计划处理浊度取值 C_0 。从图 2.9.4-4 可以看出，取值越高，能完全处理的日数就越高，排泥水系统规模就越大，工程投资也就越高。

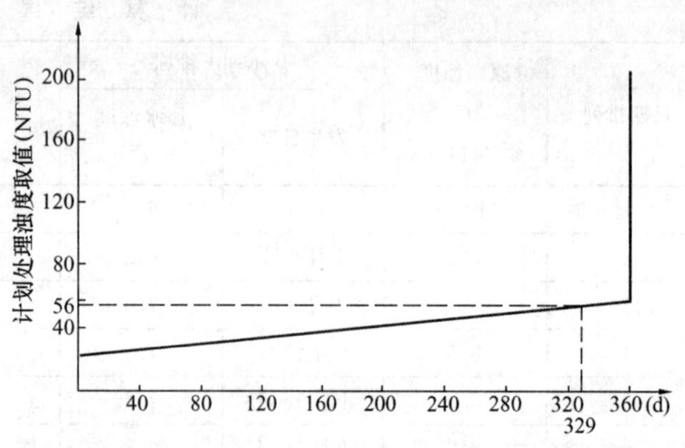

图 2.9.4-4　原水浊度历时变化曲线（一）

【例】某水厂原水浊度资料如表 2.9.4-1 中第 1 列、第 2 列所示，采用非完全处理模式，完全处理保证率 u=90%，求计划处理浊度。

【解】作出原水浊度历时变化曲线（一），如图 2.9.4-4 所示，根据水厂情况、设计规范和相关政策，设定完全处理保证率 u=90%，计算出 1 年中能完全处理的日数为 365×90%=329d，从图 2.9.4-1 中查出计划处理浊度 C_0=56NTU。

或者以日平均浊度为纵坐标，以超过某一浊度值的累计日数占全年日数的百分数为横坐标，作出一年内原水浊度历时变化曲线（二），如图 2.9.4-5 所示。如果在纵坐标上取一个原水浊度作为设计取值，则所对应的横坐标值就是一年内能全量完全处理的日数占全年日数的百分比，即全量完全处理的保证率 u；如果先确定全量完全处理保证率，则所对应的纵坐标值就是计划处理浊度 C_0 ，从图 2.9.4-5 可以看出，计划处理浊度值越高，完全处理的保证率就越高，工程规模越大，工程投资也就越高。

如果原水浊度常年保持不变，或基本保持不变，则图 2.9.4-4、图 2.9.4-5 原水浊度

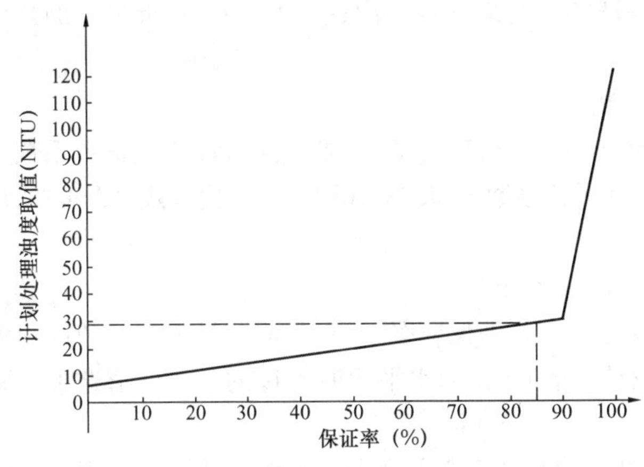

图 2.9.4-5　原水浊度历时变化曲线（二）

历时变化曲线为平行于横坐标轴或近似平行于横坐标轴的一条直线。各水厂因水源不同，原水浊度变化幅度差异较大，因此，原水浊度历时变化曲线形状也各异。但由于原水浊度是由小到大排列的，因此曲线变化总的趋势是向上的，图 2.9.4-4、图 2.9.4-5 简化成一条趋势向上的直线，实际上可能是形状不同的折线。

3）利用理论累积频率曲线——皮尔逊Ⅲ曲线推算

以上两种计划处理浊度取值计算方法，要求流量、浊度资料齐全，系列年份较长，才能保证一定的准确性。但往往是资料残缺不全，资料年份也较短，其计算结果与实际有较大的误差。这种情况下，可用具有一定数学方程式的理论频率曲线——皮尔逊Ⅲ型曲线进行计算，使频率曲线上数据的查补、外延有一定的依据。

皮尔逊Ⅲ型曲线的数学方程式较为复杂，方程中除变量 x 和频率 p 外，还包括 3 个统计参数即均值 $\overline{x}$、离差系数 c_v、偏差系数 c_S，要对这种复杂的方程式进行解算非常麻烦。为了简化计算，制成了相应的频率曲线计算表，经数学推导后，得出如下简单的公式：

$$x_p = k_p \overline{x} \tag{2.9.4-1}$$

式中　x_p——频率为 p 的随机变量；

k_p——模比系数，可根据 $\frac{c_S}{c_v}$ 比值查“附录 2 皮尔逊Ⅲ型曲线模比系数 k_p 值表”，这种表在各地的水文手册上均可查到。不同的 $\frac{c_S}{c_v}$ 比值，得到不同的 k_p 值；

$\overline{x}$——均值。

具体到原水浊度，频率为 p 的随机变量 x_p 写成 C_p，则有：

$$C_p = k_P \overline{C} \tag{2.9.4-2}$$

式中　C_p——频率为 p 所对应的原水浊度值；

$\overline{C}$——原水浊度多年平均值；

k_p——平均浊度的取值倍数。

在皮尔逊Ⅲ型曲线中 k_p 叫模比系数，具体到原水浊度，在式（2.9.4-2）中改为取值倍数，更切合实际。

离差系数 c_v 可根据所收集的原水浊度样本按下式计算：

$$c_v = \frac{1}{\overline{x}}\sqrt{\frac{\sum_{p=1}^{n}(x_p - \overline{x})^2}{n-1}} = \frac{1}{\overline{C}}\sqrt{\frac{\sum_{p=1}^{n}(C_p - \overline{C})^2}{n-1}} \tag{2.9.4-3}$$

偏差系数按 c_S =（2～2.5）c_v 取值。

频率 p 是某一事件发生的几率，保证率 u 是这一事件不发生的几率，因此发生的几率 $p=1-u$。

【例】 求保证率 $u=95\%$时的模比系数 k_P 值。

【解】 保证率 $u=95\%$，即频率 $p=1-u=1-95\%=5\%$，按 $c_S=2c_v$，当离差系数达到最大值 $c_v=1.5$ 时，查皮尔逊Ⅲ型曲线模比系数 k_p 值表，得 $k_p=4$，代入式（2.9.4-2），得出：

$$C_{p=5\%}=4\overline{C}$$

达到全量完全处理日数占全部日数的 95%，即保证率 $u=95\%$时，计划处理浊度为多年平均浊度的 4 倍。这就是原水浊度设计取值 C_0 按原水平均浊度 $\overline{C}$ 的 4 倍取值这种经验取值方法的由来。

《室外给水设计规范》GB 50013—2006 第 10.1.3 条规定：净水厂排泥水处理系统的规模应按满足全年 75%～95%日数的完全处理要求确定。即保证率 $u=75\%\sim95\%$。95%保证率时，原水浊度设计取值按原水平均浊度 $\overline{C}$ 的 4 倍取值，在保证率为 90%、85%、80%、75%时如何取值，仍然可以按发生的频率 $p=10\%$、15%、20%、25%，查“皮尔逊Ⅲ型曲线模比系数 k_p值表”，得出平均浊度 $\overline{C}$ 的取值倍数。如表 2.9.4-2 所示。

不同保证率的取值倍数 **表 2.9.4-2**

保证率 u	95%	90%	85%	80%	75%
取值倍数 k_p	4.00	2.77	2.20	1.63	1.39

表 2.9.4-2 是不同保证率时的最高取值倍数，按原水多年平均浊度的 4 倍取值，能全部涵盖全量完全处理保证率 $u=95\%$的范围；按原水平均浊度的 2.77 倍取值，能全部涵盖全量完全处理保证率 $u=90\%$的范围；按原水平均浊度的 1.39 倍取值，能全部涵盖全量完全处理保证率 $u=75\%$的范围。当原水浊度变化幅度较小时，表 2.9.4-2 中的取值倍数还可以减小。在缺乏系列的流量、浊度资料时，按表 2.9.4-2 计算，比较简单，且偏于安全。

由于各工程所处的地理位置不同，气候条件各异，其离差系数 c_v 变化幅度很大，表 2.9.4-2 所列取值倍数适合于离差系数 c_v 变化幅度较大的江、河水源。如果水库水源也按表 2.9.4-2 取值，安全度偏高，但工程投资也高了。

离差系数 c_v 小，说明原水浊度变化幅度小，例如水库水，一年四季，浊度变化幅度小；离差系数 c_v 大，则说明原水浊度变化幅度大，例如大江大河，雨季洪水期与旱季原水浊度相差很大。查“皮尔逊Ⅲ型曲线模比系数 k_p 值表”，$c_S=2c_v$，离差系数 范围 $c_v=0.05\sim1.5$，如果取 $c_v=0.2$，同样是 95%的保证率，查出 $k_P=1.35$，即 $c_{p=5\%}=1.35\overline{C_0}$，原水浊度设计取值是年平均浊度的 1.35 倍。两者相差很大，如果水源为水库水这种情况，95%保证率凭经验按平均浊度的 4 倍取值，则造成工程规模偏大。

4）经验取值法

净水厂排泥水原则上应全量完全处理，但是当原水浊度变化幅度很大，赶上短时最高浊度时，对排泥水进行全量完全即时处理，则排泥水处理设备 1 年中可能只有几日甚至是几个小时满负荷运行，设备运转率很低，1 年中绝大部分时间闲置，经济上不合算。因此，一般多采用 $u=95\%$ 的全量完全处理保证率。

对于全量完全处理保证率 $u=95\%$，计划处理浊度取值有一个经验数据，就是按多年原水平均浊度的 4 倍取值，能覆盖保证率 $u=95\%$ 的浊度取值范围。日本采用这种经验方法取值。这种经验取值方法，其实也有理论依据，前面表 2.9.4-2 不同保证率的取值倍数已经根据数理统计方法，推算出当保证率 $u=95\%$ 时，取值倍数 $k_p=4$。

由于取值倍数是最高倍数，对于原水浊度变化幅度较小的水源，如水库的水源，其取值倍数明显偏高，一般在 2 左右，小于 3。由于多年的系列水文资料特别是原水浊度资料一般难以找齐，色度及溶解性固体的系列资料更是没办法找齐，为了免去繁琐的水文计算，一般可采用这种经验取值方法。对于低浊度高色度水源，原水多年平均浊度一般只有 2～4NTU，计划处理浊度取值按 4 倍计算，也只有 15NTU 左右，其排泥水处理工程不大，一般都能接受。采用这种经验取值方法在干泥量上有较大富余空间，这一富余空间比原水中色度和溶解物所生成的泥量还大，因此，可以不考虑原水中色度和溶解固体对干泥量的影响，简化了计算公式。

(2) 根据受体允许接受的超量污泥 ΔS 确定计划处理浊度。

根据受体能够接受的净水厂所排出的超量污泥 ΔS，按式 (2.9.1-3) 反求净水厂的原水浊度设计取值 C_0，进而确定完全处理保证率 u。

净水厂计划处理浊度由能全量完全处理的日数占总日数的百分数，即由全量完全处理的保证率决定，而全量完全处理的保证率的高低又与受体的环境容量有关。即与受体能接受多少排泥水量，净水厂能向河流中排入多少超量污泥 ΔS 有关。自然环境，包括水环境对污染物质都具有一定的承受能力，即所谓的环境容量。水体能在环境容量范围内接受一定的污染物质，经过水体的物理、化学和生物作用，使排入的污染物质的浓度，随着时间的推移在向下游流动的过程中自然降低。排入水体的超量污泥主要是通过物理作用，包括稀释、混合、扩散、挥发、沉淀等过程，得到降低。使污染物质的浓度达到地表水环境质量标准中各类水体的质量标准。

各条河流大小不一，流量、流速相差很大，其环境容量差别也很大，所能接受的泥量是不同的，这就要进行环境质量评价。根据环评中提出的受体能够接受的泥量，即净水厂所排出的超量污泥 ΔS，然后根据式 (2.9.4-4) 计算出净水厂的计划处理浊度取值 C_0。

$$\Delta S=[k_1(C-C_0)+k_2(D-D_0)]\times k_0Q\times 10^{-6}$$

$$C_0=\frac{[k_1C+k_2(D-D_0)]\times k_0Q\times 10^{-6}-\Delta S}{k_0k_1Q\times 10^{-6}}=C+\frac{k_2}{k_1}(D-D_0)-\frac{\Delta S}{k_0k_1Q\times 10^{-6}} \tag{2.9.4-4}$$

式中 C_0——计划处理浊度取值，NTU；

C——实际发生的浊度，NTU；

D_0——计划处理浊度 C_0 时的药剂投加量，mg/L；

D——浊度为 C 时的药剂投加量，mg/L；

k_1——浊度单位 NTU 与 SS 单位 mg/L 换算系数；

k_2——药剂转换成干泥量的系数；

k_0——水厂生产过程自用水量系数；

Q——水厂运行规模，m^3/d。

式（2.9.4-4）等号右边第一项是实际发生的浊度 C，第二项表示原水浊度 C 与计划处理浊度 C_0 所引起的投药量差值转化的浊度值，第三项表示超量污泥 ΔS 所对应的浊度值。一般来说，只有大江大河水源，原水浊度变化幅度大，环境容量大，才会发生超量污泥回归母体。河流水源色度小，与浊度相比，可以忽略。低浊高色度水源一般是以水库、湖泊为水源水，不允许将超量污泥排入其中。因此，知道了受体的环境容量所能承受的超量污泥 ΔS，一般可用式（2.9.4-4）来求计划处理浊度，可忽略其色度值的变化。

式（2.9.4-4）说明，当发生高浊度时，计划处理浊度 C_0 等于浊度 C 加上投药量差值所转化的浊度值，减去超量污泥所对应的浊度值。在计算中，计划处理浊度 C_0 尚未求出，药剂投加量 D 需要先估算 1 个，然后再加以修正。

计算出计划处理浊度 C_0 后，如果还要进一步推算完全处理保证率 u，再按前面所提出的 3 种方法计算，列表计算参见表 2.9.4-1，在表中找出设计取值 C_0 所对应的保证率 u。或者以日平均浊度为纵坐标，以超过某一浊度值的累计日数占全年日数的百分数为横坐标，作出一年内原水浊度历时变化曲线（见图 2.9.4-5），与纵坐标设计取值 C_0 所对应的横坐标值就是保证率 u。当系列资料不足时，也可根据皮尔逊Ⅲ型曲线进行推算。

根据当地的社会环境和自然环境及相关政策，凭经验确定适合本水厂完全处理的保证率 u，进而确定计划处理浊度取值 C_0，唯一的依据就是规范规定的 75%～95%这一范围。这种方法没有考虑受体的承受能力。按这种保证率所确定的计划处理浊度 C_0 所产生的超量污泥 ΔS 有可能超过受体的承受能力，或者是受体的承受能力还大有富余，还可以多排一些，计划处理浊度还可以降低，排泥水系统规模还可以减小。根据水体的环境容量确定所能承受的排污量，从而确定水厂排入水体的超量污泥 ΔS，更合理、更客观一些。因为考虑了受体的承受能力。例如，大江大河，水深流急，流量大，稀释、混合、扩散的能力强，承受能力大，根据受体允许接受的超量污泥 ΔS 确定计划处理浊度取值 C_0，更切合实际。一些规模小的从大江大河取水的水厂，排泥水处理设施就有可能不做了，一些大水厂在计划处理浊度取值时就有可能不用考虑高浊度了，以充分发挥水体的承受能力。但这条途径目前还尚未实行。

【例】 某水厂以水库水为水源，原水浊度资料不全，取 10 个年平均浊度样本进行数理统计分析，平均值 $\overline{C}$=5.3NTU，样本数值见表 2.9.4-3，求全量完全处理保证率 95%时的原水浊度设计取值。

样本数值 **表 2.9.4-3**

样本编号	1	2	3	4	5	6	7	8	9	10
样本值（NTU）	2.7	2.8	5.3	6.1	3.6	4.2	9.1	8.6	7.4	3.7
平均值（NTU）	5.35									

【解】 采用皮尔逊Ⅲ型曲线计算，计算过程见表 2.9.4-4。

利用皮尔逊Ⅲ型曲线计算原水浊度设计取值　　表 2.9.4-4

名称	代号	计算公式	计算结果
样本个数	n		10
多年平均值	$\overline{C}$	$(C_1+C_2+\cdots+C_n)/n$	5.35
	M	$(C_1-\overline{C})^2+(C_2-\overline{C})^2+\cdots+(C_n-\overline{C})^2$	50.025
		$M/(n-1)$	5.558
均方差	σ	$\sqrt{M/(n-1)}$	2.358
离差系数	c_v	$\sigma/\overline{C}$	0.441
偏差系数	c_S	$2c_v$	0.882
设计保证率	u	95%	95%
设计频率	p	5%	5%
模比系数	k_p	查皮尔逊Ⅲ型曲线模比系数 k_p 值表	1.84
所求特征值	C_P	$k_p\overline{C}$	9.85

答：完全处理保证率 95%时的原水浊度设计取值为 9.85NTU。

从这一例题可以看出，由于水库水源原水浊度变化幅度不大，完全处理保证率 95%时的原水浊度设计取值远小于平均值的 4 倍。如果按 4 倍取值，则得出的干泥量比实际发生的干泥量要大很多，完全能涵盖色度所生成的泥量。

2. 全量完全处理模式取值法——按最高浊度取值

如果净水厂所处的社会环境、自然条件及净水厂的具体情况确实需要排泥水处理系统采用全量完全处理模式，不允许有超量污泥排出，即达到零排放。则计划处理浊度 C_0 按全量完全处理模式取值，这种模式取值方法比较简单，即按最高原水浊度取值，如图 2.9.4-6 中计划处理浊度取值线。

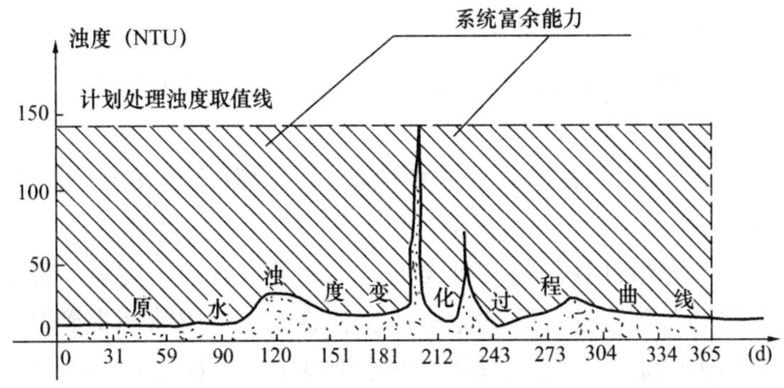

图 2.9.4-6　全量完全处理模式取值法

前面已经提到：原水浊度变化过程曲线与横坐标轴围成的面积表示净水厂单位水量一年所产生的污泥量，如图 2.9.4-6 中点阴影面积所示；计划处理浊度取值线与横坐标轴所围成的面积表示排泥水处理系统的处理能力。两者之差则为计划处理浊度取值线与原水浊度变化过程曲线所围成的面积，如图 2.9.4-6 中斜线阴影面积，表示该排泥水系统的盈亏处理能力。这部分面积在非全量完全处理模式图 2.9.4-3 中分成两部分，分别位于计划处理浊度取值线的上方和下方，上方这块面积表示处理能力亏空，下方表示处理能力盈余；而在全量完全处理模式中，这块面积全部位于计划处理浊度取值线的下方，表示其处理能力只有盈余，没有亏空。在一年中任何时段都是 $C \leqslant C_0$，均无超量污泥排出。

从图 2.9.4-6 可以看出：当原水浊度一年内变化幅度很大时，两块面积的差值（即图 2.9.4-6 中斜线阴影面积）很大，说明排泥水处理系统富余能力很大，一年中能处理的污泥量是实际发生的污泥量的好几倍。污泥脱水设备一年内大部分时间因计划处理浊度取值 C_0 远大于实际发生的浊度 C 而闲置，造成浪费。因此，对于全量完全处理模式，如何采取措施，例如利用临时存储等方法，降低计划处理浊度取值，是需要认真考虑的问题。

3. 同时考虑浊度和流量的双因素取值法

前面已经提到，净水厂排泥水处理系统所计划处理的干泥量 S_0 不仅与计划处理浊度 C_0 有关，而且还与原水流量 Q 有关。在干泥量计算公式中，把流量 Q 视为常数，即净水厂设计规模 Q 是按高日用水量确定的，但发生高日用水量时，并不一定发生高浊度，也不一定是该保证率下的计划处理浊度。因此，计算干泥量时取高日流量 Q 和一定保证率下的原水浊度进行计算，往往与实际不符，其结果偏大，其完全处理保证率大于预计的保证率。对于全量完全处理模式同时取用高日流量和最高浊度进行计算，得出的全量完全处理保证率要大于 100%。因此只考虑原水浊度的单因素取值法与实际有一定的差距。考虑原水浊度与流量的双因素取值方法，从理论上分析更合理，更切合实际。即采用 Q 与 C 的乘积 QC 来代替 C 进行保证率计算更为合理。

双因素取值法与单因素取值法一样，也可分别按非全量完全处理模式和全量完全处理模式进行计算。全量完全处理模式按一年中最高 QC 取值，非全量完全处理模式设计取值可按前面提到的列表法和原水浊度历时变化曲线进行计算以及采用皮尔逊Ⅲ型曲线进行推算。列表法计算过程如表 2.9.4-1 所示，只是用双因素 QC 代替单因素 C；利用原水浊度历时变化曲线，即以 QC 值为纵坐标，以超过某一 QC 值的累计日数为横坐标，作出 QC 值的历时变化曲线；或以 QC 值为纵坐标，以超过某一 QC 值的累计日数占全年日数的百分数为横坐标作出 QC 值的历时变化曲线。具体做法与前面单因素一样，只是用 QC 代替 C。

对于全量完全处理模式，最好采用这种取值法，以降低计划处理浊度，降低工程规模，减小工程投资。

对于前面提到的干泥量计算的第三种类型，实测某一日的干泥量，则必须采用这种双因素取值方法。必须同时测定这一日的原水浊度和流量，采用前面提到的干泥量计算公式进行计算。不能采用单因素取值法，只实测原水浊度值 C，流量 Q 采用水厂设计规模，按高日平均时取值，这种实测值虽然也实测了原水浊度，但计算得出的结果与实际发生的干泥量有可能相差很大。例如，某水厂高日系数采用 1.25，实测某一日排泥水所携带的干泥量，这一日用水量正赶上平均日，高日系数为 1.00，水厂产水量比设计规模小了 25%，如果只实测原水浊度值 C，流量采用水厂设计规模，按高日取值，则利用实测原水浊度计算出来的干泥量比实际发生的干泥量大 25%，这是因为流量 Q 比实际流量大了 25%。

4. 考虑临时存储的取值法

（1）临时存储的作用

在原水浊度变化幅度较大的情况下，采用全量完全处理模式，对净水厂排泥水实行全量即时处理，是很不经济的，会造成设备数量多，一年中大部分时间闲置。从图 2.9.4-3 排泥水处理系统处理能力盈亏图可以看出，非全量完全处理模式计划处理浊度并不是按最低浊度取值，计划处理浊度取值线的下方仍有一些时段是不满负荷的，如图中点阴影面积所示。这就说明可以把计划处理浊度取值线上方的亏空部分即超量污泥 ΔS 挪移到下方不满负荷的时段进行处理。这就要求系统有一定的临时存储能力。

临时存储的目的是在高浊度时将高于计划处理泥量 S_0 的超量污泥 ΔS 临时存储，在原水浊度 $C<C_0$ 、$S<S_0$ 的时段分期分批排出，使进入下游工序的泥量 S 不大于计划处理泥量 S_0，最低要求维持脱水工序中脱水机的台数按计划处理泥量 S_0 设计。如果超量污泥 ΔS 全部临时存储在沉淀池里，则整个排泥水处理系统均可按计划处理泥量 S_0 设计；如果临时存储选择在排泥池，则浓缩池和脱水机可按计划处理泥量 S_0 设计；如果临时存储选择排泥池、浓缩池联合存储，则脱水机可按 S_0 设计。

临时存储有以下作用：

1）把非全量完全处理模式变成全量完全延时处理模式。

从图 2.9.4-3 可以看出，把计划处理浊度取值线上方的超量污泥挪移到下方不满负荷的时段进行处理，取值线上方的峰值全部削平，原准备排入水体的超量污泥 ΔS 得到了全量完全处理，原 $u=75\%$保证率取值线演变成了 $u=100\%$保证率取值线，非完全处理模式变成了完全延时处理模式。例如，日本的净水厂排泥水处理，原则是全量处理，但全量即时处理在原水浊度变化幅度较大时是不经济的，因此，日本规定要全量完全处理全部日数的 95%以上。作为高浊度的对策，在沉淀池、排泥池、浓缩池作临时存储。临时存储在平流沉淀池的污泥，分 7～14d 排入排泥池，对于缺乏临时存储能力的高速沉淀池，在排泥池和浓缩池临时存储超量污泥。把非完全处理模式变成了完全延时处理模式。

但是，并不是在任何情况下采用临时存储都能达到这一目标，当全量完全处理保证率较低时，例如，采用完全处理保证率 $u=25\%$，远小于规范规定的低限 75%，一年中有 75%的日数有超量污泥往外排，平均每 4d 只有 1d 能达到全量完全处理，其余 3d 都有超量污泥外排，超量污泥 ΔS 特别大，用来临时存储超量污泥的容积特别大，可能难以实施；就是实施了，这 3d 的超量污泥要在原水浊度 $C<C_0$ 、$S<S_0$ 的时段排入排泥池，这一时段 4d 中只有 1d，无法将全部超量污泥 ΔS 排出。如果为了不影响沉淀池的正常运行，将全部超量污泥在 1d 内强制排出，则整个排泥水处理系统将严重超负荷运行。

一般来说，全量完全处理保证率达到 95%时，把非全量完全处理模式变成全量完全延时处理模式的可能性较大，保证率越低，则可能性越小，所以日本规定全量完全处理的保证率要求达到 95%。国内规范规定的最低保证率 75%要达到这一目的可能性不大，虽然不能把非全量完全处理模式变成全量完全延时处理模式，但是利用临时存储可以提高全量完全处理的保证率，例如把保证率 $u=75\%$提高到 80%或更大一些。能提高多少，与用来作临时存储的容积的大小、排泥池调节容积的大小等因素有关。

2）在全量完全处理保证率确定的情况下，利用临时存储可减小排泥池、浓缩池、脱水机前储泥池的容积和脱水机的台数。

以 1 年中最大一次浊度峰值为例（见图 2.9.4-7），最高浊度 60NTU，连续 36h，保证

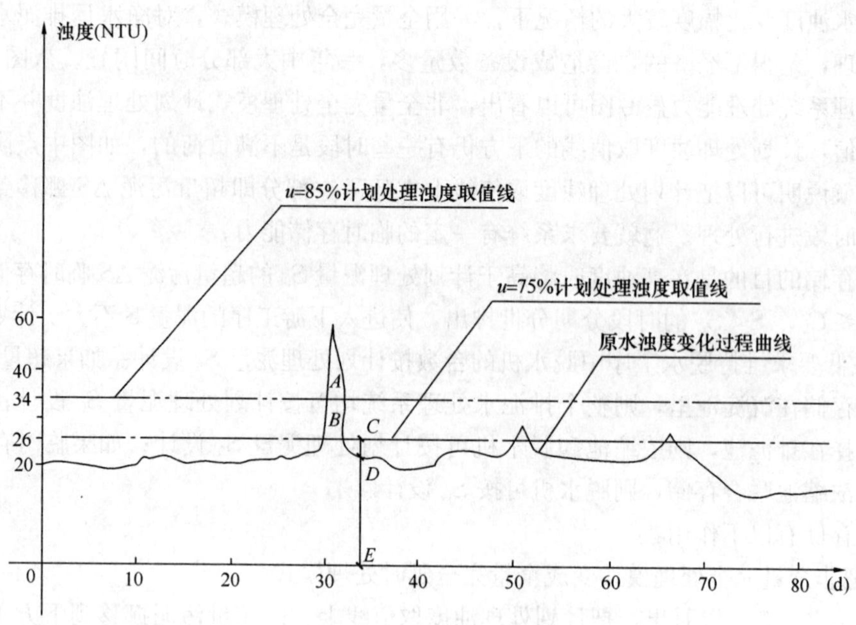

图 2.9.4-7　考虑临时存储的计划处理浊度取值

率 $u=85\%$的计划处理浊度取值为 34NTU，排出的超量污泥 ΔS 为原水浊度变化过程曲线与该设计取值线围成的面积 A；保证率 $u=75\%$的计划处理浊度取值为 26NTU，排出的超量污泥 ΔS 为原水浊度变化过程曲线与该设计取值线围成的面积（$A+B$），保证率低的超量污泥排出的多，其差值为图中面积 B。根据当地自然条件和环保要求，计划处理浊度取值须满足全量完全处理保证率 $u\geqslant85\%$，即按图 2.9.4-7 中位于上方那条线取值，只能排出超量污泥 A，但是限于场地面积和节约投资，只能按满足完全处理保证率 $u=75\%$设计，须排出的超量污泥如图 2.9.4-7 中的（$A+B$）所示，但是要维持完全处理保证率 $u=85\%$不变，其差值如图 2.9.4-7 中面积 B 所代表的超量污泥只能作临时存储。

全量完全处理的保证率根据环保要求确定为 85%，如果能把超量污泥 B 临时存储在沉淀池里，排泥水处理可按保证率 75%设计，而实际上达到了全量完全处理保证率 85%的要求，超量污泥 B 在原水浊度低于 26NTU 时段内分期分批排入排泥池，计划处理干泥量 S_0 减小了，排泥池、浓缩池、脱水机前储泥池的容积和脱水机的台数也相应减少了。

3）在排泥池、浓缩池、储泥池容积和脱水机台数已定的情况下，利用临时存储可提高现有排泥水处理系统的全量完全处理保证率。

全量完全处理保证率高的，计划处理的干泥量 S_0 大，排出的超量污泥 ΔS 小；全量完全处理保证率低的，计划处理的干泥量 S_0 小，排出的超量污泥 ΔS 大。从图 2.9.4-7 可以看出，要把完全处理保证率 $u=75\%$的现有排泥水处理提高到 $u=85\%$，很明显，只要把两种保证率排出的超量污泥差值找地方临时存储起来，就能达到目的。排泥水处理系统用来作为临时存储的泥区容积越大，保证率提高的幅度就越大。

在排泥池、浓缩池、储泥池容积和脱水机台数已定的情况下，要利用临时存储来提高现有排泥水处理系统的全量完全处理保证率，超量污泥只能临时存储在沉淀池的泥区里。

如果沉淀池泥区容积不够，需要沉淀池和排泥池联合存储，则排泥池的容积可增大，浓缩池的容积和脱水机的台数可维持不变。以此类推，如果还需要浓缩池临时存储超量污泥，则只能维持脱水机的台数不变。

4）在超量污泥排放的情况下，利用临时存储可使排放的排泥水量均化，使排泥水量从间歇、冲击负荷转变成均匀负荷。

根据前面论述，利用临时存储可以提高排泥水完全处理保证率，甚至达到由非全量完全处理模式转变成全量完全处理模式。利用临时存储还可以达到排泥水量均化，减小排泥管的管径。

沉淀池排泥是间断不连续的，瞬时流量很大，如果在排泥池不作临时存储，做到即时排放，则排放的瞬时流量很大，排放管道断面大，工程投资高，如果要用水泵提升，则水泵容量大。而且水泵断断续续运行，效率低，用电负荷为冲击负荷。

临时存储虽然有很大的作用，但是也要付出一定的代价，要增加泥区的容积，增加工程投资，增加泥区的容积有可能使池子变得很深，当深度满足不了要求时，还有可能增加池子的面积，因此，要通过技术经济比较来确定是否采用临时存储。

（2）临时存储的容积

临时存储所需的容积与它起的作用有关。

1）把非全量完全处理模式变成全量完全处理延时模式

根据以上分析，要把非全量完全处理模式变成全量完全处理延时模式，就不能有超量污泥排出，要把超量污泥转变成计划处理污泥，因此临时存储所需的容积为最大一次高浊度发生时生成的超量污泥 ΔS。最大一次高浊度发生的持续时间可能是短暂的几个小时，也有可能持续好几天。

根据式（2.9.1-2），$S=S_0+\Delta S$，若 ΔS 是最大一次高浊度产生的超量污泥，则 S 就是最大一次高浊度产生的泥量，如果沉淀池泥区按最大一次泥量设计，即超量污泥 ΔS 临时存储在沉淀池，则其下游排泥水处理工序可按计划处理泥量 S_0 设计，在沉淀池泥区临时存储的超量污泥 ΔS 可在高浊度过去后，在 $C<C_0$、$S<S_0$ 的时段分期分批送入排泥池。把非全量完全处理模式变成了全量完全处理延时模式。

如果沉淀池泥区的容积容纳不下最大一次高浊度发生时生成的超量污泥，则还应考虑在排泥池、浓缩池增加临时存储部分或全部超量污泥的容积。

当非全量完全处理模式的计划处理浊度很低，即全量完全处理保证率很低时，超量污泥 ΔS 很大，有可能比计划处理泥量 S_0 大。

2）在排泥池、浓缩池、储泥池容积和脱水机台数已定的情况下，利用临时存储来提高现有排泥水处理系统的完全处理保证率。

如果现有排泥水处理系统完全处理保证率低，排入天然水体的超量污泥多，不符合环保要求，需要提高现有系统的完全处理保证率，减少超量污泥的排出，这就需要把减少外排的超量污泥临时存储起来，待原水浊度小于计划处理浊度，发生的泥量 S 小于计划处理的泥量 S_0 时再分期分批处理。这种情况下，临时存储容积应等于减少外排的超量污泥，即两种全量完全处理保证率所产生的超量污泥的差值，如图 2.9.4-7 中的面积 B。

3）在完全处理保证率确定的情况下，利用临时存储可减小排泥池、浓缩池、脱水机前储泥池的容积和脱水机的台数。

在完全处理保证率已确定的情况下，要减小排泥池、浓缩池、脱水机前储泥池的容积和脱水机的台数，就必须减小计划处理污泥量 S_0，增加超量污泥 ΔS 的排出量。但这样又会降低完全处理保证率，因此，只有把需要增加的超量污泥 ΔS 的不排出，改为临时存储，在原水浊度较低的时段处理。这种工况与前一种工况所需的临时存储容积相同，即两种全量完全处理保证率所产生的超量污泥的差值，如图 2.9.4-7 中的面积 B。

临时存储所需容积是超量污泥 ΔS 的湿污泥体积，不仅与干泥量 ΔS 有关，还与湿污泥的浓度有关，污泥浓度越大，湿污泥体积就越小。因此如何提高沉淀池的排泥浓度，降低其含水率，是确定临时存储容积的一个重要方面。计算得出的临时存储容积其准确度与排泥浓度的取值有很大关系。而排泥浓度一般又难以准确取值，需要不断地在实践中积累经验。

（3）实现临时存储的条件

若临时存储是用来提高全量完全处理保证率，甚至是把非全量完全处理模式变成全量完全处理模式，达到全量完全处理的目的。高浊度时将高于计划处理泥量 S_0 的超量污泥 ΔS 临时存储，在原水浊度 $C < C_0$ 、$S < S_0$ 的时段分期分批排出，使进入下游工序的泥量 S 不大于计划处理泥量 S_0，以维持下游工序的正常运行。

要达到上述目的的前提条件是：图 2.9.4-3 中每次高浊度产生的超量污泥 ΔS（如图中斜线阴影面积）必须小于高浊度过去后系统的富余能力 $S_0 - S$（如图中点阴影面积），即盈余必须大于亏空，富余能力必须大于超量污泥 ΔS。即：

$$\Delta S \leqslant S_0 - S \tag{2.9.4-5}$$

由式（2.9.4-5）可以看出，等式左边超量污泥 ΔS 如图 2.9.4-3 计划处理浊度取值线上方斜线阴影面积所示，是系统处理能力的亏空。等式右边（$S_0 - S$）表示在高浊度过去后，计划处理泥量高于实际发生的泥量的数值，代表系统的富余能力，如图中计划处理浊度取值线下方点阴影面积所示。式（2.9.4-5）中（$S_0 - S$）大于等于 ΔS，表示能实现临时存储的目标的前提条件必须是点阴影面积大于等于斜线阴影面积，即盈余必须大于亏空，富余能力必须大于超量污泥 ΔS。如图 2.9.4-3 所示，全年有 4 次高浊度峰值高于设计取值线，第一次高浊度过去后，点阴影面积远大于斜线阴影面积，符合上述两个条件，但是第二次高浊度过去后，点阴影面积小于斜线阴影面积，盈余小于亏空，不符合上述两个条件，需要将第二次、第三次高浊度产生的超量污泥 ΔS 合并考虑来确定临时存储的容积。因此，临时存储容积的确定，需要做出每 1 年的原水浊度变化过程曲线和计划处理浊度取值线。每次高浊度的峰值和持续时间不同，所需临时存储的容积也不相同，选择其中最大值作为临时存储容积。

以沉淀池临时存储超量污泥为例，超量污泥 ΔS 在 $C < C_0$ 、$S < S_0$ 的时段（即图中点阴影面积的时段）分期分批排出，还要同时排出当天的泥量 S，高浊度期间临时存储的超量污泥 ΔS 分 n 日排出，每日排出 $\frac{\Delta S}{n}$。点阴影面积越大，富余能力越大，n 值可以取得越小，意味着每日排出的超量污泥 $\frac{\Delta S}{n}$ 可以越大。而不至于造成排泥水处理超负荷运行。

对于沉淀池来说，可以减小沉淀池泥区的容积，缩短污泥在泥区的停留时间，避免污泥在沉淀池泥区停留时间过长，而影响沉淀池出水水质。

如果沉淀池泥区容积较大，n 值可以取得大一些，可以让超量污泥在沉淀池泥区的停留时间长一些，每日排出的超量污泥 $\frac{\Delta S}{n}$ 相应就小一些，排泥水处理超负荷运行的风险降至最低程度。当然，停留时间也不能过长，以避免影响沉淀池出水水质。

计划处理浊度取值线下方的点阴影面积越大，上方的斜线阴影面积越小，即系统的富余能力越大，超量污泥 ΔS 越小，上述临时存储的目标越容易实现，也就是计划处理浊度取值越高，全量完全处理保证率越高，越容易实现。例如完全处理保证率 95%，超量污泥 ΔS 小，系统富余能力大，与保证率 75%相比，肯定前者容易实现，而且临时存储的容积也小。有可能只利用沉淀池的泥区容积就能完成临时存储超量污泥，而不需要动用排泥池和浓缩池。

理论上点阴影面积等于斜线阴影面积，即系统的富余能力等于超量污泥 ΔS 就能实现临时存储，但实际上难以做到，系统的富余能力大于超量污泥 ΔS 必须达到一定程度，才能维持进入下游工序的泥量 S 不大于计划处理泥量 S_0。因此，要采用临时存储，计划处理浊度不能太低，计划处理的污泥量 S_0 不能太低，也就是完全处理保证率不能太低。不要误认为为了减小排泥水处理规模，减小工程投资，尽量降低计划处理浊度取值 C_0，然后用临时存储的方法来提高全量完全处理保证率，甚至达到全量完全处理的目标，把非全量完全处理模式变成全量完全处理模式。

（4）临时存储的位置

1）在净水厂作临时存储

① 在净水厂原水储留池作临时存储

一些净水厂设有原水储留池，停留时间 3～7d。这种方式对降低计划处理浊度取值是最有效的。当高浊度发生时，可只在储留池中取水，当高浊度过去后，再从河流中取水，避开浊度峰值。这对按最高浊度取值的全量完全处理模式降低计划处理浊度取值，有很大的作用。原水储留池的容积越大，停留时间越长，避开高浊度的时间越长，削去高浊度峰值的作用越大。有了它，在同样的原水浊度下，有可能将非全量完全处理模式转变成全量完全处理模式，对减小排泥水系统规模，降低工程投资有很大作用。但原水储留池占地面积较大，如果单独为了排泥水处理而建造原水储留池，可能性不大，还要与其他方面的作用结合起来考虑，才有可能。例如，前面提到的包头市画匠营子水源一期工程，将高浊度黄河水预沉和调蓄结合起来，设调蓄水库 1 座，有效库容 360 万 m^3，考虑了 9d 的取水量。

② 在净水厂平流沉淀池作临时存储

为缓解排泥水系统处理能力的不足，在赶上高浊度时部分泥量可在平流沉淀池泥区临时存储。主要有以下几个原因：

平流沉淀池平面面积大，泥区高度一般为 0.3～0.5m，泥区的容积比其他形式的沉淀池要大很多，因此，在高浊度时部分泥量可在平流沉淀池泥区临时存储。

原水高浊度主要发生在雨季，不仅浊度高，水流速度也大，因此高浊时原水所携带的浊质颗粒粒径也比低浊时大，其中还有一些细小的沙粒，浊质的平均密度比低浊时大，因此污泥沉淀、浓缩的过程加快，在同样的停留时间，泥区中污泥浓度更高。另外，在泥区中停留时间越长，污泥浓缩得越好，因此，泥区同样的容积，可以存储更多的泥量。

如果排泥水处理采用非全量完全处理模式，$S=S_0+\Delta S$，S 应该是一次洪水期间高浊度下的干泥量，则沉淀池泥区容积应满足干泥量 S 在某一浓度下形成的湿污泥体积。S_0 是排泥水处理系统计划处理的干泥量，超量污泥就是高浊度下形成的超量污泥 ΔS，当全量完全处理保证率较低时，计划处理的泥量 S_0 较低，在原水发生最高浊度时，往往超量污泥 ΔS 远大于 S_0，需要较大的临时存储容积。

高浊度过去后，在实际浊度 $C<C_0$、$S<S_0$ 的时段将临时存储的超量污泥 ΔS 分期分批排出，但是要注意，在 $S<S_0$ 时段，分期分批排出的 ΔS，要满足（$S+\Delta S$）不能大于计划处理污泥量 S_0，否则下游如排泥池、浓缩池等工序将超负荷运行。如图 2.9.4-7 所示，以 $u=75\%$计划处理浊度取值线为例，该线与横坐标围成的面积表示排泥水处理系统能处理的泥量，相当于计划处理污泥量 S_0，取某一时段其值如图中 CE 所示；原水浊度变化过程曲线与横坐标围成的面积表示原水浊度生成的泥量 S，其值如图中 DE 所示，从图中可以看出，在该时段，计划处理浊度取值 C_0（相当于 CE）大于实际发生的浊度 C（相当于 DE），计划处理的污泥量 S_0（图中 CE）大于实际发生的泥量 S（图中 DE），其差值为 CD，在 $C<C_0$、$S<S_0$ 的时段里，排泥水处理系统的能力有富余，CD 值表示富余能力的大小。临时存储的超量污泥 ΔS 可以在这一时段排出来补充，其 CD 值表示分期分批排出的超量污泥的限值不能大于其富余能力 CD，即满足 $S+\Delta S=S_0$，如图中 $DE+CD=CE$。否则，排泥水处理系统就会超负荷运行。

一些水厂在高浊度后，由于泥区积泥较多，怕影响沉淀池的出水浊度，增加排泥次数，延长排泥时间，在 1～2d 把积泥排出去，造成排泥水处理超负荷运行。根据日本《水道设施设计指南》，在 1 次高浊度期间，平流沉淀池储留的污泥量，可按 7～14d 从沉淀池排出来，来确定排泥水处理构筑物的容量。在 1 次高浊度期间沉淀池临时存储的污泥量，分几日排出来，前面提到的平流沉淀池储留的污泥量按 7～14d 从沉淀池分期分批排出来，是一个经验数据，可以作为参考。要根据原水浊度的高低，沉淀池泥区容积的大小，下游排泥水处理的能力综合确定。如果前面提到的富余能力 CD 值很大，每日排出来的超量污泥可以很大，有可能 2～3d 就能把临时存储的超量污泥排除干净。如果富裕能力 CD 值较小，每日排出的超量污泥就应该小，以避免排泥水处理超负荷运行。如果能作出 1 年的原水浊度变化过程曲线和计划处理浊度取值线，则可从图上量出 CD 值或者计算出每日应排出的临时存储的超量污泥。

2）在排泥水系统中作临时储存

① 在排泥池作临时储存

如果净水厂采用高速沉淀池，沉淀池泥区容积很小，不能临时存储或只能少量临时存储超量污泥，也可在排泥池作临时储存。利用超量污泥在排泥池作临时储存可以使进入浓缩、脱水两道工序的泥量不超过计划处理的泥量 S_0，保证浓缩、脱水两道工序不会超负荷运行，可以提高全量完全处理保证率，有可能将非全量完全处理模式转变成全量完全处理模式。超量污泥在排泥池作临时存储，并从排泥池排出，利用排泥池的调节容积，还可以使超量污泥均匀连续地排出，减小排泥管管径。

超量污泥 ΔS 在沉淀池作临时存储，进入排泥池的污泥量 $S \leqslant S_0$，如果沉淀池不作临时存储，而利用排泥池作临时存储，则进入排泥池的泥量在 $C>C_0$ 时段会出现 $S>S_0$，因此，与在沉淀池作临时存储相比，虽然两者都是超量污泥进入排泥池，但前者在 $C>C_0$、$S>S_0$ 时段里，超量污泥临时存储在沉淀池里，只有在 $C \leqslant C_0$、$S \leqslant S_0$ 的时段里，才把超量污泥分期分批排入排泥池，维持进入排泥池的泥量 $S \leqslant S_0$。

沉淀池最大1次排泥水量在不同的临时存储工况有不同的含义。在沉淀池作临时存储时，进入排泥池的最大1次排泥水量是由计划处理泥量 S_0 决定 的。不在沉淀池而在排泥池作临时存储时，沉淀池最大1次排泥水量是由泥量 $(S_0+\Delta S)$ 决定的。当全量完全处理保证率较低时，往往超量污泥 ΔS 远大于计划处理的泥量 S_0，造成进入排泥池的最大1次排泥水量比前者大很多，再加上临时存储的容积，排泥池的容积比前者大很多。

如果在高浊度期间，单凭沉淀池存储容积不够，只能临时存储部分超量污泥 ΔS，还有一部分在排泥池临时存储，即沉淀池和排泥池联合存储。假设沉淀池临时存储的部分为 ΔS_1，排泥池临时存储的部分为 ΔS_2，由于沉淀池临时存储容积不够，一部分超量污泥 ΔS_2 必须连同计划处理污泥 S_0 同时进入排泥池，则进入排泥池的排泥水量由泥量（$S_0+\Delta S_2$）决定，比超量污泥全部存储在沉淀池中大。

② 在浓缩池和脱水机前储泥池临时存储

由于污泥经浓缩后，浓度高，湿污泥体积显著减小。同样的容积，可以容纳较多的干泥量，容纳同样的干泥量，需要较小的容积，这是在浓缩池和脱水机前储泥池作临时存储的优点。例如，排泥池污泥浓度为含水率 99.4%，浓缩池为 97%，同样的干泥量在排泥池存储与在浓缩池存储相比，浓缩池只需要 1/5 的容积，可以减小工程投资和占地面积。但是，超量污泥在浓缩池作临时存储，进入浓缩池的泥量增加，浓缩池的面积是按固体负荷决定的，在超量污泥 ΔS 不进入浓缩池时，浓缩池的固体负荷是 S_0，超量污泥 ΔS 在浓缩池作临时存储时，进入浓缩池的固体负荷是 $(S_0+\Delta S)$，浓缩池所需的面积增加了。超量污泥 ΔS 放在浓缩池临时存储，减小了排泥池临时存储容积，但增加了浓缩池的容积，应进行综合比较后确定。

如果沉淀池没有存储容积，单凭排泥池存储容积又不够，也可把超量污泥 ΔS 同时存储在排泥池和浓缩池。例如把部分超量污泥 ΔS_1 存储在排泥池里，把另一部分超量污泥 ΔS_2 存储在浓缩池里，$\Delta S=\Delta S_1+\Delta S_2$。由于排泥池临时存储容积不够，一部分超量污泥 ΔS_2 必须连同计划处理污泥 S_0 同时进入浓缩池。排泥池容积除按接纳高浊度时全部泥量 $(S_0+\Delta S)$ 产生的排泥水量外，还要加上临时存储部分超量污泥 ΔS_1 所对应的排泥水量容积。浓缩池容积除接纳泥量 $(S_0+\Delta S_2)$ 外，还要加上临时存储部分超量污泥 ΔS_2 所对应的排泥水量容积。

3）临时存储位置选择

前面提到，可以利用沉淀池、排泥池、浓缩池来作临时存储，选择哪个位置最有利，首推沉淀池。因为沉淀池位于排泥池和浓缩池的上游，如果在高浊度时能够把全部超量污泥 ΔS 临时存储在沉淀池，在 $C<C_0$、$S<S_0$ 的时段里，才把超量污泥分期分批排入排泥池，维持进入排泥池的泥量 $S \leqslant S_0$。下游的排泥池、浓缩池和脱水机均可按计划处理污泥

量 S_0 设计，而不必考虑高浊度时泥量 S 达到峰值时，远大于 S_0。因此，临时存储位置越靠上游越好。平流沉淀池泥区容积较大，根据日本的经验，1 次高浊度存储的泥量可以分 7～14d 排出，如果沉淀池是平流沉淀池，无疑选择沉淀池作临时存储是最佳位置。

如果沉淀池是高速沉淀池，泥区容积较小，不能临时存储超量污泥，选择在排泥池作临时存储，在 $C< C_0$ 、$S<S_0$ 的时段里，把超量污泥分期分批排入浓缩池，或者从排泥池排入水体，维持进入浓缩池的泥量 $S\leqslant S_0$。下游的浓缩池和脱水机均可按计划处理污泥量 S_0 设计。

如果排泥池临时存储容积不够，选择超量污泥在排泥池、浓缩池联合存储，同样道理，下游的脱水机台数可按计划处理污泥量 S_0 设计。

在沉淀池作临时存储是最佳选择，当沉淀池泥区容积不够时，是否可以将浓缩池迭合在沉淀池的下面。沉淀池的沉淀区与浓缩池的澄清区作用相同，可共用沉淀池的沉淀区；浓缩池污泥压缩区的高度一般比沉淀池的泥区高度大，可以把浓缩池压缩区迭合在沉淀池的沉淀区下面，代替沉淀池的泥区，把沉淀池变成沉淀浓缩池，把沉淀池单一沉淀功能扩展成沉淀浓缩功能，既解决了临时存储问题，又可取消排泥水处理系统浓缩池，简化排泥水处理工序。如果再适当扩大其面积，降低沉淀池的液面负荷，还可以降低沉淀池的出水浊度，提高出水水质。把沉淀池扩展成沉淀浓缩池，需要增加工程投资，但取消浓缩池又降低了工程投资，而且还可以节约占地面积。两者应进行比较后确定。

2.9.4.4　各种取值方法适用条件

1. 非全量完全处理模式取值适用条件

(1) 净水厂附近有较大的受纳水体，能容纳原水浊度高于计划处理浊度所形成的超量污泥排入而不造成受纳水体淤积、堵塞。如一些水厂以大江大河为水源，雨季时江河原水浊度虽然较高，但由于流量大，携带泥沙的能力增强，净水厂超量污泥排入这种水体一般不会淤积、堵塞河道。

合理地利用水体的环境容量，充分发挥水体的自净能力，有助于减少工程投资和节省能源，但是必须对水体的承受能力（即自净能力）进行实测和严密的计算，作出正确的评价，应符合环境评价要求，在利用时还应留有适当的余地。

(2) 净水厂的排泥水有其他出路，如附近的污水处理厂或城市设有集中处理排泥水的处理厂能接受部分甚至全部排泥水。由于净水厂排泥是间断的、不连续的，为了避免这种冲击负荷的不利影响，超量污泥形成的排泥水宜进行部分处理，如经过调节工序处理后连续均匀地排出。当流量较大时，宜设专用输泥管道排出。

2. 全量完全处理模式取值适用条件

(1) 净水厂水源不是大江大河，例如水库水源，高于计划处理浊度部分所产生的超量污泥不能排入水库，只能排入城市排水管网或附近沟渠，造成堵塞。一些水厂附近甚至连城市排水管网都没有。不处理就没有出路。例如某净水厂排泥水没有出路，在未建排泥水处理系统前，利用水厂旁边的一个天然大坑囤积排泥水，大坑满了，再用挖泥船将泥吸走，费时耗力。因此，对于这种排泥水没有条件排放的情况，只能采用全量完全处理模式。

(2) 原水浊度常年偏低，变化不大，比较稳定。如一些以大型水库为水源的净水厂。

这种情况下，可采用临时存储取值方法，变非全量完全处理模式为全量完全处理延时模式。由于原水浊度变化幅度不大，原水浊度峰值相对河流水源小很多，用临时存储的方法来削去这些峰值，容积也相对较小，采用临时存储的方法相对容易实施。但是，全量完全处理保证率不能太低，要满足前面论述的实现临时存储的条件，如图 2.9.4-3 中每次高浊度产生的超量污泥 ΔS（如图中斜线阴影面积）必须小于高浊度过去后系统的富余能力 S_0-S，如图中点阴影面积，即盈余必须大于亏空，富余能力必须大于超量污泥 ΔS。全量完全处理保证率应该取规范规定（95%～75%）的上限 95%。

（3）一些水厂虽然从大江大河取水，但水厂离水源很远，属于长距离调水，附近又没有大的水体，如果把超量污泥长距离输送至水源地，工程投资和日常电耗都很大，要进行经济比较后确定。这种情况一般采用全量完全处理模式。

全量完全处理模式虽然没有超量污泥的排放，达到了零排放。但在原水浊度较高、变化幅度又较大的情况下，实行完全处理模式有一定的难度，有可能造成排泥水处理规模过大，脱水设备一年内大部分时间闲置，在这种情况，对于那些净水厂附近没有大的水体可以排放的情况，也可考虑采用非完全处理模式中常用的最高的保证率 $u=95\%$，利用临时存储的方法变非全量完全处理模式为全量完全处理延时模式。

3. 利用理论累积频率曲线——皮尔逊Ⅲ曲线推算的适用条件

这种方法适用于水文资料齐全的情况，如果有包括流量、原水浊度在内的长系列水文资料，采用这种方法是比较可靠的。

根据多年的实践经验，业主能提供包括流量、原水浊度在内的长系列水文资料的情况几乎没有，有的甚至临时测几个数据应付，缺乏按这种方法计算的基础。如果利用临时测几个数据来进行推算，不仅不准，而且还会出现错误。

4. 经验取值法适用条件

根据多年的实践经验，当全量完全处理保证率为 95%时，对于江、河水源按多年平均浊度的 4 倍取值，基本上能覆盖该保证率下的浊度变化范围。不同保证率下的取值倍数可根据表 2.9.4-2 查出。对于缺乏系统的水文资料的工程，是一种可供选择的方法。

这种取值方法虽然简单，能涵盖不同保证率下的浊度变化范围。但是原水浊度变化幅度不大的水源，例如水库水源，取值倍数偏大。水库水源一般属低浊，多年平均浊度一般为 2～4NTU，95%保证率按多年平均浊度的 4 倍取值，也只是 15NTU 左右，一般情况下容易被人接受。而且避免了繁琐的水文计算，处理能力留有一定的富余量，其富余量为短时较高的浊度实施临时存储提供了条件，其富余量一般能覆盖原水色度所生成的干泥量，因而可以忽略原水色度所生成的干泥量，使干泥量的计算也趋于简化。

对于一些常年原水浊度较高的江、河水源，多年平均浊度少则几十度，多则几百度，95%保证率按浊度平均值 4 倍取值，计算得出的干泥量大，工程规模大，难以被人认可和接受。取值倍数与原水浊度的变化幅度有关，江、河水源原水浊度的变化幅度一般比水库水源高，河流之间也有差别，对于原水浊度变化幅度小一些的河流，不要千篇一律地按 4 倍取值，如果有一定年限的包括流量、原水浊度在内的水文资料，还是应该利用数理统计方法进行水文计算，求出一个符合该河流实际情况的取值倍数，尽可能降低工程规模。

5. 考虑浊度和流量的双因素取值法适用条件

由于年平均浊度和最高浊度之间变化幅度大，而平均日用水量和高日用水量之间变化幅度相对较小，一般高日系数在 1.1～1.5 之间变化，对于干泥量的影响主要还是原水浊度，流量的因素影响相对较小。在缺乏同一时段的原水浊度和水厂进水流量资料时，可按单因素取值，稍偏于安全。目前，一般都采用这种方法。但对于采用完全处理模式的排泥水系统，且原水浊度变化幅度又较大时，如果包括流量、浊度等水文资料齐全，可以采用双因素取值法，以减小排泥水处理规模。

对于采用实测某一日的原水浊度来计算该日的干泥量，则必须采用双因素取值法，不仅要实测该日的原水浊度，还必须实测水厂该日的取水流量。不能采用单因素取值法，因为单因素取值法仅测定该日的原水浊度，流量采用水厂设计规模，是高日用水量，而实测的这一日不一定是高日，有可能是平均日或者是低日，按单因素取值法只凭浊度计算出来的干泥量比实际干泥量要大很多。

6. 考虑临时存储取值法适用条件

考虑临时存储的计划处理浊度取值方法适用于以下条件：

(1) 如果排泥水处理必须采用全量完全处理模式，在全量完全处理模式的前提下，适当降低计划处理浊度取值，减小工程规模。

一些水厂附近有大江大河，虽然原水浊度变化幅度很大，但是在雨季高浊期间，河流流量大，流速大，超量污泥可以排入河流，不会造成河道淤塞和污染，可以采用非完全处理模式，将计划处理外的超量污泥排入水体。但是一些水厂附近没有大江大河，或者是长距离取水，将超量污泥送回母体，输送成本太高。在这种情况下，为了降低计划处理浊度，降低排泥水处理系统的工程投资和日常费用，可考虑临时存储进行计划处理浊度取值，将全量完全即时处理模式变成全量完全延时处理模式，这种取值方法虽然降低了计划处理浊度取值，排泥水处理工程规模小了，但是，需要一定的存储容积，如果这种容积不是工程本身具有的，需要另外建造，则应进行经济比较。

(2) 工程本身具有一定的临时存储能力，可以充分利用。

如果工程本身具有一定的临时存储能力，不需要另外建造，则可充分利用。例如净水厂沉淀池为平流式沉淀池，在高浊度时可以临时存储超量污泥 ΔS，然后在 $C<C_0$、$S<S_0$ 的时段里，再分期分批送入排泥池，减小了排泥水处理系统的工程规模。

2.9.5 排泥水处理规模的确定

净水厂排泥水处理规模大小与以下两个因素有关。

(1) 与计划处理的干泥量 S_0 的大小有关。

当排泥水浓度一定时，净水厂的排泥水量与干泥量成正比。干泥量大，排泥水量就大。计划处理的干泥量 S_0 越大，计划处理的排泥水量就越大，排泥水处理的规模也就越大。进入排泥池的干泥量越大，进入排泥池的排泥水量越大，调节池就做得越大；浓缩池是按固体负荷和液面负荷确定的，进入浓缩池的干泥量越大，进入浓缩池的排泥水量越大，浓缩池就越大。同样道理，计划处理干泥量 S_0 越大，脱水机的台数就越多，因此，排泥水处理的规模就越大。各道工序处理的干泥量见表 2.9.5-1。

进入各工序的干泥量 **表 2.9.5-1**

工　序	进入各道工序的干泥量	工　序	进入各道工序的干泥量
调节（排泥池）	S_1或S_0	脱　水	S_0
浓　缩	S_1　或S_0	处　置	S_0

从表 2.9.5-1 可以看出，进入各道工序的干泥量因工况不同而异。进入排泥池和浓缩池的干泥量有可能是沉淀池排泥水携带的干泥量S_1，也有可能是计划处理干泥量S_0，例如超量污泥 ΔS 在沉淀池作临时存储，在原水浊度 C 低于其计划处理浊度 C_0 时，再分期分批排入排泥池，控制沉淀池排泥所携带的干泥量小于等于计划处理泥干泥量 S_0。如果超量污泥 ΔS 不在沉淀池作临时存储，而是即时排出，则沉淀池排泥量大于计划处理泥量，即 $S_1>S_0$。这种工况下进入排泥池的干泥量就是S_1。浓缩池也是一样，如果超量污泥在沉淀池和排泥池作临时存储，在原水浊度 C 低于其计划处理浊度 C_0 时，再分期分批排入浓缩池，控制进入浓缩池的干泥量小于等于计划处理泥干泥量S_0。如果超量污泥选择在浓缩池作临时存储，则进入浓缩池的干泥量就可能是S_1。其他工况进入各道工序的干泥量介于 S_1 和 S_0 之间，在后面相关章节论述。

从表 2.9.5-1 可以看出，进入脱水工序和处置工序的干泥量都是计划处理泥量S_0。也就是说，通过调节、浓缩两道前处理后，控制进入脱水工序的干泥量不大于计划处理泥量 S_0。如果脱水工序也按沉淀池排泥水所携带的干泥量 S_1 计算，高浊度时沉淀池排出的干泥量很大，比起年平均浊度可能大几倍，则脱水机的台数太多而无法承受。高浊度时间一年中可能只有十几天，甚至是几天，脱水设备绝大部分时间闲置，造成浪费，因此必须控制进入脱水工序的干泥量不大于计划处理泥量S_0。

计划处理浊度取值越低，计划处理泥量 S_0 就越低，排泥水处理规模也就越小，虽然工程投资小，但是，计划处理泥量 S_0 太低，一年中只有很短的时间原水浊度比计划处理浊度低，则临时存储的超量污泥 ΔS 无法实现在原水浊度低于计划处理浊度的短时间内分期分批排出，进入脱水工序的干泥量小于 S_0 也就无法实现。因此，计划处理浊度取值、计划处理泥量 S_0 不是越低越好，应综合各种因素合理确定。

（2）与全量完全处理的保证率有关。

排泥水处理的规模与全量完全处理的日数占总日数的百分比有关，也就是与全量完全处理的保证率有关，与采用全量完全处理模式还是采用非全量完全处理模式有关。如果采用全量完全处理模式，所有日数都要全量完全处理，达标后才能排放，全量完全处理的保证率 u 达到了 100%，排泥水处理规模就大；如果采用非全量完全处理模式，有部分日数进行非全量完全处理，有部分排泥水量未经处理而直接排放。因此，采用非全量完全处理模式，完全处理的保证率 $u<100\%$，排泥水处理规模就小。在非全量完全处理模式中，全量完全处理的保证率越高，计划处理浊度取值越高，计划处理的干泥量 S_0 就越大，排泥水处理的规模就越大。

根据《室外给水设计规范》GB 50013—2006 规定："净水厂排泥水处理系统的规模应按满足全年 75%～95%日数的全量完全处理要求确定。"很明显，全量完全处理保证率达到 95%的排泥水处理规模比 75%大多了。

计划处理的干泥量 S_0 的大小与全量完全处理的保证率是相互关联的，计划处理的干泥量 S_0 越大，计划处理浊度取值就越高，全量完全处理的保证率就越高，排泥水处理的规模就越大。同样，要求全量完全处理的保证率越高，则计划处理浊度取值必然就高，计划处理的干泥量也必然越大，排泥水处理的规模就越大。

要确定一个水厂排泥水处理的规模，第一步就要根据净水厂所处的社会环境和自然条件，以及是否允许排泥水全部或部分排入附近水体，确定是采用非全量完全处理模式，还是采用全量完全处理模式。如果允许采用非全量完全处理模式，进一步确定完全处理的保证率 u，进而求出计划处理浊度 C_0，再根据干泥量计算公式计算出计划处理的干泥量 S_0。

如何确定非全量完全处理模式中的全量完全处理保证率 u，《室外给水设计规范》规定为 95%～75%。现在一些设计人员只是在其中随意取一个，例如，取中间值 85%，随意确定一个计划处理浊度 C_0，缺乏科学依据。在前面“计划处理浊度取值方法”一节中，提出“根据受体允许接受的超量污泥 ΔS 确定计划处理浊度”，计划处理浊度取值确定了，计划处理的干泥量随之确定，完全处理保证率也就确定了。根据受体允许接受的超量污泥 ΔS 确定计划处理浊度的方法，考虑了受体的环境容量和承受能力，比较科学，比较切合实际。受体允许接受的超量污泥 ΔS 应由环境评价报告给出。但目前还没有开展这方面的工作。

环保部门一般都要求净水厂进行排泥水处理，而且还要求达到零排放。对于西南地区一些河流，雨季洪水期间，原水浊度达到几千度甚至上万度，一年中发生的时间累计有几个月，如果要达到零排放，就要采用全量完全处理模式，计划处理浊度按最高浊度取值，势必造成排泥水处理规模很大，在工程投资和占地方面甚至比净水厂净化处理部分还大。在雨季洪水期间，河流流量大，流速高，稀释、混合、扩散的能力大幅度增强，环境容量和承受能力也随之大幅度提高，在这个时候，部分排泥水排入河流，不会造成河流堵塞，排泥水组成以无机物为主，这种无机污泥在雨季洪水期间排入河流，经过稀释、混合、扩散和自净，一般不会对河流造成污染。

对于一些排泥水无其他出路，只能排入城市排水管道，或者是临时排入附近的小水坑，则应采用全量完全处理模式，或者是采用保证率 $u \geqslant 95\%$这种非全量完全处理模式，再通过临时存储的方法转化成全量完全处理模式。但要考虑沉淀池、排泥池、浓缩池具有临时存储的容积。

2.9.6 非完全处理模式超量污泥排出口位置选择

2.9.6.1 超量污泥排放方式

在非全量完全处理模式中，原水浊度 C 大于计划处理浊度 C_0，原水浊度 C 产生的泥量 S 大于计划处理的干泥量 S_0，即 $C>C_0$、$S>S_0$，则不能完全处理，计划处理浊度 C_0 所对应的泥量是计划处理的泥量 S_0，高于计划处理浊度部分的原水浊度（$C-C_0$）所对应的泥量不是计划处理内的泥量，称超量污泥 ΔS，未经处理或只经过部分处理就要排放，其排放方式分有组织排放和无组织排放两种。

1. 有组织排放

有组织排放就是超量污泥 ΔS 从预先设想的排出口排出，流向指定的受纳水体。预先设想的超量污泥排出口有以下几种选择：

（1）超量污泥排出口选择在排泥池上游，超量污泥 ΔS 不进入排泥池。

在进入排泥水处理系统前将高于计划处理浊度部分的原水浊度（$C-C_0$）所对应的排泥水量，即超量污泥 ΔS 排入附近水体。超量污泥排出口选择在排泥池上游。

（2）超量污泥排出口选择在排泥池。

将超量污泥所对应的排泥水量排入排泥池，经排泥水处理系统第一道工序调节后，用泵匀质匀量排入附近水体。超量污泥排出泵可与向浓缩池输送底流污泥的主流程排泥泵合建在一个泵房里。如果扬程合适，还可以互为备用。

（3）超量污泥排出口选择在浓缩池。

从浓缩池底流中将浓缩后的超量污泥用泵均匀排入附近水体，超量污泥排出泵也可以与浓缩池底流泵及前面的排泥泵（即从排泥池向浓缩池输送底泥的泵）合建在一个泵房里。流量和扬程合适，也可以互为备用。

2. 无组织排放

无组织排放就是没有预先设定的专职超量污泥排出口。超量污泥 ΔS 从以下几条通道排出。

（1）从排泥池溢流口排出。如果排泥池容积按计划处理泥量 S_0 设计，当原水高浊度时，原水浊度高于计划处理浊度 C_0，即 $C>C_0$、$S>S_0$，排泥池调节容积不够，加上送往浓缩池的主流程排泥泵容量也是按计划处理泥量 S_0 设计的，赶上原水高浊度时，主流程排泥泵容量不够，则一部分泥量以排泥池溢流的形式，流入厂区排污管道。

（2）从浓缩池上清液排出。如果浓缩池按计划处理泥量 S_0 设计，在原水高浊度时，进入浓缩池的排泥水量大幅度增加，部分或全部超量污泥进入浓缩池，超过浓缩池处理能力，浓缩池上清液水量增加，上清液悬浮物含量提高，将部分或全部超量污泥 ΔS 带走。致使上清液悬浮物含量超标。如果排入水库、湖泊等天然水体，也可能造成污染。

（3）从浓缩池底流排出，进入脱水工序。一般脱水机的台数留有备用，或者是台数没有备用，但 1 日按运行 2 班设计，赶上高浊度时，可连续 3 班运行。因此，脱水工序一般具有处理一定量超量污泥的能力。但是，如果为了减小排泥水处理规模，全量完全处理保证率取低限，虽然排泥池、浓缩池做得很小，但由于全量完全处理保证率低，超量污泥 ΔS 大，有可能是计划处理泥量的好几倍，造成脱水机能力不够，大量污泥在浓缩池堆积，浓缩池失去浓缩作用，进而造成脱水后的泥饼含水率超标。

以上 3 条无组织排放通道，有可能 1 条、2 条同时发生，当原水浊度很高，超量污泥 ΔS 很大时，也有可能 3 条同时发生。如果上述 3 条通道同时发生，则排泥水处理过程遭到严重破坏。

由于大部分排泥水处理工程按非全量完全处理模式设计，而且保证率取值偏低，以降低工程规模，减少投资。造成超量污泥 ΔS 很大，而排泥水处理构筑物又按计划处理干泥量 S_0 设计，对产生的超量污泥 ΔS 的排出没有任何安排，让超量污泥无组织地进入排泥池、浓缩池，甚至进入脱水工序，这是产生超量污泥 ΔS 无组织排放的主要原因。也是在雨季洪水期间，出现浓缩池上清液浑浊，浓缩池底流达不到浓缩要求的原因之一。

2.9.6.2　超量污泥排放方式选择

前面提到，超量污泥 ΔS 有两种排放方式，其中无组织排放方式是一种事故排放方式，推荐有组织排放方式，其原因是：

(1) 超量污泥无组织排放有 3 条排放通道，其中第一条通道通过排泥池溢流排出，这是一条事故排放通道。以排泥池Ⅰ型为例，从排泥池溢流出来的排泥水浓度与沉淀池排泥水相同，平均浓度在 1000mg/L 以上，超过一般水体的排放标准，除非是直接排入具有一定稀释能力的大江大河，不会造成河道堵塞。但是一般排泥池的溢流排入厂区排水管道，再排入城市市政排水管道，容易造成淤积、堵塞。

(2) 第二条通道从浓缩池上清液排出。造成上清液出水悬浮物含量超标，如果排入天然水体，违反了国家相关标准的规定。特别是当全量完全处理保证率取值较低，超量污泥 ΔS 比计划处理泥量还大很多时，浓缩池的实际液面负荷和固体负荷远超过设计的液面负荷和固体负荷，不仅浓缩池上清液浑浊，而且底流污泥也浓缩不好，达不到脱水机进机污泥浓度的要求，脱水泥饼含水率超标，甚至脱水机压不成泥饼。

(3) 第三条通道是在高浊度时形成的超量污泥 ΔS 不大时，利用脱水机的备用台数或富余的台班数将超量污泥排出。但是，在超量污泥 ΔS 很大时，如果脱水机台数不够，部分超量污泥在浓缩池中累积，不仅破坏了浓缩过程，而且整个排泥水处理功能将会遭到严重破坏。

因此，超量污泥 ΔS 的排放要采用有组织排放方式，将超量污泥从设定的排出口排出，用专用管道或渠道送入指定的环境容量允许排入的水体。

现在一些排泥水处理系统，为了降低工程投资，全量完全处理保证率取低值，但是又不设超量污泥排出口，从表面上看似乎是达到了零排放，实质上是无组织排放，超量污泥进入排泥水处理系统排泥池、浓缩池，造成排泥池溢流，浓缩池浓缩功能下降，甚至破坏浓缩。

2.9.6.3 有组织排放超量污泥排出口位置选择

前面提到，有组织排放超量污泥，其排出口位置有 3 种选择：

(1) 从排泥池上游排出，即超量污泥 ΔS 不进入排泥池，只有计划处理泥量 S_0 进入排泥池。

(2) 超量污泥排出口位置选择在排泥池。超量污泥 ΔS 进入排泥池，从排泥池底流分流排出，计划处理泥量 S_0 进入浓缩池。

(3) 超量污泥排出口位置选择在浓缩池。超量污泥 ΔS 进入浓缩池，从浓缩池底流分流排出，计划处理泥量 S_0 进入脱水工序。

以上几种排出口位置的选择，其优缺点是：

(1) 第一种选择

优点是：

1) 一般净水厂排泥水都是重力流入调节构筑物，超量污泥排放口选择在进入排泥水系统前，排放口位置较高，超量污泥排泥水采用重力排入附近水体的可能性比起第二、三种选择高，可降低日常电耗。即使不能利用重力流，需用泵提升，由于地势高，泵的扬程也可以降低。

2) 超量污泥 ΔS 不进入排泥池，进入排泥池的泥量不是 $(S+\Delta S)$，而是计划处理泥

量 S_0，即进入排泥池的排泥水量小了，因此，可减小排泥池的调节容积，节约占地，降低基建投资。

缺点是：

1）沉淀池排泥水为间歇性冲击负荷，流量峰值高，由于未经调节排出，容易造成排水沟渠排水能力不足而壅水，或造成溢流，或造成泥沙沉积而堵塞沟渠。

2）采用峰值流量设计超量污泥排泥水管道，管道断面大，基建投资高。

3）虽然排出口位置高程较第二、三种选择高，但如果接纳水体的位置较高，需要提升，则按峰值流量选泵，不仅泵的容量大，而且时开时停，频繁启动。基建投资高，日常电耗大。

4）如果需要提升，还需另建泵房，增加了占地面积和基建投资。

（2）第二种选择

优点是：

1）有利于生产废水的回收利用。沉淀池排泥水经浮动槽排泥池调节后，如果超量污泥从排泥池排出，则浮动槽排泥池上清液可以回收利用。

2）经调节后均匀排出，如果采用浮动槽排泥池，还可以回收部分水量，较第一种选择排出流量小，可缩小排泥管管径，降低基建投资。

缺点是：

1）调节池容积增加，因为超量污泥排泥水全部进入排泥池，排泥池要接受高浊度期间的最大 1 次排泥水量，即 $S_0+\Delta S$ 形成的排泥水量，增加了占地面积和基建投资。而第一种选择在高浊度期间产生的超量污泥排泥水从排出口分流出去，进入排泥池的只是计划处理泥量 S_0 形成的排泥水量。

2）排出口位置较低，需提升，提升扬程较高，日常电耗比第一种选择高。如果第一种选择也需要提升，就需要进行比较，第一种选择虽然提升扬程低一些，但未经调节，提升的流量大，且需要单独建提升泵站，而第二种选择可以合建，把超量污泥 ΔS 排出泵与计划处理干泥量 S_0 提升至浓缩池的水泵放在一个泵房里，因此，要进行比较后确定。

（3）第三种选择

优点是：

1）超量污泥从浓缩池底流排出，底流浓度高，排出同样的超量污泥，流量小，日常耗电少；排泥管管径小，基建投资低。

2）携带超量污泥的排泥水经浓缩后，大部分以上清液排出，可回收的水量增加了。

3）超量污泥 ΔS 经浓缩池浓缩后，湿污泥体积大幅度减小，用作临时存储的容积大幅度减小。可以减小占地面积和工程投资。

缺点是：

超量污泥 ΔS 从浓缩池底流分流排出，虽然能大幅度减小临时存储的容积，但由于超量污泥 ΔS 进入浓缩池，则浓缩池的固体负荷由原来的 S_0 变成了 $S_0+\Delta S$，当原水浊度变化幅度很大时，例如河流水水源，在雨季洪水期，超量污泥 ΔS 可能是计划处理污泥量 S_0 好几倍。浓缩池按固体负荷 $S_0+\Delta S$ 设计，浓缩池的规模要扩大。与第二种选择相比，超量污泥未经浓缩，排泥池增加临时存储 ΔS 的容积要大几倍，两者相比，进行技术经济比较后确定。

日本的净水厂排泥水处理，要求排泥水处理系统中调节构筑物能接纳净水厂的全部排泥水量，高于计划处理浊度的超量污泥排泥水从排泥池分流出去，即第二种选择。

在国内，早期建成投产的净水厂都是先建设净化处理构筑物，后补上排泥水处理系统。这些水厂的排泥水排出口位置一般都是采用第一种选择，建有一个排泥水排出口。随着环保要求的不断提高，这些水厂都相继建成了排泥水处理系统，但保留了早期建成的排泥水排出口和排泥水管道。对于这种情况，主要是要采取一定措施，防止超排，更要防止随意排放，使非全量完全处理模式达到设定的全量完全处理保证率。

2.9.7 高浊度对策

高浊度对策主要针对非全量完全处理模式而言，对于全量完全处理模式，是按最高浊度进行取值，原则上任何原水浊度排泥水系统均能适应。但对于非全量完全处理模式，碰上高于计划处理浊度的高浊度可采用下列对策：

(1) 当工程建有原水储留池时，一般原水储留池可储存3～7d的原水水量，发生高浊度时，可暂时停止从河中取水，只从原水储留池中取水，避开原水浊度的峰值时段。峰值时段过去后，应加大从河流中取水水量，充满原水储留池，作为下一次高浊度的应付手段。

(2) 若水源是大江大河，高浊度一般发生在雨季洪水期间，这时不仅仅是浊度高，河流流量也大，流速高，河水携带泥沙的能力大幅度提高，水体的混合、稀释、自净能力增强，如果经过实测和计算，在水体环境容量允许的情况下，把高于计划处理浊度的超量污泥或部分超量污泥排入河流，不会造成河道堵塞。

(3) 在没有条件实行非全量完全处理模式的地方，可利用临时存储的方法，将完全即时处理模式变成完全延时处理模式，适当降低计划处理浊度。把超量污泥排泥水临时存储在平流沉淀池、调节构筑物、浓缩池及脱水机前储泥池中，在原水浊度低于其计划处理浊度的时段内处理掉。一般脱水机按1日1班或2班工作设计，高浊度期间可1日3班连续工作，直至把存储的污泥处理完毕才恢复正常班工作。但这种方法要适当增加调节池和浓缩池容积。

(4) 附近有洼地、水塘可利用时，可利用这些洼地、水塘作为临时存储池，以后再晒干或用挖泥船将泥挖走另行处理。

(5) 当采用无加药系统处理净水厂排泥水时，可在浓缩池、脱水机前预留投加高分子絮凝剂的设备。平时不投加，遇上高浊度时，临时投加药剂，增加处理能力和底流污泥的浓度。

2.10 处理程度和受体要求

2.10.1 受体对排泥水直接排放的要求

沉淀池的排泥水及滤池的反冲洗排水，其成分由原水中的悬浮物质、部分溶解物质和药剂所形成的矾花组成。它的主要成分是无机物，但也含有有机物，约占干泥量的10%～15%。水质上主要是悬浮物含量超出排放标准，投加石灰可能引起 pH 值超标。近年来，随着江河、湖泊的污染和富营养化，有机物的比例呈上升趋势，如某净水厂实测沉淀池排泥水水质，有机物占干泥量的 43.3%，无机物灰分占 56.7%。尽管这样，净水厂排泥水有机物超标还是很少见。现将《污水综合排放标准》GB 8978—1996 中与其相关的主要指标摘录如下，见表 2.10.1-1，其他指标详见《污水综合排放标准》GB 8978—1996 中其他排污单位。

污水综合排放标准主要指标　　表 2.10.1-1

水域类别		受纳水体分类									
		GB 3838—2002（水域）					GB 3097—1997（海域）			下水道	
		Ⅰ	Ⅱ	Ⅲ	Ⅳ	Ⅴ	一	二	三	设置二级污水处理厂	未设置二级污水处理厂
执行标准（GB 8978—1996）		不得排入		一级标准	二级标准		不得排入	一级标准	二级标准	三级标准	根据受纳水域功能确定执行标准
主要指标	悬浮物（mg/L）			70	200			70	200	400	
	pH			6～9	6～9			6～9	6～9	6～9	
	色度			50	180			50	180		

从表 2.10.1-1 可以看出，排泥水排入 GB 3838 中Ⅲ类水域（划定的保护区和游泳区除外）和排入 GB 3097 中二类海域的污水，执行一级标准，其悬浮物含量不能超过 70mg/L；排入 GB 3838 中Ⅳ、Ⅴ类水域和排入 GB 3097 中三类海域的污水，执行二级标准，其悬浮物含量不能超过 200mg/L；排入设置二级污水处理厂的城镇排水系统的污水，执行三级标准，其悬浮物含量不能超过 400mg/L；而净水厂沉淀池的排泥水平均浊度在 1000mg/L 以上，大大超出了《污水综合排放标准》GB 8978—1996 所规定的范围，需要处理到符合相应标准才能排放。

我国 2006 年颁布的新修编的《室外给水设计规范》GB 50013—2006 第 10.1.3 条规定"净水厂排泥水处理系统的规模应按满足全年 75%～95%日数的完全处理要求确定"，很明显，这是一个非全量完全处理模式，特别是在全量完全处理的日数只占总日数的 75%时，一年中有 1/4 的日数约 92 日不能全量完全处理，高于计划处理浊度所形成的超量污泥排泥水未经处理或未经完全处理而直接排入水体，这与《污水综合排放标准》GB 8978—1996 是相矛盾的，按照《污水综合排放标准》GB 8978—1996，不允许有超量污泥排泥水未经处理而直接排入水体，即全量完全处理的保证率要达到 100%。这也是环保部门要求达到零排放的一个依据。

《室外给水设计规范》GB 50013—2006 第 10.1.3 条原稿最开始是："净水厂排泥水处理系统的规模应按满足全年 95%日数的完全处理要求确定"，由于规范修编时，国内净水厂排泥水处理刚处于起步阶段，缺乏相关资料和实践经验，规范第 10.1.3 条是参照国外的一些规定制定的。在规范修编的上海会议上，参加规范修编的西南组的专家提出，西南地区要满足全年95%日数的全量完全处理要求，很难实行。因为西南地区的河流，一年中有1/3～1/4的日数原水浊度很高，如果要达到95%的保证率，削去原水浊度峰值的作用有限，计划处理浊度取值必然还很高，排泥水处理规模大，日常运行费用高，对净水厂是一个沉重的负担。讨论会上，有的专家提出改为90%～95%，与规范中原水流量的保证率90%～95%保持一致，经过一番讨论，最后确定为75%～95%。

既然《室外给水设计规范》GB 50013—2006第10.1.3条与《污水综合排放标准》GB 8978—1996有矛盾，解决的办法一个是将规范10.1.3条修改成“净水厂排泥水处理系统的规模应按满足95%日数的全量完全处理要求确定”，如果全量完全处理保证率达到95%，从表面上看，全年还有5%的日数约18日还不能全量完全处理，还有超量污泥排出，但由于干泥量计算公式中原水流量Q是按高日流量取值，高浊度时并不一定是用水量高日，有一定的富余。因此按完全处理保证率达到95%进行计划处理浊度取值，就有可能达到全量完全处理，即使有少量超量污泥，也有可能通过临时存储的方法自我消化。

另一个办法是制定一个关于净水厂排泥水排放的行业标准。目前在污水处理方面已制定了《城镇污水处理厂污染物排放标准》GB 18918—2002。再制定一个关于净水厂排泥水排放的行业标准，其理由是：

(1) 由于《污水综合排放标准》GB 8978—1996涵盖范围较广，适用的行业多，污染物成分复杂，因此具体到每一个行业，并不一定完全适合，因此许多其他行业都制定了本行业的排放标准。例如前面提到的城镇污水处理厂制定了《城镇污水处理厂污染物排放标准》GB 18918—2002；造纸工业执行《造纸工业水污染物排放标准》GB 3544—1992；船舶工业执行《船舶工业污染物排放标准》GB 4286—1984等。同样，《污水综合排放标准》GB 8978—1996也不完全适合净水厂排泥水的排放标准，也可以制定适合于净水厂生产废水排放的行业标准。

(2)《污水综合排放标准》GB 8978—1996所涵盖的范围，污染物成分复杂，大部分是有机污染，污染程度较重，其污染程度不能与净水厂排泥水相提并论。就以悬浮物(SS)一项来说，其组成大部分是一些无机泥沙，而该标准中“其他排污单位”的悬浮物就有可能是一些污染较重的有机颗粒，因而限制了其排放量。而净水厂排泥水就包含在“其他排污单位”中，因此，应该把净水厂排泥水从“其他排污单位”分离出来，另立门户。

(3) 净水厂排泥水污染物成分大部分是泥沙之类的无机物，对水体的主要危害是淤积、堵塞河道，一般不会产生污染。对于大江大河，特别是雨季洪水期间，虽然原水浊度高，但河流流速大，流量大，水流携带泥沙的能力强，在水体混合、稀释、自净能力强的这个时段，将部分排泥水排入河道，既不会产生污染，也不会淤积、堵塞河道。

对于离大江大河较近的净水厂，在雨季洪水原水高浊期间将一部分排泥水不经处理直接排入河道，不把洪水期间的高浊度作为计划处理浊度取值对象，可大幅度降低计划处理浊度取值，降低排泥水系统规模，降低工程投资。但是也不能为了降低排泥水处理规模，随意压低计划处理浊度取值，随便乱排，无所顾忌。净水厂计划处理浊度由全量完全处理的日数占总日数的百分数即全量完全处理的保证率决定，而全量完全处理的保证率的高低又取决于受体对排放对象的承受能力。受体能接受多少排泥水量，即净水厂能向河流中排

入多少超量污泥 ΔS，各条河流大小不一，流量、流速相差很大，其环境容量也差别很大，所能接受的泥量是不同的，一些小河沟，雨季洪水期间，流量大，流速大，没问题；但是到了旱季，河流干枯，造成淤积、堵塞。例如有一个水厂，把沉淀池排泥水、滤池反冲洗废水全排入田间、路边小沟渠，造成淤积堵塞，造成沉淀池排泥水头和滤池反冲洗水头不够，沉淀池积泥，滤料冲洗不干净，滤料长泥球。因此，不同的受体在不同时期所能接受泥量在环境质量评价中应该有所论述。根据环评中提出的受体能够接受的泥量，即净水厂所排出的超量污泥 ΔS，然后按式（2.9.4-4）、式（2.9.4-5）计算出净水厂的计划处理浊度 C_0。

2.10.2 受体对泥饼的要求

净水厂排泥水处理的最终产品是泥饼，受体对泥饼的要求主要是含水率、pH 值、承载能力等。而承载能力又是由泥饼的含水率决定的。泥饼的含水率越低，则承载能力越高。受体对泥饼性状的要求，与泥饼的处置方式有关。

2.10.2.1 满足运输要求

为便于运输，泥饼的含水率应不高于 80％。但如果排泥水委托他厂处理，利用管道或罐车输送，则泥饼的含水率可高于 85％。

2.10.2.2 满足不同填埋场地的要求

（1）当泥饼填埋场地将来规划为建造建筑物时，对泥饼的力学强度即承载力有一定的要求。可根据需要采取不同的方式提高泥饼处置用地的地基承载力，例如在填埋前采用烘干等措施降低泥饼的含水率，以提高泥饼的承载力。一般要求轴压强度达到 0.1～0.2MPa，含水率达到 35％。为提高地基的承载力还可以在处置前实施排水沟等地基改良施工法，对拟选用填埋场的地基进行改良。

（2）若填埋场将来规划用于公园绿化场地时，其地基承载力虽不重要，但泥饼的性状应不妨碍植物的生长。若在污泥脱水前处理中采用了石灰或酸处理，在填埋前应进行中和等无害化处理，或者采取增加覆土厚度等措施。

（3）用于填埋时，泥饼处置场地的浸出液不能对公共水体和地下水产生污染。

下　篇

净水厂排泥水处理设计

第3章　设计基础资料收集与分析

3.1　基础资料收集

3.1.1　原水资料

1. 水源

净水厂水源是地表水还是地下水。如果是地表水还应了解是河流还是湖泊、水库。湖泊和水库一年四季原水浊度变化幅度小，而河流的原水浊度一年四季变化相对较大。水源种类不同，原水浊度设计取值及保证率可以不同，对于大江大河在雨季洪水期间可以将全部或部分超量污泥排入河流而不会造成堵塞，保证率可以取低一些。

2. 水文资料

收集水源多年水文资料，包括河流流量、流速、原水浊度等资料。为确定原水浊度设计取值和全量完全处理保证率提供依据。如果河流流量大，流速急，受纳的超量污泥就可以多一些，排泥水处理的保证率可以适当地取低一些。

3. 水质资料

水源逐年逐日水质资料，包括浊度、温度、pH值、氨氮等。特别是浊度资料，是排泥水处理的最基础的资料，决定着一个水厂的排泥水处理规模。

4. 气象资料

当地的气象资料，包括年平均降雨量、蒸发量、风向等。为污泥脱水自然干化床的设计提供参考。

3.1.2　净水厂规划资料和日常运行管理资料

(1) 净水厂现有规模及规划规模。净水厂规模是决定排泥水处理规模的一个重要因素。排泥水处理是分期建设还是一次建成，对处理构筑物的布置，设备选型都有重要影响。

(2) 净水厂自用水量。

净水厂生产过程自用水量系数 k_0 和自用水量净值系数 k 是排泥水处理设计的关键数据之一。在现有规范和设计手册中，只有自用水量系数这一概念，本书在原自用水量系数的基础上，增加了生产过程自用水量系数这一概念，用 k_0 表示，表示生产过程中的用水量占水厂产水量的比率。自用水量净值系数用 k 表示，是扣除回流水量后水厂实际自用水量占水厂产水量的比率。当生产废水回收利用时，回流比为 y，则有 $k_0=k+y$，当生产废水不回收利用，全部排放时，回流比 $y=0$，$k_0=k$。由此可见，$k_0 \geqslant k$，当不回收利用时，两者相等，当回收利用时，两者不等。不管是回收利用还是不回收利用，通过絮凝沉淀池的流量负荷都是（$1+k_0$）Q，或者是（$1+k+y$）Q。

在自用水量系数取值时，应对絮凝沉淀池每日的排泥次数、每次排泥水量，滤池的反冲洗次数、每次的反冲洗水量进行调查研究后，计算出各构筑物的排泥水量。再加上清洗池子和其他构筑物的排泥水量，进而计算出净水厂生产过程自用水量系数 k_0 和自用水量净值系数 k。

在水厂设计中，目前没有考虑生产废水回收利用对自用水量系数的影响，只取一个值。在生产废水不回收利用时，是符合实际的，因为$k_0=k$，在生产废水回收利用时，两者则相差很大。另外就是在自用水量系数取值时，不是经过调查研究后计算得出，而是在规范范围内任取一值，造成设计上采用的自用水量系数与实际发生的自用水量系数相差较大。如果实际发生的自用水量系数大于设计上采用的自用水量系数，自用水量不够用，造成水厂产水量达不到设计规模。如果实际发生的自用水量系数小于设计上采用的自用水量系数，则造成水厂产水量大于设计规模。例如一个原水为高浊度的水厂，由于沉淀池频繁排泥，耗水量大，滤池反冲洗次数多，净水厂自用水量占产水量的25%，而设计时没经过调查研究，自用水量系数取8%，造成投产后水厂产水量只有设计规模的83%，亏欠的水量变成了排泥水量。

净水厂自用水量对排泥水处理系统中调节和浓缩两道工序影响较大。净水厂生产过程自用水量越大，意味着排泥水量也越大。因此，净水厂自用水量在一定程度上影响排泥水处理的工程规模。北京市第九水厂排泥水处理系统设有 3 个 24m×24m 的调节池，原水浊度设计取值按年平均浊度的 4 倍计算，其实际发生的原水浊度远低于其设计取值。从理论上分析，调节容积应有富余，但由于一期采用机械搅拌澄清池，平均每日要清洗 1 个池子，清洗池子前要放空，1 个池子 2000 多 m^3 的水量以及冲洗池子的水全部流入调节池，由于设计上没有考虑这部分水量流入调节池，致使调节容积由理论上的富余变成了实际上的不富余。后来因侧向流波形板沉淀池倒塌更换工艺后，新工艺沉淀池排泥水量大幅度增加，调节池的调节容积由不富余变成了不够。由此可见，调节池应适当做大一些，以应付一些容易疏忽和难以预计的情况。方便运行管理。

对于净水厂自用水量的调查，主要是调查生产用水，生活用水所占比例很小，可根据水厂值班人数和居民生活用水定额算出。对于生产用水一般只重视沉淀池排泥水和滤池反冲洗废水，这是不够的，还要重视池子放空和清洗池子的水，要详细了解放空池子的水量，池子放空的频率，要求多长时间将池子放空。从运行管理考虑，要求放空池子的时间尽可能缩短，但从调节池安全运行考虑又希望尽可能延长，以减小进入调节池的流量，以免形成冲击负荷。北京市第九水厂要求 2h 将 1 个机械搅拌澄清池放空，进入调节池的流量很大，如果改成 12h 或 24h，细水长流，对调节池的影响就小了。

(3) 城市用水量日变化系数和时变化系数。并了解 1 日的最大取水量和平均取水量。

(4) 絮凝沉淀池的形式：是平流沉淀池、斜管和斜板沉淀池，还是气浮池。排泥设备和排泥方式，泥区容积的大小，泥区的构造形式，是平底还是上大下小的沟形或斗形。为下一步计算沉淀池排泥水量提供依据。

1) 排泥方式：是机械排泥还是水力排泥。如果是机械排泥要进一步了解排泥设备。水力排泥要了解是穿孔管排泥还是斗式排泥。

2）每日排泥次数 n，每次排泥持续时间 t_1，排泥间隔，排泥时序安排，最大排泥浓度和最小排泥浓度，平均排泥浓度。

3）平流沉淀池的泥区容积及泥区构造形式，是平底还是沟形，还是斗形。发生高浊度时能储存多长时间的泥量。

4）当原水浊度很高时，是否设有原水储留池，发生高浊度时，是暂时从原水储留池取水，还是直接从河流中取水。或者是两者兼有。

如果高浊度时是从河流中取水，沉淀池排泥如何应对，是采用增加排泥次数，还是增加每次排泥的持续时间。

如果沉淀池在高浊度期间临时存储超量污泥 ΔS，1 次存储的超量污泥 ΔS 分多少日排出。

（5）了解滤池形式及反冲洗方式。为计算反冲洗水量提供依据。

1）滤池采用什么形式：普通快滤池、虹吸滤池、V 型滤池、翻板滤池。

2）是单一水冲洗、单一水冲洗＋表冲，还是气水反冲洗。

3）滤池单格面积，所采用的反冲洗强度，一次反冲洗水量。

4）滤池运行周期 R，反冲洗历时 T_1，反冲洗间隔时间 T_2，滤池反冲洗时序安排。

5）反冲洗废水平均浓度。

6）反冲洗运行模式：即时序安排是均匀模式还是非均匀模式。

7）滤池 1 年内洗砂次数，每次持续时间，洗砂废水流量，排往何处。

（6）其他生产废水。例如，了解清洗池子包括清洗沉淀池、清水池的水量，排往何处。发生的频率，放空池子的时间，产生的最大流量。

（7）收集生产废水排放的国家标准和行业标准。

（8）投加混凝剂的种类及投加率。

（9）是否设有深度处理，深度处理方式。如臭氧＋活性炭吸附，还是单一活性炭吸附，是采用颗粒活性炭，还是粉末活性炭。

3.2 资料分析及小型试验

3.2.1 水质资料分析及试验

（1）将收集到的原水水质系列资料进行统计分析，按设定的保证率确定原水浊度设计取值。

（2）求出浊度单位 NTU 与悬浮物 SS 单位 mg/L 的换算系数。

对全年不同时段的原水水样同时进行浊度单位 NTU 和悬浮物 SS 单位 mg/L 同步测定对比，对多次测定的数据进行数理统计分析，求出 NTU 与 mg/L 的换算系数。

但要注意，在原水高浊度时，浊质的组成在量和质上与平时有很大的差别，平时测定的换算系数在高浊度时不适用。要另行测定。

（3）确定原水中有机物和无机物的大致比例，用百分数表示。例如，原水中无机物占 85%，有机物占 15%。可测定蒸发残渣、灼烧减量和灼烧残渣。蒸发残渣代表固体总量，灼烧减量代表有机物，灼烧残渣代表无机物。

(4) 对于已经运行的水厂，测定沉淀池排泥水和滤池反冲洗废水水质，为生产废水回用或排放提供依据。

3.2.2 排泥水的性状分析及试验

1. 沉降浓缩试验

为了给重力式浓缩池的设计提供数据，在进行排泥水处理设计前，宜进行沉降浓缩试验。沉降浓缩试验可在内径 100mm、高度 1000mm 的透明圆筒内进行。从圆筒外面能观察到污泥的沉降、浓缩状态。污泥注入圆筒后，记下起始时间和相应的污泥界面高度，以时间 t 为横坐标，圆筒内污泥界面高度为纵坐标，将污泥的界面高度随时间的变化记录下来，作出一条圆筒内的污泥界面高度随时间变化的曲线，确定达到预定的污泥浓缩目标值 C_u所需要的浓缩时间t_u。在测定界面高度的同时，还要测定界面以下污泥浓度以及界面以上上清液的悬浮物含量。

进行 24h 浓缩后，测定界面下污泥浓度，若仍达不到预定的浓缩目标值，则应依次继续以下试验，直到达到浓缩目标值。

(1) 投加高分子聚合物沉降浓缩试验

若还达不到预定的浓缩目标值，则应进行下一步试验。

(2) 两级浓缩＋高分子聚合物试验

第一级浓缩可以是无加药沉降浓缩，以提高第二级浓缩的初始进泥浓度，将经过第一级浓缩后的污泥与投加的高分子聚合物混合均匀后，再进行第二级浓缩。

通过两级浓缩和投加高分子聚合物后一般都能达到浓缩目标值，若对污泥的浓缩目标值有很高的期望，可进行酸处理。

(3) 一级浓缩＋酸＋二级浓缩

一级浓缩为无加药沉降浓缩，将一级浓缩污泥投加 H_2SO_4（或 HCl），混合均匀后，再进行二级浓缩。

两级浓缩加酸处理虽然能大幅度提高污泥的沉降浓缩性能，可以缩小浓缩池的面积，但增加了处理环节，增加了运行管理费用，因此，需通过技术经济比较后方能采用。

每次做完试验后，将整理好的数据填入表 3.2.2-1 中，并以沉降浓缩历时为横坐标，污泥界面高度为纵坐标作出沉降浓缩曲线。

污泥沉降浓缩试验 **表 3.2.2-1**

项 目	起始浓度 (mg/L)	高分子聚合物及硫酸投加量	pH	等速沉降速度 (mm/h)	最终浓度 (mg/L)	污泥来源
试样 1						
试样 2						
试样 3						

对于已建成投入运转的净水厂，后建设排泥水处理系统，污泥应取自沉淀池排泥水；对于净水厂与排泥水处理系统同步建设的情况，污泥可取自同一水源的相类似的工程。

由于夏季水温高，黏滞系数低，沉降、浓缩性能较好；而冬季正好相反，因此，应取夏季和冬季的排泥水进行对比试验。对于平时一般浊度和雨季高浊度，也应分别取样进行对比试验。因为高浊度时，进入浓缩池的污泥初始浓度高，达到同样的浓缩目标值C_u所需的浓缩时间t_u应该短一些。

国内一些规模较大的水厂，在设计前期均做了沉降浓缩试验。其中一些是国外脱水机厂商从现场已投产的沉淀池取泥做沉降浓缩试验和脱水试验。北京市第九水厂、西洲水厂等大型水厂先期建成投产，后建设排泥水处理系统，在设计前均对沉淀池排泥水和滤池反冲洗废水做了沉降浓缩试验。

2. 污泥脱水性能指标试验

（1）测定比阻值γ

比阻值γ是表征污泥浓缩和脱水性能好坏的指标，比阻值γ越大，污泥浓缩及脱水性能越差。测定方法可参考2.8.3.2节。

（2）测定毛细管吸水时间CST值

与比阻值γ一样，毛细管吸水时间CST值越高，污泥的浓缩脱水性能越差。测定方法可参考2.8.3.2节。

（3）药剂选型及投加率试验

向污泥中投加化学药剂调质，可改善污泥颗粒内部凝聚力，降低比阻值γ和毛细管吸水时间CST值，提高污泥的浓缩和脱水性能。投加的药剂有无机药剂和有机药剂两类。应通过试验比选出药剂型号及投加率；如果是投加两种药剂，则应通过小型试验比选出药剂种类、投加顺序、每种药剂的投加率。

可用测定毛细管吸水时间CST值来确定药剂选型和最佳投量。在现场取一定量的污泥样品，加入不同种类、不同量的药剂，经快速搅拌均匀混合后，分别测定其CST值，CST值低者，污泥过滤阻力小，脱水性能好，表示该药剂为首选药剂和最佳投量。

（4）脱水机械选型试验

如果现场有条件，可用小型脱水机在现场做污泥脱水的小型试验，并配合药剂选型一并做。如果现场没有条件，可要求脱水机厂家从现场沉淀池取泥进行24～48h静态浓缩到所选机型要求的最小进机浓度后，带到厂家用所选机型做试验，建设单位和设计单位参与配合，以掌握第一手资料。

试验时，先进行无加药前处理脱水试验，然后再进行加药前处理脱水试验。并将原污泥浓度、脱水机产率、加药率记录下来。

第4章 调节工序及调节构筑物

4.1 调节工序子工艺流程及分析

前面已经提及，净水厂排泥水处理一般由调节、浓缩、脱水、处置四道基本工序组成。各水厂可根据实际情况选择其中一道、几道或全部工序进行处理。由于各厂具体情况及所处的社会环境和自然条件千差万别，所采用的排泥水处理工艺也不尽相同。调节工序子工艺流程也不例外，可根据实际情况采用不同的调节工序子工艺流程。下面对不同情况下调节工序子工艺流程进行分析讨论。大致可分为两类：一类是水厂所排出的生产废水不在本厂处理，而是送往厂外集中处理；另一类是水厂所排出的生产废水在本厂处理，这又分两种情况，一是排泥水处理系统与净水厂同步建成投产；二是排泥水处理系统按流程分期建设，先建设调节工序的构筑物，例如先建设排水池，将滤池反冲洗废水经调节后回收利用。流程中的其他工序如浓缩、脱水预留用地，以后再建设。

目前，国内外大多数水厂的生产废水在本厂处理，送往厂外集中处理的极少。而且这些极少数又都是事出有因，例如，排泥水处理设施后建，没有预留用地，不得已送往厂外处理。

4.1.1 净水厂排泥水送往厂外处理

净水厂排泥水主要包括沉淀池排泥水、气浮池浮渣和滤池反冲洗废水。原水所携带的泥量主要包含在沉淀池排泥水和气浮池浮渣里，因此，送往厂外处理的净水厂排泥水主要是指沉淀池排泥水或浮渣，滤池反冲洗废水既可以与沉淀池排泥水一起都送往厂外处理，也可以在本厂内回收利用，不宜回收利用但符合相关排放标准的也可以排入下水道或附近公共水体。

《室外给水设计规范》GB 50013—2006 第 10.2.3 条指出："当水厂排泥水送往厂外处理时，水厂内应设调节工序，将排泥水匀质、匀量送出。"原厂内所设调节工序子工艺流程应与受纳水厂的接纳方式、排泥水处理所采用的工艺流程相适应。

1. 沉淀池排泥水和滤池反冲洗废水全部送往厂外集中处理

这种厂外集中处理也因不同的情况而采用不同的流程模式。一种是几个小水厂的排泥水输送到一个较大的水厂合并处理；另一种是几个水厂的排泥水合并处理，组成一个较大的排泥水处理厂。前一种流程模式在国内已有先例，后一种流程模式目前国内还没有先例。

(1) 几个小水厂的排泥水输送到一个较大的水厂合并处理。

例如，长沙市第三水厂规模 30 万 m^3/d，长沙市第八水厂规模 50 万 m^3/d，将第三水厂排泥水送入第八水厂合并处理。根据受纳水厂接纳厂外排泥水的方式，原厂调节工序可采用不同的子工艺流程。受纳水厂接纳原厂排泥水有两种方式，一种是将原厂排泥水引入受纳水厂水线，另一种是不经过水线，直接引入泥线。

1）原厂排泥水引入受纳水厂配水井，直接与原水混合。

原厂调节工序子工艺流程如图 4.1.1-1 所示，调节构筑物采用合建式综合排泥池。由于原厂的反冲洗废水与沉淀池排泥水混合后，沉淀池排泥水被稀释，与受纳水厂原水在配水井混合后，再一次被稀释。原厂排泥水对受纳水厂的影响分析如下：

① 对受纳水厂水量的影响

如果原厂与受纳水厂规模相同，原厂排泥水水量与受纳水厂原水水量之比值约为5%～10%，如果受纳水厂规模比原厂大，则比值更小。所占比例虽然不大，但是会引起受纳水厂絮凝沉淀池、滤池流量负荷的增加，特别是当原厂规模大，而受纳水厂为已建，且规模小时，或者是几个水厂的排泥水送入一个水厂进行处理，有可能引起冲击负荷。假设已建受纳水厂的生产过程自用水量系数为 k_0，原厂的生产过程自用水量系数为 k'_0，通过受纳水厂絮凝沉淀池的流量负荷为（$1+k_0$）Q，流量负荷系数为（$1+k_0$），假设受纳水厂配水井只接纳 1 个水厂的排泥水量，通过受纳水厂絮凝沉淀池的流量负荷为：

$$(1+k_0)Q+k'_0 Q_1$$

其流量负荷系数为：

$$\frac{(1+k_0)Q+k'_0 Q_1}{Q}=1+k_0+\frac{Q_1}{Q}k'_0 \tag{4.1.1-1}$$

式中 k_0——已建受纳水厂生产过程自用水量系数；

k'_0——原厂生产过程自用水量系数；

Q——已建受纳水厂规模，万 m^3/d；

Q_1——原厂规模，万 m^3/d。

从式（4.1.1-1）可以看出，已建受纳水厂絮凝沉淀池的流量负荷系数原为（$1+k_0$），当配水井受纳原厂的排泥水量时，流量负荷系数为$\left(1+k_0+\frac{Q_1}{Q_2}k'_0\right)$，当受纳水厂同时接纳几个水厂的排泥水时，其流量负荷系数为$\left(1+k_0+\frac{Q_1}{Q}k'_0+\frac{Q_2}{Q}k''_0+\cdots\cdots\right)$。

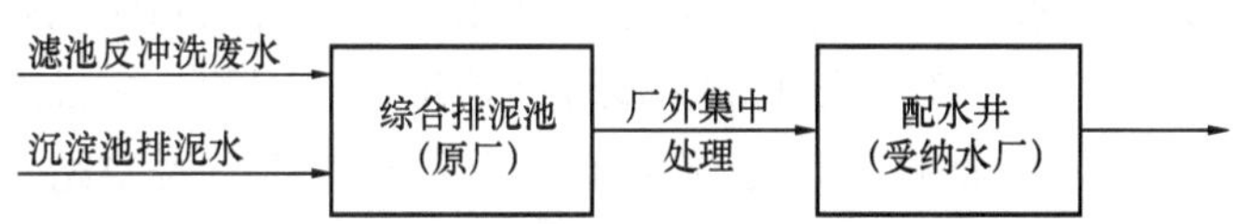

图 4.1.1-1 调节工序子工艺流程（一）

如果受纳水厂与原厂规模相同，即 $Q=Q_1$，受纳水厂絮凝沉淀池的流量负荷系数为（$1+k_0+k'_0$）。例如，已建受纳水厂和原厂的生产过程自用水量系数均为 5%，絮凝沉淀池的流量负荷系数均为 1.05，配水井受纳原厂的排泥水量后，流量负荷系数为：

$$1+k'_0+k_0=1+0.05+0.05=1.10$$

配水井受纳原厂的排泥水量后，絮凝沉淀池的流量负荷系数由原来的 1.05 变成了 1.10，絮凝沉淀池超负荷运行。当受纳水厂规模比原厂规模小时，或者是受纳水厂接纳多个水厂的排泥水量时，絮凝沉淀池流量负荷系数更大，超负荷运行的程度更严重。

如果要使受纳水厂不超负荷运行，有以下两个解决办法：

一是如果受纳水厂为新建水厂，则絮凝沉淀池、滤池的流量负荷系数应预先考虑配水井受纳原厂排泥水量这一因素，絮凝沉淀池、滤池的面积适当增加。例如新建水厂与原厂规模相同，水厂生产过程自用水量系数都是5%，则新建水厂絮凝沉淀池的流量负荷系数不是取1.05，而是取1.10。

二是减少取水量，减少的取水量等于原厂送入受纳水厂的排泥水量。以保持进入受纳水厂配水井的流量不变。若受纳水厂为已建水厂，则只能采用这一办法。

② 对受纳水厂原水水质的影响

原厂的沉淀池排泥水和滤池反冲洗废水在原厂综合排泥池混合后，综合排泥池排泥浓度可按式（2.7.3-6）～式（2.7.3-10）计算。原厂排泥水与受纳水厂原水在配水井混合后，原水浊度可按加权平均值计算：

$$C' = \frac{(1+k_0)QC + k'_0 Q_1 C_{Z2}}{(1+k_0)Q + k'_0 Q_1} \tag{4.1.1-2}$$

式中 C'——受纳水厂原水与原厂排泥水在配水井混合后的浓度，mg/L；

C_{Z2}——原厂排泥水浓度，mg/L；

C——受纳水厂原水浊度，mg/L。

式（4.1.1-2）是受纳水厂只接纳1个原厂排泥水的计算公式。原厂的排泥水量与受纳水厂的原水水量相比，虽然仅占5%左右，但由于悬浮物含量可达1000mg/L以上，对受纳水厂水线的水处理工艺会有一定的影响。

该工艺流程的优点是：

◆ 由于原厂排泥水采用综合排泥池调节，厂外排泥水输水管只需要1根。

◆ 由于引入受纳水厂配水井，不深入受纳水厂厂内。如果受纳水厂为已建水厂，避开了管道位置不容易安排的矛盾。且管道长度相对较短。

该工艺流程的缺点是：

◆ 前面提到，如果把水厂的一、二、三期排泥水量全部回流到一期，回流水量在空间上分布不均匀，该方案把排泥水量送入另一个水厂，回流水量在更大的空间上分布不均匀。如果受纳水厂为已建水厂，会引起受纳水厂的水处理构筑物超负荷运行，引起絮凝反应池停留时间缩短，沉淀池液面负荷增加，滤池滤速增加。因此，应采取相应措施应对。

◆ 把另一个水厂原水所携带的泥量沉淀下来后，又重新引入受纳水厂配水井，增加了原水浊度，投药量会有所增加。受纳水厂原水是低温低浊者例外，因为增加了凝聚核心，对受纳水厂反而有利。

◆ 如果原厂排泥水不仅悬浮物含量高，而且原水水质中有机物、藻类、隐孢子虫、贾第鞭毛虫等有害生物指标和铁、锰等重金属含量较高时，原厂排泥水的引入会引起这些有害指标的循环累积，增加了受纳水厂滤池堵塞和生物泄漏的风险，影响出水水质。

2）厂外排泥水引入受纳水厂排泥水处理系统。

如果受纳水厂排泥水处理调节构筑物采用分建式，则原厂的调节构筑物也相应采用分建式。

如图4.1.1-2所示，原厂沉淀池排泥水经原厂排泥池调节后，匀质匀量送入受纳水厂排泥池，原厂滤池反冲洗废水经原厂排水池调节后，匀质匀量送入受纳水厂排水池。

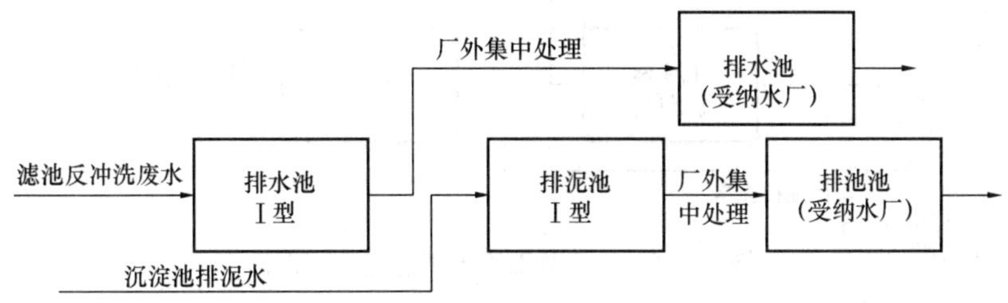

图 4.1.1-2 调节工序子工艺流程（二）

这一流程模式与前一流程模式相比，前者的优点正是后者的缺点。

(2) 几个水厂的排泥水合并处理，组成一个较大的排泥水处理厂。

这种方式主要发生在净水厂早已修建，规划未留排泥水处理用地，在厂外另选厂址兴建。如果受纳水厂调节构筑物采用分建式，则原厂的排泥水处理也应采用分建式，可采用如图 4.1.1-2 所示的子工艺流程。如果受纳水厂调节构筑物采用合建式，则受纳水厂也采用合建式。这种把几个水厂的排泥水合并处理，组成一个较大的排泥水处理厂，目前在国内尚无先例。

2. 沉淀池排泥水送往厂外处理，反冲洗废水排入下水道（见图 4.1.1-3）

原厂排泥水处理调节构筑物采用分建式，滤池反冲洗废水弃掉，只把沉淀池排泥水送往厂外处理，可以减轻输送负荷，可以少用一条管道。而且还可以降低受纳水厂的排泥水处理负荷和回流的不均匀性。

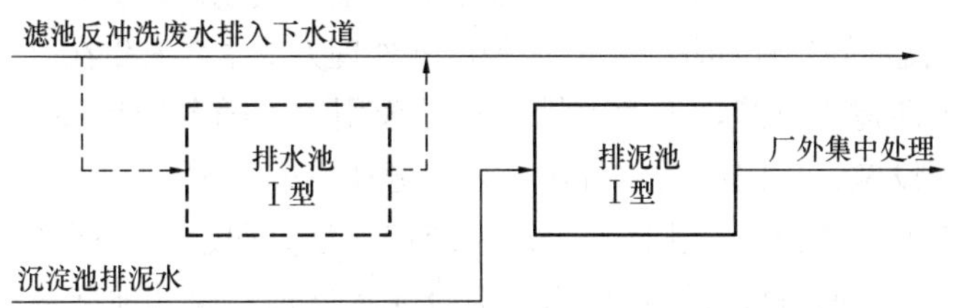

图 4.1.1-3 调节工序子工艺流程（三）

将滤池反冲洗废水直接排入城市下水道，或者经排水池Ⅰ型调节后再排出。有条件直接排入下水道的，可选择直接排入。由于反冲洗废水会造成冲击负荷，瞬时流量大，不经调节直接排入下水道，要考虑下水道的承受能力，经计算后确定。如果不经计算，随意就近排入下水道，有可能造成在反冲洗废水排入期间，污水从检查井里冒出来。严重的还会因壅水造成滤池反冲洗水头不足，反冲洗强度不够，反冲洗不均匀。核算污水管道的过流能力可按满流计算，计算负荷按设计污水流量加上反冲洗废水流量，如果通不过，就经排水池调节后将冲击负荷转化为均匀负荷再排出，减小进入下水道的反冲洗排水流量。如果还通不过，就要设专用管道将反冲洗废水引至能排走的地方。另外如果反冲洗废水直接排入下水道，还要核对雨季时污水是否回灌。

3. 沉淀池排泥水送往厂外处理，滤池反冲洗废水厂内回收利用（见图 4.1.1-4)。

原厂排泥水处理调节构筑物采用分建式，滤池反冲洗废水在原厂回收利用，只把沉淀

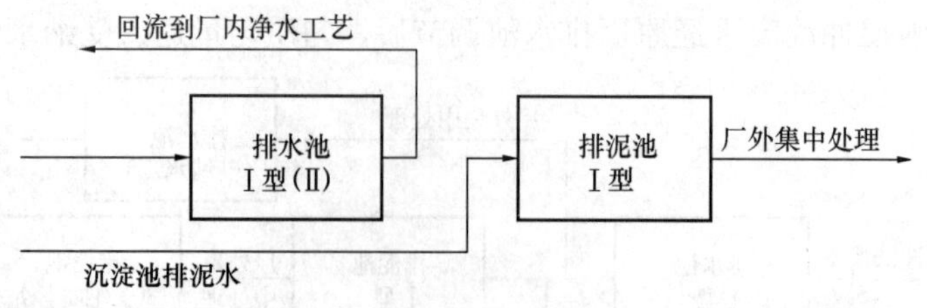

图 4.1.1-4　调节工序子工艺流程（四）

池排泥水送往厂外处理，可以减轻输送负荷，可以少用一条管道。而且还可以降低受纳水厂的排泥水处理负荷和回流的不均匀性。

图 4.1.1-4 所示工艺流程与图 4.1.1-3 基本相同，不同的是，图 4.1.1-3 是反冲洗废水排入城市下水道，而图 4.1.1-4 是反冲洗废水在原厂回收利用。两种流程共同点是只把沉淀池排泥水送往厂外其他水厂处理。受纳水厂接纳原厂排泥水也有两种方式，一是送入受纳水厂配水井，二是送入受纳水厂排泥水处理系统。

这两种受纳方式各有其优缺点，与 4.1.1.1 节中沉淀池排泥水和反冲洗废水全部送往厂外其他水厂合并处理相同，只是有量的区别。后者只有沉淀池排泥水，如果采用第一种接纳方式，引起受纳水厂净化构筑物超负荷虽然没有前者严重，但是沉淀池排泥水悬浮物含量高，达到 2000mg/L 以上。因此最好采用第二种受纳方式，把沉淀池排泥水直接送入受纳水厂排泥水处理系统。

排泥水送往厂外处理，目前在国内还很少，一般是在净水厂内建设排泥水处理设施，这样，排泥管道短，水头损失小，管理方便。还不会影响受纳水厂水处理工艺和出水水质，不会影响受纳水厂回流的均匀性和超负荷。这种厂外处理方式主要发生在以下几种情况：

(1) 净水厂先期建成投产，未考虑排泥水处理用地，随着城市环保要求的不断提高，再新建排泥水处理设施，厂内已无地可建，只能送往厂外处理。

(2) 净水厂先期建成投产，排泥水处理系统按流程分期建设，调节工序中排水池与净水厂同步建设投产，回收滤池反冲洗废水，但排泥水处理系统其他部分未建，虽然有预留用地，但由于长期不建，预留用地被征为他用。沉淀池排泥水只能送往厂外处理。

(3) 两水厂相距较近，或者是净水厂规模小，排泥水处理规模也小，单建一个排泥水处理系统从经济上、日常运行管理上都不如送往厂外集中处理，或送往另一个大水厂合并处理合算。例如，长沙市第三水厂规模 30 万 m^3/d，长沙市第八水厂规模 50 万 m^3/d，将第三水厂排泥水送入第八水厂合并处理。

由于几个小水厂的排泥水输送到一个较大的水厂合并处理，如果排泥水在受纳水厂回收利用，则回流水的分布在空间上形成非均匀回流模式，有可能造成冲击负荷，影响受纳水厂的出水水质。因此，应尽可能在原厂内建设排泥水处理系统。如果不得已而为之，受纳水厂在设计上要注意以下两点：

(1) 受纳水厂厂内排泥水处理采用均匀回流模式，在时间分布上 1 日 24h 连续均匀回流。在空间分布上按各期水量比例分配本厂和厂外的回流水量。

(2) 在净水厂净化构筑物的设计上，按宽容度使絮凝池的停留时间、沉淀池的液面负荷、滤池的滤速等设计参数在取值上留有一定的余量。使回流水量（包括厂外排泥水形成的回流水量）通过净化构筑物时所形成的超负荷量在设计人认可的宽容度范围内。

《室外给水设计规范》GB 50013—2006 第 10.2.3 条指出："当水厂排泥水送往厂外处理时，水厂内应设调节工序，将排泥水匀质、匀量送出。"有些情况还设置浓缩工序，主要原因是：

（1）排泥水的瞬时流量很大，在厂内经调节后，按平均流量连续均匀输送，输泥管直径和水泵容量可以减小，不仅可以降低工程投资，还可以减小对电负荷的冲击。

（2）生产废水经调节后，再进行一定程度的浓缩，可减小污泥体积，不仅可进一步减小输泥管直径，而且还因浓缩后，污泥体积大幅度减小，输送流量小而降低日常电耗，降低输送成本。若污泥用罐车输送，则污泥体积减小，意义更大。是否设浓缩工序，要根据具体情况和通过技术经济比较后确定。

（3）可回收利用部分生产废水，节约宝贵的水资源。对于长距离输水，还能降低制水成本。

（4）厂外处理设施接受均匀负荷，不需要再建设调节设施。

4. 净水厂排泥水送往污水处理厂与污水合并处理

净水厂排泥水直接排入城市下水道，与城市生活污水在排水管道中混掺一并进入污水处理厂进行处理。如图 4.1.1-5 所示。

图 4.1.1-5　调节工序子工艺流程（五）

净水厂排泥水排入下水道，然后进入二级污水处理厂进行生物处理，须执行《污水综合排放标准》GB 8978—1996，悬浮物 SS 含量不能超过 400mg/L。沉淀池排泥水平均悬浮物含量远超过 400mg/L，只有滤池反冲洗废水平均悬浮物含量较低，一般小于 400mg/L。如果滤池反冲洗废水回收利用，仅沉淀池排泥水排入下水道，则违反了《污水综合排放标准》GB 8978—1996 的规定。只有沉淀池排泥水与滤池反冲洗废水相互掺合经合建式综合排泥池Ⅰ型匀质匀量排放，才有可能达到《污水综合排放标准》GB 8978—1996 的要求。两股生产废水混掺后的悬浮物含量可按式（2.7.3-6）～式（2.7.3-10）计算。

据有关资料报导，国内东江水务有限公司的专家学者做了净水厂沉淀池排泥水、污水处理厂絮凝沉淀池排泥水和上述两者按一定比例混合后的混合排泥水的沉降性能试验。探讨净水厂沉淀池排泥水与污水处理厂絮凝沉淀池排泥水混合后共同处理的可行性。试验结果表明，净水厂沉淀池排泥水的沉淀属于成层沉淀，形成明显的泥水界面。污水处理厂絮凝沉淀池排泥水与净水厂沉淀池排泥水混合后可以明显提高其沉降性能，即混合排泥水的沉降性能比污水处理厂絮凝沉淀池排泥水好，尤其是沉淀初期，效果更加明显。

美国在 1969 年前有 8.3%的净水厂采用将排泥水排入城市下水道的方法进行处置。并进行了中试研究，试验结果表明净水厂排泥水与城市污水混合，对污水处理厂污水和污泥处理并无明显的不利影响，相反在某些方面还有一定的促进作用。试验结果还表明，净水厂的无机污泥与污水处理厂的有机污泥混合后，极大地降低了初沉池中有机物含量，使污泥变得更容易沉降，使大部分污泥在初沉池中沉淀下来。另据一些文献记载，加入给水污泥还能提高污水中磷的去除率，因为污水处理厂的化学除磷也是依靠投加药剂来实现，而净水厂排泥水中含有这类药剂，因此能提高磷的去除率。污水处理以有机物为主，而净水厂排泥水以无机物为主，两者混合，在某些方面可以互补。但是净水厂排泥水的特性各异，并不一定所有净水厂排泥水与污水混合后，其影响都是有利的，也存在以下问题，需认真考虑。

（1）要考虑净水厂沉淀池排泥水和滤池反冲洗废水所增加的负荷对污水处理工艺的影响。例如，有可能使生化池和二沉池超负荷运行，而影响处理效果。特别是一些污水处理厂不设初沉池，直接进入生化池和二沉池，生化池和二沉池在设计上又没有考虑这部分负荷。

（2）如果直接排入下水道，要考虑下水道的承受能力及是否会产生堵塞，溢出地面。否则，应建专门的压力输送管道。

（3）将净水厂中含大量 $Al(OH)_3$ 絮体的排泥水送入污水处理系统，由于 $Al(OH)_3$ 絮体的亲水性和黏性，增加排泥水浓缩和污泥脱水的难度。因此，在采用这种方法之前，应充分评价这种混合污泥的特性，或进行小型试验后确定。

4.1.2 净水厂排泥水厂内处理

4.1.2.1 分期建设，先建排水池和排泥池

一些水厂的排泥水处理系统按流程分期建设，先建调节构筑物排水池和排泥池，回收利用滤池反冲洗废水，浓缩工序和脱水工序预留用地；沉淀池排泥水临时排入附近河流。这种按流程分期建设方式可分为以下几种，如图 4.1.2-1～图 4.1.2-3 所示。

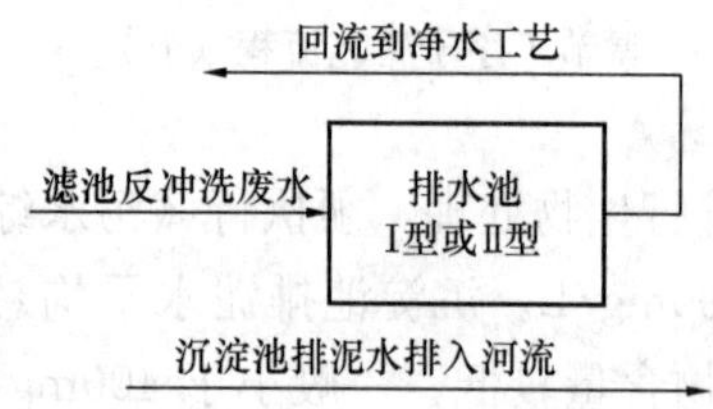

图 4.1.2-1 净水厂排泥水厂内处理子工艺流程（一）

（1）图 4.1.2-1 表示滤池反冲洗废水排入排水池Ⅰ型或Ⅱ型，排水池Ⅰ型设有扰流设备进行均质，如潜水搅拌机，一般不会产生沉淀，无需设沉泥取出设施。只设回流水泵将反冲洗废水匀质匀量回流到水厂净化工艺中去。排水池也可设计成带沉淀功能的Ⅱ型，反冲洗废水在排水池中静沉一段时间，可以去除一部分浊质，上清液均匀回流到净水工艺中去，重复利用，底泥由潜污泵或靠重力不定期排入附近公共水体或城市下水道。并留有排泥水处理系统全部建成后，接入排泥池的条件。由于池中不加扰流设备，排水池Ⅱ型只能调量，不能均质，Ⅱ型适合于需要去除一部分浊度和其他污染物的情况，但效果不如单一沉淀功能的普通沉淀池好。因为排水池Ⅱ型虽有沉淀功能，但还是以调节功能为主。

沉淀池排泥水直接排入附近大江大河。

（2）图 4.1.2-2 表示反冲洗废水排入排水池Ⅰ型或Ⅱ型，经排水池调节后回流到净水工艺中去，沉淀池排泥水进入排泥池Ⅰ型，经排泥池Ⅰ型调节后，排入附近大江大河。与图 4.1.2-1 不同的是沉淀池排泥水不是直接排入附近受纳水体，而是经排泥池Ⅰ型调节后，再排入受纳水体。这种情况主要发生在以下两种情况：一是排泥水头不够，需要提升才能排入受纳水体；另一种情况是匀质匀量排出，减小流量，缩小排泥管径。

（3）图 4.1.2-3 表示反冲洗废水排入排水池Ⅰ型，经过沉淀池或其他设施进一步处理后回收利用；沉淀池排泥水排入附近大江大河，没有条件直接排放的，也可像图 4.1.2-2 那样，经排泥池Ⅰ型调节提升后，排入大江大河。图 4.1.2-3 所表示的方式与前两种方式

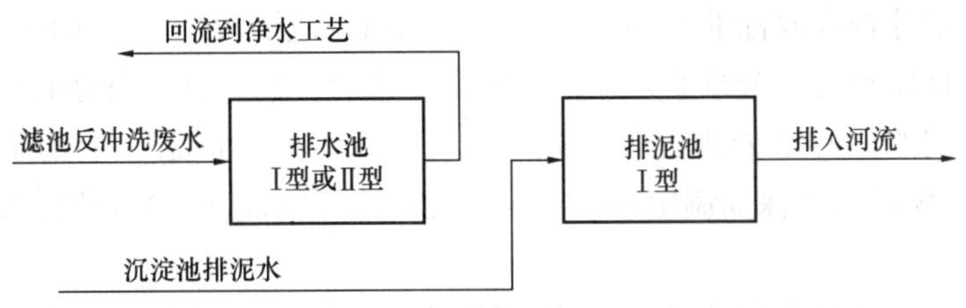

图 4.1.2-2　净水厂排泥水厂内处理子工艺流程（二）

不同点在于滤池反冲洗废水经排水池Ⅰ型调节后，又经过更为复杂的处理，再回流到净水工艺中去。例如，经过沉淀池，或者是气浮池，或者是膜处理。以避免锰、有机物等物质因回流循环累积而引起水质恶化，避免藻类等水生物发生时因回流循环而引起滤池堵塞。

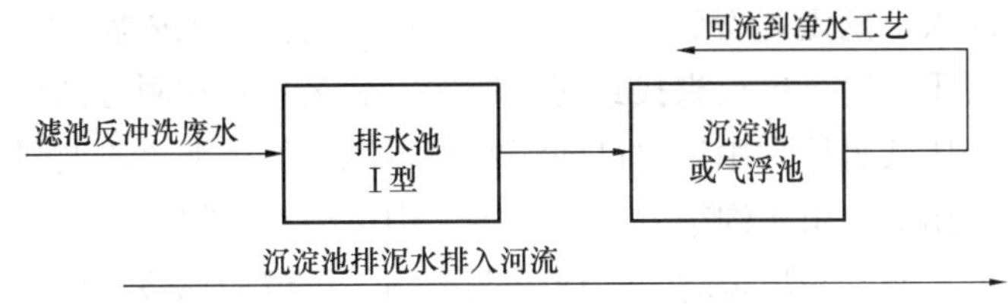

图 4.1.2-3　净水厂排泥水厂内处理子工艺流程（三）

图 4.1.2-1～图 4.1.2-3 所表示的净水厂排泥水厂内处理子工艺流程，滤池反冲洗废水都是回收利用，除此之外，还应留有弃掉不用，排入附近水体和城市下水道的条件，作为备用，当短期内原水水质差，处理不合算时，可以弃掉不用。大多数采用前两种，很少采用图 4.1.2-3 所表示的工艺流程。

图 4.1.2-1～图 4.1.2-3 所表示的分期建设，先建排水池和排泥池，回收利用滤池反冲洗废水，浓缩工序和脱水工序预留用地；这种按流程分期建设，把沉淀池排泥水临时排入附近河流的做法虽然违反了《污水综合排放标准》GB 8978—1996 的规定，但这种按流程分期建设的做法在以前比较普遍，现在也有。特别是靠近大江大河的水厂，采用图 4.1.2-1、图 4.1.2-2 所示处理方式的较多。一些水厂由于距离大江大河较近，水资源丰富，反冲洗废水也不回收利用，连同沉淀池排泥水直接排入河流。经过多年的实践，这种做法也并未引起污染及河道堵塞。因为净水厂排泥水污染物成分大部分是泥沙之类的无机物，对水体的主要危害是淤积、堵塞河道，一般不会产生污染。对于大江大河，河流流速大，流量大，水流携带泥沙的能力强，水体混合、稀释、自净能力强，将排泥水排入河道，既不会产生污染，也不会淤积、堵塞河道。当然，这么做，首先应进行环境评价。不是任何一条小河沟都可以。

《污水综合排放标准》GB 8978—1996 所涵盖的范围，污染物成分复杂，大部分是有机污染，污染程度较重，其污染程度不能与净水厂排泥水相提并论。而该标准中“其他排污单位”涵盖了净水厂排泥水在内的一些尚未制定污水排放行业标准的排污单位，这些单位悬浮物 SS 不可能像净水厂排泥水那样单纯，其组成可能是污染较重的有机颗粒，该标准参照其他排污单位中污染最重的污水组成制定排放标准，来限制其排放量。因此，利用《污水综合排放标准》GB 8978—1996 来限制净水厂排泥水排入大江大河，似乎理由不够充分。由于《污水综合排放标准》GB 8978—1996涵盖范围较广，适用的行业多，污染物成分复杂，因此具体到每一个行业，并不一定完全适合，因此许多其他行业都制定了本行业的排放标准，例如，污水处理方面已制定了《城镇污水处理厂污染物排放标准》GB 18918—2002。建议国家环保局制定一个适合净水厂排泥水排放的行业标准《净水厂排泥水排放标准》。

分期建设，先建排水池和排泥池，回收利用滤池反冲洗废水，沉淀池排泥水排入附近水体，浓缩工序和脱水工序预留用地；这种按流程分期建设的方法虽然在一些水厂已经实行多年，但从多年的运行管理实践上看，除了受纳水体是大江大河外，不宜采用按流程分期建设这种模式。例如北京市田村山水厂和北京燕化田村水厂，开始只建了排水池，即回流水池，将反冲洗废水回收利用，沉淀池排泥水排入水厂附近的一个砂石坑，泥填充到一定程度后，用挖泥船人工挖走，费钱费时费力。而且这种未经浓缩、脱水的污泥体积很大，流动性好，不便于运输，也很难找到受纳场地。后来只能在附近的山坡上建设排泥水处理设施。又如驻马店某水厂采用先建设回流水池，沉淀池排泥水临时排入附近一条小沟渠，预留排泥水处理用地。由于沟渠太小，产生了沟渠淤积、堵塞，需要人工清理。并且还降低了排泥水头，堵塞淤积厉害时，造成排泥不畅。预留的那块排泥水处理用地后来也没保住，被征为他用。

4.1.2.2　排泥水处理系统与水厂同步建成投产

随着国内环境保护要求的不断提高，净水厂排泥水处理已逐步被认可和接受。目前，一般都是新建的水厂与排泥水处理系统同步建成投产。这种随同净水厂一次建成投产的模式，其调节工序的子工艺流程有以下几种形式。

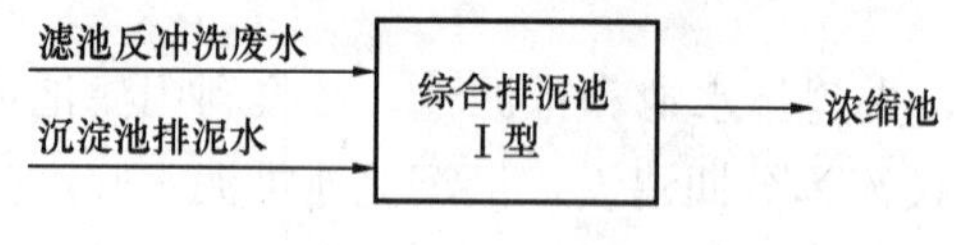

图 4.1.2-4　合建式（一）

1. 合建式

（1）如图 4.1.2-4 所示，滤池反冲洗废水和沉淀池排泥水都排入综合排泥池Ⅰ型，经扰流设备匀质匀量后，送入下一工序浓缩池。

这种流程模式的优点就是合建式的优点，其缺点就是合建式的缺点，前面已有详细论述。其最大的缺点是沉淀池排泥水和滤池反冲洗废水污泥浓度差别大，沉淀池的排泥浓度被稀释了，而且进入浓缩池的水量比分建式还多了反冲洗水量，使浓缩池的浓缩效果大幅度降低，因此一般不推荐这种流程模式。但对于规模较小的排泥水处理，或者是送往厂外处理，也可以采用这种流程模式。

在国内已建排泥水处理中，采用这种流程模式的有保定中法供水有限公司、上海闵行一水厂等。保定中法供水有限公司设综合排泥池接纳沉淀池排泥水和滤池反冲洗废水，池底安装穿孔曝气管扰流均质。

（2）如图 4.1.2-5 所示，滤池反冲洗废水和沉淀池排泥水都排入综合排泥池Ⅰ型，经扰流设备匀质匀量后，送入沉淀池或浓缩池，上清液回收利用，底泥送入浓缩池。

由于沉淀池排泥水和滤池反冲洗废水污泥浓度差别大，沉淀池的排泥浓度被稀释了，而且进入浓缩池的水量比分建式还多了反冲洗水量，使浓缩池的浓缩效果大幅度降低，为了提高进入浓缩池的污泥浓度，在进入浓缩池之前，增加一级沉淀或浓缩。例如，广州市西洲水厂和深圳市梅林水厂均在调节池与浓缩池之间增加了一个平流式沉泥池，平流式沉淀池上清液回收利用，底泥送入浓缩池。这样就提高了进入浓缩池的污泥浓度，减少了进入浓缩池的水量。西洲水厂设调节池（综合排泥池Ⅰ型）1座，接纳滤池反冲洗废水和沉淀池排泥水，在调节池四角和中部共安装了5台水下搅拌机，24h连续运转，以防止污泥沉积，池内安装了4台潜水泵，将混合均匀后的泥水提升至平流式沉泥池；平流式沉淀池3座，每座尺寸为48.6m×10m×4m，每座沉淀池安装1台泵吸排泥车。

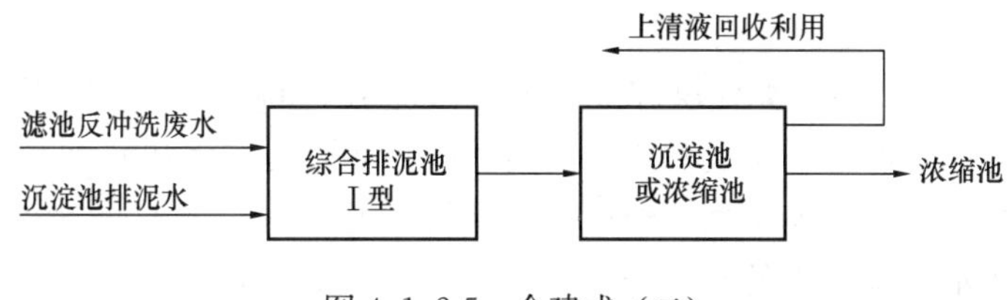

图 4.1.2-5 合建式（二）

（3）如图 4.1.2-6 所示，滤池反冲洗废水和沉淀池排泥水都排入综合排泥池Ⅱ型，上清液回收利用，若上清液水质不符合要求，也可实行进一步处理后回用，如果经技术经济比较不合算，亦可弃掉。底泥送入下一工序浓缩池。

综合排泥池Ⅱ型即在综合排泥池Ⅰ型中增加浮动槽，虽然比综合排泥池Ⅰ型好，但由于综合排泥池Ⅰ型中，沉淀池排泥水受到了反冲洗废水的稀释，且反冲洗废水进入综合排泥池，冲击性较大，影响浓缩效果，因此，目前尚无使用先例。

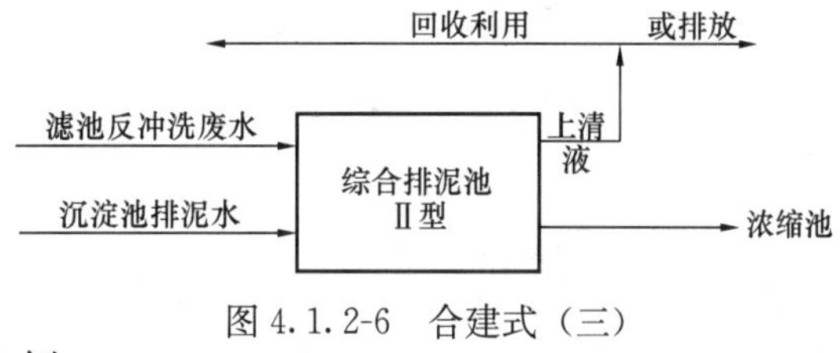

图 4.1.2-6 合建式（三）

2. 分建式

（1）前面提到，采用合建式排泥池的最大缺点是沉淀池排泥水被滤池反冲洗废水稀释了，进入浓缩池的泥水不仅浓度低，而且水量大，为了克服这一缺点，单独对滤池反冲洗废水进行浓缩，上清液回收利用，底泥送入排泥池，这样就提高了进入排泥池的污泥浓度，减少了进入排泥池的水量。这就要求调节构筑物采用分建式，单独对反冲洗废水进行浓缩。

如图 4.1.2-7 所示，上海某水厂排泥水处理调节池采用分建式，滤池反冲洗废水进入排水调节池（排水池Ⅰ型），经过排水池调节后，匀质匀量送入浓缩池 No.1，对反冲洗废

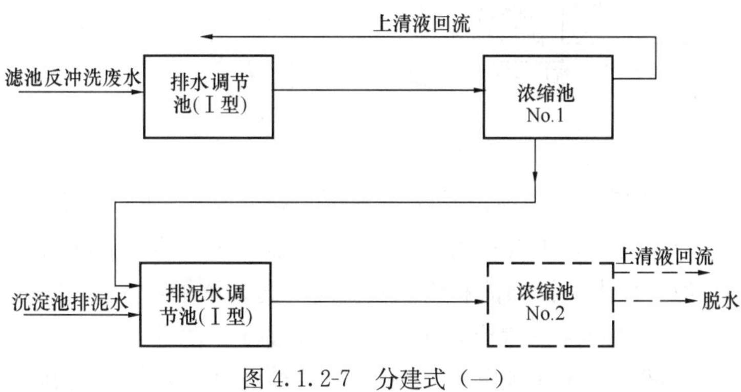

图 4.1.2-7 分建式（一）

水进行浓缩，浓缩池 No.1 上清液回流与原水混合，回收利用；浓度较高的底流送入排泥水调节池（排泥池Ⅰ型）与沉淀池排泥水在其中混合，经排泥池匀质匀量后送入浓缩池 No.2，该浓缩池上清液也是送入水线与原水混合，回收利用，底泥送入脱水环节平衡池。由于反冲洗废水污泥平均浓度较低，含固率在 0.1%以下，经浓缩池 No.1 浓缩后，浓度还很低，因此浓缩池 No.1 的底流送入排泥水调节池与沉淀池排泥水混合后，继而进入浓缩池 No.2 进行二次浓缩。

(2) 如图 4.1.2-8 所示，滤池反冲洗废水进入排水池Ⅰ型，经过扰流设备均质后，回流到净水厂水线与原水混合，重复利用。同时留有排入附近水体和城市下水道的可能性。

沉淀池排泥水排入排泥池Ⅰ型，经扰流设备匀质匀量后，送入下一个工序浓缩池。例如大连市沙河口净水厂排泥水处理调节工序就采用这一工艺流程。滤池反冲洗废水经排水池Ⅰ型调节后，由回流泵提升至配水井。沉淀池排泥水排入污泥调节池（即排泥池Ⅰ型），排泥池设 2 台潜水搅拌器，防止污泥沉积。

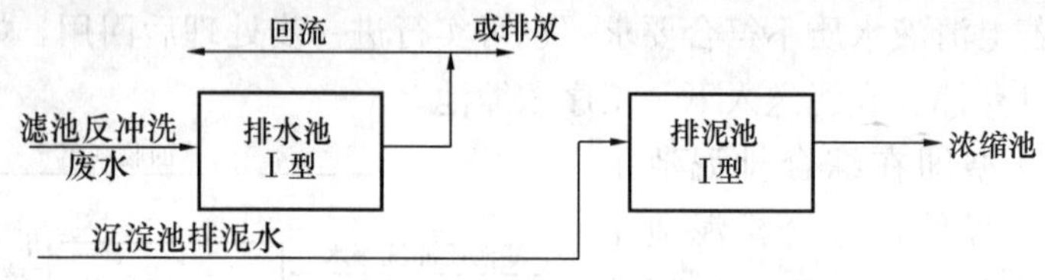

图 4.1.2-8 分建式（二）

(3) 如图 4.1.2-9 所示，滤池反冲洗废水进入排水池Ⅰ型，经过扰流设备均质后，回流到净水厂水线与原水混合，重复利用。沉淀池排泥水排入排泥池Ⅱ型，排泥池Ⅱ型具备沉淀浓缩功能，上清液回流；经初步浓缩后的排泥池底流均匀送入浓缩池。如果排泥池Ⅱ型上清液水质不符合回用要求，可排入附近水体或城市下水道。排泥池Ⅱ型上清液回流路径可先回流到排水池，与滤池反冲洗废水混合均质后再回流到水线与原水混合，这一路径的优点是回流管道相对较短，排泥池上清液和排水池出流由排水池统一集中回流，回流的均匀性和连续性容易控制和得到保证。其缺点是进入排水池的水量多了上清液，扰流设备耗能也大了。另一路径是直接回流到配水井，但这一路径回流管道相对较长，管线交叉多。而且上清液一般不能自流进入配水井，还需要另建提升泵房。

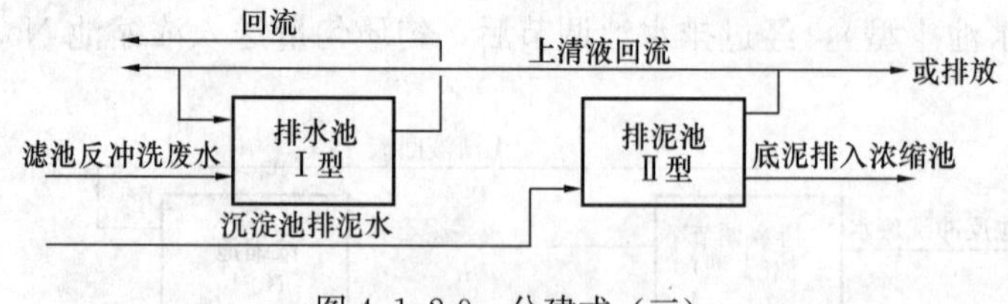

图 4.1.2-9 分建式（三）

(4) 如图 4.1.2-10 所示，滤池反冲洗废水进入排水池Ⅱ型，Ⅱ型具有沉淀作用，上清液回流到水线与原水混合，重复利用，底泥不定期送入排泥池Ⅱ型；沉淀池排泥水排入排泥池Ⅱ型，排泥池Ⅱ型上清液回流利用，底流均匀送入浓缩池。排泥池上清液回流路径一是直接送入水线配水井与原水混合，另一条是送入排水池Ⅱ型，与滤池反冲洗废水混合，这条路径的缺点是进入排水池Ⅱ型的水量多了排泥池上清液，对排水池Ⅱ型沉淀不利。优点是排泥池Ⅱ型上清液进入排水池Ⅱ型，其上清液回流可以共用一个提升泵房，而且回流管道短。如果排水池和排泥池分别设水泵提升回流，如果水泵扬程接近，排水池和排泥池上清液可以共用一根出水管，可节省管道长度和缓解厂平面路由紧张的困难。排水池Ⅱ型以调节功能为主，沉淀浓缩功能不强，适合用在要求去除一部分回流水浊度和其他杂质的地方，如果要求去除得比较彻底，不宜采用这种流程模式。北京市第九水厂排泥水处理调节工序就采用这种流程模式，后来对回流水水质要求的不断提高，又在上述流程模式基础上对滤池反冲洗废水，排泥池和浓缩池上清液增加了膜处理。使回流水水质进一步提高。

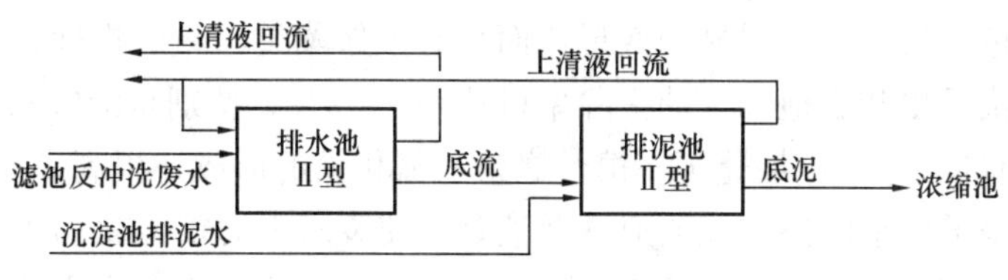

图 4.1.2-10　分建式（四）

该方案的优点是排水池和排泥池均采用Ⅱ型，上清液回收利用，进入下一工序浓缩池的水量大幅度减少，进入浓缩池的污泥浓度也提高了，有利于提高浓缩池的浓缩效果。排泥池Ⅱ型目前采用浮动槽排泥池，北京市市政工程设计研究总院已在一些工程中成功应用。排水池Ⅱ型也可采用浮动槽排水池形式，两者构造相同，只是容积大小有所区别。对于滤池个数少，反冲洗时间间隔在 3h 以上的，也可采用静沉一段时间。排水池Ⅱ型和排泥池Ⅱ型具体做法在后面章节专门论述。

（5）如图 4.1.2-11 所示，滤池反冲洗废水进入排水池Ⅰ型，经过调节，进一步处理后上清液回流，底泥送入下一工序浓缩池，如果底泥浓度不高，又离排泥池近，也可送入排泥池Ⅱ型。沉淀池排泥水进入排泥池Ⅱ型，上清液回收利用，如果上清液不符合回流水水质要求，也可送入排水池与反冲洗废水混合，实行进一步处理。也可排放弃掉。底流送入下一工序浓缩池。

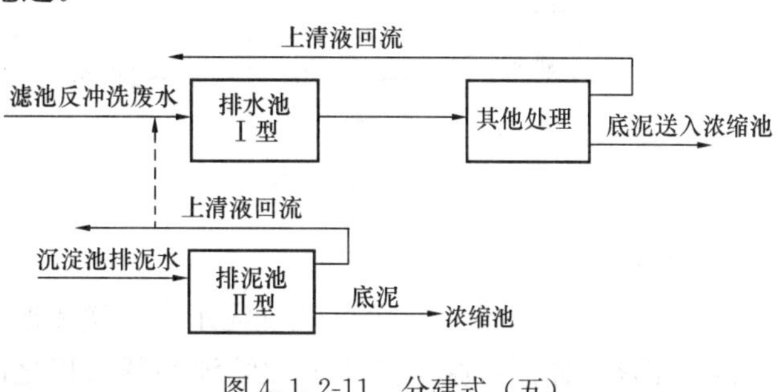

图 4.1.2-11　分建式（五）

对反冲洗废水实行进一步处理主要用于以下情况：

1）回流水中含有金属离子铁、锰。为了避免引起铁、锰、有机物因长时间回用而循环累积引起水质恶化。

2）为了避免藻类等生物发生时，因回流而循环累积引起滤池阻塞和臭气的循环累积。避免贾第鞭毛虫和隐孢子虫长时间回用而富集。

3）直接过滤或者是虽设有沉淀池，原水一年中大部分时间低浊而采用直接过滤，在这种情况下如果经排水池Ⅰ型调节后回用，则反冲洗废水的浊度无出路，所有浊度、有害物质都会产生循环累积而破坏直接过滤。若采用排水池Ⅱ型，则反冲洗废水在其中的静沉时间应在 30min 以上，这种方式虽然简单，但去除率有限，是否可行，要经过试验后确定。

4）如果水资源十分缺乏，而回收利用须实行进一步处理，则回收利用须进行技术经济比较。如果原水水量充沛，处理费用高于原水费用，则可选择弃掉。

对反冲洗废水实行进一步处理的手段可采用沉淀、气浮、超滤膜等方法。如果要去除回流水中的浊度、色度、藻类、贾第鞭毛虫和隐孢子虫等生物以及铁、锰等物质，采用气浮是一种比较好的方法，因为采用一般的沉淀法很难去除色、嗅、藻类及某些有机杂质，而采用气浮法，由于释放出来的大量微气泡对水体产生曝气充氧作用，增加水中的溶解氧，不仅对去除色、嗅、味有明显的效果，而且对去除藻类、两虫指标、铁、锰也有较好的效果。对贾第鞭毛虫和隐孢子虫的去除率可达到 99.9%。特别是溶气水中的过饱和溶解氧，提高了 COD 的去除率，加速了不溶性高价氢氧化铁的形成，提高了铁锰的去除效果。据一些技术文献报道，采用投加硫酸亚铁及液碱，使废水中的重金属离子生成金属氢氧化物的共凝聚法来处理多种重金属离子废水，具有效率高、体积小、成本低、污泥浓缩率高等特点。

目前国内对滤池反冲洗废水回收利用大多数是直接回用，经过进一步处理再回流的例子不多，北京市第九水厂建了一座膜处理回流水工程，规模 7 万 m^3/d，包括砂滤池、炭吸附池反冲洗废水，浓缩池上清液。

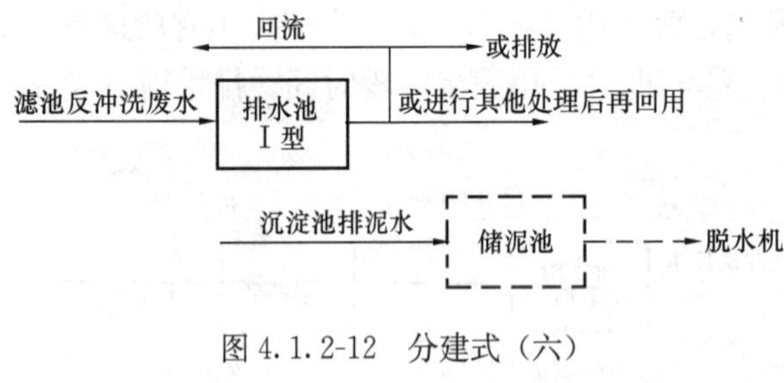

图 4.1.2-12　分建式（六）

(6) 如图 4.1.2-12 所示，滤池反冲洗废水排入排水池Ⅰ型，经调节后回流至净水工艺重复利用；如果回流水水质不符合要求，可进行其他处理后再回收利用；经济上不合算，也可排放。沉淀池排泥水直接送入脱水机前储泥池，储泥池里设有潜水搅拌器，因此储泥池相当于排泥池Ⅰ型。

图 4.1.2-12 所示流程，沉淀池排泥水直接送入脱水机前储泥池，中间省略了调节和浓缩两道工序。储泥池原本是调节浓缩池和脱水机之间的变化，由于取消了浓缩这一环节，因此把原调节工序的排泥池与脱水环节的储泥池合并，在容积上用排泥池代替储泥池，但在位置上要靠近脱水机，放在脱水机房储泥池的位置上，即在原储泥池的位置上把储泥池容积扩大成排泥池。如果排泥池容积大，没有合适的位置，也可以增加一级排泥池Ⅰ型，脱水机前仍设平衡池，只取消浓缩池。

采用这一流程的前提条件：一是脱水机选型要得当，选用板框压滤机和离心脱水机；二是沉淀池排泥水排泥浓度要满足最低进机浓度要求，即排泥水浓度含固率不小于 1%。因此要选择排泥浓度较高的沉淀池。例如，法国德里满公司的高密度沉淀池，沉淀池排泥浓度能达到含固率 1%，气浮池的浮渣浓度能达到含固率 3%。对于其他形式的沉淀池排泥浓度都远小于 1%，特别是采用桁架式吸泥机的平流式沉淀池，虽然泥区容积大，但由于是平底，泥层厚度薄，浓缩性能差，加之吸泥时，容易与上层清水混掺，排泥含水率达到 99.9%及以上。像这种情况，取消浓缩池是不行的。

北京市第三水厂排泥水处理设计规模 15 万 m^3/d，沉淀池采用法国德里满的高密度沉淀池，沉淀池排泥水直接进入脱水工序储泥池，脱水机投料泵螺杆泵从储泥池吸泥送入离心脱水机。北京市第三水厂排泥水处理见图 4.1.2-14。

图 4.1.2-12 所示流程的优点是：取消了排泥池和浓缩池，简化了排泥水处理工艺流程，减小了占地面积。但也存在以下缺点：

1）经浓缩池浓缩后的污泥，污泥浓度一般能达到含固率 3%，取消排泥池和浓缩池两个环节，沉淀池排泥水直接进入脱水工序，污泥进机浓度一般只能达到含固率 1%，同样的干泥量，湿污泥体积是前者的 3 倍，脱水机前的储泥池容积要大幅度增加，如果储泥池放在脱水机厂房里，会增加厂房的面积。

2）由于进机浓度低，脱水机台数会有较大幅度的增加。

(7) 以上是水线采用常规处理工艺，若水线采用臭氧活性炭深度处理工艺，而且排放初滤水，如果滤池反冲洗废水符合回流水水质要求，则砂滤池初滤水、炭滤池反冲洗废水、炭滤池初滤水可以和砂滤池反冲洗废水混掺在一起回用。如果砂滤池反冲洗废水需要进一步处理后才能回用，则排泥水处理调节工序可采用如图 4.1.2-13 所示的子工艺流程，将两者分开回流，砂滤池反冲洗废水单独排入 1 号排水池（Ⅰ型），经过调节实行进一步处理后上清液回收利用，进一步处理可以是沉淀浓缩，或者是其他处理，如膜处理等。底泥排放有两条途径，一是底泥直接排入浓缩池；二是底泥排入排泥池Ⅱ型，与沉淀池排泥水混合后进行初步浓缩，然后再排入浓缩池。这样，只需要建一个提升泵房。如果原水水量充沛，反冲洗废水进一步处理成本高，也可弃掉，排入附近水体。

由于砂滤池初滤水、炭滤池反冲洗废水、炭滤池初滤水水质一般都比砂滤池反冲洗废水水质好，一般都符合回用要求，在砂滤池反冲洗废水水质不符合回用要求的情况下，单独排入 2 号排水池（Ⅰ型），经过调节后回收利用。

沉淀池排泥水进入排泥池Ⅱ型，上清液回收利用，如果上清液不符合回流水水质要求，也可排放弃掉。底流送入下一工序浓缩池。

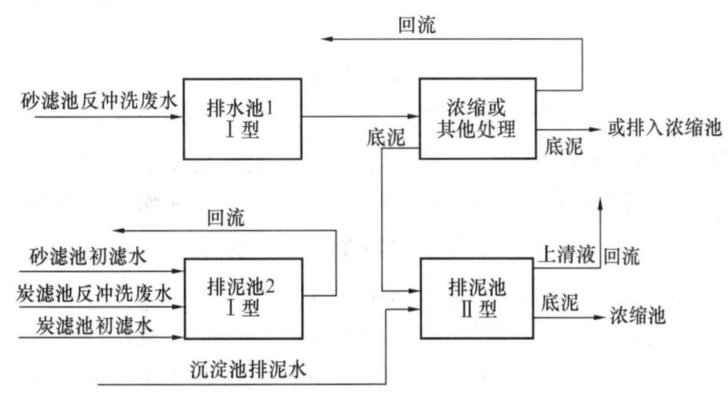

图 4.1.2-13　分建式（七）

如果炭滤池放在沉淀池之后，砂滤池之前，砂滤池用来防止生物泄漏，则炭滤池反冲洗排水应较砂滤池反冲洗排水优先实行进一步处理。

北京市第三水厂设计规模 15 万 m^3/d，设有臭氧活性炭深度处理。排泥水处理系统中V型砂滤池的反冲洗废水流入废水回收池，池中设有潜水搅拌机，相当于排水池Ⅰ型，经调节后匀质匀量提升送入一小型高密度沉淀池进行初步浓缩后，上清液回流至净水工艺与原水混合，重复利用，小型高密度沉淀池底泥送入污泥混合池，在其中与水线沉淀池排泥水混合，水线的沉淀构筑物选型也是采用高密度沉淀池。该工程分别在水线采用高密度沉淀池对原水进行沉淀，泥线采用小型高密度沉淀池对砂滤池反冲洗废水进行浓缩。

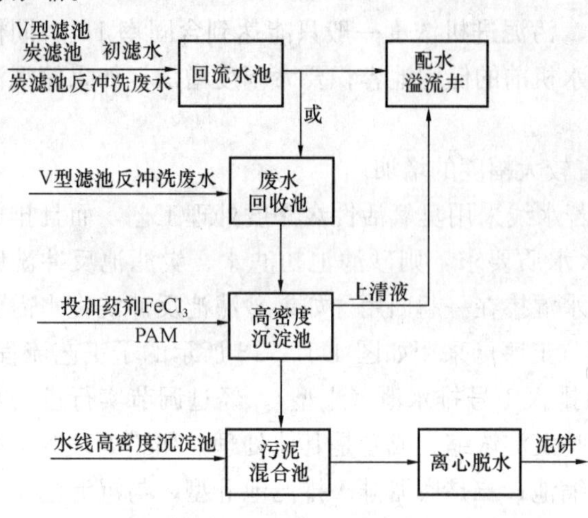

图 4.1.2-14 北京市第三水厂排泥水处理工艺流程

砂滤池初滤水、炭滤池反冲洗废水、炭滤池初滤水排入回流水池，设导流墙进行水力混合，相当于排水池Ⅰ型，经排水池Ⅰ型调节后，匀质匀量回流至净水工艺与原水混合，重复利用。北京市第三水厂排泥水处理流程如图 4.1.2-14 所示。

北京市第三水厂调节工序子工艺流程图 4.1.2-14 是图 4.1.2-13 所示子工艺流程的部分应用，其中废水回收池接纳V型滤池反冲洗废水，相当于1号排水池；回流水池接纳初滤水和炭滤池反冲洗废水，相当于2号排水池。

以上列举了排泥水处理调节工序的几个基本流程，可根据具体情况，增加或减少某一环节，灵活运用，使采用的流程更符合实际。

3. 调节工序子工艺流程讨论

(1) 图 4.1.2-5 所示子工艺流程调节构筑物采用合建式综合排泥池，由于沉淀池排泥水受到了滤池反冲洗废水的稀释，为了提高进入下一工序浓缩池的污泥浓度，在综合排泥池和浓缩池之间增加了一级浓缩池或沉淀池。

图 4.1.2-7 所示子工艺流程调节构筑物采用分建式，为了避免沉淀池排泥水被滤池反冲洗废水稀释，在两者汇合之前，对滤池反冲洗废水单独进行浓缩，滤池反冲洗废水单独浓缩后，其底流浓度达到或高于沉淀池排泥水浓度，这就避免了沉淀池排泥水被稀释。

以上两种子工艺流程在进入浓缩工序之前都增加了一级浓缩，一种是对两种排泥水混合稀释后的排泥水进行浓缩，一种是单独对滤池反冲洗废水进行浓缩。其目的都是为了提高进入下一工序的污泥浓度，减少进入浓缩池的水量。哪一种效果更好一些，推荐图 4.1.2-7 所示子工艺流程，单独对滤池反冲洗废水进行浓缩。图 4.1.2-14 所示的北京市第三水厂排泥水处理流程中，也是采用小型高密度沉淀池对砂滤池（V型滤池）的反冲洗废水单独进行浓缩后，再与沉淀池排泥水汇合。

(2) 图 4.1.2-7 与图 4.1.2-10 所示子工艺流程，调节构筑物都是采用分建式，为了提高进入浓缩工序的污泥浓度，减少进入浓缩池的水量，两者采用了不同的方法。图 4.1.2-7 流程采用排水池Ⅰ型接纳滤池反冲洗废水，采用排泥池Ⅰ型接纳沉淀池排泥水，为了避免滤池反冲洗废水稀释沉淀池排泥水，采用了单独对滤池反冲洗废水进行浓缩。

图 4.1.2-10 流程采用排水池Ⅱ型接纳滤池反冲洗废水，采用排泥池Ⅱ型接纳沉淀池排泥水，由于Ⅱ型具有调节和沉淀浓缩功能，有上清液排出，减少了进入浓缩池的水量，提高了进入浓缩池的污泥浓度。

图 4.1.2-10 所示流程与图 4.1.2-7 相比，其优势为：

1）少了一个构筑物浓缩池 No.1，占地面积小。

2）不仅对滤池反冲洗废水进行了沉淀和初步浓缩，而且排泥池Ⅱ型还对沉淀池排泥水和排水池Ⅱ型的底流污泥进行了初步浓缩，滤池反冲洗废水进行了两次浓缩，第一次是在排水池Ⅱ型，底流污泥进入排泥池Ⅱ型后，又再次得到浓缩，而图 4.1.2-7 流程只对滤池反冲洗废水进行了一次浓缩。

图 4.1.2-10 所示流程也有不足，其缺点是：

1）排水池Ⅱ型的浓缩条件不如浓缩池 No.1 条件好。滤池反冲洗废水经排水池Ⅰ型调节后，匀质匀量、连续进入浓缩池 No.1，而滤池反冲洗废水进入排水池Ⅱ型是间断、不连续的，具有冲击性，因此，排水池Ⅱ型浓缩效果比浓缩池 No.1 差。

2）如果排水池Ⅱ型采用静沉的方法，在静沉时段要停止水泵回流，以免扰动水流，影响沉淀浓缩效果。由于静沉时段停止回流，回流在时间上是不连续的，属于非均匀回流模式，有可能造成水线净化构筑物超负荷运行。应根据非均匀回流比 y 计算出超负荷值，控制在设计人员认可的宽容度范围内。

4.2 分建式调节构筑物设计

分建式调节构筑物为排水池和排泥池分建，即单独设排水池接纳和调节滤池反冲洗废水，单独设排泥池接纳和调节沉淀池排泥水或气浮池浮渣。

4.2.1 排泥池

排泥池的设计内容，Ⅰ型主要是确定调节容积，选择扰流设备，确定主流程排泥泵的容量和超量污泥排泥泵的容量。Ⅱ型与Ⅰ型一样，其区别是将扰流设备换成刮泥机，便于沉泥从池中排出。

排泥池的调节容积与沉淀池的最大 1 次排泥水量有关，而最大 1 次排泥水量又与沉淀池排泥方式、排泥时序安排有关。沉淀池排泥时序安排不同，其最大 1 次排泥水量相差很大，例如，均匀间隔排泥与沉淀池 1 格接 1 格连续排泥，一次排泥完毕相比，前者最大 1 次冲洗水量可能就是 1 格的排泥水量，而后者就是沉淀池全部格数的排泥水量之和。如果时序安排介于这两者之间，有可能形成 2 格或 3 格同时排泥。为了减小排泥池的调节容积，沉淀池排泥时序安排应尽可能采用均匀间隔排泥，使最大 1 次排泥水量等于 1 格沉淀池的排泥水量，尽量避免几格沉淀池同时排泥或 1 格接着 1 格连续排泥。

4.2.1.1　沉淀池排泥时序安排

沉淀池排泥时序安排有两种模式，即均匀排序模式和非均匀排序模式。

1. 均匀排序模式

所谓均匀排序模式就是指能进行独立排泥的单元，其本身的排泥周期 r、排泥历时 t_1

基本不变、各排泥单元之间的排泥间隔相同的多个排泥单元的排序模式。排泥单元可以是1个沉淀池，1台排泥机械，1根排泥管或1组排泥管。

对于滤池来说，进水浊度相对稳定，因此影响滤池反冲洗排序的几个参数如过滤周期R，反冲洗历时T_1，反冲洗间隔T_2基本稳定。而沉淀池的进水浊度变化较大，因此，影响沉淀池排泥时序安排的几个参数如排泥周期r，排泥历时t_1，排泥间隔t_2在均匀排序模式中维持不变也只能是相对的。在原水发生高浊度时，排泥周期可能缩短，排泥历时t_1可能延长，排泥间隔t_2可能缩短。但对于同一水源，沉淀池形式相同，排泥方法相同，在同一季节相互之间则应保持相同的排泥周期、排泥历时和排泥间隔。如果水厂有两种或两种以上形式的沉淀池，两种池型的上述参数取值可以不同，但是同一池型的上述参数应相同，且基本维持不变。

水厂日常运行中，一般是单一沉淀池排泥，排完一个隔一段时间另一个沉淀池排泥。但是在水厂规模较大，沉淀池池数较多时，或沉淀池因形式不同，排泥方式不同，一次排泥水量相差较大时，可以将几个排泥水量较小的沉淀池组合在一起，同时排泥，称组团排泥。下面对可能出现的几种均匀排序模式进行描述。

沉淀池排泥均匀排序模式一：排泥周期r相同，沉淀池单池排泥模式。

沉淀池排泥均匀排序模式二：排泥周期r相同，多池组团排泥模式。

沉淀池排泥均匀排序模式三：排泥周期r不同，单池或多池组团排泥模式。

(1) 沉淀池排泥均匀排序模式一：排泥周期相同，单池排泥模式

这种模式一般在沉淀池池数较少，排泥周期相同的工况下采用。

1）设沉淀池排泥周期为r，池数为n，则每池按总池数排队所占有的时段t_0为：

$$t_0 = \frac{r}{n} \tag{4.2.1-1}$$

2）设该池的排泥历时为t_1，两池的排泥间隔为t_2，则有：

$$t_0 = t_1 + t_2 \tag{4.2.1-2}$$

3）设每日排泥次数为n'，则

$$n' = \frac{1}{r} \tag{4.2.1-3}$$

式中　r——排泥周期，d。

4）设该池自身排泥间隔为t_3，则：

$$r = t_1 + t_3 \tag{4.2.1-4}$$

这里要注意排泥间隔t_2与自身排泥间隔t_3的区别。t_2为不同池子之间的排泥间隔，而t_3为同一池子前后两次排泥之间的间隔，即从第一次排泥完了算起，到第二次排泥开始这一间隔时段。t_3也是该沉淀池在1个周期内的沉淀时间。

5）$t_0 > t_1$，表示有排泥间隙t_2存在。

6）$t_0 = t_1$，表示沉淀池需要1个接1个排泥，才能在排泥周期r内将所有沉淀池（或独立的排泥单元，如1根穿孔排泥管）轮流排泥1次。

7）$t_1/2 \leqslant t_0 < t_1$，表示需要两个排泥单元同时排泥，这时，可将两个或两个以上的池子或排泥单元合并成一个排泥单元计算，即组团排泥。

（2）沉淀池排泥均匀排序模式二：排泥周期相同，多池组团排泥模式

这种模式主要用于以下两种工况：一是排泥周期相同，沉淀池池数或独立的排泥单元较多，例如当发生 $t_1/2 \leqslant t_0 < t_1$ 这种工况时，只有组团排泥才能在 1 个排泥周期内使所有排泥单元轮到 1 次排泥；二是有两种排泥单元，虽然排泥周期相同，但一次排泥水量相差很大，可以将排泥水量较小的排泥单元组合成一个组团，使组团的排泥水量与另一排泥单元相当。现将该模式描述如下：

1）沉淀池（或独立的排泥单元）排泥周期为 r，总组团数为 n，每一组团按组团总数 n 排队所占有的时段为 t_0，t_0 的计算公式同式（4.2.1-1）。

$$t_0 = \frac{r}{n}$$

2）设每一组团排泥历时为t_1，两组团之间排泥间隔为t_2，得出与式（4.2.1-2）相同的关系式：

$$t_0 = t_1 + t_2$$

如果多池组团排泥模式采用 1 个接 1 个连续排泥，则组团内各排泥单元排泥历时之和作为组团排泥历时 t_1 。如果是多个排泥单元同时排泥，则取排泥历时最长的一个作为组团排泥历时 t_1 。

3）设每一组团每日冲洗次数为 n'，得出与式（4.2.1-3）相同的关系式：

$$n' = \frac{1}{r}$$

排泥周期相同的多池（或多个排泥单元）组团排泥方式与单池排泥均匀排序模式计算公式基本相同，只是参数 n 在均匀排序模式一中为池总数或排泥单元总数，而在均匀排序模式二中为组团总数。另外排泥历时 t_1 的含义也有所扩展。

（3）沉淀池排泥均匀排序模式三：排泥周期不同，单池（单个排泥单元）或多池（多个排泥单元）组团排泥模式

由于沉淀池形式不同，排泥方式不同，排泥周期也可能不同，现将这种排序模式描述如下，以两种形式的沉淀池为例。

1）设两种形式的沉淀池（或排泥单元）的排泥周期分别为r_1和r_2，则每种排泥单元在 1 日内的排泥次数分别为：

$$n'_1 = \frac{n_1}{r_1} \tag{4.2.1-5}$$

$$n'_2 = \frac{n_2}{r_2} \tag{4.2.1-6}$$

1 日总排泥次数为：

$$n'_t = n'_1 + n'_2 \tag{4.2.1-7}$$

式中　n_1 ——排泥周期为 r_1 的池数（或排泥单元数）；

n_2 ——排泥周期为 r_2 的池数（或排泥单元数）；

n'_1 ——排泥周期为 r_1 的每日排泥次数；

n'_2 ——排泥周期为 r_2 的每日排泥次数；

n'_t——1 日的总排泥次数；

r_1、r_2——排泥周期，d。

当按式（4.2.1-7）计算出来的 1 日内总排泥次数不是整数时，应适当调整排泥周期 r_1 和 r_2，分别使每种池型（或排泥单元）的排泥次数为整数。但排泥周期往上调时，不能超过排泥周期的上限，以免引起沉淀池泥位上升，进而影响出水水质。

具体调整方法是根据式（4.2.1-5）、式（4.2.1-6）分别计算出不同排泥周期沉淀池（或排泥单元）的每日排泥次数 n'_1、n'_2，如果 n'_1 不是整数，四舍五入将 n'_1 调整成整数，代入式（4.2.1-5）求排泥周期 r_1。如果 n'_1、n'_2 都不是整数，则将 n'_1、n'_2 分别调整成整数，然后代入式（4.2.1-5）、式（4.2.1-6）求 r_1、r_2。

$$r_1 = \frac{n_1}{n'_1} \tag{4.2.1-8}$$

$$r_2 = \frac{n_2}{n'_2} \tag{4.2.1-9}$$

2）如果沉淀池排泥时序安排不是以 1 日为时间基准，而是以某一排泥周期为基准进行安排，例如以 r_1 为基准进行时序安排，则在 r_1 周期内的排泥次数为：

$$n'_1 = n_1 \tag{4.2.1-10}$$

$$n'_2 = \frac{r_1}{r_2} n_2 \tag{4.2.1-11}$$

$$n'_t = n_1 + \frac{r_1}{r_2} n_2 \tag{4.2.1-12}$$

在 r_2 周期内的冲洗次数为

$$n'_2 = n_2 \tag{4.2.1-13}$$

$$n'_1 = \frac{r_2}{r_1} n_1 \tag{4.2.1-14}$$

$$n'_t = \frac{r_2}{r_1} n_1 + n_2 \tag{4.2.1-15}$$

当总排泥次数 n'_t 不是整数，求排泥周期 r_1 时段内的排泥次数时，n'_1 等于池数（或排泥单元数）n_1，必然是整数，只要把 n'_2 四舍五入调整为整数，代入式（4.2.1-11）求出 r_2 即可，排泥周期可以不是整数。

$$r_2 = \frac{n_2}{n'_2} r_1 \tag{4.2.1-16}$$

求排泥周期 r_2 时段内的排泥次数时，n'_2 必然是整数，等于池数 n_2，如果 n'_1 不是整数，调整 r_1，将 n'_1 四舍五入成整数，代入式（4.2.1-14），求出调整后的 r_1。

$$r_1 = \frac{n_1}{n'_1} r_2 \tag{4.2.1-17}$$

3）每一沉淀池或每一组团按总池数或总组团数排队所占有的时段 t_0 为：

$$t_0 = \frac{t}{n'_t} \tag{4.2.1-18}$$

式中 t 可取：t=1d，$t=r_1$，$t=r_2$。

2. 非均匀排序模式

非均匀排序模式主要是指同一排泥单元其排泥间隔 t_2 是一个变数，例如，白天排泥次数多，排泥间隔 t_2 短，晚上不排泥，排泥间隔 t_2 长。1 日中白天和晚上采用不同的 t_2 值。甚至连排泥历时 t_1 也随意变更，这种排泥方式不仅不利于排泥浓度的提高，而且还会增大接纳和调节沉淀池排泥水的调节容积，在排泥水回收利用时，回流比 y 还会超过均匀回流比y_0，即 $y>y_0$，絮凝、沉淀、过滤超负荷运行，甚至造成冲击负荷，影响絮凝沉淀池出水水质。

造成这种非均匀排序模式排泥，除了设计上的原因外，还有管理上的原因。例如，为了利用晚上低谷电价时段，突击排泥，这是目前造成非均匀排泥模式的主要原因。形成排泥水在时空上分布不均匀。进而形成冲击负荷，严重影响出水水质。

4.2.1.2　排泥池调节容积

排泥池调节容积与原水浊度的高低、排泥水处理模式、超量污泥排出口的位置、沉淀池排泥时序安排等因素有关。原水浊度越高，排泥水量一般也越高，排泥池的调节容积也越大；同样的原水浊度，采用全量完全处理模式比非全量完全处理模式所需的排泥池调节容积大；同样的排泥水处理模式，即时处理又比延时处理所需的调节容积大；同等条件下，超量污泥排出口选择在排泥水处理系统上游，超量污泥不进入排泥池，排泥池调节容积相对较小；采用非均匀时序安排比均匀时序安排所需的调节容积要大。下面的排泥池调节容积计算建立在均匀时序安排的基础上。

排泥池调节容积计算理论上要准确作出调节池的入流流量变化过程曲线和出流流量变化过程曲线，按流入流出动态平衡计算其调节容积。在排泥水处理系统与净水厂同步建设的情况下，在建成投产前，没有该水厂的运行经验，没有沉淀池每次的排泥水量、排泥历时和排泥次数，要准确作出入流流量变化过程曲线，其难度较大。因此，排泥池调节容积的计算除上述理论计算方法外，还有一些比较简便实用的经验计算方法，如按不小于沉淀池最大 1 次排泥水量计算，这些方法都是只考虑流入而不考虑流出的静态计算方法，即只考虑流入流量所需要的调节容积，而不考虑流出流量对调节容积的消减作用，因此，得出的调节容积偏大。

沉淀池最大 1 次排泥水量计算已在 2.3.1 节论述。

1. 进入排泥池的干泥量S_j的确定

从进入各工序的干泥量表 2.9.5-1 可以看出，进入各道工序的干泥量因工况不同而异。进入排泥池和浓缩池的干泥量有可能是沉淀池排泥水携带的干泥量 S_1，也有可能是计划处理干泥量 S_0。

从式（2.3.1-18）、（2.3.1-19）可以看出，沉淀池最大 1 次排泥水量与所携带的干泥量 S_1 有关，干泥量 S_1 是计算沉淀池 1 日的排泥水量和最大 1 次排泥水量的重要参数，在一般情况下，沉淀池排泥水都进入排泥池，所携带的干泥量 S_1 与进入排泥池的干泥量应该是相等的，一般都用 S_1 表示，但在一些工况下，两者不等。为了表述方便，进入排泥池的排泥水所携带的干泥量改用S_j表示，如何计算S_j，应根据不同的工况分别计算，如表 4.2.1-1 所示。

各种工况下进入排泥池的干泥量S_j　　表 4.2.1-1

工况			S_j
一	非全量完全处理	ΔS 排出口选择在排泥池上游	$S_j=S_0$ 或 $S_j<S_1$
二		ΔS 排出口选择在排泥池	$S_j=S_1$
三		ΔS 在沉淀池作临时存储	$S_j=S_0$
四		ΔS 在排泥池作临时存储	$S_j=S_1$
五		ΔS 在沉淀池、排泥池联合储存	$S_j=S_0+\Delta S_2$
六	全量完全处理		$S_j=S_1=S_0$

从表 4.2.1-1 可以看出：第一种工况超量污泥 ΔS 排出口选择在排泥池上游，只有部分排泥水进入排泥池，这部分排泥水所携带的泥量不大于计划处理泥量 S_0。第二种工况超量污泥 ΔS 从排泥池底流分流出去，沉淀池排泥水量全部进入排泥池，因此 $S_j=S_1$。第三种工况超量污泥 ΔS 在沉淀池作临时存储，在原水浊度低于设计取值的时段内，分期分批排出，控制进入排泥池的泥量不大于 S_0，因此，进入排泥池的干泥量 $S_j=S_0$。第四种工况超量污泥 ΔS 在排泥池作临时存储，沉淀池排泥水量全部进入排泥池，因此，进入排泥池的干泥量等于沉淀池排泥水携带的干泥量，$S_j=S_1$。第五种工况超量污泥 ΔS 分别在沉淀池和排泥池作临时存储，沉淀池临时存储的干泥量为 ΔS_1，排泥池临时存储的干泥量为 ΔS_2，则进入排泥池的干泥量应控制在不大于（$S_0+\Delta S_2$），即$S_j=S_0+\Delta S_2$。第六种工况为全量完全处理，按原水最高浊度取值，超量污泥 $\Delta S=0$，$S_j=S_1=S_0$。

在国外如日本，超量污泥 ΔS 虽然可以向江河排放，但排泥池、排水池按能接纳全部沉淀池排泥水和滤池反冲洗废水设计，但浓缩池以后的脱水工序按计划处理泥量 S_0 设计，高浊度时在沉淀池、排泥池和浓缩池作临时存储。相当于表 4.2.1-1 中第二、三、四、五这几种工况。防止脱水设备及附属设备台数太多，一年大部分时间闲置，造成浪费。

从表 4.2.1-1 可以看出，只有第一和第三两种工况，进入排泥池的干泥量等于计划处理泥量，即$S_j=S_0$。在这两种工况下，排泥水处理系统所有构筑物都可以按某一保证率下的计划处理泥量 S_0 设计。因此，为了减小排泥水处理工程规模，应尽可能按这两种工况设计。但是也要看到，在完全处理保证率较低时，由于超量污泥 ΔS 量大，按第一种工况设计，排往天然水体的超量污泥 ΔS 量大，有可能对水体造成污染。如果按第三种工况设计，则要求沉淀池临时存储的容积大。

目前，一些工程不管哪种工况，均按选取的保证率下的计划处理泥量 S_0 进行设计，没有考虑超量污泥 ΔS 的出路，首先计算出该保证率下的干泥量，即计划处理泥量 S_0，作为其排泥水处理系统设计的依据，但是没有考虑其他工况时，应付高浊度的对策，而且全量完全处理保证率取值较低，超量污泥 ΔS 相对较大。在原水浊度较低时，能达到全量完全处理的要求，但原水浊度超过其计划处理浊度取值时，由于缺乏应对高浊度的措施，就会出现排泥池调节容积不够，频繁溢流，浓缩池底流浓度达不到浓缩目标值，上清液出水浊度超标等现象。

2. 排泥池调节容积计算

排泥池调节容积与干泥量S_j有关，由于进入排泥池的干泥量S_j因各种工况不同而异，排泥池调节容积也因工况不同而有所区别。

（1）非全量完全处理排泥池调节容积计算

1）超量污泥 ΔS 排出口位置选择在排泥池上游

如果超量污泥 ΔS 排出口位置选择在排泥池上游，携带超量污泥 ΔS 的排泥水不进入排泥池，由于$S_j < S_1$，排泥池调节容积 M_1 小于沉淀池最大 1 次排泥水量W_{1c}。

$$M_1 < W_{1c} \tag{4.2.1-19}$$

在这种工况下，排泥池调节容积可按以下两种方法计算：

方法一：

$$M_1 = W_{1c} - \frac{\Delta S}{S_1} W_{1c} = W_{1c}\left(1 - \frac{\Delta S}{S_1}\right) \tag{4.2.1-20}$$

式中　W_{1c}——沉淀池最大 1 次排泥水量，m^3；

ΔS——超量污泥，t/d；

S_1——沉淀池 1 日排出的干泥量，t/d。

式中沉淀池最大 1 次排泥水量 W_{1c} 按式（2.3.1-16）～式（2.3.1-19）计算。

方法二：

由于这种工况进入排泥池的干泥量 $S_j < S_1$，$S_j \leqslant S_0$，因此，排泥池调节容积 M_1 可直接按式（2.3.1-18）、式（2.3.1-19）计算，只是用 S_0 代替式中的 S_1，即：

$$M_1 = \frac{S_0}{nn'(1-p_1)} \tag{4.2.1-21}$$

$$M_1 = \frac{S_0}{nn'C_1} \times 10^6 \tag{4.2.1-22}$$

前面提到，这种工况下 $M_1 < W_{1c}$，是因为携带 ΔS 的这部分排泥水从超量污泥排出口排走了，另一部分沉淀池排泥水只携带等于或小于计划处理泥量 S_0 进入排泥池，因此，按计划处理泥量 S_0 计算得出的 1 次排泥水量 W_{1c} 就是本工况排泥池的调节容积，即$M_1 = W_{1c}$。

2）超量污泥 ΔS 排出口位置选择在排泥池

如果超量污泥排出口位置选择在排泥池，超量污泥 ΔS 进入排泥池，从排泥池底流排出，沉淀池排泥水全部进入排泥池，$S_j = S_1$，排泥池调节容积必须容纳高浊度期间沉淀池最大 1 次排泥水量。

$$M_1 = W_{1c} \tag{4.2.1-23}$$

沉淀池最大 1 次排泥水量 W_{1c} 按式（2.3.1-16）～式（2.3.1-19）计算。

超量污泥排出口位置选择在排泥池，其调节容积比上一种工况大。

3）超量污泥 ΔS 在沉淀池作临时存储

从表 4.2.1-1 看出，进入排泥池的干泥量S_j，工况三与工况一是相同的，都等于计划处理干泥量 S_0，即$S_j = S_0$，因此这两种工况下排泥池所需的调节容积是相等。可采用工况一的计算公式（4.2.1-19）～式（4.2.1-22）。

4）超量污泥 ΔS 在排泥池作临时存储

如果沉淀池为高速沉淀池，泥区容积很小，需要在排泥池临时存储超量污泥，或者是排泥池、浓缩池联合存储超量污泥。在这种工况下，不仅全部超量污泥进入排泥池，即$S_j=S_1$，而且还要临时存储全部超量污泥或部分超量污泥，因此，排泥池的调节容积除按高浊度期间最大 1 次排泥水量计算外，还应考虑超量污泥 ΔS 在排泥池的临时存储容积，排泥池的容积M_1为：

$$M_1 = W_{1c} + L_1 \tag{4.2.1-24}$$

式中 M_1 ——排泥池调节容积，m^3；

W_{1c} ——沉淀池最大 1 次排泥水量，m^3；

L_1 ——临时存储容积，m^3。

式中 L_1 可能是全部超量污泥，也可能是部分超量污泥，当排泥池、浓缩池联合存储超量污泥时，L_1 是临时存储在排泥池的这部分超量污泥。

沉淀池最大 1 次排泥水量 W_{1c} 仍可按前面提到的式（2.3.1-16）～式（2.3.1-19）计算。

临时存储容积 L_1 可按以下公式计算：

当超量污泥 ΔS 全部临时存储在排泥池时：

$$L_1 = \frac{\sum \Delta S}{(1-P_2)} \tag{4.2.1-25}$$

当排泥浓度不是用含水率表示，而是用 mg/L 表示时：

$$L_1 = \frac{\sum \Delta S}{C_2} \times 10^6 \tag{4.2.1-26}$$

式中 ΔS——1 日的超量污泥，t/d；

$\sum \Delta S$——原水浊度连续高于计划处理浊度 C_0 期间，超量污泥 ΔS 总量，t；

P_2——排泥池平均排泥浓度，以含水率计；

C_2——排泥池平均排泥浓度，mg/L；

L_1 ——临时存储容积，m^3。

当排泥池、浓缩池联合存储超量污泥，排泥池临时存储$\sum \Delta S_1$，浓缩池临时存储$\sum \Delta S_2$时，排泥池所需的临时存储容积为：

$$L_1 = \frac{\Sigma \Delta S_1}{(1-P_2)} \tag{4.2.1-27}$$

$$L_1 = \frac{\Sigma \Delta S_1}{C_2} \times 10^6 \tag{4.2.1-28}$$

式中$\sum \Delta S$ 是超量污泥总量，由于原水浊度在高浊度期间变化很大，每日所产生的超量污泥 ΔS 是不一样的，如果要把连续几日的超量污泥 ΔS 临时存储在排泥池里，则要按不同的原水浊度分别计算每日的超量污泥后迭加，计算出超量污泥 ΔS 总量。如果原水浊度连续超过其设计取值 C_0 的时间较长，则超量污泥总量$\sum \Delta S$ 很大，排泥池有可能无法承受。例如，为了减小工程规模，原水浊度设计取值很低，完全处理保证率低，几乎每日都有超量污泥排出，则超量污泥总量无限大。所以，本工况模式只能在原水浊度设计取值较高，完全处理保证率较高的工况下采用。

5）超量污泥 ΔS 在沉淀池、排泥池联合存储

如果沉淀池泥区容积不够，不能全部临时存储超量污泥 ΔS，需要在沉淀池和排泥池临时存储，假设 ΔS_1 临时存储在沉淀池，ΔS_2 临时存储在排泥池，$\Delta S = \Delta S_1 + \Delta S_2$，在这种

工况下，不是全部超量污泥 ΔS 即时进入排泥池，而是超量污泥ΔS_2连同计划处理泥量 S_0 同时进入排泥池，排泥池调节容积除接纳沉淀池（$S_0+\Delta S_2$）所形成的排泥水量外，还应考虑超量污泥 ΔS_2 在排泥池的临时存储容积，排泥池的容积 M_1 仍按式（4.2.1-24）计算，但式中最大 1 次排泥水量 W_{1c} 和 L_1 不一样，即用式（2.3.1-18）、式（2.3.1-19）计算 W_{1c} 时，S_1 用（$S_0+\Delta S_2$）代替。临时存储容积 L_1 仍可用式（4.2.1-27）、式（4.2.1-28）计算，只是式中 $\Sigma\Delta S_1$ 变成了 $\Sigma\Delta S_2$。

超量污泥全部临时存储在沉淀池，进入排泥池泥量维持不超过计划处理泥量 S_0；超量污泥全部临时存储在排泥池，进入排泥池的最大泥量 S_j 大于计划处理泥量 S_0，为（$S_0+\Delta S$）；本工况超量污泥临时存储在沉淀池和排泥池，进入排泥池的最大泥量介于上述两种工况之间，为（$S_0+\Delta S_2$），所需调节容积也介于两者之间。

（2）全量完全处理排泥池调节容积计算

全量完全处理按最高浊度取值，最高浊度产生的泥量就是计划处理的泥量 S_0，没有超量污泥排出，即 $C\leqslant C_0$，$S\leqslant S_0$。这种工况与非全量完全处理中超量污泥排出口选择在排泥池相同，沉淀池全部排泥水量都要进入排泥池，即$S_j=S_1$。在不考虑临时存储的条件下，排泥池调节容积按高浊度期间沉淀池最大 1 次排泥水量W_{1c}设计，即$M_1=W_{1c}$。W_{1c}根据式（2.3.1-16）～式（2.3.1-19）计算。

在计算沉淀池最大 1 次排泥水量 W_{1c} 时，即式(2.3.1-18)、式(2.3.1-19)中的 S_1 用 S_0 或($S_0-S'_1$)代替，计划处理污泥量 S_0 就是高浊度期间最大的泥量。如果采用式(2.3.1-17)计算，式(2.3.1-17)中的 C'不是实际的高浊度C，而是根据计划处理浊度 C_0，按 $C'=k_1C_0+k_2D_0$ 计算得出。这里要注意一点，C_0 就是发生的最高浊度，全量完全处理中的 S_0 大于非全量完全处理中的 S_0，全量完全处理的 S_0 等于非全量完全处理的($S_0+\Delta S$)。

在上述几种工况中，非全量完全处理只有第一、三两种工况，排泥池调节容积最小，因为进入排泥池的泥量 S_j 都不超过计划处理泥量 S_0，即 $S_j\leqslant S_0$。第二种工况和第六种工况的共同点是$S_j=S_1$，全部排泥水量都进入排泥池，因此，无论是全量完全处理或者是非全量完全处理，所需排泥池调节容积相同，需接纳高浊度期间沉淀池最大 1 次排泥水量 W_{1c}，排泥池调节容积很大。

（3）排泥池调节容积计算方法小结

1）排泥池调节容积 M_1 可按下面公式计算：

当超量污泥 ΔS 从排泥池上游排出，不进入排泥池时：

$$M_1<W_{1c}$$

$$M_1=W_{1c}-\frac{\Delta S}{S_1}W_{1c}=W_{1c}\left(1-\frac{\Delta S}{S_1}\right)$$

当超量污泥 ΔS 进入排泥池，从排泥池底流排出，但不在排泥池临时存储时：

$$M_1=W_{1c}$$

当超量污泥 ΔS 在沉淀池作临时存储时，进入排泥池的干泥量控制为不大于计划处理泥量 S_0，其调节容积与超量污泥 ΔS 从排泥池上游排出相同。

$$M_1<W_{1c}$$

$$M_1=W_{1c}-\frac{\Delta S}{S_1}W_{1c}=W_{1c}\left(1-\frac{\Delta S}{S_1}\right)$$

当超量污泥 ΔS 在排泥池临时存储时：

$$M_1 = W_{1c} + L_1$$

式中 W_{1c}——沉淀池最大 1 次排泥水量；

L_1——超量污泥 ΔS 在排泥池临时存储时的容积。

对于全量完全处理：

$$M_1 = W_{1c}$$

2）沉淀池任何一次排泥水量都可根据 $W_{1c} = Q_1 t_1$ 计算，t_1 为沉淀池 1 次排泥的持续时间，Q_1 为排泥持续时间 t_1 内的平均排泥流量。沉淀池最大 1 次排泥水量就是 Q_1 和 t_1 的乘积达到极大值。

3）确定沉淀池排泥平均流量 Q_1 有两条途径：一是根据物料平衡法，得出 Q_1，再代入 $W_1 = Q_1 t_1$，得出 W_{1c} 的计算公式。二是根据水力学公式计算，《给水排水设计手册》上已有计算方法和计算公式，可以参照使用。这两条途径得出的结果应相互核对。

4）不同工况下的调节容积计算方法列于表 4.2.1-2 中。

排泥池调节容积计算 **表 4.2.1-2**

工况			进入排泥池的干泥量 S_j	排泥池调节容积 M_1
一	非全量完全处理	ΔS 排出口在排泥池上游	$S_j = S_0 S_j < S_1$	$M_1 < W_{1c}$ $M_1 = W_{1c}\left(1 - \frac{\Delta S}{S_1}\right)$
二		ΔS 排出口在排泥池	$S_j = S_1$	$M_1 = W_{1c}$
三		ΔS 在沉淀池作临时存储	$S_j = S_0$	$M_1 < W_{1c}$ $M_1 = W_{1c}\left(1 - \frac{\Delta S}{S_1}\right)$
四		ΔS 在排泥池作临时存储	$S_j = S_1$	$M_1 = W_{1c} + L_1$ $L_1 = \frac{\Sigma \Delta S}{1 - P_2}$
五		ΔS 在沉淀池、排泥池联合储存	$S_j = S_0 + \Delta S_2$	$M_1 < W_{1c}$ $M_1 = W_{1c}\left(1 - \frac{\Delta S_1}{S_1}\right)$
六	全量完全处理		$S_j = S_1$ $S_j = S_0$	$M_1 = W_{1c}$

从表 4.2.1-2 可以看出：在上述 6 种工况中，第一、第三两种工况排泥池所需调节容积最小。第一种工况超量污泥 ΔS 从排泥池上游排出，进入排泥池的泥量不大于计划处理泥量 S_0；第三种工况超量污泥 ΔS 在沉淀池作临时存储，沉淀池产生的排泥水量不是即时排出，而是一部分临时存储在沉淀池泥区里，控制沉淀池的排泥量不大于 S_0。因此，有条件时，应尽可能采用第一、三两种工况，以减小排泥池的容积。第三种工况需要增加沉淀池泥区容积用来临时存储超量污泥，增加工程投资；第一种工况需要附近有大江大河，环境容量容许超量污泥排入，而且还要取得环保部门的许可。

从表 4.2.1-2 可以看出，第一、三、五 3 种工况，排泥池所需调节容积 M_1 小于沉淀池最大 1 次排泥水量W_{1c}，第二、六两种工况排泥池所需调节容积M_1等于沉淀池最大 1 次排泥水量W_{1c}，只有第四种工况超量污泥在排泥池作临时存储，排泥池所需调节容积M_1大于沉淀池最大 1 次排泥水量W_{1c}。因此，排泥池的调节容积宜按大于沉淀池最大 1 次排泥水量确定。

《室外给水设计规范》GB 50013—2006 第 10.3.9 条规定：排泥池调节容积应根据沉淀池排泥方式、排泥水量以及排泥池的出流工况，通过计算确定，但不小于沉淀池最大 1 次排泥水量。

当考虑高浊期间部分泥水在排泥池作临时存储时，还应包括所需要的存储容积。

日本的《水道设施设计指针》规定，排泥池的调节容量按 1 日排泥水量或大于最大一次排泥水量确定，而排水池则只按最大一次反冲洗水量确定。日本的规范除了提出按最大一次排泥水量确定外，还提出也可按 1 日排泥水量确定，其原因是：

1）外界条件的变化，沉淀池首当其冲。以原水浊度变化为例，当发生高浊度时，进入沉淀池的浊度有可能成倍地增加，而进入滤池的浊度却相对稳定，变化很小，化解外界条件变化的功能主要集中在沉淀池上。因此对接纳和调节沉淀池排泥水的排泥池应给予更为宽松的条件。

2）超量污泥一般不进入排水池，而主要进入排泥池，是应付高浊度的主要对策。从表 4.2.1-2 可以看出，超量污泥进入排泥池，其调节容积就比不进入时大，如果还在排泥池作临时存储，则所需调节容积更大，大于沉淀池最大一次排泥水量。如果原水浊度高，而计划处理浊度取值又较低，全量完全处理保证率低，超量污泥很大，则排泥池调节容积就不能按沉淀池最大一次排泥水量确定，而应按沉淀池最大一次排泥水量加上超量污泥在排泥池的临时存储容积，或者按 1 日的排泥水量确定。

3）排泥池适当做大一些，有利于超量污泥的临时存储，有利于提高全量完全处理保证率。

4）最大一次排泥水量计算影响因素较多，难以计算准确，1 日的排泥水量计算相对简单。

当原水浊度较高，水厂规模较大时，排泥池调节容积按 1 日的排泥水量确定，所得出的调节容积会很大，因此，在水厂规模较大时，一般不建议按 1 日的排泥水量的来确定排泥池的调节容积。

4.2.1.3　排泥池Ⅱ型——浮动槽排泥池

浮动槽排泥池是分建式排泥池的一种形式，属排泥池Ⅱ型，除满足水量调节功能外，还有沉淀浓缩功能。它有别于排泥池Ⅰ型的特点是用浮在液面上作上下移动的浮动槽收集上清液。由于浮动槽排泥池实现了底流与上清液分别取出，因此具备了浓缩池的部分条件，如果这种排泥池在池深和面积上满足浓缩的要求。则浮动槽排泥池实现了一池多能，既是调节池，又是浓缩池。

最早的间歇式浓缩池在构造上是在池壁不同的高度上设置装有闸阀的上清液排出管。运行时先按从上至下顺序开启池壁上的上清液出水闸阀，排完上清液，腾出池容后，再投入待浓缩的污泥（见图 4.2.1-1）。间歇式浓缩池是阶梯式、跳跃式出流，影响沉淀和浓

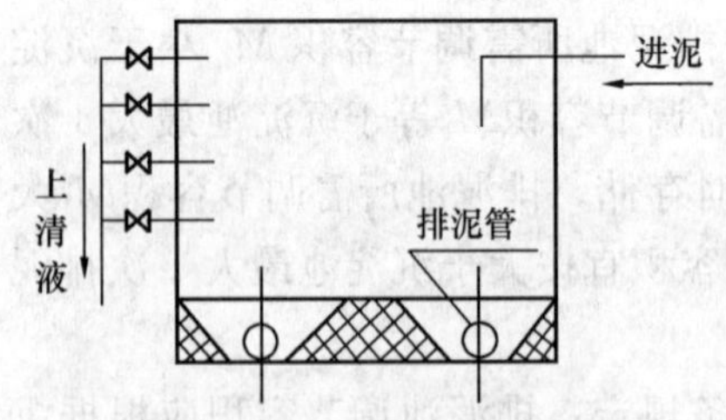

图 4.2.1-1 间歇式浓缩池

缩，而且排除上清液时而开闸，时而关闸，管理不方便。浮动槽排泥池用浮动槽连续收集不同高度上的上清液，来代替间歇式浓缩池在池壁不同高度上设置的排出管，不仅上清液出流连续均匀，有利于沉淀浓缩，而且管理也方便。

浮动槽在排泥池中上下浮动，浮动幅度一般为1.5～2.0m，泥水进出越均匀、连续，则所需调节容积越小，浮动槽的上下移动幅度也越小。若泥水进出完全连续均匀，则所需调节容积为0，排泥池水位始终停留在最高水位，则浮动槽上下移动幅度等于0，相当于一个固定式溢流槽。

浮动槽位于浓缩池压缩区 H_3 的上面清水区 H_2 中，为了不扰动压缩区的污泥，浮动槽底离压缩区顶0.5m。

$$H_2 = H'_2 + 0.5 \tag{4.2.1-29}$$

式中 H_2 ——浮动槽排泥池清水区高度，m；

H'_2 ——浮动槽移动幅度，m。

如果浮动槽移动幅度取1.5m，则清水区高度 $H_2=1.5+0.5=2$m。

1. 浮动槽排泥池形式

由于浮动槽排泥池设计成以调节水量为主兼负浓缩功能，因此，其容积既要满足调节功能要求，又要满足浓缩功能要求。从构造上要更多地符合浓缩的要求，主要是考虑如何更好地有利于底泥的浓缩和收集。这种浮动槽排泥池可设计成以下两种形式。

(1) 辐流式浓缩池

浮动槽排泥池可设计成中心进水、周边出水的辐流式浓缩池形式。所不同者，一般辐流式浓缩池在周边设有固定式溢流槽，集取上清液，而浮动槽排泥池多了1套浮在水面上，沿周边布置又离周边一定距离的正方形浮动槽及附属系统。浮动槽位于（0.75～0.8）R 处收集上清液（R 为池半径）。为了防止浮动槽临时故障，与辐流式浓缩池一样，设有周边固定式溢流堰槽。这种浮动槽排泥池在北京市第九水厂和深圳市笔架山水厂排泥水处理成功应用。图4.2.1-2是某水厂排泥水处理系统浮动槽排泥池，采用中心进水辐流式浓缩池形式，池子为正方形，下部为了便于刮泥而采用圆形。待处理的污泥从池底部中心流入，经导流筒均匀布水后沿径向辐流到池边。上清液由浮动槽收集后，经虹吸管引入位于四角4个导向柱中的 DN100 管道，汇流后流入位于污泥提升泵房里的上清液集水池。底泥由旋转刮泥机从池边刮至中心集泥沟，池底坡为10%，由 D=200mm 的排泥管重力排出。再由位于污泥提升泵房里的排泥泵提升，均匀连续进入下一工序浓缩池。

由于浮动槽排泥池具有浓缩功能，因此在构造上要满足浓缩的要求，池边水深3.5～4.5m，重力浓缩池深度构成如图2.8.2-2所示。浮动槽上下浮动幅度1.5～2.0m，位于浓缩池上清液高度 H_2 内，浮动槽上下浮动不能扰动压缩层污泥，浮动槽底离压缩层 H_3 顶0.5m，上清液高度 H_2 需大于2m，可取2.0～2.5m。

(2) 矩形平流式沉淀池

浮动槽排泥池也可以做成矩形平流式沉淀池形式，集水槽放在沉淀池末端出口收集上

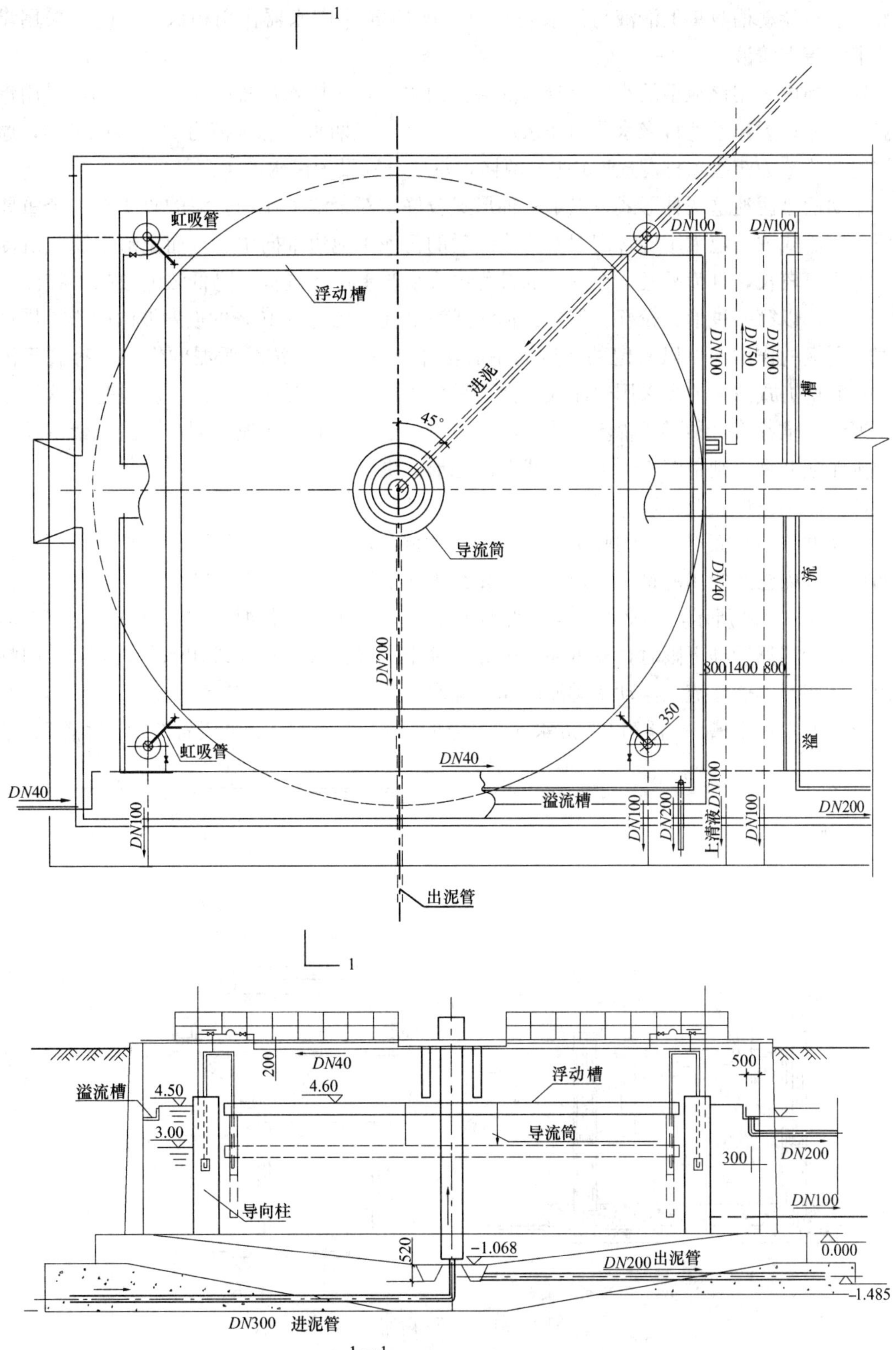

图 4.2.1-2　浮动槽排泥池

清液。这种浮动槽收集上清液与污水处理构筑物 SBR 中滗水器作用相似。因此可采用滗水器来收集上清液。

目前国内采用该池型的水厂有哈尔滨磨盘山水厂，一期水厂规模 45 万 m^3/d，采用滗水器排泥池；天津泰达自来水公司净水厂，一、二、三期水厂总规模为 32.5 万 m^3/d，原有排泥池改造为滗水器排泥池，1 座分两格，每格分别设置滗水器 1 台。

浮动槽排泥池这两种形式，以第一种形式较好，对于浓缩作用，泥的收集是一个重要方面。辐流式浓缩池采用旋转刮泥机将浓缩后的污泥由池边推向中心，而矩形平流式沉淀池刮泥距离较长，且为平底，在刮泥的过程中容易与上层水混掺，降低浓缩效果。在泥的收集方面，以第一种形式较好。另外，辐流式浓缩池从周边以 10%的坡度坡向中心，周边的泥在刮板的作用下，以一定的速度向中心汇集，具有泥斗浓缩污泥的作用，有利于浓缩。一般重力式浓缩池多采用辐流式，而不采用矩形平流式沉淀池形式，就是基于这一原因。因此，推荐第一种形式辐流式浓缩池。但对于已建矩形排泥池Ⅰ型，改造成带浓缩功能的排泥池Ⅱ型，则带滗水器的平流式沉淀池形式更合适。

(3) 浮动槽形式及构造

浮动槽是随水面浮动均匀收集上清液的一种装置，目前有正方形（包括长方形）和圆形两种。国内已经使用的是正方形，下面介绍正方形浮动槽的基本构造。

如图 4.2.1-3 所示，浮动槽由 4 段直槽组成，分别由 4 个导向柱控制并形成一个整体，上下浮动。当浮动到下限时，支承在 4 个导向柱上。导向柱内底预埋出水管，4 个导向柱的出水管相互连通，流入浮动槽排泥池池外集水池。

浮动槽由集水槽 1、浮箱 2、进水孔 3、导向器 4、导向柱 5、虹吸管 6、水封桶 7、抽

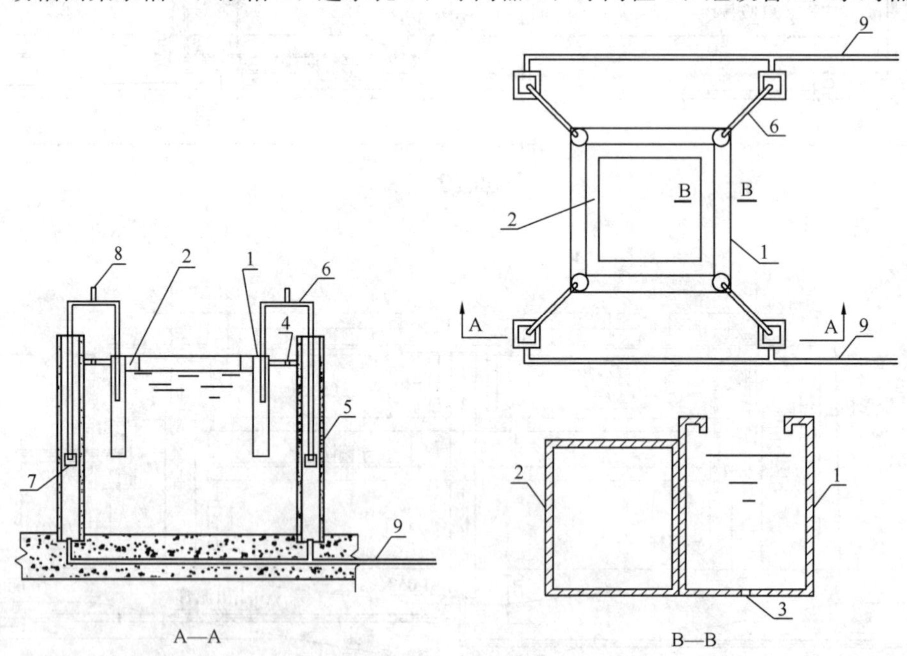

图 4.2.1-3 浮动槽构造

1—集水槽；2—浮箱；3—进水孔；4—导向器；5—导向柱；6—虹吸管；7—水封桶；8—抽气三通；9—出水管

气三通 8、出水管 9 组成。浮动槽进水采用槽底孔口淹没入流，上清液从进水孔 3 进入集水槽 1，再通过虹吸管 6 进入中空的导向柱 5 中，导向柱 5 底部与预埋的出水管 9 相接。

虹吸管 6 上部设有抽气三通 8，抽气三通与水射器相接，水射器用来为虹吸管抽真空，虹吸管 6 连接并插入导向柱 5 的水封桶 7，水封桶 7 与导向柱 5 滑动配合。

浮动槽进水有两种方式，一种是采用槽底孔口淹没入流，另一种是采用槽顶均匀布置的小三角堰入流。采用孔口淹没入流的优点是由于浮动槽因本身的重量有一定的吃水深度，进水孔口淹没在水下，可以避免水面上的杂物带入浮动槽内，堵塞虹吸管。另外水通过孔口产生的水头损失使浮力增加，可以使浮箱的体积减小。进水量越大，过孔流速越大，水头损失越大，浮力增加，促使浮动槽上移，又有减小过流流量，减小水头损失的趋势，有自调节的作用。如果采用槽顶堰口入流，不仅水面漂浮杂质容易带入浮动槽，而且进水对浮动槽产生向下的作用力，与浮力的方向相反，有抵消浮力的作用，没有自调节作用。加上从槽顶入流，浮动槽需全部没入水中，吃水深度很大，很容易沉入水中，而且需要的浮箱体积也大。

浮动槽自身有一定的重量，只靠进水孔口的水头损失所产生的浮力不足以支撑，因此在浮动槽内边框四周均匀布置浮箱，浮动槽内外水位差即过孔水头损失是浮箱与过孔水头损失综合作用造成的。浮动槽的进水流量 q_2 按孔口出流公式计算：

$$q_2 = \mu A \sqrt{2gh} \tag{4.2.1-30}$$

式中 q_2——浮动槽排泥池上清液流量，m^3/s；

μ——孔口流量系数；

A——孔口总面积，m^2；

h——过孔水头损失，即浮动槽内外水位差，m。

式（4.2.1-30）是根据浮动槽本身构造特点和浮动在水面上所形成的水位差按孔口出流计算出来的流量，由于这一水位差不是实测的，与实际发生的水位差可能会有一定的差别，因此，与浮动槽排泥池所产生的上清液流量不会完全吻合，因此，要求浮动槽集取上清液 q_2 的能力是可调的，需要调整浮动槽的过水能力，使两者相等。从式（4.2.1-30）可以看出，调整浮动槽的过水能力有两种方法，一是改变浮动槽进水孔口面积 A，二是增加或减小水头损失 h，即浮动槽的吃水深度。第一种方法比较繁琐，孔口面积已经做好，再临时来堵孔，可操作性差，如果要临时增加孔口面积，更不可能。第二种方法是在浮箱中有配重，当过孔流量小于上清液流量 q_2 时，说明浮动槽吃水深度不够，这时应增加浮箱中配重，增加浮动槽内外水位差即水头损失 h，直至过孔流量达到 q_2 为止。反之亦然。增减浮箱中配重时，应注意沿四周均匀配置，以避免浮动槽倾斜。

要增加浮动槽的过孔流量只增加浮箱配重还不行，下游管路系统如虹吸管路系统的通行能力也应达到要求，整个系统应通过计算确定，且适当留有余地。

2. 浮动槽排泥池调节容积分析

浮动槽随着水面上下浮动，设浮动幅度为 H'_2，即高低水位差为 H'_2，排泥池液面面积为 A，按静态计算，浮动槽排泥池提供的调节容积为：

$$M_1 = AH'_2 \tag{4.2.1-31}$$

但浮动槽排泥池上清液和底流理论上都是连续出流，与入流同步，考虑上清液和底流所带走的流量，按动态方法计算，如图 4.2.1-4 所示。图中面积 $ABCDEOFGA$ 表示沉淀池最大 1 次排泥流量 Q_{1max} 在排泥历时t_1 时段的排泥水量W_{1c}，即：

$$W_{1c}=Q_{1max}\,t_1 \tag{4.2.1-32}$$

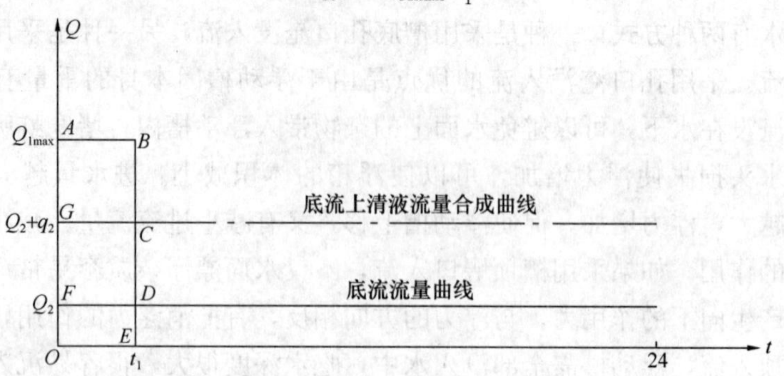

图 4.2.1-4　浮动槽排泥池调节容积计算简图

面积 $GCDEOFG$ 表示上清液和底流在 t_1 时段所排走的水量，面积 $ABCG$ 表示所需的调节容积M_1，即：

$$M_1=Q_{1max}\,t_1-(q_2+Q_2)t_1 \tag{4.2.1-33}$$

要满足以下调节容积要求：

$$AH'_2\geqslant Q_{1max}\,t_1-(q_2+Q_2)\,t_1$$

$$AH'_2\geqslant W_{1c}-(q_2+Q_2)t_1$$

$$H'_2\geqslant\frac{W_{1c}-(q_2+Q_2)t_1}{A} \tag{4.2.1-34}$$

上清液和底流理论上都是连续出流，但为了提高底流排泥浓度，达到一定浓度后再排泥，有时底流也有间断的时段，如果不考虑底流所带走的排泥水量 Q_2，则式（4.2.1-34）可写成：

$$H'_2\geqslant\frac{W_{1c}-q_2\,t_1}{A} \tag{4.2.1-35}$$

当沉淀池排泥流量大而时间短促，即排泥历时t_1很小时，上清液所带走的流量 $q_2\,t_1$ 也可以忽略不计，则式（4.2.1-35）可写成：

$$H'_2\geqslant\frac{W_{1c}}{A} \tag{4.2.1-36}$$

式中　Q_{1max}——沉淀池最大 1 次排泥流量，m^3/h；

t_1——排泥历时，h；

W_{1c}——沉淀池最大 1 次排泥水量，m^3；

Q_2——排泥池底流流量，m^3/h；

q_2——浮动槽排泥池上清液流量，m^3/h；

A——浮动槽排泥池液面面积，m^2；

H'_2——浮动槽浮动幅度，取 1.5～2.0m。

从式（4.2.1-34）、式（4.2.1-35）可以看出，浮动槽排泥池所需要的调节容积，与入流负荷的均匀性有关，入流负荷越均匀，排泥池所需要的调节容积越小。例如平流沉淀池采用桁架式吸泥机，排泥流量小，排泥时间长达 2～3h，进入浮动槽排泥池的流量大部分变成上清液和底流排走了，所需调节容积就很小。这种情况，排泥池所需调节容积应按式（4.2.1-34）计算。如果是穿孔管排泥，一次排泥历时 t_1 约 2min，上清液排走的水量相对较小，可以忽略。浮动槽排泥池也可按式（4.2.1-36）计算。

浮动槽排泥池与排泥池Ⅰ型相比，有以下优点：

（1）多了上清液 q_2 排出，而且上清液 q_2 一般比底流流量 Q_2 还大，因此浮动槽排泥池具有浓缩作用。其调节容积比排泥池Ⅰ型大了q_2t_1，可以接纳更多的沉淀池排泥水量。

（2）由于浮动槽排泥池具有浓缩作用，可以容纳更多的沉淀池排泥水量。因此，当沉淀池排泥水在排泥池作临时存储时，应选择具有调节和浓缩作用的排泥池Ⅱ型，例如浮动槽排泥池，以减小排泥池的临时存储容积L_1。假设浮动槽排泥池底流浓度能达到含水率 98.5%，以进水污泥含水率 99.6%计，临时存储相同的湿污泥量，排泥池Ⅰ型所需的临时存储容积是浮动槽排泥池的 3.75 倍。

3. 设计参数选取与计算

（1）浮动槽排泥池计算原则

由于浮动槽排泥池具有调节和浓缩双重功能，设计时要考虑同时满足调节和浓缩这两种功能。大多数情况下，设计参数的选取，满足了浓缩功能，一般也能满足调节要求。因此，浮动槽排泥池的设计原则是：

1）满足浓缩要求：

① 按固体负荷设计；

② 按液面负荷校核；

③ 校核停留时间不小于 24h。

一般情况下，按固体负荷设计，也能满足液面负荷要求，但是，在入流浓度特别低时，可能满足不了液面负荷要求，说明上升流速太大，水中颗粒不能沉淀，破坏了沉淀，也就达不到浓缩要求。因此，按固体负荷设计，按液面负荷校核。

2）校核满足调节要求：

按式（4.2.1-35）或式（4.2.1-36）计算出浮动槽的上下浮动幅度 H'_2，一般池体设计时预留 1.5～2.0m，如果计算得出的 $H'_2 \leqslant 1.5\sim2.0$m，则浮动槽排泥池预留的调节容积满足调节要求。

（2）浮动槽排泥池面积及容积计算

浮动槽排泥池面积按固体通量计算，并按液面负荷校核。按固体通量计算：

$$A=\frac{1000S_j}{G} \tag{4.2.1-37}$$

按液面负荷校核：

$$F=\frac{Q_1}{A} \tag{4.2.1-38}$$

式中 S_j——进入浮动槽排泥池的干泥量，t/d；

G——浓缩池固体通量，取 16～24kg/(m^2·d)；

A——浮动槽排泥池面积，m^2；

F——液面负荷，$m^3/(m^2 \cdot h)$，取 $F \leqslant 1.0 m^3/(m^2 \cdot h)$；

Q_1——排泥池入流流量，m^3/h。

一般情况下，池面积按固体通量计算既满足浓缩要求，也能满足液面负荷要求。只有在沉淀池排泥浓度特别稀，进入排泥池的流量 Q_1 特别大的情况下，才不能满足液面负荷要求，因此，根据固体通量计算后，还需按液面负荷校核。

(3) 浮动槽排泥池底流流量 Q_2、上清液 q_2 计算

在计算 Q_2 和 q_2 时，有以下两个假设条件：

假设底流流量 Q_2 24h 连续均匀出流，进入下一工序浓缩池；上清液 q_2 也是连续均匀排出。

假设浮动槽排泥池上清液带走的干泥量忽略不计。

1) 根据进入排泥池的干泥量S_j计算

进入排泥池的排泥水量一般等于沉淀池的排泥水量，进入排泥池的干泥量S_j一般也等于沉淀池排出的干泥量 S_1，但有两种工况不是这样，如超量污泥排出口选择在排泥池的上游，超量污泥不进入排泥池，进入排泥池的干泥量S_j小于沉淀池排出的干泥量 S_1，即$S_j < S_1$。另一种工况是超量污泥在沉淀池临时存储，沉淀池排出的泥量是 S_0，小于即时排出的泥量 S_1。各种工况下进入排泥池的干泥量S_j见表 4.2.1-1。

进入排泥池 1 日的排泥水量W_j为：

$$W_j = \frac{S_j}{1-P_1}$$

转换成小时流量，得出：

$$Q_1 = \frac{S_j}{24(1-P_1)} \tag{4.2.1-39}$$

若排泥水浓度用 mg/L 表示，得出：

$$Q_1 = \frac{S_j}{24C_1} \times 10^6 \tag{4.2.1-40}$$

同样可得出：

$$Q_2 = \frac{S_2}{24(1-P_2)} \tag{4.2.1-41}$$

$$Q_2 = \frac{S_2}{24C_2} \times 10^6 \tag{4.2.1-42}$$

当超量污泥 ΔS 不从排泥池底流分流出去时，$S_2 = S_j$。

当有超量污泥从排泥池底流分流出去时：

$$\Delta Q = \frac{\Delta S}{24(1-P_2)} \tag{4.2.1-43}$$

$$\Delta Q = \frac{\Delta S}{24C_2} \times 10^6 \tag{4.2.1-44}$$

$$q_2 = Q_1 - Q_2 - \Delta Q \tag{4.2.1-45}$$

式中 Q_1——排泥池入流流量，m^3/h；

Q_2——浮动槽排泥池底流流量，m^3/h；

S_j——进入排泥池的干泥量，t/d；

S_2——浮动槽排泥池底流（送往浓缩池）1 日所携带的干泥量，t/d；

q_2——上清液流量，m^3/h；

P_1、P_2——含水率；

ΔS——超量污泥，t/d，$\Delta S = S_j - S_0$；

ΔQ——从排泥池底流分流出去的超量污泥流量，m^3/h。

式（4.2.1-39）中 Q_1 为进入浮动槽排泥池的流量，按 1 日 24h 连续均匀流入考虑，与排泥历时 t_1 时段内的平均排泥流量 Q_1 不同，由于后者是间断不连续的，但是进入浮动槽排泥池后，被调节容积均化了，因此应采用式（4.2.1-39）、式（4.2.1-40）计算。排泥历时 t_1 时段内的平均排泥流量 Q_1 采用式（2.3.1-16）～式（2.3.1-19）计算。

进入浮动槽排泥池的排泥水所携带的干泥量S_j如何计算，在一般情况下，沉淀池排泥水所携带的干泥量 S_1 与进入排泥池的干泥量S_j是相等的，都用 S_1 表示，但在一些工况下，两者不等。例如，超量污泥 ΔS 从排泥池上游排出，不进入排泥池，还有一种工况是原水浊度所产生的泥量不即时排出，超量污泥 ΔS 在沉淀池作临时存储。这两种工况都控制进入排泥池的泥量为不大于计划处理泥量 S_0。因此，S_j取值与排泥池调节容积计算相同，根据不同工况按表 4.2.1-1 取值。

另外，含水率 P_1、浓度 C_1，含水率 P_2、浓度 C_2 都是经验值，难以估算准确，由此所得出的 Q_1、Q_2 和上清液 q_2 会在一定范围内变化，因此要求浮动槽集取上清液 q_2 的能力是可调的，以保证上清液 24h 均匀出流。沉淀池排泥平均含水率可按 99.8%～99.6%考虑，浮动槽排泥池底泥平均含水率可按 98.5%～98.0%考虑。

2）根据固体负荷计算

根据浮动槽排泥池的固体负荷按下式计算底流流量 Q_2：

$$Q_2 = \frac{GA}{24\rho(1-P_2)} \times 10^{-3} \tag{4.2.1-46}$$

当底流污泥浓度用 mg/L 表示时，

$$Q_2 = \frac{GA}{24C_2} \times 10^{3} \tag{4.2.1-47}$$

式中 G——固体负荷，kg/（m^2·d）；

A——浮动槽排泥池面积，m^2；

ρ——湿污泥密度，t/m^3，可近似取 $1t/m^3$；

P_2——底流污泥浓度，用含水率表示；

Q_2——底流流量，m^3/h；

C_2——底流污泥浓度，mg/L。

一般根据公式（4.2.1-41）、式（4.2.1-42）计算排泥池的底流流量 Q_2，因为干泥量 S_2 可根据原水浊度和加药量计算得出。根据公式（4.2.1-47）计算 Q_2，必须先知道排泥池的面积 A 和所使用的固体负荷 G。对于已建构筑物可用式（4.2.1-47）来校核该构筑物的处理能力。

（4）浮动槽排泥池池深计算

浮动槽排泥池池深构造与浓缩池相同，如图 2.8.2-2 所示，H_1 为超高，一般可取 0.3m；H_2为清水区，与一般浓缩池不同的是浮动槽位于清水区，因此H_2的高度与浮动槽的浮动幅度有关，而且浮动槽底部离压缩区顶部 0.5m，一般为 2.0～2.5m；池底坡度取 8%～10%，坡高H_4根据坡度和池半径计算得出；压缩区高度H_3计算比较困难，在没有沉降浓缩曲线时，难以确定在某一泥龄t_u时，能浓缩到多大的浓度。浮动槽排泥池浓缩目标值比浓缩池低，浓缩池一般为含水率 97%～96%，泥龄t_u一般取 24～48h；浮动槽排泥池可取 98.5%～98%，泥龄t_u可取小一些，再根据式(2.8.2-8)～式(2.8.2-16)计算得出。

4.2.1.4　排泥池提升泵房

1. 不同功能水泵配置

排泥池提升泵房包括以下 3 个方面的水泵：

(1) 主流程排泥泵：当排泥池底流不能重力流入浓缩池时，将排泥池底流提升至浓缩池。

(2) 超量污泥排出泵：当排泥池底流不能重力流入受纳水体时，将高出计划处理的超量污泥提升排出。

(3) 上清液排出泵：当排泥池为Ⅱ型，且上清液不能重力排除时，将上清液提升后排出。

当排泥池底流不能重力流至浓缩池时，应设提升泵房，排泥池形式不同，提升泵房所设水泵种类的用途也不尽相同。排泥池Ⅰ型提升泵房除设主流程排泥泵将底流提升至浓缩池外，如果有超量污泥排出，超量污泥不能重力流出时，还需设置超量污泥排出泵；排泥池Ⅰ型没有上清液排出，故排泥池Ⅰ型提升泵房没有上清液排出泵。排泥池Ⅱ型提升泵房不仅要设置主流程排泥泵，还需要设置上清液排出泵，有时还需设置超量污泥排出泵，当两者能重力流出时，可以不设。各种工况所需设置的不同功能水泵如表 4.2.1-3 所示。

排泥池提升泵房不同功能水泵配置　　**表 4.2.1-3**

工况		进入排泥池干泥量 S_j	进入浓缩池干泥量 S_2	不同功能水泵配置	
				排泥池Ⅰ型	排泥池Ⅱ型
一	ΔS 排出口选择在排泥池上游	$S_j=S_0$	$S_2=S_0$	①	①②
二	ΔS 排出口选择在排泥池	$S_j=S_1$	$S_2=S_0$	①③	①②③
三	ΔS 在沉淀池作临时存储	$S_j=S_0$	$S_2=S_0$	①	①②
四	ΔS 在排泥池作临时存储	$S_j=S_1$	$S_2=S_0$	①	①②
五	ΔS 在沉淀池、排泥池联合储存	$S_j=S_0+\Delta S_2$	$S_2=S_0$	①	①②
六	ΔS 从浓缩池底流排出	$S_j=S_1$	$S_2=S_1$	①	①②
七	ΔS 在浓缩池作临时存储	$S_j=S_1$	$S_2=S_1$	①	①②
八	全量完全处理	$S_j=S_1=S_0$	$S_2=S_1=S_0$	①	①②

注：① 主流程排泥泵；② 上清液排出泵；③ 超量污泥排出泵。

从表 4.2.1-3 可以看出：

(1) 不论是分建式排泥池Ⅰ型、Ⅱ型，或者是综合排泥池Ⅰ型、Ⅱ型，都要设置主流程排泥泵，将调节池底流提升至下一工序浓缩池。

(2) 排泥池Ⅰ型不需要设置上清液排出泵，但排泥池池型采用Ⅱ型，如浮动槽排泥池，需设置上清液排出泵。

(3) 只有超量污泥 ΔS 从排泥池底流分流排出这一工况设置超量污泥排出泵。

第一种工况：超量污泥 ΔS 排出口选择在排泥池上游，进入排泥池的干泥量等于或小于计划处理干泥量，即$S_j \leqslant S_0$，$\Delta S=0$，因此，该工况需配置主流程排泥泵，如果排泥池是Ⅱ型，如浮动槽排泥池，还需设置上清液排出泵。超量污泥 $\Delta S=0$，不是说没有超量污泥，而是表示排泥池没有超量污泥 ΔS 排出，排泥池提升泵房中无需配置超量污泥排出泵。超量污泥 ΔS 从排泥池上游排走了。

第二种工况：超量污泥 ΔS 排出口选择在排泥池，沉淀池排泥水量全部进入排泥池，进入排泥池的干泥量为 $S_j = S_1$，排泥池底流分两部分排出，一部分是输往浓缩池的干泥量 S_2，另一部分是排入附近水体的超量污泥 ΔS，$S_1 = S_2 + \Delta S$，因此，本工况排泥池提升泵房除了配置主流程排泥泵外，还需配置超量污泥排出泵。如果排泥池是Ⅱ型，还需设置上清液排出泵。计算主流程排泥泵流量 Q_2 时，由于超量污泥 ΔS 从排泥池底流分流出去，因此，$S_2 = S_0$。

第三种工况：超量污泥 ΔS 在沉淀池作临时存储，超量污泥 ΔS 不是即时排出，而是临时存储一段时间，在原水浊度小于计划处理浊度时分期分批排出，控制排出的干泥量 $S_1 \leqslant S_0$。进入排泥池的干泥量为小于等于计划处理泥量 S_0，即 $S_j \leqslant S_0$。本工况没有超量污泥排出，$\Delta S=0$，排泥池提升泵房除了配置主流程排泥泵外，排泥池Ⅱ型还需配置上清液排出泵，无需配置超量污泥排出泵。由于进入排泥池的干泥量为 S_0，无超量污泥，因此 $S_2 = S_0$。

第四种工况：超量污泥 ΔS 在排泥池作临时存储，在原水浊度小于计划处理浊度时，分期分批从排泥池池底提升进入浓缩池，从排泥池池底排出输往浓缩池的干泥量 $S_2 \leqslant S_0$。本工况不产生超量污泥，$\Delta S=0$，因此，本工况除了配置主流程排泥泵外，不需要配置超量污泥排出泵；如果排泥池是Ⅱ型，如浮动槽排泥池，还需设置上清液排出泵。计算主流程排泥泵流量 Q_2 时，按最不利工况取 $S_2 = S_0$。

第五种工况：超量污泥 ΔS 在沉淀池和排泥池作临时存储。当沉淀池泥区容积不能全部临时存储超量污泥 ΔS 时，采用沉淀池和排泥池联合存储。这种工况与第三、四两种工况相同，都是采用临时存储的方法消化超量污泥，在原水浊度小于计划处理浊度时，分期分批从排泥池池底提升进入浓缩池，使 $\Delta S=0$。由于不是全部而是部分超量污泥 ΔS_2 进入排泥池作临时存储，因此，进入排泥池的干泥量为 $S_j < S_1$，$S_j = S_0 + \Delta S_2$，超量污泥 ΔS_2 在原水浊度较低时，分期分批进入浓缩池，控制进入浓缩池的干泥量不大于计划处理干泥量 S_0，即 $S_2 \leqslant S_0$。因此，本工况除了配置主流程排泥泵外，不需要配置超量污泥排出泵；如果排泥池是Ⅱ型，如浮动槽排泥池，还需设置上清液排出泵。

第六种工况：超量污泥 ΔS 从浓缩池底流排出。超量污泥 ΔS 连同计划处理泥量 S_0 同时从排泥池池底排出输往浓缩池，即从沉淀池排出的干泥量 S_1 全部送往浓缩池，因此，$S_2 = S_1$。超量污泥排出口选择在浓缩池。表中超量污泥取值 $\Delta S = 0$，不是说没有超量污泥，而是超量污泥 ΔS 连同计划处理干泥量 S_0 由主流程排泥泵提升进入浓缩池，排泥池没有超量污泥 ΔS 排出至天然水体，排泥池提升泵房中无需配置超量污泥排出泵。因此本工况除了配置主流程排泥泵外，不需要配置超量污泥排出泵；如果排泥池是Ⅱ型，如浮动槽排泥池，还需设置上清液排出泵。

第七种工况：超量污泥 ΔS 在浓缩池作临时存储。临时存储的泥量在原水浊度小于计划处理浊度时，分期分批从浓缩池池底排出，送入脱水机。使进入脱水工序的干泥量小于等于

计划处理干泥量 S_0。超量污泥 ΔS 连同计划处理泥量 S_0 同时从排泥池池底排出输往浓缩池，即从沉淀池排出的干泥量 S_1 经排泥池调节后全部送往浓缩池，因此，$S_2 = S_j = S_1$。

由于无超量污泥，$\Delta S = 0$，本工况排泥池提升泵房除了配置主流程排泥泵外，不需要配置超量污泥排出泵；如果排泥池是Ⅱ型，如浮动槽排泥池，还需设置上清液排出泵。

第八种工况：全量完全处理。由于全量完全处理按最高浊度取值，本工况没有超量污泥 ΔS 产生，$\Delta S = 0$。因此，无需配置超量污泥排出泵。从沉淀池排出的干泥量 S_1 经排泥池调节后全部即时送往浓缩池，并即时送往脱水工序，因此，$S_2 = S_j = S_1$，本工况除了配置主流程排泥泵外，不需要配置超量污泥排出泵；如果排泥池是Ⅱ型，如浮动槽排泥池，还需设置上清液排出泵。本工况与第六、七种工况相比，虽然排泥池底流带入浓缩池的干泥量 S_2 都是 $S_2 = S_1$，超量污泥 $\Delta S = 0$，但是，第六、七种工况是非全量完全处理，有超量污泥 ΔS 产生，第六种工况超量污泥从浓缩池底流分流排走了，不进入脱水工序。第七种工况在浓缩池作临时存储，超量污泥虽然进入脱水工序，但是在原水浊度小于计划处理浊度时，分期分批进入脱水工序，因此，这两种工况进入脱水工序的干泥量都是计划处理泥量 S_0，而第八种工况进入脱水工序的干泥量是 S_1，因此脱水机台数多，一年大部分时间不满负荷。

(4) 从表 4.2.1-3 可以看出：上述 8 种工况中，只有 1 种工况有超量污泥 ΔS 从排泥池排出，即第二种工况。还有 2 种工况虽有超量污泥产生，但排出口不在排泥池，因此在排泥池无需设置超量污泥排出泵，例如第一种工况：超量污泥排出口选择在排泥池上游，离开排泥池可能有一段距离，如果超量污泥不能重力排放，只能单独建一超量污泥排出泵泵房，也有可能超量污泥排出泵与排泥池主流程排泥泵合并在一个泵房里，这就是第二种工况。采用第一种工况还是第二种工况，应经过比较后确定。还有 1 种工况就是第六种，超量污泥从浓缩池底流排出，但超量污泥排出泵不放在排泥池提升泵房，而放在浓缩池提升泵房。

2. 分建式排泥池Ⅰ型提升泵房

从表 4.2.1-3 可以看出，排泥池Ⅰ型提升泵房泵的类型有 2 种，除了工况二超量污泥排出口选择在排泥池，从排泥池底流分流出去时，需设置超量污泥排出泵外，其余各种工况只设置主流程排泥泵。

(1) 主流程排泥泵

主流程排泥泵扬程根据提升高度和管道布置经计算得出。水泵流量按式（4.2.1-41）、式（4.2.1-42）计算，即：

$$Q_2 = \frac{S_2}{24(1-P_2)}$$

$$Q_2 = \frac{S_2}{24C_2} \times 10^6$$

式中 S_2 为排泥池底流进入浓缩池排泥水所携带的干泥量。不同工况下 S_2 取值如表 4.2.1-3 所示，从表 4.2.1-3 可以看出，前面 5 种工况从排泥池底流进入浓缩池的干泥量 S_2 都等于计划处理干泥量 S_0，第八种工况全量完全处理也是 $S_2 = S_0$，但第八种工况的 S_0 与前面 5 种工况的 S_0 在数量上是有区别的。前面 5 种工况是非全量完全处理模式的 S_0，第八种工况是全量完全模式处理的 S_0，两者完全处理的保证率不同。很明显，第八种工况的 S_0 大于前 5 种工况的 S_0。

由于排泥池Ⅰ型没有上清液流出，并设搅拌机均质，因此排泥池Ⅰ型底流浓度 C_2 或含水率 P_2 等于沉淀池平均排泥浓度 C_1 或含水率 P_1，即$C_1 = C_2, P_1 = P_2$。

(2) 超量污泥排出泵

从表 4.2.1-3 可以看出，工况二当超量污泥排出口选择在排泥池，从排泥池底流分流出去时，需设置超量污泥排出泵。超量污泥进入排泥池，经排泥池调节后，排泥池底流一部分由主流程排泥泵均匀输送至浓缩池，另一部分由超量污泥排出泵均匀排出。因此，排泥池Ⅰ型提升泵房包括主流程排泥泵和超量污泥排出泵两种。

超量污泥排出泵流量 ΔQ 可按式（4.2.1-43）、式（4.2.1-44）计算

3. 分建式排泥池Ⅱ型提升泵房

从表 4.2.1-3 可以看出，排泥池Ⅱ型提升泵房泵的类型有 3 种，除了工况二超量污泥排出口选择在排泥池，从排泥池底流分流出去时，需设置超量污泥排出泵外，其余各种工况只设置主流程排泥泵和上清液排出泵。

(1) 主流程排泥泵

主流程排泥泵扬程根据提升高度和管道布置经计算得出。水泵流量与排泥池Ⅰ型提升泵房一样可按式（4.2.1-41）、式（4.2.1-42）计算得出，不同工况下 S_2 取值如表 4.2.1-3 所示。由于排泥池Ⅱ型具有浓缩功能，底流浓度 C_2 较高，含水率 P_2 较低，因此计算得出的底流流量较排泥池Ⅰ型小。

(2) 超量污泥排出泵

当超量湿污泥不能重力流出时，需设超量污泥排出泵，超量污泥排出泵流量 ΔQ 可按式（4.2.1-43）、式（4.2.1-44）计算得出，所不同者，由于底流浓度较高，因此计算得出的超量污泥排出泵流量 ΔQ 较排泥池Ⅰ型小。

从表 4.2.1-3 可以看出，只有工况二需设置超量污泥排出泵。

(3) 上清液排出泵

上清液不能重力排除时，需设置上清液排出泵。上清液排出泵流量按式（4.2.1-45）计算，即：

$$q_2 = Q_1 - Q_2 - \Delta Q$$

除了工况二，其他几种工况均无超量污泥 ΔQ 排出，即 $\Delta Q = 0$，则上式可写成：

$$q_2 = Q_1 - Q_2$$

【例】一水厂设计规模 50 万 m^3/d，水厂生产过程自用水量系数 $k_0 = 5\%$，最高浊度 60NTU，采用非全量完全处理模式，以能完全处理全年日数 85%的原水浊度 20NTU 作为计划处理浊度，即 $C_0 = 20NTU$；原水浊度为计划处理浊度时，加药率为硫酸铝纯品 5mg/L，高浊度时加药率为 10mg/L，单位 NTU 与 mg/L 之间的转换系数 $k_1 = 1.35$，沉淀池出水浊度为 1NTU，沉淀池排泥平均含水率为 99.8%，高浊度时为 99.6%，沉淀池为平流式沉淀池，虹吸式吸泥机排泥，分 4 组，每组沉淀池排泥流量 $400m^3/h$，每次排泥历时 $t_1 = 2.2h$，求以下几种工况下：

(1) 超量污泥 ΔS 从排泥池排出时，排泥池Ⅰ型调节容积，并选择送往浓缩池的主流

程排泥泵和超量污泥排出泵。

(2) 超量污泥 ΔS 在沉淀池作临时存储时，排泥池Ⅰ型调节容积，并选择送往浓缩池的主流程排泥泵。

(3) 超量污泥 ΔS 在排泥池作临时存储时，排泥池Ⅰ型调节容积，并选择送往浓缩池的主流程排泥泵。

(4) 在上述3种工况下设计浮动槽排泥池调节容积，选择送往浓缩池的主流程排泥泵、上清液排出泵和超量污泥排出泵。浮动槽排泥池底流含水率达到 $P_u=98.5\%$。

【解】 当 $S>S_0$ 时，沉淀池排泥水浓度取含水率99.6%，当 $S\leqslant S_0$ 时，取99.8%。

原水携带的干泥量为：

$$S_0=(k_1C_0+k_2D)\times 1.05Q\times 10^6$$
$$=(1.35\times 20+0.234\times 5)\times 1.05\times 500000\times 10^{-6}$$
$$=14.8\text{t/d}$$

沉淀池出水带走的干泥量：

$$S_1'=(1+k_0-k_{01})Q\,k_1C_1'$$
$$=(1+0.05-0.025)\times 500000\times 1.35\times 1\times 10^{-6}$$
$$=0.692\text{t/d}$$

$$S_1=S-S_1'=14.8-0.692=14.1\text{t/d},\text{取}S_1=S_0=14.8\text{t/d}$$

高浊度时干泥量：

$$S=(k_1C_0+k_2D)\times 1.05Q\times 10^6$$
$$=(1.35\times 60+0.234\times 10)\times 1.05\times 500000\times 10^{-6}$$
$$=43.8\text{t/d}$$

根据式(2.9.1-3)可得：

$$\Delta S=[k_1(C_0'-C_0)+k_2(D'-D)]\times k_0Q_0\times 10^{-6}$$
$$=[1.35\times(60-20)+0.234\times(10-5)]\times 1.05\times 500000\times 10^{-6}$$
$$=29\text{t/d}$$

不同工况下排泥池Ⅰ型计算：

(1) 超量污泥 ΔS 从排泥池排出时

忽略上清液所带走的泥量 S_1'、S_2'，进入排泥池的最大干泥量 S_j 为高浊度时沉淀池的排泥水量 W_{1c} 所携带的干泥量。$S_j=S_1=S$，$P_2=P_1$，沉淀池1日的排泥水量为：$W_1=\dfrac{S_1}{1-P_1}=\dfrac{43.8}{1-0.996}=10950\text{m}^3$

根据式(2.3.1-4)计算每个沉淀池每日排泥次数：

$$n'=\frac{S_1}{Q_1nt_1(1-P_1)}=\frac{43.8}{400\times 4\times 2.2\times(1-0.996)}=3.1\text{次}/\text{d}$$

每个池子1次的排泥水量：

$$W_{1c}=\frac{W_1}{nn'}=\frac{10950}{4\times 3}=912.5\text{m}^3/\text{次}$$

取每池每日排泥3次，4个池子，每日总排泥次数12次，每次排泥历时 $t_1=2.2$h，2.2×

12＝26.4h＞24h，时序安排有两个池子同时排泥的时段，需要组团排泥。最大1次排泥水量按2个池子同时排泥考虑，则排泥池调节容积为：

$$M_1 = 912.5 \times 2 = 1825\text{m}^3$$

排泥池分2个，每个排泥池容积为915m³。

送往浓缩池的底流流量 Q_2，根据式（4.2.1-41），计算：

$$Q_2 = \frac{S_2}{24(1-P_2)}$$

根据表4.2.1-3工况二，$S_2 = S_0$，得出：

$$Q_2 = \frac{S_0}{24(1-P_2)} = \frac{14.8}{24 \times (1-0.998)} = 308\text{m}^3/\text{h}$$

主流程排泥泵流量为308m³/h，3台，2用1备，每台流量154m³/h。

超量污泥排出泵流量，根据式（4.2.1-43）计算：

$$\Delta Q = \frac{\Delta S}{24(1-P_2)} = \frac{29}{24 \times (1-0.996)} = 302\text{m}^3/\text{h}$$

选3台，2用1备，单台泵流量152m³/h。

（2）超量污泥 ΔS 在沉淀池作临时存储，$S_j = S_0$

$$W_1 = \frac{S_0}{1-P_2} = \frac{14.8}{1-0.998} = 7400\text{m}^3$$

根据式（2.3.1-4）计算沉淀池每日排泥次数：

$$n' = \frac{S_0}{Q_1 n t_1 (1-P_1)} = \frac{14.8}{400 \times 4 \times 2.2 \times (1-0.998)} = 2.1\text{次}/\text{d}$$

每个池子1次的排泥水量为：$\frac{W_1}{mn'} = \frac{7400}{4 \times 2} = 925\text{m}^3/\text{次}$

取每池每日排泥2次，4个池子，每日总排泥次数8次，每次排泥历时 $t_1 = 2.2\text{h}$，2.2×8＝17.6h＜24h，无需组团排泥。最大1次排泥水量为925m³。则本工况下排泥池调节容积为：

$$M_1 = 925\text{m}^3$$

分2个池子，每个池容465m³。

送往浓缩池的底流流量为：

$$Q_2 = \frac{S_0}{24(1-P_2)} = \frac{14.8}{24 \times (1-0.998)} = 308\text{m}^3/\text{h}$$

主流程排泥泵流量为308m³/h，3台，2用1备，每台流量154m³/h。由于超量污泥 ΔS 在沉淀池作临时存储，本工况没有超量污泥发生。

如果沉淀池出水携带的干泥量 $S_1' = 0.692\text{t/d}$ 忽略不计，$S_1 - \Delta S = S_0$，这两种工况送往浓缩池的干泥量都是 S_0，由于底流都是按非高浊度的浓度含水率 $P_1 = 99.8\%$ 计算，因此得出的主流程排泥泵的流量相同。

（3）超量污泥 ΔS 在排泥池作临时存储（按临时存储1日考虑）

根据表4.2.1-2工况四：$M_1 = W_{1c} + L_1$

沉淀池1日的排泥水量：

$$W_1 = \frac{S_1}{1-P_2} = \frac{43.8}{1-0.996} = 10950\text{m}^3/\text{d}$$

沉淀池每日排泥次数：

$$n' = \frac{S_1}{Q_1 n t_1 (1-P_1)} = \frac{43.8}{400 \times 4 \times 2.2 \times (1-0.996)} = 3.1 \text{ 次}/\text{d}$$

沉淀池一次排泥水量：

$$W_{1c} = \frac{W_{1r}}{nn'} = \frac{10950}{4 \times 3} = 912.5\text{m}^3/\text{次}$$

$$L_1 = \Delta Q = \frac{\Delta S}{(1-P_2)} = \frac{29}{(1-0.996)} = 7250\text{m}^3$$

时序安排有两个池子同时排泥的时段，需要组团排泥。最大1次排泥水量按2个池子同时排泥考虑。

$$M_1 = W_{1c} + L_1 = 912.5 \times 2 + 7250 = 9075\text{m}^3$$

由此可见，超量污泥在排泥池作临时存储，需要很大的容积，以上仅仅是临时存储1日，如果原水高浊度持续3～4d，排泥池的容积更大。

主流程排泥泵与上述两种工况相同，进入浓缩池的干泥量均为 S_0，送往浓缩池的底流流量为 $308\text{m}^3/\text{h}$。

（4）不同工况下排泥池Ⅱ型——浮动槽排泥池计算

浮动槽排泥池面积与进入排泥池的排泥水所携带的干泥量 S_j 有关，由于浮动槽排泥池具有调节和浓缩双重功能，因此，其面积按固体负荷计算，按液面负荷校核，同时校核是否满足调节功能。

高浊度时取 $G=20\text{kg}/(\text{m}^2\cdot\text{d})$；在一般浊度，$S_j = S_0$ 时，取 $G=18\text{kg}/(\text{m}^2\cdot\text{d})$。

1）超量污泥 ΔS 从排泥池排出，$S_j = S_1$

$$A = \frac{1000 S_j}{G} = \frac{1000 \times S_1}{G} = \frac{1000 \times 43.8}{20} = 2190\text{m}^2$$

浮动槽排泥池 27m×27m 3个。单个面积 729m^2。

污泥压缩区高度 H_3，根据公式（2.8.2-8）～式（2.8.2-16）计算。

干污泥相对密度：$\rho_s = \dfrac{250}{100+1.5P_v} = \dfrac{250}{100+1.5\times 20} = 1.92$

干污泥密度为：$\rho_s = 1920\text{kg}/\text{m}^3$

含水率99.6%的湿污泥相对密度：

$$\rho = \frac{100 d_s}{P d_s + (100-P)} = \frac{100 \times 1.92}{99.6 \times 1.92 + (100-99.6)} = 1.002$$

$$\rho_c = 1002\text{kg}/\text{m}^3$$

含水率98.5%的湿污泥相对密度：

$$\rho = \frac{100 d_s}{P d_s + (100-P)} = \frac{100 \times 1.92}{98.5 \times 1.92 + (100-98.5)} = 1.0073$$

$$\rho_u = 1007.3\text{kg}/\text{m}^3$$

$$\rho_m = \frac{\rho_c + \rho_u}{2} = \frac{1002 + 1007.3}{2} = 1004.65\text{kg}/\text{m}^3$$

泥龄 $t_u=24h=1d$

$$H_3=\frac{S_1 t_u(\rho_S-\rho_w)}{\rho_S(\rho_m-\rho_w)A}=\frac{43.8\times1000\times1\times(1920-1000)}{1920\times(1004.65-1000)\times2190}=2.06m$$

浮动槽上下移动幅度 1.5m，清水区 $H_2=2m$，超高 $H_1=0.3m$，浮动槽排泥池池边水深为：

$$H_2+H_3=2+2.06=4.06m$$

送往浓缩池的主流程提升泵流量：$S_2=S_0$

$$Q_2=\frac{S_0}{24(1-P_2)}=\frac{14.8}{24\times(1-0.985)}=42m^3/h$$

主流程排泥泵选 2 台，1 用 1 备，单台流量 $42m^3/h$。

超量污泥排出泵流量：

$$\Delta Q=\frac{\Delta S}{24(1-P_2)}=\frac{29}{24\times(1-0.985)}=80.5m^3/h$$

超量污泥 ΔS 排出泵 2 台，单台流量 $40.3m^3/h$，与主流程排泥泵互为备用。

上清液排出泵流量 q_2：

进入浮动槽排泥池的小时平均流量：$Q_1=10950m^3/d=457m^3/h$

浮动槽排泥池底流浓度取含水率为 98.5%，则：

$$q_2=Q_1-Q_2-\Delta Q=457-42-80.5=334.5m^3/h$$

上清液流量输送泵选 3 台，2 用 1 备，单台流量 $168m^3/h$。

按式（4.2.1-35）校核调节容积：

$$H_2'\geqslant\frac{W_{1c}-q_2t_1}{A}=\frac{912.5-334.5\times2.2}{2190}=0.08m$$

浮动幅度 $1.5m>H_2'$，调节容积满足要求。

校核液面负荷：按最大 1 次排泥水量 $W_{1c}=912.5m^3$，排泥历时 $t_1=2.2h$ 校核。平均排泥流量 Q_1：

$$Q_1=\frac{W_{1c}}{t_1}=\frac{912.5}{2.2}=415m^3/h$$

$$F=\frac{Q_1}{A}=\frac{415}{2190}=0.19m^3/(m^2\cdot h)<1m^3/(m^2\cdot h)$$

校核停留时间：经浓缩后含水率为 98.5%的污泥体积为：

$$W_3=\frac{S_1}{1-P_2}=\frac{43.8}{1-0.985}=2920m^3/d$$

浮动槽排泥池有效容积：$2190\times(2+2.06)=8891.4m^3$

停留时间：8891.4÷2920=3d=72h>24h

2）超量污泥在沉淀池作临时存储：$S_j=S_0$

$$A=\frac{1000S_j}{G}=\frac{1000\times S_0}{G}=\frac{1000\times14.8}{16}=925m^2$$

设浮动槽排泥池 2 个，每个面积 $463m^2$，21.5m×21.5m。

污泥压缩区高度 H_3，根据公式（2.8.2-9）计算。

干污泥相对密度：$\rho_s = \frac{250}{100 + 1.5P_v} = \frac{250}{100 + 1.5 \times 20} = 1.92$

干污泥密度为：$\rho_s = 1920 \text{kg/m}^3$

含水率 99.8%的湿污泥相对密度：

$$\rho = \frac{100d_s}{Pd_s + (100 - P)} = \frac{100 \times 1.92}{99.8 \times 1.92 + (100 - 99.8)} = 1.001$$

$$\rho_c = 1001 \text{kg/m}^3$$

含水率 98.5%的湿污泥相对密度：

$$\rho = \frac{100d_s}{Pd_s + (100 - P)} = \frac{100 \times 1.92}{98.5 \times 1.92 + (100 - 98.5)} = 1.0073$$

$$\rho_u = 1007.3 \text{kg/m}^3$$

$$\rho_m = \frac{\rho_c + \rho_u}{2} = \frac{1001 + 1007.3}{2} = 1004.15 \text{kg/m}^3$$

泥龄 $t_u = 1.2\text{d}$

$$H_3 = \frac{S_1 t_u (\rho_S - \rho_w)}{\rho_S (\rho_m - \rho_w) A} = \frac{14.8 \times 1000 \times 1.2 \times (1920 - 1000)}{1920 \times (1004.15 - 1000) \times 925} = 2.3\text{m}$$

浮动槽上下移动幅度 1.5m，清水区 $H_2 = 2\text{m}$，超高 $H_1 = 0.3\text{m}$，浮动槽排泥池池边水深为：

$$H_2 + H_3 = 2 + 2.3 = 4.3\text{m}$$

送往浓缩池的主流程提升泵流量：

$$Q_2 = \frac{S_0}{24(1 - P_2)} = \frac{14.8}{24 \times (1 - 0.985)} = 42\text{m}^3/\text{h}$$

主流程排泥泵选 2 台，1 用 1 备，单台流量 $42\text{m}^3/\text{h}$。

进入浮动槽排泥池的小时平均流量：$S_2 = S_0$

$$Q_1 = W_1 = \frac{S_0}{1 - P_1} = \frac{14.8}{1 - 0.998} = 7400\text{m}^3/\text{d} = 308\text{m}^3/\text{h}$$

上清液流量：$q_2 = Q_1 - Q_2 - \Delta Q = 308 - 42 - 0 = 266\text{m}^3/\text{h}$

由于送往浓缩池的干泥量相同，都是 S_0，底流浓度都是 $P_2 = 98.5\%$，因此本工况主流程排泥泵与超量污泥从浮动槽排泥池排出相同；$\Delta S = 0$，没有超量污泥排出泵。

根据式（4.2.1-35）校核调节容积，前面排泥池Ⅰ型已求出 $S_j = S_0$ 时，$W_{1c} = 925\text{m}^3$，则：

$$H_2' \geqslant \frac{W_{1c} - q_2 t_1}{A} = \frac{925 - 266 \times 2.2}{2190} = 0.37\text{m}$$

浮动幅度 $1.5\text{m} > H_2'$，调节容积满足要求。

校核液面负荷：按最大 1 次排泥水量 $W_{1c} = 925\text{m}^3$，排泥历时 $t_1 = 2.2\text{h}$ 校核。平均排泥流量 Q_1：

$$Q_1 = \frac{W_{1c}}{t_1} = \frac{925}{2.2} = 420\text{m}^3/\text{h}$$

$$F = \frac{Q_1}{A} = \frac{420}{925} = 0.45\text{m}^3/(\text{m}^2 \cdot \text{h}) < 1\text{m}^3/(\text{m}^2 \cdot \text{h})$$

校核停留时间：经浓缩后含水率为98.5%的污泥体积为：

$$W_3 = \frac{S_0}{1-P_2} = \frac{14.8}{1-0.985} = 987\text{m}^3/\text{d}$$

浮动槽排泥池有效容积：925×（2+2.3）=3977.5m^3

停留时间：3977.5÷987=4.02d>24～48h

3）超量污泥 ΔS 在排泥池作临时存储，$S_j = S_1$。

与本题第一种工况相同，根据表4.2.1-3，两种工况都是 $S_j = S_1, S_2 = S_0$，不同的是超量污泥 ΔS 需在浮动槽排泥池中临时存储，压缩区 H_3 的高度有所增加。增加的高度为：

$$\Delta H = \frac{\Delta S}{A(1-P_2)} = \frac{29}{2190 \times (1-0.985)} = 0.88\text{m}$$

$$H_3 = 2.06 + 0.88 = 2.94\text{m}$$

浮动槽排泥池面积2190m^2，池边水深 $H_2 + H_3$ =2+2.94=4.94m，其余均与本题第一种工况相同。

4.2.1.5　排泥池设计要点

（1）排泥池最高液位的确定，应满足沉淀池排泥水能重力流至排泥池。

（2）排泥池的位置宜靠近沉淀池。

（3）排泥池调节容积根据表4.2.1-2不同工况按不小于沉淀池最大1次排泥水量确定。

（4）当排泥池出流不具备重力流条件时，应分别按下列情况设置排泥泵：

1）至浓缩池的主流程排泥泵。

2）当需要考虑超量污泥 ΔS 从排泥池排出时，应设置超量污泥排出泵。

3）对于排泥池Ⅱ型，当上清液不能重力流入目标水体时，应设置上清液排出泵。

4）设置备用泵。

上述至浓缩池的主流程排泥泵、超量污泥排出泵可设置在1个泵房里。当扬程合适时，可互为备用。

（5）排泥池个数或分格数不宜少于2个，按同时工作设计，并能单独工作，分别泄空。

（6）排泥池Ⅰ型应设扰流设备，如潜水搅拌机等；排泥池Ⅱ型应设沉泥取出和上清液收集设施。沉泥取出如刮泥机、泥斗、排泥管等；上清液收集如浮动槽排泥池的浮动槽等。

（7）应设置溢流口。

（8）宜设置放空管，用于检修时放空。

4.2.2　排水池

如果滤池反冲洗废水经排水池调节后，回流到净水工艺与原水混合重复利用，排水池也称回流水池。排水池按是否具备沉淀功能可分为两类，一类是不具备沉淀功能，只有单一调节功能，如表2.8.1-1中的Ⅰ型；另一类是不仅具备调节功能，而且还具有沉淀功能，如表2.8.1-1中的Ⅱ型。Ⅰ型和Ⅱ型的共同点是都具有一定的调节容积，对其量进行调节。区别是Ⅰ型除了调量作用，还设扰流设备均质，而Ⅱ型不仅考虑了调量，还具有沉淀功能，因此应有沉泥取出措施。但不设扰流设备进行均质。

排水池的设计内容：Ⅰ型主要是确定调节容积，选择扰流设备，确定回流泵的容量或排水泵的容量，Ⅱ型与Ⅰ型一样，其区别是将扰流设备换成沉泥取出设施。排泥池的调节容积与沉淀池最大1次排泥水量有关，同样道理，排水池的调节容积与滤池最大1次反冲洗水量有关，而最大1次反冲洗水量又与反冲洗方式、反冲洗时序安排有关。例如采用单一水冲和采用气水联合冲洗，其反冲洗耗水量不一样。反冲洗时序安排不同，其最大1次反冲洗水量相差很大，例如，均匀间隔冲洗与滤池1格接1格连续冲洗，1次冲洗完毕相比，前者最大1次冲洗水量可能就是1格的冲洗水量，而后者就是滤池全部格数的冲洗水量。如果时序安排介于这两者之间，有可能形成2格或3格同时冲洗。为了减小排水池的调节容积，反冲洗时序安排应尽可能采用均匀间隔冲洗，使最大1次反冲洗水量等于1格滤池的反冲洗水量，尽量避免几格滤池同时冲洗或1格接1格连续冲洗。

4.2.2.1　滤池反冲洗运行模式分析

排水池的池容、排水设备的容量及排水池的运行是否正常，与滤池反冲洗运行模式直接相关。滤池的运行由过滤和反冲洗两个环节组成，描述这两个环节的主要参数有：过滤周期R、滤速v、过滤历时T_3、反冲洗历时T_1、反冲洗间隔时间T_2及反冲洗强度q_L。其中与反冲洗环节有关的参数是过滤周期R（也称反冲洗周期）、反冲洗历时T_1、反冲洗间隔时间T_2、反冲洗强度q_L。根据上述描述滤池反冲洗运行参数的取值和变化情况，把滤池的反冲洗运行模式分为均匀模式和非均匀模式。

《室外给水设计规范》GB 50013—2006规定：当排水池只调节滤池反冲洗废水时，调节容积宜按大于滤池最大1次反冲洗水量确定。最大1次反冲洗水量决定排水池池容的大小和排水设备容量的大小。例如一个水厂的滤池反冲洗如果按均匀模式进行，最大1次反冲洗水量就是1格的冲洗水量，如果按非均匀模式进行，有可能造成2格或3格滤池同时冲洗，最大1次反冲洗水量就是2格或3格的反冲洗水量，排水池的池容和排水设备的容量就增大了2～3倍。一些水厂图方便，采用1格接1格连续冲洗，或者是一次冲洗多格滤池，所有滤池一次冲洗完毕。这种做法对于反冲洗废水不回收利用，直接排放或许可以，如果要回收利用，或者是经排水池调节后再排放，是不可取的。因为排水池的池容太大了。如果排水池池容已经确定，滤池反冲洗采用均匀模式，排水池不会发生溢流，而采用非均匀模式就可能发生溢流，给运行管理的安全性带来不利影响。

1. 均匀模式

所谓均匀模式是指描述反冲洗的主要参数R、T_1、T_2、q_L的取值基本相同或维持不变。

上述几个参数基本相同或维持不变也只是相对的。如果滤池形式相同，则全部滤格的反冲洗运行参数R、T_1、T_2、q_L则应相同；如果滤池有两种或两种以上的形式，例如，水厂一期采用快滤池，二期采用V型滤池，两种池型的上述几个参数可以不同，但同一池型的上述几个参数应相同，且两种池型滤池的反冲洗间隔时间T_2应相同，且基本维持不变。

水厂运行中，一般是单格滤池冲洗。但是在水厂规模较大，滤池格数较多，或者是水厂分期建设，滤池形式不同，单格面积相差较大，两种形式的滤格一次反冲洗水量相差较大时，可以将几格面积小、反冲洗水量小的滤格组合在一起冲洗，称组团冲洗。下面对几种可能出现的反冲洗均匀模式进行描述。

(1) 反冲洗均匀模式一：过滤周期 R 相同，滤池单格冲洗模式；

(2) 反冲洗均匀模式二：过滤周期 R 相同，多格滤池组团冲洗模式；

(3) 反冲洗均匀模式三：过滤周期 R 不同，滤池单格或组团冲洗模式。

其中第一种模式是最基本的冲洗方式，也是在实际运行中较普遍采用的模式，下面以这种基本模式为中心进行描述。

(1) 反冲洗均匀模式一：过滤周期 R 相同，滤池单格冲洗模式（见图 4.2.2-1）

这种模式一般在水厂规模较小，滤池格数少，过滤周期相同时采用，现将这种模式描述如下：

1) 滤池过滤周期为 R，总格数为 N，每格滤池（独立冲洗单元）按格数均分过滤周期所占有的时段为 T_0，则有：

$$T_0 = \frac{R}{N} \tag{4.2.2-1}$$

2) 每格滤池冲洗历时为 T_1，两滤池冲洗间歇时段为 T_2，则有：

$$T_0 = T_1 + T_2 \tag{4.2.2-2}$$

当有初滤水排放时，初滤水排放时间为 T_c，则有：

$$T_0 = T_1 + T_c + T_2 \tag{4.2.2-3}$$

3) 每格滤池的过滤历时为 T_3，则有：

$$R = T_1 + T_3 \tag{4.2.2-4}$$

当有初滤水排放时，则有：

$$R = T_1 + T_c + T_3 \tag{4.2.2-5}$$

T_3 既是过滤历时，也是该滤池自身反冲洗间隔，为同一滤池前后两次反冲洗间隔时间，即从第一次反冲洗完了算起，到第二次反冲洗开始这一间隔时段。而 T_2 是指不同滤池相互之间的反冲洗间隔。

4) 设每格滤池每日冲洗次数为 N'，则有：

$$N' = \frac{1}{R} \tag{4.2.2-6}$$

则 N 格滤池每日总冲洗次数为 NN'：

$$NN' = \frac{N}{R} \tag{4.2.2-7}$$

式中 R——过滤周期，d。

5) 滤池 1 日的反冲洗水量 W_2 为：

$$W_2 = \frac{NW_L}{R} \tag{4.2.2-8}$$

式中 W_L——单格滤池 1 次反冲洗水量，m^3；

R——过滤周期，d；

N——滤池格数；

W_2——滤池 1 日的反冲洗水量，m^3。

单格滤池 1 次反冲洗水量 W_L 可根据滤池形式选择式（2.3.3-10）～式（2.3.3-14）

计算得出。

6）$T_0 > T_1$，表示有冲洗间歇 T_2 存在。

7）$T_0 = T_1$，$T_2 = 0$。表示滤池若采用反冲洗均匀模式，要1格接1格连续冲洗才能在设定的滤池过滤周期 R 内将所有格数滤池全部冲洗完。冲洗间歇 T_2 不存在。在这种工况下，分建式排水池的回流水泵流量在 T_1 时段等于滤池反冲洗流量 Q_L，在初滤水排放 T_c 时段内，等于初滤水流量，则排水池的调节容积理论上等于0，排水池只是一水流通道。

8）$T_1/2 \leqslant T_0 < T_1$，表示有两格同时冲洗，即存在组团冲洗。

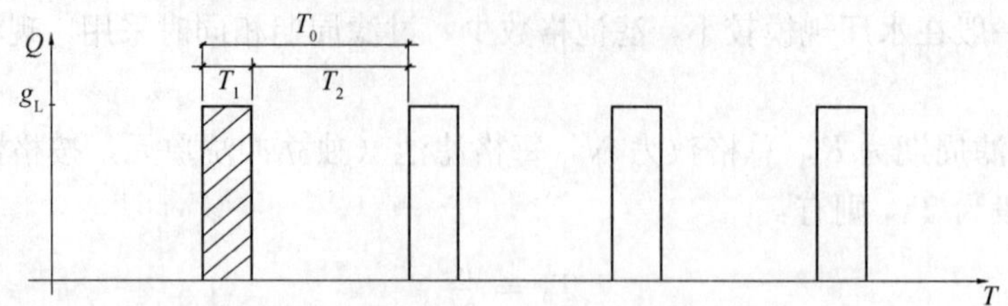

图 4.2.2-1　过滤周期 R 相同，滤池单格冲洗模式排序

（2）反冲洗均匀模式二：过滤周期 R 相同，多格滤池组团冲洗模式

这种滤池反冲洗模式一般发生在以下两种工况，一是过滤周期相同，但是滤池格数较多，发生了 $T_1/2 \leqslant T_0 < T_1$ 工况，只有组团冲洗才能在一个过滤周期内将所有滤池反冲洗1次。二是滤池单格面积相差较大，引起单格滤池的反冲洗流量相差较大。而排水池的调节容积是按最大1次反冲洗水量设计的。因此，可将单格面积小，反冲洗水量较小的多格滤池组合在一起同时冲洗，称组团冲洗。组团冲洗可以是两格或多格滤池同时冲洗，也可以是多格滤池挨个接力冲洗。当一个组团内格数较多时，受排水管道过水能力的限制，一般采用挨个接力冲洗方式。图 4.2.2-2 表示组团冲洗中多格滤池同时冲洗，图 4.2.2-3 表示组团冲洗中多格滤池接力冲洗。现将这种组团冲洗模式描述如下：

1）滤池运行周期为 R，总组团数为 N，每一组团按组团总数 N 均分过滤周期所占有的时段为 T_0，则有：

$$T_0 = \frac{R}{N} \tag{4.2.2-9}$$

式中　N——组团数，在单格冲洗模式中为滤池格数。

2）设每一组团冲洗历时为 T_1，两组团之间冲洗间隔时段为 T_2，则有：

$$T_0 = T_1 + T_2 \tag{4.2.2-10}$$

如果组团内多格滤池同时冲洗，则取冲洗历时最长的一格滤池 T_1 作为组团冲洗历时 T_1；如果是1格接1格连续冲洗，则组团内单格滤池冲洗历时之和作为组团的冲洗历时 T_1。

3）设每一组团每日冲洗次数为 N'，则：

$$N' = \frac{1}{R} \tag{4.2.2-11}$$

N 个组团每日冲洗总次数为 NN'：

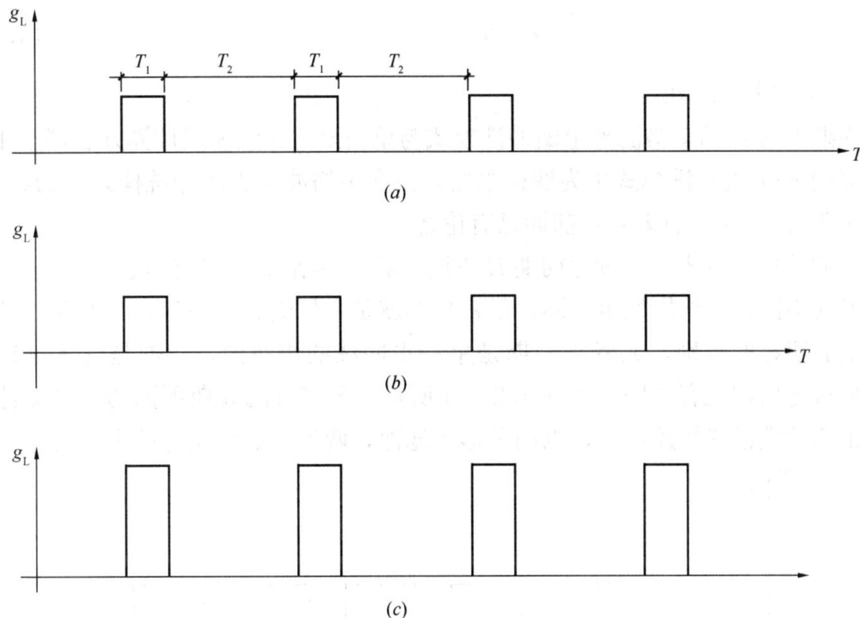

图 4.2.2-2　过滤周期 R 相同，多格滤池组团冲洗模式（一）

（a）单格冲洗负荷排序分解图（一）；（b）单格冲洗负荷排序分解图（二）；

（c）组团冲洗负荷迭加图（同时冲洗）

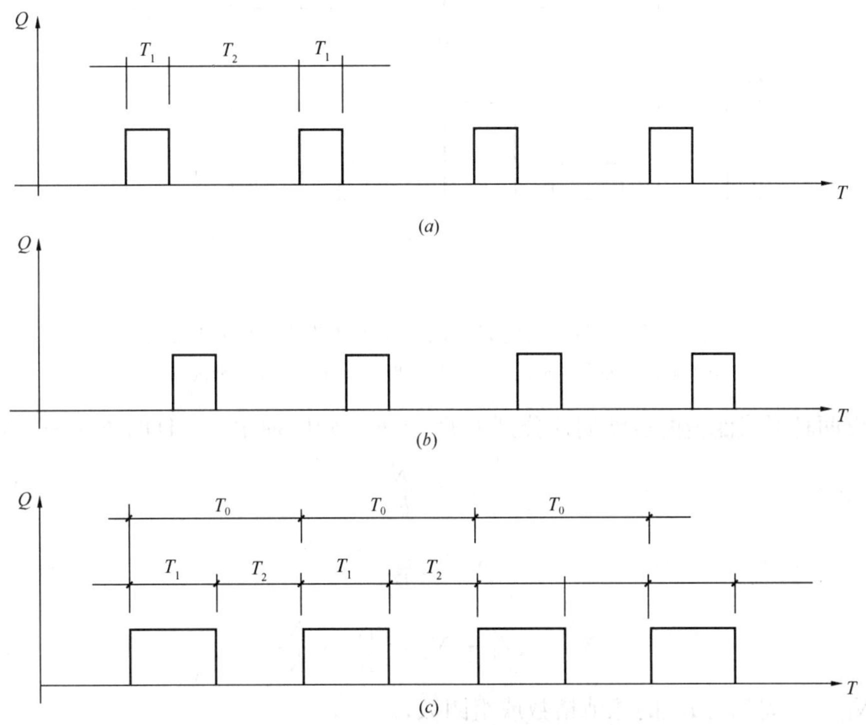

图 4.2.2-3　过滤周期 R 相同，多格组团冲洗模式（二）

（a）组团冲洗单格滤池冲洗负荷排序分解图（一）；（b）组团冲洗单格滤池冲洗负荷排序分解图（二）；

（c）组团冲洗负荷迭加图（接力冲洗）

$$NN' = \frac{N}{R} \quad (4.2.2\text{-}12)$$

式中　R——过滤周期，d。

过滤周期 R 相同的多格滤池组团冲洗模式与单格滤池冲洗模式计算方法基本相同，只是参数 N 在单格滤池冲洗模式中为滤格总数，而在多格滤池组团冲洗模式中为组团总数。另外，冲洗历时 T_1 也稍有差别，前面已有论述。

(3) 反冲洗均匀模式三：过滤周期 R 不同，滤池单格或组团冲洗模式

滤池形式不同，过滤周期也不同，最常见的就是水厂既有砂滤池，又有炭滤池，两者的过滤周期有明显的差别，或者是一期是单一水冲洗的快滤池，二期是气水反冲洗的滤池，两者的过滤周期也有区别。如图 4.2.2-4 所示。现将过滤周期不同的单格滤池冲洗和多格滤池组团冲洗模式描述如下，以两种形式滤池，两种过滤周期为例进行讨论。

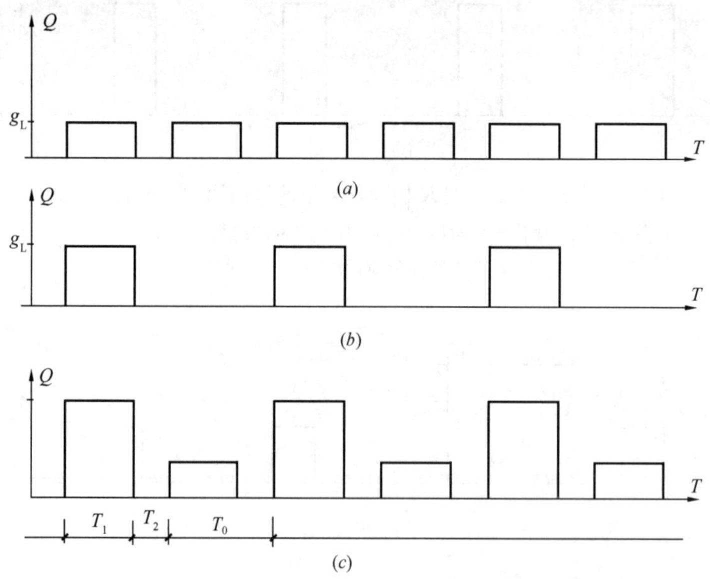

图 4.2.2-4　过滤周期 R 不同，滤池单格或组团冲洗模式

(a) 砂滤池冲洗负荷；(b) 碳滤池冲洗负荷；(c) 组团冲洗负荷

1) 设两种形式滤池的过滤周期分别为 R_1 和 R_2，则两种滤池 1 日的总冲洗次数 N'_t 为：

$$N'_1 = \frac{N_1}{R_1} \quad (4.2.2\text{-}13)$$

$$N'_2 = \frac{N_2}{R_2} \quad (4.2.2\text{-}14)$$

$$N'_t = N'_1 + N'_2 = \frac{N_1}{R_1} + \frac{N_2}{R_2} \quad (4.2.2\text{-}15)$$

式中　N_1——周期为 R_1 的滤池格数或组团数；

N_2——周期为 R_2 的滤池格数或组团数；

N'_1——周期为 R_1 的滤池 1 日的冲洗次数；

N'_2——周期为 R_2 的滤池 1 日的冲洗次数；

N'_t ——两种形式滤池 1 日总冲洗次数。

当按式（4.2.2-15）计算出来的总冲洗次数 N'_t 不是整数而带有小数时，应调整过滤周期 R_1 和 R_2，分别使每种滤池 1 日的冲洗次数 N'_1 和 N'_2 为正整数。但过滤周期往上调整，不能超过过滤周期的极限，且应留有一定的余地，以免浊质穿透滤层，影响滤层出水水质。

具体调整方法是根据式（4.2.2-13）、式（4.2.2-14）分别计算出不同过滤周期滤池的每日冲洗次数 N'_1、N'_2，如果 N'_1 不是整数，四舍五入将 N'_1 调整成整数，代入式（4.2.2-16），求过滤周期 R_1。如果 N'_1、N'_2 都不是整数，则将 N'_1、N'_2 分别调整成整数，然后代入式（4.2.2-16）、式（4.2.2-17）求出 R_1、R_2。过滤周期 R_1、R_2 可以不是整数。

$$R_1 = \frac{N_1}{N'_1} \tag{4.2.2-16}$$

$$R_2 = \frac{N_2}{N'_2} \tag{4.2.2-17}$$

如果反冲洗时序安排不是以 1 日为时间基准，而是以某一过滤周期为基准进行安排，如以 R_1 为基准进行时序安排，则在 R_1 周期内的冲洗次数为：

$$N'_1 = N_1 \tag{4.2.2-18}$$

$$N'_2 = \frac{R_1}{R_2}N_2 \tag{4.2.2-19}$$

$$N'_t = N_1 + \frac{R_1}{R_2}N_2 \tag{4.2.2-20}$$

在 R_2 周期内的冲洗次数为：

$$N'_2 = N_2 \tag{4.2.2-21}$$

$$N'_1 = \frac{R_2}{R_1}N_1 \tag{4.2.2-22}$$

$$N'_t = \frac{R_2}{R_1}N_1 + N_2 \tag{4.2.2-23}$$

当冲洗次数不是整数，求周期 R_1 时段内的冲洗次数时，N'_1 等于格数 N_1，必然是整数，只要把 N'_2 调整为整数，代入式（4.2.2-24）求出 R_2。

$$R_2 = \frac{N_2}{N'_2}R_1 \tag{4.2.2-24}$$

求周期 R_2 时段内的冲洗次数时，N'_2 必然是整数，如果 N'_1 不是整数，调整 R_1，将 N'_1 四舍五入成整数，代入式（4.2.2-25），求出调整后的 R_1。

$$R_1 = \frac{N_1}{N'_1}R_2 \tag{4.2.2-25}$$

2）每格滤池（或 1 个组团）按格数（总组团数）均分某一时段 T 所占有的子时段 T_0 为：

$$T_0 = \frac{T}{N'_t} \tag{4.2.2-26}$$

式中时段 T 如果取 1d，则总冲洗次数 N'_t 按式（4.2.2-15）计算；如果 T 取过滤周期 R_1 或 R_2，则 N'_t 相应按式（4.2.2-20）、式（4.2.2-23）计算。

3）1日的反冲洗水量 W_2 为：

$$W_2 = \frac{N_1}{R_1}W_{L1} + \frac{N_2}{R_2}W_{L2} \tag{4.2.2-27}$$

式中 W_{L1}——周期为 R_1 的滤池1次的反冲洗水量，m^3；

W_{L2}——周期为 R_2 的滤池1次的反冲洗水量，m^3；

N_1——周期为 R_1 的滤池格数或组团数；

N_2——周期为 R_2 的滤池格数或组团数。

周期不同多格滤池组团冲洗模式与单格滤池冲洗模式计算方法基本相同，只是 N_1 和 N_2 分别代表不同过滤周期的滤池格数或滤池组团数。在组团时，除考虑每组团之间冲洗水量尽量接近外，还应考虑将过滤周期相同的滤池进行组团。

【例】某水厂一期工程已建6个快滤池，滤池运行周期 $R_1=24h$，二期工程新建6个气水反冲洗滤池，过滤周期 $R_2=36h$，滤池冲洗历时 $T_1=10min$，采用反冲洗均匀模式三：过滤周期 R 不同，滤池单格冲洗模式。求两种不同运行周期的滤池反冲洗次数 N'_1、N'_2、总冲洗次数 N'_t、冲洗间隔 T_2。

【解】

$$R_1 = 24h = 1d \quad R_2 = 36h = 1.5d$$

$$N'_1 = \frac{N_1}{R_1} = \frac{6}{1} = 6\text{次}/d \quad N'_2 = \frac{N_2}{R_2} = \frac{6}{1.5} = 4\text{次}/d$$

$$N'_t = 6 + 4 = 10\text{次}/d \qquad T_0 = \frac{T}{N'_t} = \frac{24}{10} = 2.4h$$

以周期 $R_2=36h$ 进行时序安排，在 $R_2=36h$ 内滤池的反冲洗次数为：

$$N'_t = \frac{R_2}{R_1}N_1 + N_2 = \frac{1.5}{1}\times 6 + 6 = 9 + 6 = 15\text{次}/\text{周}$$

$$T_0 = \frac{T}{N'_t} = \frac{36}{15} = 2.4h$$

$$T_2 = T_0 - T_1 = 2.4 - \frac{10}{60} = 2.23h$$

过滤周期不同的两种滤池，按单格排队均匀冲洗，每日冲洗10次；以周期 R_2 时段进行时序安排，在 R_2 时段内，冲洗15次，平均每2.4h冲洗1次，冲洗历时10min，冲洗间隔2.33h。

由于两种或多种形式的滤池运行周期不同，要完全按不同周期排队均匀冲洗，在时序安排上有时比较困难，计算也较为繁琐。对于这种反冲洗均匀模式，当几种滤池的过滤周期相差不大，可以统一成一种过滤周期运行时，按最短的过滤周期运行，例如几种滤池的过滤周期均大于等于24h，则可统一取24h为过滤周期进行计算。这种做法的缺点是周期较长的滤池滤料的容污能力或过滤水头没有充分发挥。

对于两种形式滤池的过滤周期相差很大，且长周期过滤对滤料冲洗并无不良影响，不会产生因浊质与滤料接触时间长而难以冲洗干净的情况。则应按两种周期进行计算，例如活性炭滤池，运行周期达3～4d，而砂滤池过滤周期一般只有24～30h，如果活性炭滤池也按过滤周期24h运行，不仅要浪费大量的水量，增加日常电耗，而且还会增加排泥水处理的负荷。

【例】一水厂有砂滤池 42 格，气水反冲洗，过滤周期 30h，活性炭滤池 12 格，过滤周期 4d，采用反冲洗均匀模式三：过滤周期 R 不同，滤池单格冲洗模式。求两种滤池每日反冲洗次数 N_1'、N_2'、每日总冲洗次数 N_t'。

【解】根据式（4.2.2-13）、式（4.2.2-14）可得：

$$R_1 = 30\text{h} = 1.25\text{d} \qquad R_2 = 4\text{d}$$

$$N_1' = \frac{N_1}{R_1} = \frac{42}{1.25} = 33.6\ \text{次/d}$$

$$N_2' = \frac{N_2}{R_2} = \frac{12}{4} = 3\ \text{次/d}$$

把 N_1' 调整成整数，四舍五入为 34 次/d，根据式（4.2.2-16），求 R_1。

$$R_1 = \frac{N_1}{N_1'} = \frac{42}{34} = 1.235\text{d} = 29.6\text{h}$$

$$N_t' = N_1' + N_2' = 34 + 3 = 37\ \text{次/d}$$

$$T_0 = \frac{T}{N_t'} = \frac{24}{37} = 0.65\text{h}$$

由于滤池格数较多，采用反冲洗均匀模式三：过滤周期 R 不同，滤池单格冲洗模式，每 0.65h 即 39min 就要冲洗 1 次，如果冲洗历时取 T_1 =10min，则冲洗间隔 T_2 只有 29min。如果不好安排，可以采用组团冲洗。例如将 2 个砂滤池组合成 1 个组团，1 个炭滤池为 1 个组团，则总组团数只有 33 个。而且当单格砂滤池与炭滤池面积相同时，2 格砂滤池的冲洗流量与 1 格炭滤池冲洗流量接近。按 2 格滤池同时冲洗来计算排水池的调节容积具有一定的代表性。

2. 非均匀模式

所谓非均匀模式是描述滤池运行过程的主要参数 R、反冲洗历时 T_1、反冲洗间隔 T_2 呈无规律变化，具有随意性。

（1）反冲洗历时 T_1 随意改变，今日冲洗 8min，明日可能是 10min，或者是 12min。手动控制冲洗，这种现象较为普遍。随着净水厂自控水平的不断提高，特别是计算机控制在水厂的普遍应用，这种不均匀性、随意性正在逐渐地被克服。在计算排水池池容时，应根据水厂的自控水平，要充分估计到这种不均匀性，T_1 应该取大值。

（2）反冲洗间隔 T_2 随意变更，反冲洗历时 T_1 可能保持不变，形成反冲洗非均匀模式。例如，手动控制反冲洗，一些值班人员图方便，将所有格数滤池 1 格接 1 格连续冲洗完毕；一些水厂为了利用低谷电价，即使有计算机控制系统，也采用这种所有格数滤池 1 格接 1 格连续冲洗完毕的做法；还有一些值班人员虽然采用间断冲洗，但是不是按时准点冲洗，不是早 1 个小时就是晚 1 个小时，造成反冲洗间隔 T_2 大小不一。

这种滤池反冲洗非均匀模式导致最大 1 次反冲洗水量成倍增大，从而使排水池池容和排水泵的容量增大。增加了工程造价，很可能导致排水池经常溢流。因此，应尽可能按均匀模式运行，尽量减小不均匀的程度。特别要避免滤池 1 格接 1 格连续冲洗。当滤池反冲洗废水回收利用时，这种连续冲洗的做法，对净水厂形成很大的冲击负荷，破坏净水厂的正常运行。如果反冲洗废水不考虑回收利用，不经调节，能重力流至受纳水体，而不对沟渠及水体造成冲刷或淤积，也可考虑这种方式。

3. 反冲洗均匀模式滤池运行参数 R、T_1、T_2、T_3 的确定

要建立滤池反冲洗均匀模式，须知道运行参数过滤周期 R、滤池格数 N、反冲洗历时 T_1、反冲洗间隔 T_2。

(1) 过滤周期 R 的确定

过滤周期 R 可先从理论上按式（2.3.3-1）～式（2.3.3-3）计算得出。由于影响过滤周期 R 的因素较多，上述公式仅仅是根据进出水浊度和滤料的容污能力这一原则推导出来的，还要满足过滤水头的要求，而且在上述两方面还要留有一定的余地。因此，不能单凭计算确定，应小于上述理论计算值，根据其他情况综合确定一个过滤周期 R。在目前沉淀池出水浊度一般不超过 5NTU，滤池采用均质滤层滤料、气水反冲洗的情况下，其过滤周期理论计算值一般都大于 30h，综合考虑其他情况，过滤周期 R 可取 24～30h。

(2) 反冲洗历时 T_1 的确定

反冲洗历时 T_1 与滤料的污染程度、反冲洗方式如是单一水冲还是气水联合冲洗以及滤料的粒径等因素有关。各种池型的反冲洗历时 T_1 是多次试验及多年实际运行经验的总结，目前均有一定的取值范围可供选取，具有较为成熟的经验。可参考有关设计规范和设计手册进行选取。

过滤周期 R 和反冲洗历时 T_1 确定后，滤池格数为已知，T_2、T_3 可根据时序安排求出。

4.2.2.2 排水池调节容积

1. 确定排水池调节容积的原则

(1) 滤池反冲洗时序安排应采用均匀模式，反冲洗非均匀模式不可取。特别是滤池 1 格接 1 格地冲洗，会造成排水池调节容积很大或溢流。

(2) 如果反冲洗废水回收利用，应尽可能采用均匀回流模式，排水池进水是滤池反冲洗废水，时序安排采用均匀模式，排水池进水是间歇均匀的，如果出水也均匀回流，则排水池所需的调节容积最小。进出水均匀程度差别越大，所需的调节容积越大，两者均匀程度差别越小，所需调节容积越小。

采用均匀回流模式可维持水线净化构筑物不超设计负荷，对出水水质影响最小，因此应尽可能采用均匀回流模式。如果因为某种原因均匀回流难以实现，而需要采用非均匀回流模式时，应按宽容度确定非均匀回流比，使净化构筑物的超负荷值控制在设计人员认可的范围内，以避免产生冲击负荷，影响出水水质。

(3) 排水池调节容积的计算有两条途径：一条是只考虑入流流量的影响，忽略出流流量影响的静态计算方法；另一条是同时考虑入流流量和出流流量的动态计算方法，即通用的调蓄计算方法。图 4.2.2-5 是排水池调节容积分析简图，图中 $ABFG$ 所围成的面积表示滤池在 T_1 时段的反冲洗水量 $Q_L T_1$；图中点划线为排水泵运行工况，排水泵流量 Q_P，排水泵在 T_1 时段所排走的水量为 $Q_P T_1$，从图 4.2.2-5 可以看出，按第一条途径，排水池的调节容积为 $ABFG$ 所包围的面积，而按第二条途径为 $ABCH$ 所包围的面积，很明显，第二条途径动态计算方法得出的排水池调节容积小，因为减去了入流过程中 T_1 时段排水泵排出的流量，如图中 $HCFG$ 面积所代表的水量 $Q_P T_1$。

由于反冲洗历时较短，约为 $T_1 = 10\text{min}$，入流过程中同时排出的流量不大，如图中 $HCFG$ 面积很小，即 $Q_P T_1$ 不大。也有在入流过程中不排水的情况，为简化计算和适当留

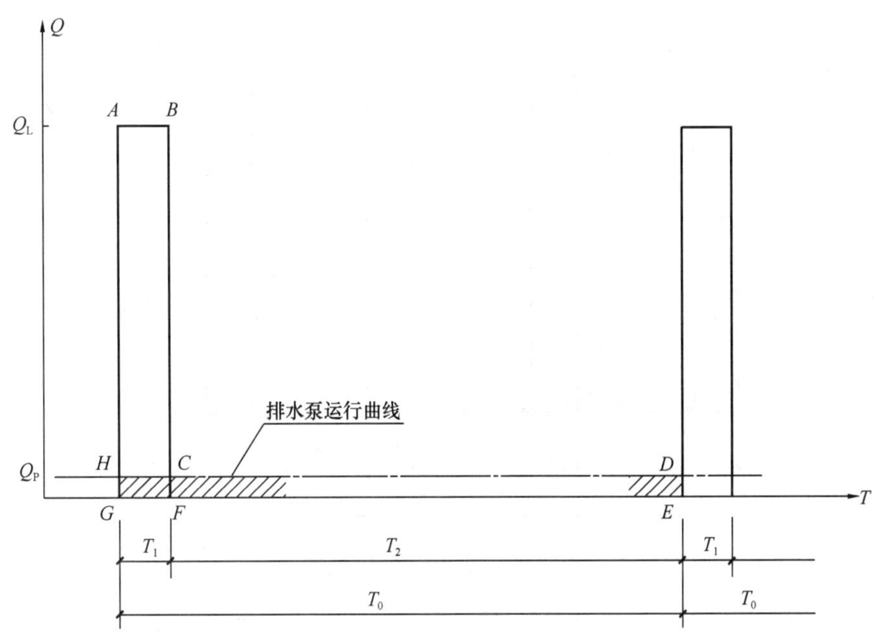

图 4.2.2-5　排水池调节容积分析简图（一）

有余地，应采用第一条途径静态计算方法。《室外给水设计规范》GB 50013—2006 规定，当排水池只接纳滤池反冲洗废水时，排水池调节容积按大于最大 1 次反冲洗水量确定，就是采用第一条途径静态计算方法，不考虑排水泵在 T_1 时段 所排走的水量。以简化计算和适当留有余地。

但是当滤池格数较多时，根据式（4.2.2-1），格数 N 值越大，T_0 就越小，T_1/T_0 越大，排水泵在 T_1 时段所排走水量所占的比重提高，图 4.2.2-6 与图 4.2.2-5 相比，$CFGH$ 面积与 $ABFG$ 面积之比值增大很多。因此当滤池格数很多，占地面积相对紧张时，也可考虑按第二条途径，适当利用排水泵在 T_1 时段所排走的水量 $Q_P T_1$，适当减小排水池的调节容积。如果占地面积比较宽松，还是按第一条途径静态计算方法计算，留有余地，方便运行管理。因为过滤周期 R、反冲洗历时 T_1、反冲洗强度 q_L 难以预计准确，例如过滤周期预计 R=30h，而实际采用 R=24h，过滤周期变短，反冲洗排水次数增加，进入排水池的水量增加；滤池反冲洗历时 T_1 比预计的要长，设计反冲洗历时 T_1 = 8min，而实际上是 12min，超时冲洗，造成最大 1 次反冲洗水量增大；另外反冲洗强度 q_L 比预计的大，也造成最大 1 次反冲洗水量增大。因此，在考虑采用第二条途径即动态计算方法时，应慎重估量上述因素预计的准确程度，以免引起频繁溢流。

（4）采用最大 1 次反冲洗水量计算，而不是任何一次反冲洗水量。

一些水厂分几期建成，不同期的滤池单格面积相差很大，因此一次反冲洗水量相差很大。另外，滤池单格面积相同，滤池形式不同，一次反冲洗水量也相差很大，例如，单一水冲比气水反冲洗滤池的反冲洗强度大，一次反冲洗水量比气水反冲洗滤池大很多，因此，应采用最大 1 次反冲洗水量计算。

排水池调节容积 M_L 理论上应按进入排水池的最大 1 次水量 W_{Lm} 计算。但在大多数情

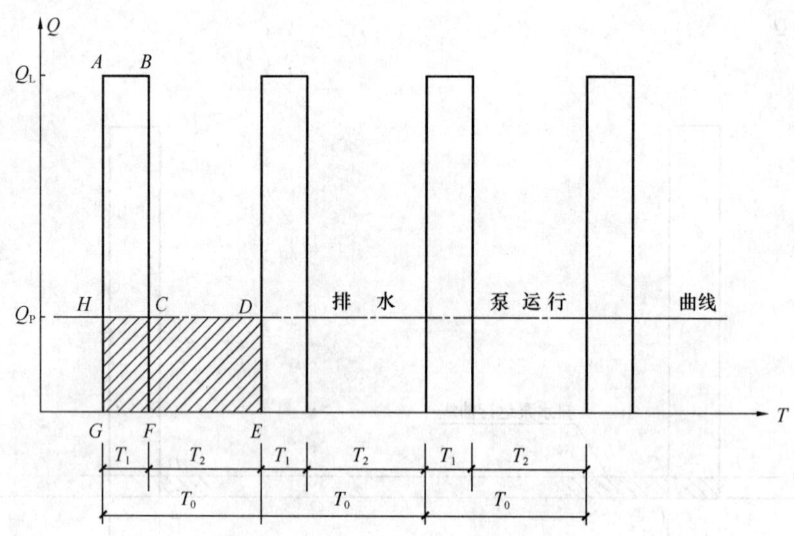

图 4.2.2-6 排水池调节容积分析简图（二）

况下，进入排水池的最大 1 次水量 W_{Lm} 等于滤池最大 1 次反冲洗水量 W_L。除排水池既接纳反冲洗废水，又接纳初滤水以外。由于初滤水水质比反冲洗废水好很多，一些工程的反冲洗废水需要进一步处理才能回用，因此，设置两组独立运行的排泥池，分别接纳反冲洗废水和初滤水。

2. 排水池调节容积计算

(1) 排水池只接纳和调节滤池反冲洗废水。

排水池按第一条途径计算，排水池调节容积 M_L 等于最大 1 次滤池反冲洗水量 W_L。

$$M_L = W_L \tag{4.2.2-28}$$

对于单格冲洗模式，最大 1 次反冲洗水量 W_L 可按式（2.3.3-10）～式（2.3.3-14）计算，其中 V 型滤池反冲洗水量计算采用式（2.3.3-12），翻板滤池反冲洗水量计算采用式（2.3.3-13）、式（2.3.3-14）。对于过滤周期不同，反冲洗强度不同的多格组团冲洗模式，可以按不同类型的滤池分别计算，然后迭加。

也可按图 4.2.2-5 或图 4.2.2-6 取一个 T_0 时段计算。

$$W_L = 60Q_L T_1 \tag{4.2.2-29}$$

$$Q_L = q_L A \times 10^{-3} \tag{4.2.2-30}$$

将式（4.2.2-30）代入式（4.2.2-29），得出的结果与式（2.3.3-10）相同。

$$W_L = 0.06 q_L A T_1$$

由于 W_L 是最大 1 次反冲洗水量，式（2.3.3-10）～式（2.3.3-14）中的反冲洗历时 T_1、反冲洗强度 q_L 和反冲洗面积 A 应取最大值。要确定最大值 A，就要先进行反冲洗时序安排，确定反冲洗均匀模式是采用滤池单格冲洗模式，还是多格滤池组团冲洗模式；如果采用滤池单格冲洗模式，单格滤池的面积和冲洗强度都相同，则可取任何一格滤池计算。如果滤池形式不同，单格面积也不同，冲洗强度也不一样，则应采用冲洗水量最大的一格滤池计算。如果采用多格滤池组团冲洗模式，A 不是单格面积，而是同时冲洗的多格面积之和。并采用冲洗水量最大的一个组团进行计算。

（2）排水池既接纳和调节滤池反冲洗废水，又接纳和调节浓缩池上清液。

在一些情况下，排水池不仅接纳滤池反冲洗废水，还接纳其他生产废水，例如浓缩池上清液，正常运行的浓缩池上清液流量 q_3 可看成是均匀流入排水池，如图 4.2.2-7 是一条纵坐标值为 q_3 的平行于横坐标轴的直线。从图 4.2.2-7 可以看出，如果按第一条途径静态计算方法，反冲洗排水量为 $W_L = Q_L T_1$，浓缩池上清液水量为 $q_3 T_0$，则排水池调节容积应为：

$$M_L = Q_L T_1 + q_3 T_0 \tag{4.2.2-31}$$

如果按动态计算方法，应在静态计算方法得出的结果上再减去排水泵在 T_0 时段排走的水量 $Q_P T_0$，

$$M_L = Q_L T_1 + q_3 T_0 - Q_P T_0 \tag{4.2.2-32}$$

即图 4.2.2-7 中斜线阴影部分面积所代表的水量就是动态计算方法得出的结果。从图 4.2.2-7 可以看出，斜线阴影部分面积小于 $ABFG$，说明动态计算结果小于一次反冲洗排水量。因此，排水池在既接纳滤池反冲洗废水，又接纳浓缩池上清液这种均匀负荷时，仍可按最大 1 次反冲洗水量 W_L 计算。即按式（4.2.2-28）计算，不计及浓缩池上清液均匀流入的影响。因为排水泵的流量也是均匀负荷，恒大于上清液负荷。

当排水泵间歇运行时，应作出排水池运行工况图进行分析，若排水泵间歇时间太长，则浓缩池上清液对排水池调节容积的影响不可忽略，应根据排水池运行工况图按收支平衡的动态方法进行计算。

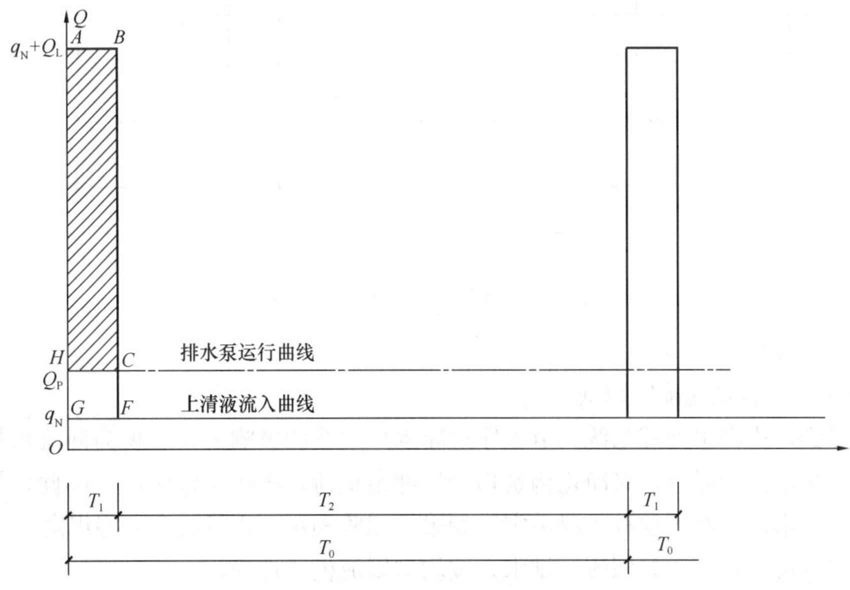

图 4.2.2-7　排水池调节容积分析简图（三）

（3）排水池既接纳和调节滤池反冲洗废水，又接纳和调节初滤水。

初滤水排放时间 T_C 与 T_0、T_2 相比相对较短，反冲洗流量 Q_L 大于排水泵流量 Q_p 是肯定的，初滤水流量 Q_C 也有可能大于 Q_p，因此在这种工况下，进入排水池的最大 1 次水量 W_{Lm} 有可能大于最大 1 次滤池反冲洗排水量 W_L，如图 4.2.2-8 所示，取一个 T_0 时段计算。

1）按第一条途径计算，只计收入，不计支出。

$$W_{Lm} = W_L + W_C = Q_L T_1 + Q_C T_C \tag{4.2.2-33}$$

$$M_L = W_{Lm}$$

$$M_L = Q_L T_1 + Q_C T_C \tag{4.2.2-34}$$

式（4.2.2-34）中第一项 $Q_L T_1$ 表示滤池反冲洗排水量 W_L，第二项 $Q_C T_C$ 表示初滤水排放量 W_C，W_C 可根据式（2.3.3-16）、式（2.3.3-17）计算，或参照相似水厂运行经验确定。

2）按第二条途径计算，同时考虑收入和支出，根据收支平衡计算。

$$M_L = Q_L T_1 + Q_C T_C - Q_p(T_1 + T_C) \tag{4.2.2-35}$$

式中第三项为排水泵在 T_1 和 T_C 期间排走的水量。调节容积 M_L 如图 4.2.2-8 中斜线阴影部分面积所示。按第一条途径计算得出的排水池调节容积虽然较大，但比较安全，计算过程简单。

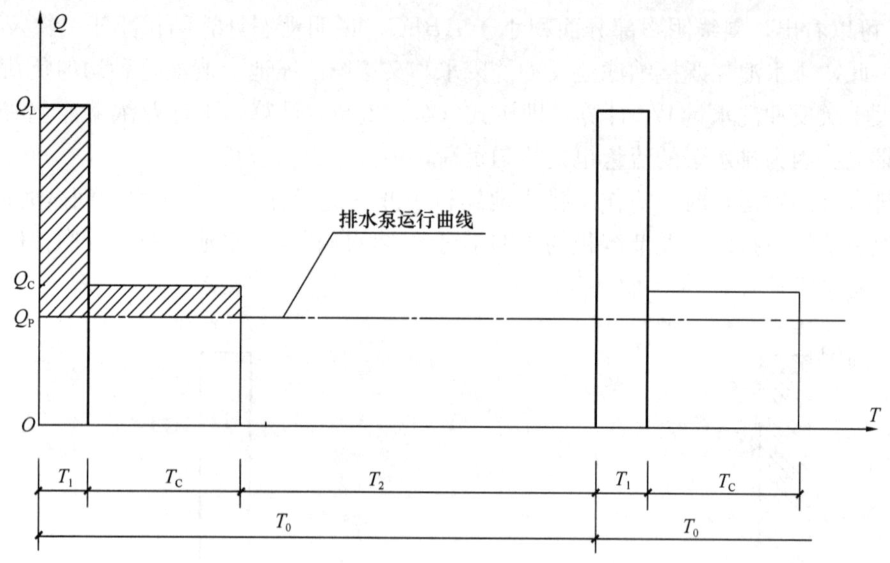

图 4.2.2-8　排水池调节容积分析简图（四）

4.2.2.3　回流水泵容量

1. 回流水泵容量的确定原则

前面提到，排泥水处理系统调节工序对净水厂水线的影响主要表现为回流水量有可能使净化构筑物超负荷运行，对净化构筑物产生冲击负荷，影响出水水质。因此，排水泵容量按反冲洗废水回收利用这种工况确定。如果不回收利用，则可放宽某些规定。

（1）应尽可能连续均匀回流，排水泵按均匀回流模式选择。

排水池的入流即反冲洗排水是间断均匀的，但要求出水是连续均匀的。前面已经论述，维持净化构筑物不超负荷的判别式与均匀回流模式的判别式相同，都是 $y_0 < k_0$，$y = k_0 - k$。因此，按均匀回流模式选择排水泵，净化构筑物不会超负荷运行。另外，按均匀模式回流，回流比最小，回流流量小，排水泵功率小，间歇启动对净水厂供电系统影响小。另外，排水池所需的调节容积也最小。

（2）若按非均匀回流模式选择回流水泵，应采用宽容度来选择回流比 y，使非均匀回流模式引起的超负荷限制在设计人员认可的范围内，避免产生大的冲击负荷，影响出水水质。

例如，絮凝池设计停留时间为 15min，设计人员认为不能小于 13min，宽容度 $\Delta t=2\text{min}$，根据式（2.7.2-21）～式（2.7.2-26）计算出回流比 y。斜管沉淀池设计液面负荷为 $6\text{m}^3/(\text{m}^2\cdot\text{h})$，但不能大于 $6.3\text{m}^3/(\text{m}^2\cdot\text{h})$，宽容度 $\Delta F=0.3\text{m}^3/(\text{m}^2\cdot\text{h})$，根据式(2.7.2-27)～式(2.7.2-30)计算出回流比 y。

（3）应尽可能避免排水泵频繁启动。

排水泵过于频繁启动，缩短了排水泵运行时间，使回流比增大，有可能突破宽容度的限制范围，形成冲击负荷。不仅给絮凝、沉淀、过滤环节带来不利影响，影响出水水质。而且对采用反馈信号控制的加氯、加药系统，难以实时跟踪水量的变化，影响出水水质。而且频繁启动，对净水厂供电系统有可能产生冲击负荷。

2. 回流水泵容量计算

确定回流水泵容量的原则首先是按均匀回流模式，但是，在实际中很多情况均匀回流难以做到。不得不采用非均匀回流模式来选择回流水泵。

（1）按均匀回流模式计算回流水泵容量

1）根据进入排水池的水量在下一次反冲洗排水到来之前排掉这一原则。做出滤池反冲洗运行时序安排，取一个 T_0 时段计算，如果滤池形式和单格滤池过滤面积不同，或者有初滤水等其他水量进入排水池，则应取进入排水池的最大 1 次水量 W_{Lm} 进行计算。

假设流入排水池的水量全部回流，则排水泵的流量为：

$$Q_{\text{P}}=\frac{W_{\text{Lm}}}{T_0} \tag{4.2.2-36}$$

式中　W_{Lm}——进入排水池的最大 1 次水量，m^3。

T_0——反冲洗运行时序安排中与 W_{Lm} 相对应的某一时段，h。

如果没有初滤水排放，或者是虽然有初滤水排放，但初滤水流入另外专设的排水池，则进入排泥池的水量 W_{Lm} 就是最大 1 次反冲洗水量 W_{L}，即 $W_{\text{Lm}}=W_{\text{L}}$。如果反冲洗水量和初滤水都流入同一个排水池或具有水力联系的排水池池组，则流入排水池的水量就等于最大 1 次反冲洗水量加上初滤水水量。即按式（4.2.2-33）计算。

W_{Lm} 表示进入排水池的最大 1 次水量，不完全等于排水池的调节容积 M_{L}。当采用第一条途径计算，不计排水泵排走的水量时，两者相等，即 $M_{\text{L}}=W_{\text{Lm}}$。当采用第二条途径计算时，两者不等，排水池调节容积小于流入排水池的最大 1 次水量，$M_{\text{L}}<W_{\text{Lm}}$。

2）根据 1 日或 1 个周期的滤池反冲洗水量和初滤水量计算水泵容量

前面是取一个 T_0 时段进行计算，进入排水池的水量在下一次反冲洗排水到来之前排掉，进入排水池的水量取最大值 W_{Lm}。如果把 T_0 时段延伸为 1d 或 1 个周期，进入排水池的水量是 1d 或 1 个周期进入排水池的水量，可以理解为 1d 或 1 个周期进入排水池的水量在下 1 日或下一个周期反冲洗排水到来之前排掉，所求出的回流流量趋向于平均值，应该比取一个 T_0 时段进行计算小。

$$Q_{\text{P}}=\frac{W_{\text{LR}}}{24} \tag{4.2.2-37}$$

或

$$Q_{\text{P}}=\frac{W_{\text{LR}}}{R} \tag{4.2.2-38}$$

式中 W_{LR}——1 日或 1 个过滤周期流入排水池的水量，m^3；

R——过滤周期，h；

Q_P——排水泵流量，m^3/h。

在滤池形式或单格面积不同时，采用式（4.2.2-38）计算比较方便，因为在 1 个周期内，反冲洗次数等于滤池的格数，每格滤池都能冲洗 1 次。1 个周期内进入排水池的水量 W_{LR} 就等于全部滤池冲洗 1 次的排水量，如果初滤水也流入排水池，再加上全部滤池的初滤水量，不用判别进入排水池的最大 1 次水量。

式（4.2.2-36）是根据最大 1 次反冲洗水量计算排水泵的容量，因此得出的排水泵容量偏大，比较安全，但在赶上不是最大 1 次反冲洗水量时，在小于 T_0 的时段内，排水池就被抽空，即排水池中的水量在下一次反冲洗水量到来之前就已经抽空了，有可能停泵，等待下一次反冲洗排水的到来，短时不连续。式（4.2.2-38）是根据 1 个周期内反冲洗水量的平均值计算排水泵的容量，从理论上分析，求出的排水泵的容量更接近连续均匀回流这一要求。排水泵的容量比按式（4.2.2-36）求出的小。

3）根据均匀回流比 y_0 确定水泵容量

$$Q_P = y_0 Q_h \tag{4.2.2-39}$$

式中 Q_P——排水泵流量，m^3/h；

y_0——均匀回流比；

Q_h——净水厂平均时流量，在净水厂运行达到设计规模时，用高日平均时表示，m^3/h。

均匀回流比 y_0 可根据式（2.7.2-4）计算。根据式（2.7.2-4），当净水厂生产废水回收利用，只有少量的生活用水废水排放时，k 值很小，可忽略不计，近似取 $y_0 = k_0$，计算结果偏于安全。如果只回收利用滤池反冲洗废水，则必须先计算出 k 值，再根据式（2.7.2-4）求出均匀回流比 y_0。

按式（4.2.2-39）计算得出的结果一般偏小，因为实际上的回流很难达到理论上的均匀回流模式，一般都是接近均匀回流模式，例如，按式（4.2.2-36）计算，按进入排水池的最大 1 次排泥水量计算，当赶上不是最大 1 次排泥水量 W_{Lm} 时，排水池的水量在下一次排泥水量到来之前就被抽空了，排水泵短时间停止运行，打断了回流的连续性。由于时间较短，按均匀回流模式处理。

以上提出了排水泵容量计算公式（4.2.2-36）～式（4.2.2-39），可按式（4.2.2-36）～式（4.2.2-38）计算，用式（4.2.2-39）校核。如果采用均匀回流模式，则利用上述公式求出的 Q_P 所对应的回流比 y 应满足 $y \leqslant k_0$。按式（4.2.2-36）～式（4.2.2-38）计算出 Q_P 后，按式（2.7.2-1）计算出回流比 y，如果 $y > k_0$，则回流泵流量 Q_P 大了，例如，净水厂的生产过程自用水量系数 $k_0 = 8\%$，如果求出回流比 $y = 9\%$，可能是计算错误，应该核对其回流水量对净水厂造成冲击负荷的程度。

（2）在非均匀回流模式中利用宽容度选择排水泵

一般应按均匀回流模式回流，但是要 1 日 24h 不留缝隙连续均匀回流，有时很难做到，特别是一些规模较小的排泥水处理，选不着这么小的排水泵。有些情况还需要做成非均匀回流模式，例如水厂滤池单格面积大，格数少，只有 6 格，过滤周期 R=30h，每格占有时段

T_0 =5h，为了改善回流水水质，安排反冲洗废水在池中静沉 1h，即在一个 T_0 时段内，反冲洗 10min 后，沉淀 1h，接着是排水泵启动回流。回流不连续，间断了 1h，属于非均匀回流模式，引起净化构筑物超负荷运行。为了使超负荷在认可的范围内，应按宽容度选择排水泵。根据设计人员认可的宽容度，求出回流比 y。然后根据式（2.7.2-2）求出排水泵流量 Q_P。根据絮凝池的宽容度和沉淀池的宽容度得出的回流比可能不相同，取最小的。

【例】一水厂设计规模 50 万 m^3/d，有 V 型滤池 32 格，单格面积 $84m^2$，过滤周期 $R_1=30h$，活性炭滤池 32 格，单格面积 $70m^2$，过滤周期 $R_2=4d$，单一水冲，反冲洗强度 $15L/(m^2 \cdot s)$，采用过滤周期 R 不同，按滤池单格冲洗和组团冲洗两种模式分别计算。滤池反冲洗废水全部回用，采用均匀模式回流，求排水池调节容积和排水泵容量。

【解】（1）滤池反冲洗时序安排采用滤池单格冲洗模式

以过滤周期 R_1 为基准进行时序安排，根据式（4.2.2-20）得出在 R_1 周期内的总冲洗次数：

$$N'_t = N_1 + \frac{R_1}{R_2}N_2 = 32 + \frac{30}{96} \times 32 = 32 + 10 = 42 \text{ 次} /d$$

$$T_0 = \frac{R_1}{N'_t} = \frac{30}{42} = 0.714h = 42.9min$$

排水池调节容积按最大 1 次反冲洗水量计算，根据式（2.3.3-12），1 格 V 型滤池一次反冲洗水量，表冲强度 $1.9L/(m^2 \cdot s)$，气冲 2min，气水联合冲洗 4min，水冲强度 $4L/(m^2 \cdot s)$，水冲 4min，水冲强度 $8L/(m^2 \cdot s)$，

$$\begin{aligned} W_L &= 0.06A(q'\sum_{i=1}^{4}t_i + q_{L1}t_2 + q_{L2}t_3) \\ &= 0.06 \times 84 \times [1.9 \times (2+4+4) + 4 \times 4 + 8 \times 4] \\ &= 337.68m^3 \end{aligned}$$

1 格活性炭滤池反冲洗水量：水冲强度 $15L/(m^2 \cdot s)$，历时 10min，则：

$$W_L = 0.06q_L AT_1 = 0.06 \times 15 \times 70 \times 10 = 630m^3$$

最大 1 次反冲洗水量为活性炭滤池反冲洗排水，取 W_L =$630m^3$。

排水池的调节容积 M_L 按进入排水池的最大 1 次水量 W_{Lm} 确定为：

$$M_L = W_{Lm} = 630m^3$$

排水泵流量按式（4.2.2-36）计算，得出：

$$Q_P = \frac{W_{Lm}}{T_0} = \frac{630}{0.714} = 882.4m/h$$

分回流比为：$y_2 = \frac{Q_P}{Q_h} = \frac{882.4}{20833.3}$ =4.2%

若按式（4.2.2-38）计算，在 R_1 周期内，V 型滤池冲洗 32 次，活性炭滤池冲洗 10 次，时序安排为平均每冲洗 3.2 格 V 型滤池后再冲洗 1 格活性炭滤池，V 型滤池与活性炭滤池交叉冲洗，冲洗间隔为 $T_2 = T_0 - T_1$ =42.9－10=32.9min。实际安排冲洗次数不能是小数，可大部分是每冲洗 3 格 V 型滤池后冲洗 1 格活性炭滤池，小部分是每冲洗 4 格 V 型滤池后再冲洗 1 格活性炭滤池，也可适当调整过滤周期，使其为整数。1 个周期内进入排水池的水量累计为：

$$W_{LR} = 337.68 \times 32 + 630 \times 10 = 17105.76\text{m}^3$$

$$Q_P = \frac{W_{LR}}{R} = \frac{17105.76}{30} = 570.2\text{m}^3/\text{h}$$

分回流比为：$y_2 = \dfrac{Q_P}{Q_h} = \dfrac{570.2}{20833.3} = 2.7\%$

当滤池形式相同，一次反冲洗水量相同时，式（4.2.2-36）和式（4.2.2-38）计算结果应该是一致的。现在两个公式的计算结果为什么差距如此之大，是因为1格活性炭滤池与1格V型滤池的反冲洗水量相差悬殊造成的。为了减小排水泵容量，防止水泵频繁启动，减少日常电耗，宜采用式（4.2.2-38）计算结果，即 $Q_P = 570.2\text{m}^3/\text{h}$，分回流比 $y_2 = 2.7\%$。如果假设滤池反冲洗和沉淀池排泥耗水率相等，总回流比 $y = y_1 + y_2 = 5.4\%$，比较接近水厂生产过程自用水量系数 k_0，约6%比较切合实际。

(2) 采用组团模式计算

1）以V型滤池过滤周期 R_1 为基准进行时序安排

单格V型滤池一次反冲洗水量为 337.68m^3，单格活性炭滤池一次反冲洗水量为 630m^3，两者相差悬殊，将2格V型滤池组成1个组团，32格V型滤池组成16个组团，即 $N_1 = 16$；1格活性炭滤池为1个组团，32格活性炭滤池为32个组团，即 $N_2 = 32$。以V型滤池过滤周期 R_1 为基准进行时序安排，则在 R_1 周期内总冲洗次数为：

$$N'_t = N_1 + \frac{R_1}{R_2} N_2 = 16 + \frac{30}{96} \times 32 = 16 + 10 = 26\text{次}/\text{d}$$

$$T_0 = \frac{R_1}{N'_t} = \frac{30}{26} = 1.154\text{h} = 69.23\text{min}$$

V型滤池1个组团的冲洗水量为 $W_L = 337.68 \times 2 = 675.36\text{m}^3$，活性炭滤池1个组团的冲洗水量为 $W_L = 630\text{m}^3$，进入排水池的最大1次水量 $W_{Lm} = 675.36\text{m}^3$。则排水池的调节容积 M_L 为：$M_L = W_{Lm} = 675.36\text{m}^3$。

排水泵的容量按式（4.2.2-36）计算，得出：

$$Q_P = \frac{W_{Lm}}{T_0} = \frac{675.36}{1.154} = 585.23\text{m}^3/\text{h}$$

按式（4.2.2-38）计算，在 R_1 周期内，V型滤池组团冲洗了16次，每次冲洗水量 675.36m^3，活性炭滤池冲洗了10次，每次冲洗水量 630m^3，则在 R_1 周期内进入排水池的水量累积为：

$$W_{LR} = 675.36 \times 16 + 630 \times 10 = 17105.76\text{m}^3$$

$$Q_P = \frac{W_{LR}}{R_1} = \frac{17105.76}{30} = 570.12\text{m}^3/\text{h}$$

组团后，由于两种组团的冲洗水量接近，因此两种方法计算得出的排水泵容量也比较接近。在 R_1 周期内，总冲洗次数为26次，V型滤池组团冲洗16次，活性炭滤池冲洗10次，时序安排为V型滤池组团平均冲洗1.6次后，再冲洗1格活性炭滤池，实际安排冲洗次数必须调整成整数，每次冲洗间隔 $T_2 = T_0 - T_1 = 69.23 - 10 = 59.23\text{min}$。

2）以1日24h为基准进行时序安排

按式（4.2.2-37）计算，仍采用组团模式进行计算，排水池调节容积为：

$$M_{\mathrm{L}}=W_{\mathrm{Lm}}=675.36\mathrm{m}^3$$

根据式（4.2.2-13），1 日总冲洗次数为：

$$N_1'=\frac{N_1}{R_1}=\frac{16}{1.25}=12.8\text{ 次}/\mathrm{d}\quad N_2'=\frac{N_2}{R_2}=\frac{32}{4}=8\text{ 次}/\mathrm{d}$$

V 型滤池组团 1 日冲洗次数不是整数，调整成整数，取 $N_1'=13$ 次/d，根据式（4.2.2-16）求过滤周期 R_1：

$$R_1=\frac{N_1}{N_1'}=\frac{16}{13}=1.23\mathrm{d}=29.54\mathrm{h}$$

$$N_{\mathrm{t}}'=N_1'+N_2'=13+8=21\text{ 次}/\mathrm{d}$$

$$T_0=\frac{24}{21}=1.143\mathrm{h}$$

$$Q_{\mathrm{P}}=\frac{W_{\mathrm{Lm}}}{T_0}=\frac{675.36}{1.143}=590.8\mathrm{m}^3/\mathrm{h}$$

1 日内进入排水池的水量为：

$$W_{\mathrm{LR}}=675.36\times13+630\times8=13819.68\mathrm{m}^3$$

$$Q_{\mathrm{P}}=\frac{W_{\mathrm{LR}}}{24}=\frac{13819.68}{24}=575.82\mathrm{m}^3/\mathrm{h}$$

1 日总冲洗次数为 21 次，V 型滤池组团冲洗 13 次，活性炭滤池冲洗 8 次，V 型滤池组团平均冲洗 1.625 次后，再冲洗 1 格活性炭滤池。

【例】一水厂设计规模 10 万 m^3/d，水厂生产过程自用水量系数 $k_0=5\%$，絮凝池设计停留时间 15min，沉淀池采用斜管沉淀池，设计液面负荷为 $6\mathrm{m}^3/(\mathrm{m}^2\cdot\mathrm{h})$，V 型滤池 6 格，单格面积 $90\mathrm{m}^2$，设计滤速 7.87m/h，过滤周期 30h，采用单格滤池均匀冲洗模式，反冲洗废水全部回收利用，为了改善回流水水质，反冲洗废水在排水池中静沉一段时间，要求絮凝池停留时间不小于 14min，沉淀池液面负荷不大于 $6.5\mathrm{m}^3/(\mathrm{m}^2\cdot\mathrm{h})$，滤速不大于 8.5m/h，求排水池有效容积，排水泵容量和容许的静沉时间。

【解】絮凝池有效容积为：

$$1.05Q=1.05\times100000\mathrm{m}^3/\mathrm{d}=4375\mathrm{m}^3/\mathrm{h}$$

$$Z=4375\times\frac{15}{60}=1094\mathrm{m}^3$$

宽容度 $\Delta t=15-14=1\mathrm{min}$，考虑只回收利用滤池反冲洗废水，沉淀池排泥水不回收利用，取 $k=3\%$。

根据式（2.7.2-24），得出：

$$\begin{aligned}y&=\frac{60z(1+k_0)}{60z-(1+k_0)Q_{\mathrm{h}}\Delta t}-(1+k)\\&=\frac{60\times1094\times(1+0.05)}{60\times1094-(1+0.05)\times4166.7\times1}-(1+0.03)\\&=9.5\%\end{aligned}$$

斜管沉淀池液面面积为：

$$A=\frac{4375}{6}=729.2\mathrm{m}^2$$

宽容度 $\Delta F=6.5-6=0.5\text{m}^3/(\text{m}^2\cdot\text{h})$

根据式（2.7.2-30），得出：

$$y=\frac{A\Delta F}{Q_\text{h}}+k_0-k=\frac{729.2\times0.5}{4166.7}+0.05-0.03=0.0875=8.75\%$$

滤池单格面积 90m²，6 格总面积 $A=540\text{m}^2$，宽容度 $\Delta v=8.5-7.87=0.63\text{m/h}$，则：

$$y=\frac{A\Delta v}{Q_\text{h}}+k_0-k=\frac{540\times0.63}{4166.7}+0.05-0.03=0.10=10\%$$

选择最小的回流比，取 $y=8.75\%$。

排水泵流量：$Q_\text{P}=yQ=0.0875\times4166.7=365\text{m}^3/\text{h}$

连续均匀回流时，宽容度 $\Delta F=0$，实测得出沉淀池排泥耗水系数 k_{01} 与其他用水耗水系数 k_{03} 之和为 3%，即：

$$k=k_{01}+k_{03}=3\%$$

$$y_0=k_0-k=5\%-3\%=2\%$$

连续均匀回流时排水泵流量为：$Q_\text{P}=0.02\times4166.7=83.3\text{m}^3/\text{h}$

根据式（4.2.2-1），得出：

$$T_0=\frac{R}{N}=\frac{30}{6}=5\text{h}$$

排水泵流量 $Q_\text{P}=83.3\text{m}^3/\text{h}$，需连续均匀运行 5h，排水泵流量为 365m³/h 时，运行时间缩短为：

$$t=5\times\frac{83.3}{365}=1.14\text{h}$$

排水池容许的静沉时间 $t=5-1.14=3.86\text{h}$。

本题计算得出的回流比 $y=8.75\%$，远大于水厂生产过程自用水量系数 $k_0=5\%$，显然不属于均匀回流模式，但是它所造成的净化构筑物负荷超载在设计人员认可的宽容度范围内，在排水泵容量太小无法选到时，虽然排水泵运行不连续，也是可以接受的。

本题答案与实际可能会有一定的误差，引起误差的原因一是生产过程自用水量系数 k_0 是人为凭经验确定的，与实际发生的不一定相符。二是系数 k 估计为 3%，包括沉淀池排泥水和其他生产生活废水在内不回收利用而排掉，也不一定与实际相符。k 为水厂自用水量中不回流排放的那一部分，如果只是一些生活污水，则远小于 1%，如果还包含其他生产用水和一些清洗池子的水，则应根据不同的工艺进行调查研究后确定，一些水厂清洗池子的废水直接排入下水道，一些水厂则回收利用。如果上述数据通过调查研究后确定，则答案是可靠的。

4.2.2.4 排水池设计要点

（1）排水池高程的确定应与净水厂总体工艺流程统一考虑，一般应满足滤池反冲洗废水能重力流入排水池。

（2）排水池调节容积

为适当留有余地，当只有滤池反冲洗废水进入排水池时，排水池的调节容积按大于滤池（或组团）的最大 1 次反冲洗水量确定；当还有初滤水进入排水池时，排水池的调节容积应按大于最大 1 次反冲洗水量加上初滤水量确定。

当浓缩池上清液进入排水池时，对于均匀回流模式，由于排水泵流量恒大于上清液流量，因此，浓缩池上清液可忽略不计。但对于非均匀回流模式，排水泵间歇运行，是否计及浓缩池上清液对排水池调节容积的影响视回流流量的不均匀程度而定。

（3）排水泵容量

1）为了防止净水厂净化构筑物超设计负荷运行，排水泵容量一般应按均匀回流模式确定。当滤池单格（或组团）的反冲洗水量相等或相差不大时，排水泵容量可按最大1次反冲洗水量在下一次反冲洗排水到来之前排除这一原则确定，即按式（4.2.2-36）计算确定，也可按式（4.2.2-37）～式（4.2.2-39）计算确定。当滤池一次的反冲洗水量相差较大时，为了减小排水泵容量，防止水泵频繁启动，应按1日24h平均排水量或1个周期平均排水量确定，即按式（4.2.2-37）、式（4.2.2-38）计算确定。或者按组团计算确定。

2）当需要按非均匀回流模式确定排水泵的容量时，应按宽容度确定排水泵容量。根据宽容度求出回流比 y，然后按式（2.7.2-2）确定排水泵的容量，使净化构筑物因回流流量造成的设计负荷超载限定在设计人员认可的范围内。

（4）排水池的个数或分格数不宜少于2个，按同时工作设计，并能单独运行，分别排空。

（5）排水泵的台数不宜少于2台，并设置备用泵。

（6）当排水池设计成Ⅰ型，对入流流量进行匀质匀量时，池内应设扰流设施，避免沉淀；当排水池设计成Ⅱ型，池中应分别设置底泥和上清液取出设施。

（7）排水池应设置溢流口，并宜设置放空管。

（8）从滤池通往排水池的排泥水管道除按最大1次反冲洗水量设计外，还应留有一定的富余，以避免排泥水从检查井冒出地面，或引起起点壅水。

4.2.2.5　排水池构造形式及实例

1. 排水池Ⅰ型

按滤池反冲洗废水或初滤水重力流入排水池确定排水池最高水位，结合其他条件确定最低水位，高、低水位之差为有效水深，有效水深一般可取2～3m，有效水深所表示的容积为有效容积，有效容积要大于或等于调节容积。最低水位以下的水深及构造要满足排水泵启动和水泵吸水口的水力要求。

排水池Ⅰ型要求对来水匀质匀量，为了防止沉淀并满足匀质要求，排水池中需设置搅拌设备，目前使用较多的是潜水搅拌器。排水泵使用的有潜水泵、立式排水泵和卧式离心泵。目前使用较多的是潜水泵。图4.2.2-9是安装有立式搅拌机和立式水泵的排水池Ⅰ型。

2. 排水池Ⅱ型

排水池Ⅱ型与Ⅰ型的区别是排水池Ⅱ型不需要匀质，因此不需要安装搅拌设备，但是排水池Ⅱ型具有沉淀功能，要求去除反冲洗废水中部分悬浮物杂质，因此池中需设置沉泥取出设备和上清液取出设备。排水池Ⅱ型有以下几种做法：

（1）静沉法：滤池反冲洗废水到达排水池，静沉一段时间后，排水泵启动。在静沉这一时段内，排水泵停止运行，以免干扰沉淀。这种做法的优点是排水池构造简单，其缺点是排水泵间断运行，属于非均匀回流模式，回流比大，有可能形成冲击负荷，应根据所需要的静沉时间，按宽容度计算出回流比 y，将超负荷控制在设计人员认可的范围内。

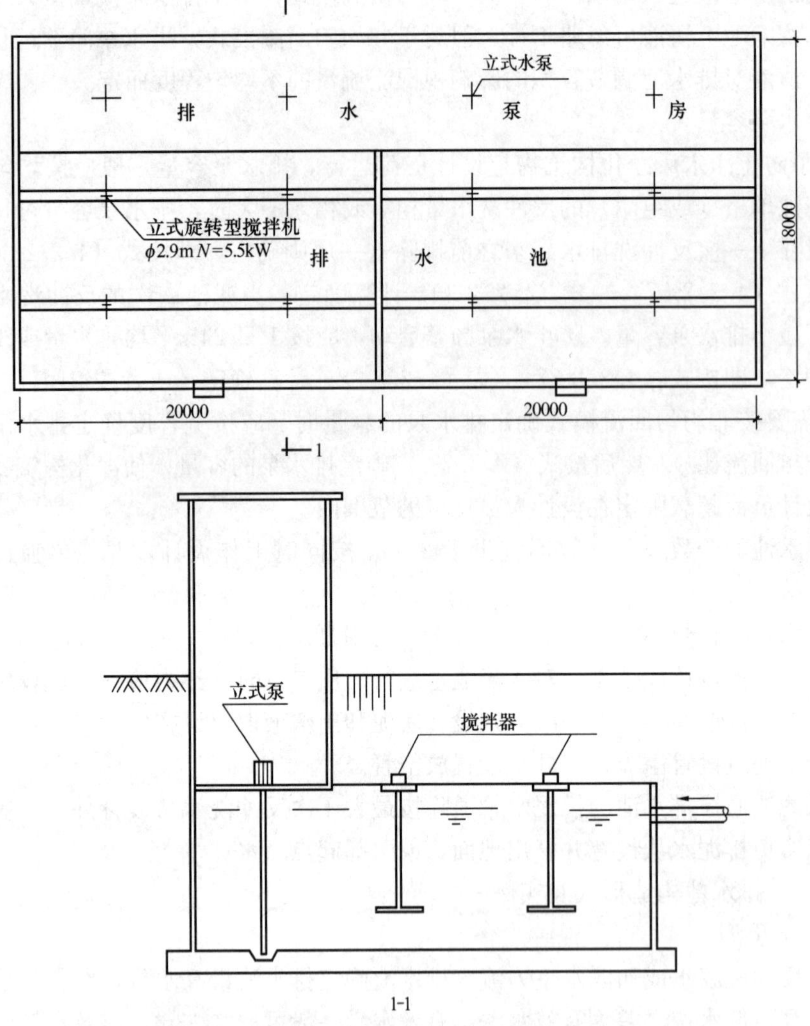

图 4.2.2-9　排水池Ⅰ型（立式排水泵型）

（2）动态沉淀法：为了使回流水量不增加絮凝沉淀池的设计负荷，采用动态沉淀法，均匀回流模式，回流泵 1 日 24h 连续运行。为了尽可能降低水泵运行对沉淀的影响，排水池的构造上就要复杂一些。

1）在排水池中增加浮动槽，浮动槽均匀集取表层上清液。做法与浮动槽排泥池相同。

2）把排水池做成长条形，水流流态如平流沉淀池形式，在末端安装滗水器均匀集取上清液。

3）沉泥取出可在池底设置泥斗或刮泥机。

如果排水池有初滤水排入，又需要将排水池做成Ⅱ型，以提高回流水水质，则应该将初滤水与滤池反冲洗废水分开，单独设置排水池接纳和调节初滤水。因为初滤水浊度很低，如果把初滤水与滤池反冲洗废水混合在一起，把滤池反冲洗废水稀释了，会降低排水池Ⅱ型的沉淀效率。

图 4.2.2-10～图 4.2.2-12 为排水池Ⅱ型，分 2 格，每格安装 2 台上清液提升泵，用于

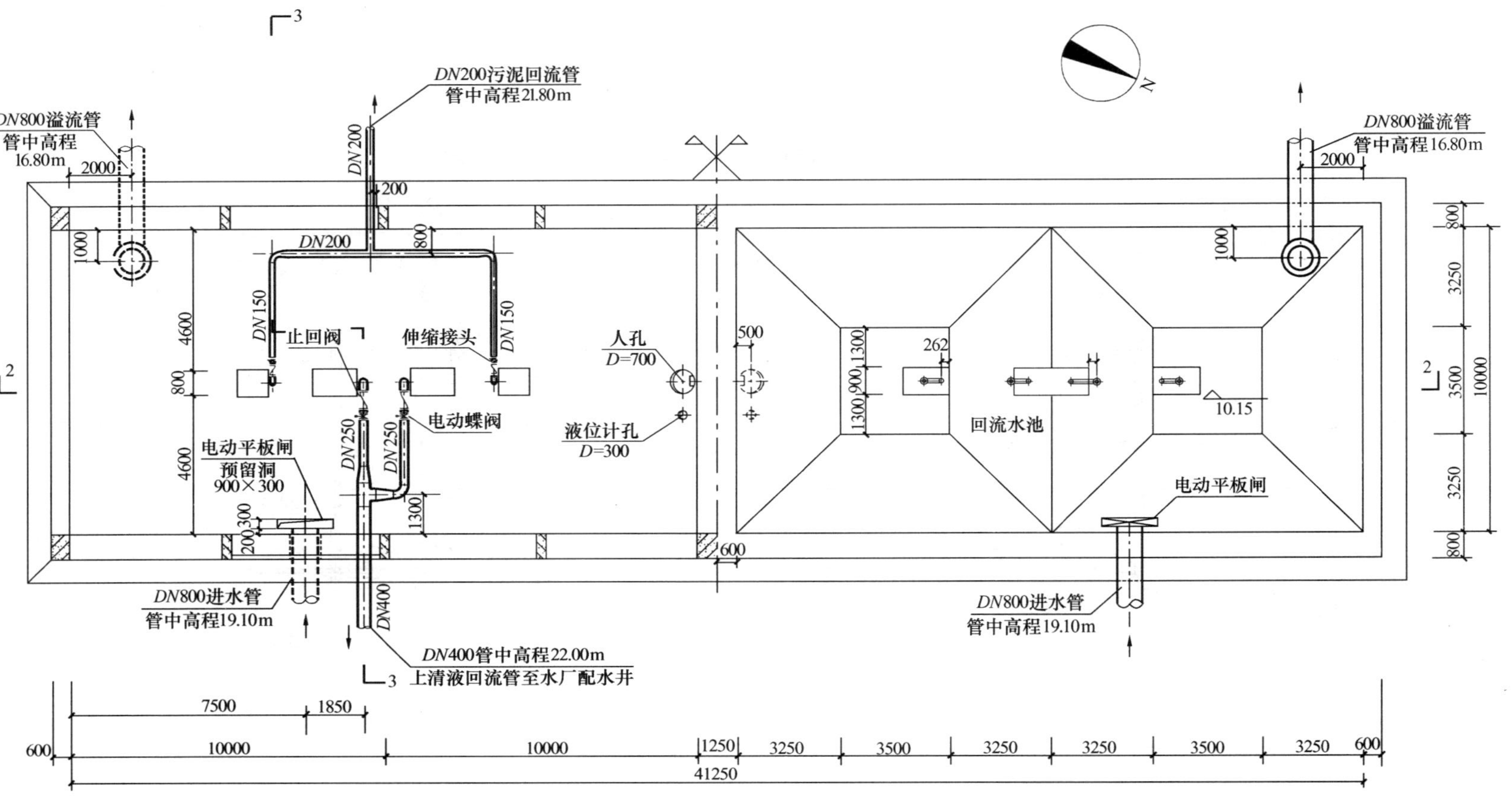

图 4.2.2-10　排水池Ⅱ型平面图

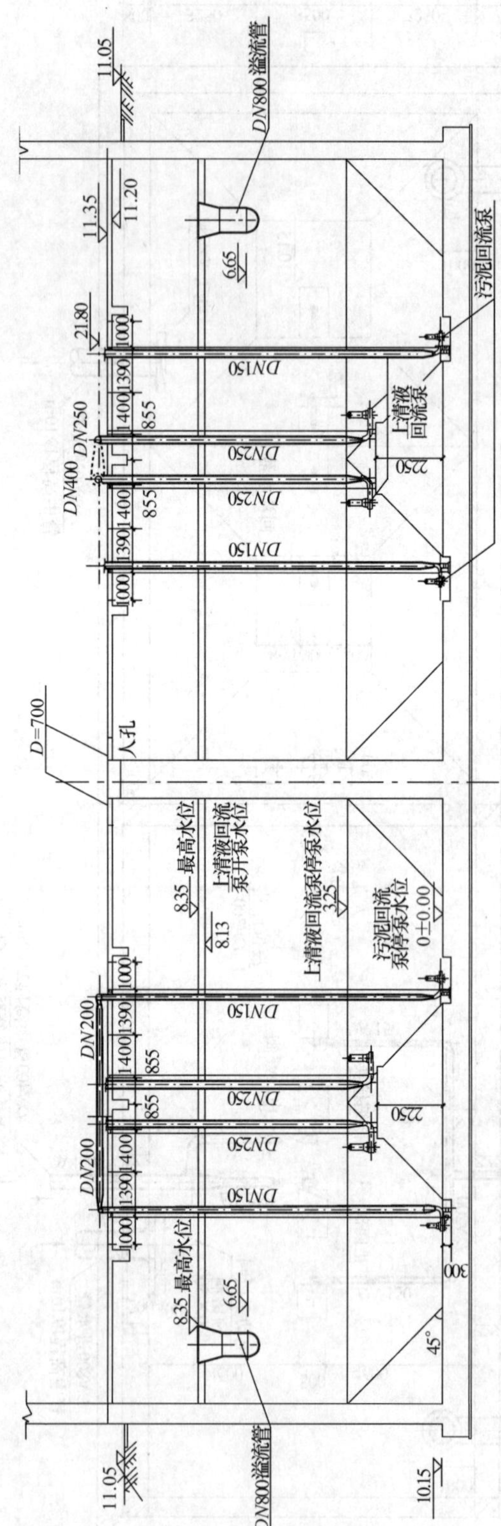

图 4.2.2-11 排水池Ⅱ型 2-2 剖面图

提升泥斗以上的上清液。安装 2 台沉泥提升泵，用于提升泥斗内的沉泥。

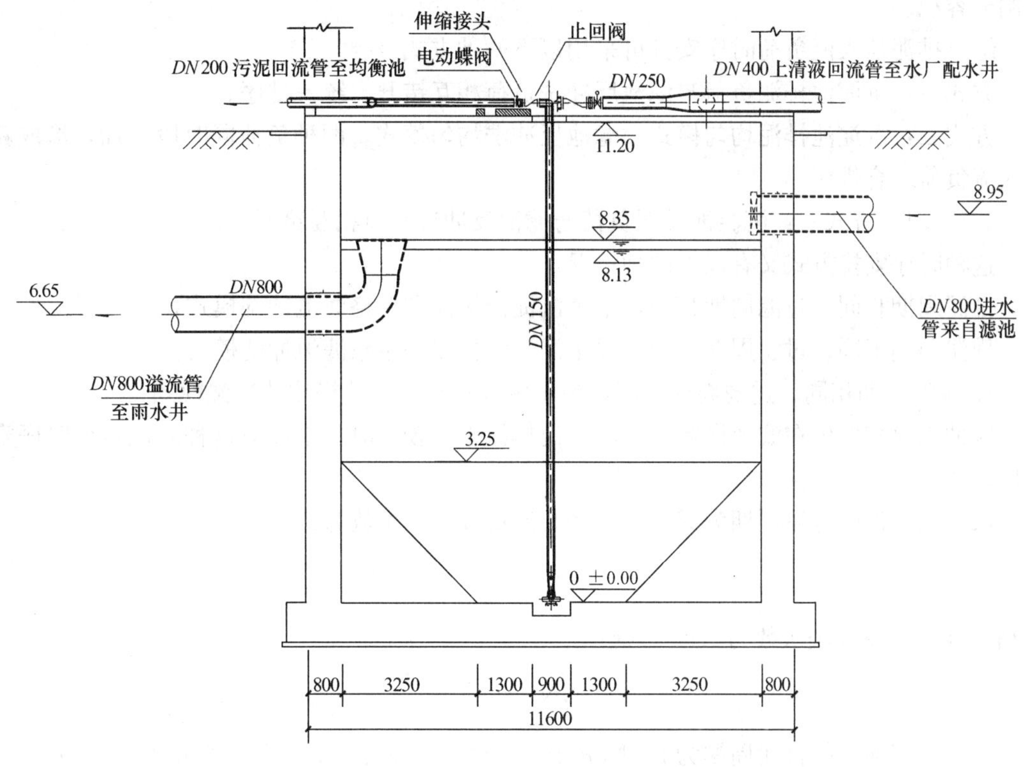

图 4.2.2-12　排水池Ⅱ型 3-3 剖面图

4.3　合建式调节构筑物

目前，国内建成的排泥水处理系统，其调节构筑物除了前面论述的分建式调节构筑物排水池和排泥池外，还有同时接纳和调节沉淀池排泥水和滤池反冲洗废水的合建式调节构筑物，也称综合排泥池。

合建式调节构筑物可设计成单一调节功能的构筑物（如表 2.8.1-1 中合建式Ⅰ型）和浮动槽排泥池（如表 2.8.1-1 中合建式Ⅱ型）。设计成浮动槽排泥池需满足污泥沉降、浓缩要求，由于滤池反冲洗废水瞬时流量较大，特别是滤池单格面积较大时，再加上有可能与沉淀池排泥水同时到达排泥池，形成冲击负荷，满足沉降要求需要较大的面积，因此，合建式调节构筑物更适合设计成单一调节功能的构筑物，即合建式Ⅰ型。

4.3.1　综合排泥池入流负荷时序安排

分建式调节构筑物排水池和排泥池入流负荷单一，其入流负荷的时序安排有均匀排序和非均匀排序模式之分。而综合排泥池既接纳沉淀池排泥水，又接纳滤池反冲洗废水。这两种负荷无论在排泥历时上，还是在流量上差别都较大，对两种入流负荷进行时序安排，统一排队，很难形成均匀模式。进行时序安排的目的是尽可能避免入流负荷的迭加，尽可能减小不均匀的程度。尽量减小进入综合排泥池的最大1次排泥水量，以减小综合排泥池的调节容积。

综合排泥池入流负荷时序安排可采用以下两种方式：

方式一：沉淀池排泥负荷与滤池反冲洗负荷相互错开。统一排序。

方式二：沉淀池排泥均匀模式＋滤池反冲洗均匀模式。两种负荷同时段迭加，形成新的入流负荷综合排序。

4.3.1.1　方式一：沉淀池排泥负荷与滤池反冲洗负荷相互错开

这种时序安排方式又有以下两种情况：

排泥周期相同、过滤周期相同，单个沉淀池排泥和单格滤池冲洗模式；

排泥周期不同、过滤周期不同，单个沉淀池排泥和单格滤池冲洗模式。

1. 排泥周期相同、过滤周期相同，单个沉淀池排泥和单格滤池冲洗模式

这种工况多发生在滤池格数少、沉淀池排泥单元较少时。下面对这种入流负荷时序安排描述如下：

(1) 设滤池的过滤周期为 R，则每格滤池每日冲洗次数为：

$$N'=\frac{1}{R}$$

N 格滤池每日总冲洗次数为 NN'，则：

$$NN'=\frac{N}{R}$$

(2) 设沉淀池的排泥周期为 r，则 n 个沉淀池（或排泥单元）每日总排泥次数为：

$$nn'=\frac{n}{r}$$

(3) 设 N'_{t} 为沉淀池和滤池1日的排泥和反冲洗总次数，则有：

$$N'_{\mathrm{t}}=\frac{N}{R}+\frac{n}{r} \tag{4.3.1-1}$$

当总次数 N'_{t} 不是整数时，应分别调整过滤周期 R 和排泥周期 r，分别使每日反冲洗次数 $\frac{N}{R}$ 和排泥次数 $\frac{n}{r}$ 为整数。

(4) 当 $NN'T_1+nn't_1>1d$ 时，应进行组团冲洗和排泥。

2. 排泥周期不同、过滤周期不同，单个沉淀池排泥和单格滤池冲洗模式

1日内沉淀池排泥和滤池反冲洗总次数为：

$$N'_{\mathrm{t}}=\frac{N_1}{R_1}+\frac{N_2}{R_2}+\frac{n_1}{r_1}+\frac{n_2}{r_2} \tag{4.3.1-2}$$

式中　N_1——周期为 R_1 的滤池格数或组团数；

N_2——周期为 R_2 的滤池格数或组团数；

n_1——周期为 r_1 的排泥单元或组团数；

n_2——周期为 r_2 的排泥单元或组团数。

当总次数 N'_{t} 不是整数时，应分别调整参数 R_1、R_2、r_1、r_2，使 $\frac{N_1}{R_1}$、$\frac{N_2}{R_2}$、$\frac{n_1}{r_1}$、$\frac{n_2}{r_2}$ 为整数。

4.3.1.2 方式二：沉淀池排泥均匀模式＋滤池反冲洗均匀模式

两种排序模式同时段负荷迭加，形成新的综合排序模式。

当沉淀池个数和滤池格数较多时，可按沉淀池排泥为一个系统，按均匀模式排序，滤池也自成一个系统，按均匀模式排序，然后两个系统按同时段负荷迭加，形成新的综合排序模式。在综合排序模式中，某一时段可能只有沉淀池排泥负荷，或者只有滤池反冲洗负荷，但是在其他时段也有可能沉淀池排泥负荷和滤池反冲洗负荷同时发生。在滤池格数较多或沉淀池排泥单元较多时，要尽可能避免在同一时段发生 2 格滤池同时反冲洗，再加上 1 个排泥单元排泥这种工况。如果发生这种工况，应适当错开，使综合排泥池入流负荷尽可能控制在 1 格滤池反冲洗废水和 1 个沉淀池排泥水同时进入。

4.3.2 综合排泥池调节容量

4.3.2.1 理论计算方法

首先作出入流负荷的综合排序，进而作出综合排泥池入流负荷曲线，底流按 1 日 24h 均匀出流计算，作出出流负荷曲线，按面积法求出其调节容积。这是一种动态计算方法。

4.3.2.2 经验计算方法

(1) 根据综合排泥池入流负荷的综合排序，求出进入综合排泥池的最大 1 次排泥水量 W_Z，作为综合排泥池的调节容量 M_Z。即：

$$M_Z = W_Z$$

如果综合排序得出，进入综合排泥池的最大 1 次排泥水量 W_Z 是 1 格滤池的反冲洗水量，或 1 个沉淀池的排泥水量，则综合排泥池的调节容积 M_Z 等于最大 1 次反冲洗水量 W_L，即 $M_Z = W_Z = W_L$；或等于沉淀池最大 1 次排泥水量 W_{1c}，即 $M_Z = W_Z = W_{1c}$。

如果综合排序得出进入综合排泥池的最大 1 次排泥水量是 1 格滤池的反冲洗水量加上 1 个沉淀池的排泥水量，即 $M_Z = W_Z = W_L + W_{1c}$。当滤池和沉淀池格数较多时，最大 1 次反冲洗水量 W_L 和最大 1 次排泥水量 W_{1c} 还有可能是组团排泥的水量。计算方法前面已有论述。

由于进入综合排泥池的最大 1 次排泥水量 W_Z 并不完全等于最大 1 次反冲洗水量 W_L 和最大 1 次排泥水量 W_{1c} 之和，与沉淀池排泥工况有关，当遇到第一种工况时，超量污泥 ΔS 从综合排泥池上游排出，不进入综合排泥池，应将沉淀池最大 1 次排泥水量 W_{1c} 减去超量污泥 ΔS 所形成的排泥水量，作为沉淀池排泥进入综合排泥池的排泥水量。当遇到第三种工况，超量污泥 ΔS 在沉淀池作临时存储时，这两种工况进入综合排泥池的排泥水量是相等的。

(2) 综合排泥池调节容积等于分建式排泥池调节容积与分建式排水池调节容积之和。

对沉淀池排泥和滤池反冲洗按均匀模式分别进行排序，分别求出排泥池的调节容积和排水池的调节容积，两个调节容积之和就是综合排泥池的调节容积。

在分别计算排泥池调节容积时，超量污泥 ΔS 在排泥池作临时存储，或与沉淀池、浓缩池作联合存储这几种工况不能考虑，因为沉淀池排泥水被滤池反冲洗废水稀释，综合排泥池污泥浓度很低，临时存储同样的干泥量，需要很大的体积。

上述两种计算方法在净水厂规模较小，沉淀池和滤池个数较少时，采用沉淀池排泥和滤池反冲洗交叉综合排序的方法，按进入综合排泥池的最大1次排泥水量作为其调节容积，其最大1次排泥水量有可能就是单一沉淀池最大1次排泥水量，或者是单一滤池最大1次反冲洗水量。比第二种方法按分建式排泥池和排水池调节容积之和得出的要小。按第二种方法计算，不需要作出综合排序，相对简单，而且调节容积留有一定的余量，也比较安全。

4.3.3 综合排泥池Ⅰ型

4.3.3.1 综合排泥池Ⅰ型形式及构造

综合排泥池Ⅰ型与分建式排泥池Ⅰ型的形式和构造基本相同，池子平面一般做成方形，池子数量一般不少于2个。池内装有搅拌设备，防止污泥沉淀，对入流水量进行匀质匀量。最高水位与最低水位之间的池容积满足调节容量要求。最低水位满足底流排出泵的启动要求。综合排泥池Ⅰ型与分建式排泥池一样，没有上清液出流。但要有事故溢流装置。

4.3.3.2 综合排泥池Ⅰ型提升泵房

1. 不同功能水泵配置

综合排泥池Ⅰ型提升泵房应配置以下两个方面的水泵：

（1）主流程排泥泵：当排泥池底流不能重力流入浓缩池时，将排泥池底流提升至浓缩池。

（2）超量污泥排出泵：当排泥池底流不能重力流入受纳水体时，将高出计划处理的超量污泥提升排出。

综合排泥池Ⅰ型提升泵房与分建式排泥池Ⅰ型提升泵房所设置的水泵类型相同，除设主流程排泥泵将底流提升至浓缩池外，如果有超量污泥排出，超量污泥不能重力流出时，还需设置超量污泥排出泵；与分建式排泥池相同，综合排泥池Ⅰ型也没有上清液排出，故综合排泥池Ⅰ型提升泵房没有上清液排出泵。不同的是，泵的流量相差很大，分建式排泥池Ⅰ型提升泵房主流程排泥泵只提升沉淀池排泥水，而综合排泥池Ⅰ型主流程排泥泵不仅要提升沉淀池排泥水，而且还要提升滤池反冲洗废水，提升的水量成倍地增加。虽然这两种泵房的超量污泥排出泵排出的超量污泥ΔS是一样的，但由于分建式排泥池Ⅰ型底流浓度高，而沉淀池排泥水在综合排泥池中被滤池反冲洗废水稀释，底流浓度低，即含水率高，排出同样的超量污泥ΔS，综合排泥池Ⅰ型提升泵房的流量就大，由于底流浓度差别较大，因此两者的超量污泥排出泵的差别也较大。综合排泥池Ⅰ型提升泵房主流程排泥泵流量大，耗能也大，造成浓缩池液面负荷高，这也是设置综合排泥池的一大缺点。

综合排泥池Ⅰ型提升泵房各种工况下所需设置的不同功能水泵可参考表4.2.1-3。由于沉淀池排泥水在综合排泥池受到了滤池反冲洗废水的稀释，底流浓度较低，超量污泥ΔS不宜在综合排泥池作临时存储，特别是综合排泥池Ⅰ型。因此表4.2.1-3中第四、五两种工况可以不考虑。从表4.2.1-3看出，只有第二种工况，超量污泥ΔS排出口选择在排泥池，即超量污泥ΔS从综合排泥池底流分流出去，需要设置超量污泥排出泵，其他工况均可以不设，只需设置主流程提升泵。

2. 主流程提升泵

主流程提升泵扬程根据水位高差和管道水头损失计算得出，水泵流量可根据以下公式计算：

(1) 根据进入浓缩池的干泥量 S_2 和综合排泥池排泥浓度 p_{z2} 计算

$$Q_2 = \frac{S_2}{24(1-p_{z2})} \tag{4.3.3-1}$$

当污泥浓度用 mg/L 表示时，上式可写成：

$$Q_2 = \frac{S_2}{24C_{Z2}} \times 10^6 \tag{4.3.3-2}$$

式中 S_2 ——进入浓缩池的干泥量，t/d；

p_{z2} ——综合排泥池底流污泥含水率；

C_{Z2} ——综合排泥池底流污泥浓度，mg/L；

Q_2 ——综合排泥池主流程提升泵流量，m^3/h。

式中干泥量 S_2 与沉淀池排泥工况有关，可参考表 4.2.1-3 确定。如果超量污泥 ΔS 排出口选择在综合排泥池上游，即表 4.2.1-3 中第一种工况，提升进入浓缩池的干泥量 S_2 等于计划处理干泥量 S_0，即 $S_2 = S_0$；如果超量污泥 ΔS 经浓缩池浓缩后从底流排出，即表 4.2.1-3 中第六种工况，则高浊度时段最大 1 日的干泥量全部提升进入浓缩池，主流程提升泵的流量很大，因此，对于综合排泥池 Ⅰ 型，这种工况是应该尽可能避免的。

由于沉淀池排泥水受到了滤池反冲洗废水的稀释，综合排泥池 Ⅰ 型污泥浓度 p_{z2} 和 C_{Z2} 介于沉淀池排泥水浓度 p_1、C_1 和滤池反冲洗废水浓度 p_L、C_L 之间。综合排泥池 Ⅰ 型污泥浓度 p_{z2} 和 C_{Z2} 可根据沉淀池 1 日的排泥水量和滤池 1 日的反冲洗水量之间的比例用加权平均法求出。

(2) 根据沉淀池 1 日的排泥水量 W_{1r} 和滤池 1 日的反冲洗水量按以下公式计算：

$$Q_2 = \frac{W_1 + W_2}{24} - \Delta Q \tag{4.3.3-3}$$

式中 W_1 ——沉淀池最大 1 日的排泥水量，m^3；

W_2 ——滤池 1 日的反冲洗水量，m^3；

ΔQ——超量污泥流量，m^3/h。

沉淀池 1 日的排泥水量 W_1 可根据式 (2.3.1-20)、式 (2.3.1-21) 计算，滤池 1 日的反冲洗水量根据式 (4.2.2-8) 或式 (4.2.2-27) 计算。

根据表 4.2.1-3，只有第二种工况综合排泥池才有超量污泥排出，其他工况 $\Delta Q = 0$，ΔQ 可采用式 (4.3.3-5)、式 (4.3.3-6) 计算。

(3) 根据综合排序得出进入综合排泥池的最大 1 次水量 W_Z，在下一次排泥水到来之前在 T_0 时段排完，腾出池容接纳下一次排泥水。因此得出：

$$Q_2 = \frac{60W_Z}{T_0} - \Delta Q \tag{4.3.3-4}$$

式中 Q_2 ——主流程排泥泵流量，m^3/h；

W_Z ——进入综合排泥池的最大 1 次排泥水量，m^3；

T_0 ——综合排序中最大 1 次排泥水量 W_Z 所对应的时段，min；

ΔQ——超量污泥流量，m^3/h。

根据进入综合排泥池的最大1次水量 W_Z 计算综合排泥池的主流程排泥泵流量，计算得出的结果比前面两种方法偏大。

3. 超量污泥排出泵

超量污泥排出泵提升的流量与分建式排泥池Ⅰ型提升泵房相同，可采用以下公式计算，即：

$$\Delta Q=\frac{\Delta S}{24(1-p_{z2})} \tag{4.3.3-5}$$

$$\Delta Q=\frac{\Delta S}{24C_{Z2}}\times 10^6 \tag{4.3.3-6}$$

式中 p_{z2} ——综合排泥池污泥浓度，用含水率表示；

C_{Z2} ——综合排泥池污泥浓度，mg/L；

ΔQ ——超量污泥排泥泵流量，m^3/h。

底流浓度 C_{Z2} 或含水率 p_{z2} 由沉淀池排泥浓度 C_1 和滤池反冲洗废水平均浓度 C_L 混合而成，求其加权平均值。综合排泥池Ⅰ型加搅拌机混合，入流污泥浓度 $p_{z1}=p_{z2}$，$C_{Z1}=C_{Z2}$。

4.3.4 综合排泥池Ⅱ型

前面提到，综合排泥池更适合设计成单一调节功能的构筑物，即综合排泥池Ⅰ型。与综合排泥池Ⅰ型相比，综合排泥池Ⅱ型主要缺点是由于沉淀池排泥水被滤池反冲洗废水稀释，入流浓度较低，如果设计成综合排泥池Ⅱ型，要满足沉淀浓缩要求，所需面积较大，有可能超过满足调节容积所需要的池容积，但把综合排泥池设计成Ⅱ型——浮动槽排泥池，也具有以下优点：

（1）由于有上清液排出，因此底流浓度比综合排泥池Ⅰ型高，进入下一工序浓缩池的污泥浓度高，有利于提高浓缩池的浓缩效果。

（2）由于底流浓度高，主流程排泥泵和超量污泥排出泵的流量减小，但又增加了上清液排出泵。

4.3.4.1 综合排泥池Ⅱ型形式及构造

综合排泥池Ⅱ型与分建式排泥池Ⅱ型的形式和构造基本相同，池子平面一般做成方形，池子数量一般不少于2个。池内装有浮动槽及其附属设施，都属于浮动槽排泥池，其形式既可以做成中心进水周边出水的辐流式浓缩池形式，用浮动槽收集上清液。也可以做成平流沉淀池形式，在末端用泌水器收集上清液。

两者不同的是分建式排泥池Ⅱ型入流水量小，只接纳沉淀池排泥水，入流浓度高。而综合排泥池Ⅱ型既接纳沉淀池排泥水，还接纳滤池反冲洗废水，沉淀池排泥水被滤池反冲洗废水稀释，很明显，综合排泥池Ⅱ型比分建式排泥池Ⅱ型池子容量大。

4.3.4.2 综合排泥池Ⅱ型调节容积分析

综合排泥池Ⅱ型池内装有浮动槽及其附属设施，都属于浮动槽排泥池。浮动槽浮动幅度 H_2' 为1.5～2.0m，与分建式浮动槽排泥池相同。浮动槽浮动幅度 H_2' 要满足调节容积要求，参照式（4.2.1-34）～式（4.2.1-36）得出：

$$H_2' \geqslant \frac{W_Z - (q_2 + Q_2)t_1}{A} \tag{4.3.4-1}$$

式中 W_Z——进入综合排泥池的最大 1 次排泥水量，m^3；

Q_2——综合排泥池Ⅱ型底流流量，m^3/h；

q_2——浮动槽排泥池上清液流量，m^3/h；

A——浮动槽排泥池液面面积，m^2；

H_2'——浮动槽浮动幅度，取 1.5～2.0m。

由于 H_2' =1.5～2.0m，因此，浮动槽排泥池满足调节容积要求的条件是：

$$\frac{W_Z - (q_2 + Q_2)t_1}{A} \leqslant 1.5 \sim 2.0\text{m}$$

4.3.4.3 综合排泥池Ⅱ型面积

综合排泥池Ⅱ型要满足沉淀浓缩要求，其面积由固体负荷或液面负荷确定，两者取其大者。一般浓缩池按满足固体负荷计算，也能满足沉淀要求。但由于沉淀池排泥水被反冲洗废水稀释，平均入流浓度低，按满足固体负荷计算得出的池面积，有可能小于按液面负荷计算得出的池面积。综合排泥池Ⅱ型池面积计算与分建式排泥池Ⅱ型相同，按式（4.2.1-37）、式（4.2.1-38）计算，从式（4.2.1-37）、式（4.2.1-38）可以看出，进入排泥池的干泥量 S_j，综合排泥池比分建式排泥池Ⅱ型只多了反冲洗废水所携带的干泥量，在原水浊度较高时，可以忽略不计，可认为进入排泥池的干泥量 S_j 两者相同，如果采用相同的固体负荷 G，两者所需的面积相同，而池中污泥浓度两者相差约 1 倍，因此，容易造成液面负荷超标，需用液面负荷进行校核。在这种情况下，固体负荷取值也应有所区别，综合排泥池固体负荷应取低一些。

入流流量 Q_1 可按以下公式计算

$$Q_1 = \frac{S_j}{24(1 - p_{z1})} \tag{4.3.4-2}$$

$$Q_1 = \frac{S_j}{24C_{Z1}} \times 10^6 \tag{4.3.4-3}$$

$$Q_1 = \frac{W_1 + W_2}{24} \tag{4.3.4-4}$$

式中 S_j——进入综合排泥池的干泥量，t/d；

p_{z1}——综合排泥池入流平均浓度，用含水率表示，根据沉淀池排泥浓度和滤池反冲洗废水浓度求其加权平均值；

C_{Z1}——综合排泥池入流平均浓度，mg/L；

Q_1——综合排泥池入流流量，m^3/h；

W_1——沉淀池 1 日的排泥水量，m^3；

W_2——滤池 1 日的反冲洗排水量，m^3。

进入综合排泥池的干泥量 S_j 不一定等于沉淀池排出的干泥量 S_1，应根据沉淀池排泥工况，参考表 4.2.1-1 进行取值。

4.3.4.4 综合排泥池Ⅱ型提升泵房

综合排泥池Ⅱ型与分建式排泥池Ⅱ型的提升泵房一样，有主流程排泥泵、上清液排出泵和超量污泥排出泵这 3 种类型。

1. 主流程排泥泵

主流程排泥泵扬程根据流程水位差和管道水头损失计算，其流量计算公式与综合排泥池Ⅰ型相同，可用式（4.3.3-1）、式（4.3.3-2）计算，即：

$$Q_2 = \frac{S_2}{24 \times (1 - p_{z2})}$$

$$Q_2 = \frac{S_2}{24 C_{Z2}} \times 10^6$$

与综合排泥池Ⅰ型不同的是，表示底流浓度的参数 p_{z2} 和 C_{Z2} 的大小不同。Ⅰ型设搅拌均质，$p_{z2} = p_{z1}$，$C_{Z2} = C_{Z1}$；由于综合排泥池Ⅱ型具有沉淀浓缩功能，底流浓度 $C_{Z2} > C_{Z1}$，$p_{z2} < p_{z1}$。

综合排泥池Ⅱ型底流浓度 p_{z2} 和 C_{Z2} 是计算 Q_2 的关键数据，目前还缺乏经验。国内有分建式排泥池Ⅱ型，北京市第九水厂、深圳市笔架山水厂排泥水处理采用分建式排泥池Ⅱ型浮动槽排泥池，有综合排泥池Ⅰ型，但还没有综合排泥池Ⅱ型的实例。

2. 超量污泥排出泵

超量污泥排出泵计算与综合排泥池Ⅰ型计算公式（4.3.3-5）、式（4.3.3-6）相同，只是表示底流浓度的参数 p_{z2}、C_{Z2} 的大小不同，即：

$$\Delta Q = \frac{\Delta S}{24(1 - p_{z2})}$$

$$\Delta Q = \frac{\Delta S}{24 C_{Z2}} \times 10^6$$

3. 上清液排出泵

上清液排出泵可按式（4.2.1-45）计算，即：

$$q_2 = Q_1 - Q_2 - \Delta Q$$

式中 Q_1 可按式（4.3.4-2）～式（4.3.4-4）计算；Q_2 可按式（4.3.3-1）～式（4.3.3-4）计算；超量污泥流量 ΔQ_2 按式（4.3.3-5）、式（4.3.3-6）计算。当没有超量污泥排出时：

$$\Delta Q_2 = 0 \quad q_2 = Q_1 - Q_2$$

【例】一水厂设计规模 50 万 m^3/d，水厂生产过程自用水量系数 $k_0 = 5\%$，最高浊度 60NTU，采用非全量完全处理模式，以能完全处理全年日数 85％的原水浊度 20NTU 作为计划处理浊度，即 $C_0 = 20NTU$；原水浊度为计划处理浊度时，加药率为硫酸铝纯品 5mg/L，高浊度时加药率为 10 mg/L，单位 NTU 与 mg/L 之间的转换系数 $k_1 = 1.35$，沉淀池出水浊度为 1NTU，沉淀池排泥平均含水率为 99.8％，高浊度时为 99.6％，沉淀池为平流式沉淀池，虹吸式吸泥机排泥，分 4 组，每组沉淀池排泥流量 $400m^3/h$，每次排泥历时 $t_1 = 2.2h$，高浊度时，排泥次数不变，排泥历时延长至 $t_1 = 3.4h$；滤池为 V 型滤池，滤层厚 1.2m，滤速 8m/h，分 28 格，单格过滤面积 $96m^2$，滤料上面水深 1.2m，滤池进水浊度 1NTU，出水浊度 0.3 NTU，过滤周期采用 32h，第一阶段气冲历时 2min，第二阶段气水联合冲洗，水冲强度 $4L/(m^2 \cdot s)$，历时 4min，水冲强度 $8L/(m^2 \cdot s)$，历时 5min，表冲强度 $1.95L/(m^2 \cdot s)$，调节构筑物分别设计成综合排泥池Ⅰ型和Ⅱ型。

求以下几种工况下：

（1）超量污泥从排泥池上游排出，不进入排泥池，综合排泥池Ⅰ型调节容积，并选择送往浓缩池的主流程排泥泵和超量污泥排出泵。

（2）超量污泥 ΔS 从排泥池排出时，综合排泥池Ⅰ型调节容积，并选择送往浓缩池的主流程排泥泵和超量污泥排出泵。

（3）在上述2种工况下求综合排泥池Ⅱ型调节容积，选择送往浓缩池的主流程排泥泵、上清液排出泵和超量污泥排出泵。综合排泥池Ⅱ型底流含水率假设为 $P_u = 99.5\%$。

【解】 当原水浊度 $S > S_0$ 时，沉淀池排泥水浓度取含水率 99.6%，当 $S \leqslant S_0$ 时，取 99.8%。

原水携带的干泥量为：

$$\begin{aligned} S_0 &= (k_1C_0 + k_2D) \times 1.05Q \times 10^6 \\ &= (1.35 \times 20 + 0.234 \times 5) \times 1.05 \times 500000 \times 10^{-6} \\ &= 14.8\text{t/d} \end{aligned}$$

沉淀池出水带走的干泥量：

$$\begin{aligned} S_1' &= (1 + k_0 - k_{01})Qk_1C_1' \\ &= (1 + 0.05 - 0.025) \times 500000 \times 1.35 \times 1 \times 10^{-6} \\ &= 0.692\text{t/d} \end{aligned}$$

$$S_1 = S_0 - S_1' = 14.8 - 0.692 = 14.1\text{t/d},\text{取 } S_1 = S_0 = 14.8\text{t/d}$$

高浊度时干泥量：

$$\begin{aligned} S &= (k_1C_0 + k_2D) \times 1.05Q \times 10^6 \\ &= (1.35 \times 60 + 0.234 \times 10) \times 1.05 \times 500000 \times 10^{-6} \\ &= 43.8\text{t/d} \end{aligned}$$

根据式（2.9.1-3），得出：

$$\begin{aligned} \Delta S &= [k_1(C_0' - C_0) + k_2(D' - D)] \times k_0Q_0 \times 10^{-6} \\ &= [1.35 \times (60 - 20) + 0.234 \times (10 - 5)] \times 1.05 \times 500000 \times 10^{-6} \\ &= 29\text{t/d} \end{aligned}$$

不同工况下综合排泥池Ⅰ型计算：

（1）当超量污泥从排泥池上游排出时，$S_j = S_0$

$$W_1 = \frac{S_0}{1 - P_2} = \frac{14.8}{1 - 0.998} = 7400\text{m}^3$$

根据式（2.3.1-4）计算每个沉淀池每日排泥次数：

$$n' = \frac{S_0}{Q_1nt_1(1 - P_1)} = \frac{14.8}{400 \times 4 \times 2.2 \times (1 - 0.998)} = 2.1\text{ 次/d}$$

按每个池子每日排泥2次，每次排泥历时 $t_1 = 2.3$h，4个池子每日总排泥次数为8次。每个池子1次的排泥水量为：

$$\frac{W_1}{nn'} = \frac{7400}{4 \times 2} = 925\text{m}^3/\text{次}$$

滤池最大1次反冲洗排水量为：

$$W_L = 0.06A(q'\sum_{i=1}^{3} t_i + q_{L1}t_2 + q_{L2}t_3)$$
$$= 0.06 \times 96 \times [1.95 \times (2+4+5) + 4 \times 4 + 8 \times 5]$$
$$= 446.1\text{m}^3$$

滤池 $N=28$ 格，过滤周期 $R=32\text{h}=1.333\text{d}$，根据式（4.2.2-12），滤池每日反冲洗次数为：

$$NN' = \frac{N}{R} = \frac{28}{1.333} = 21 \text{ 次/d}$$

由于沉淀池每日排泥 8 次，滤池每日排泥 21 次，且沉淀池每次排泥持续时间 2.3h，与滤池每次排泥历时 11min 相差太大，因此采用沉淀池排泥均匀模式与滤池反冲洗均匀模式同时段迭加，在沉淀池排泥历时 2.3h 内，赶上滤池 2 次反冲洗，因此，本工况下进入综合排泥池最大 1 次排泥水量 W_Z 为：

$$W_Z = 925 + 446.1 \times 2 = 1817.2\text{m}^3$$

因此，本工况下综合排泥池Ⅰ型的调节容积为：

$$M_1 = 1817.2\text{m}^3$$

分 2 个池子，每个 910m^3。

主流程提升泵流量按式（4.3.3-3）计算，得出：

$$Q_2 = \frac{W_1 + W_2}{24} - \Delta Q = \frac{925 \times 8 + 446.1 \times 21}{24} - 0 = 698.7\text{m}^3/\text{h}$$

设 3 台，2 用 1 备，每台流量为 $350\text{m}^3/\text{h}$。

（2）超量污泥 ΔS 从排泥池排出时，进入综合排泥池的干泥量为 $S_j = S_1 = S$，根据式（2.3.1-20），沉淀池 1 日的排泥水量为：

$$W_1 = \frac{S}{1-P_1} = \frac{43.8}{1-0.996} = 10950\text{m}^3/\text{d}$$

根据式（2.3.1-4）计算沉淀池每日排泥次数：

$$n' = \frac{S_1}{Q_1 n t_1 (1-P_1)} = \frac{43.8}{400 \times 4 \times 3.5 \times (1-0.996)} = 1.96 \text{ 次/d}$$

取每池每日排泥 2 次，每个池子 1 次的排泥水量：

$$W_{1c} = \frac{W_{1r}}{nn'} = \frac{10950}{4 \times 2} = 1369\text{m}^3/\text{次}$$

沉淀池每日排泥 8 次，每次排泥历时 3.5h，滤池 28 格，每日冲洗 21 次，反冲洗历时 11min。

$$NN'T_1 + nn't_1 = 4 \times 2 \times 3.5 + 21 \times \frac{11}{60} = 31.85\text{h} > 1\text{d}$$

不能采用单格和单池排泥模式，可采用组团排泥，或沉淀池均匀排泥模式和滤池反冲洗均匀模式同时段迭加，采用同时段迭加方式，得出在 1 次沉淀池排泥时段赶上 2 次滤池反冲洗，进入综合排泥池最大 1 次排泥水量为：

$$W_Z = 1369 + 2 \times 446.1 = 2261.2\text{m}^3/\text{次}$$

则综合排泥池Ⅰ型调节容积 M_Z 为：

$$M_Z = W_Z = 2261.2\text{m}^3$$

根据式（2.3.3-5）计算滤池反冲洗排水平均浓度 C_L：

$$C_L = \frac{VAR(C_1' - C_L')}{W_L} = \frac{8 \times 96 \times 32 \times (1 - 0.3) \times 1.35}{446.1} = 52\text{mg/L}$$

沉淀池排泥水浓度 C_1 为：

$$C_1 = (1 - 0.996) \times 10^6 = 4000\text{mg/L}$$

经搅拌混合后，综合排泥池Ⅰ型的污泥浓度 C_{Z1} 按加权平均求出：

$$\begin{aligned} C_{Z1} &= \frac{W_1 C_1 + W_2 C_L}{W_1 + W_2} \\ &= \frac{10950 \times 4000 + 9368.1 \times 52}{10950 + 9368.1} \\ &= 2180\text{mg/L} \end{aligned}$$

超量污泥泵流量为：

$$\Delta Q = \frac{\Delta S}{24 C_{Z2}} \times 10^6 = \frac{29}{24 \times 2180} \times 10^6 = 554\text{m}^3/\text{h}$$

主流程提升泵流量根据式（4.3.3-3）求出：

$$Q_2 = \frac{W_1 + W_2}{24} - \Delta Q = \frac{10950 + 9368.1}{24} - 554 = 293\text{m}^3/\text{h}$$

（3）上述 2 种工况下求综合排泥池Ⅱ型调节容积，选择送往浓缩池的主流程排泥泵、上清液排出泵和超量污泥排出泵。

1）当超量污泥从排泥池上游排出时，$S_j = S_0$。

综合排泥池Ⅱ型面积根据式（4.2.1-37）计算，固体负荷取 20kg/(m^2·h)，则：

$$A = \frac{1000 S_j}{G} = \frac{1000 S_0}{G} = \frac{1000 \times 14.8}{20} = 740\text{m}^2$$

根据式（4.3.4-4），得出：

$$Q_1 = \frac{W_1 + W_2}{24} = \frac{7400 + 446.1 \times 21}{24} = 699\text{m}^3/\text{h}$$

经综合排泥池Ⅱ型初步浓缩后，底流浓度为含水率 99.5%，则：

$$Q_2 = \frac{S_2}{24(1 - p_{z2})} = \frac{14.8}{24 \times (1 - 0.995)} = 123.3\text{m}^3/\text{h}$$

选主流程提升泵 3 台，2 用 1 备，每台流量 62m^3/h。

上清液流量 q_2 为：

$$q_2 = Q_1 - Q_2 - \Delta Q = 699 - 123.3 - 0 = 576\text{m}^3/\text{h}$$

选上清液提升泵 3 台，2 用 1 备，每台流量 288m^3/h。

进入综合排泥池Ⅱ型的最大 1 次排泥水量 W_Z 与综合排泥池 Ⅰ 型相同，即：

$$W_Z = 925 + 2 \times 446.1 = 1817.2\ \text{m}^3/\text{次}$$

根据式（4.3.4-1），底流流量 Q_2 忽略不计，则：

$$\frac{W_Z - q_2 t_1}{A} = \frac{1817.2 - 576 \times 2.2}{740} = 0.743\text{m}$$

取浮动槽浮动幅度 $H_2' = 1.5\text{m} > 0.743\text{m}$，调节容积能满足要求。

2）超量污泥从排泥池排出，进入综合排泥池Ⅱ型的干泥量为 $S_j=S$，进入浓缩池的干泥量为 $S_2=S_0$。

综合排泥池Ⅱ型面积根据式（4.2.1-37）计算，固体负荷取 20kg/(m²·h)，则：

$$A=\frac{1000S_j}{G}=\frac{1000S}{G}=\frac{1000\times43.8}{20}=2190\text{m}^2$$

根据式（4.3.4-4），得出：

$$Q_1=\frac{W_1+W_2}{24}=\frac{10950+446.1\times21}{24}=847\text{m}^3/\text{h}$$

经综合排泥池Ⅱ型初步浓缩后，底流浓度为含水率 99.5%，则：

$$Q_2=\frac{S_2}{24(1-p_{z2})}=\frac{14.8}{24\times(1-0.995)}=123.3\text{m}^3/\text{h}$$

选主流程提升泵 3 台，2 用 1 备，每台流量 62m³/h。

超量污泥提升泵流量为：

$$\Delta Q=\frac{\Delta S}{24(1-p_{z2})}=\frac{29}{24\times(1-0.995)}=242\text{m}^3/\text{h}$$

选 3 台，2 用 1 备，每台流量 121m³/h。

上清液流量 q_2 为：

$$q_2=Q_1-Q_2-\Delta Q=847-123.3-242=482\text{m}^3/\text{h}$$

选上清液提升泵 3 台，2 用 1 备，每台流量 241m³/h。

根据式（4.3.4-1），底流流量 Q_2 忽略不计，则：

$$\frac{W_Z-q_2t_1}{A}=\frac{2261.2-482\times3.4}{2190}=0.29\text{m}$$

取浮动槽浮动幅度 $H_2'=1.5\text{m}>0.29\text{m}$，调节容积能满足要求。

答：答案如表 4.3.4-1 所示。

计 算 结 果 **表 4.3.4-1**

排泥池类型	工 况	调节容积（m³）	泵的种类配置		
			主流程提升泵（m³/h）	超量污泥排出泵（m³/h）	上清液排出泵（m³/h）
综合排泥池Ⅰ型	ΔS 从排泥池上游排出	1817.2	$Q_2=698.7$	$\Delta Q=0$	$q_2=0$
	ΔS 从排泥池排出	2261.2	$Q_2=293$	$\Delta Q=554$	$q_2=0$
综合排泥池Ⅱ型	ΔS 从排泥池上游排出	1817.2	$Q_2=123.3$	$\Delta Q=0$	$q_2=576$
	ΔS 从排泥池排出	2261.2	$Q_2=123.3$	$\Delta Q=242$	$q_2=482$

从这一例题可以看出，计算结果与实际是否相符，与各种工况下污泥浓度的取值有很大关系，例如，主流程提升泵的流量 Q_2，4 种工况虽然不同，但送入浓缩工序的干泥量是

相同的，都是计划处理干泥量 S_0，如果排泥池的底流浓度相同，则 Q_2 值应相等。之所以不同，正是因为底流浓度不同。同样是综合排泥池Ⅰ型，前一种工况的 Q_2 =698.7m^3/h，后一种工况的 Q_2=293m^3/h，相差 2 倍多，因为前一种工况进入排泥池的干泥量是 S_0 = 14.8t/d，而后一种工况是高浊度时干泥量 S=43.8t/d，因此后一种工况的排泥池的排泥浓度高，至于是否差这么多，与浓度的取值有关。同样是综合排泥池Ⅱ型，可两种工况的 Q_2 值却相等，说明排泥浓度取值相等。从理论上分析，两者还是有区别的，后一种工况综合排泥池的入流浓度高，在浓缩时间相同时，底流浓度应该高一些，即后一种工况的 Q_2 值应该小一些。

第 5 章　浓缩工序及浓缩构筑物

5.1　浓缩工序子工艺流程及其选择

5.1.1　浓缩方式

污泥浓缩目前有重力浓缩和机械浓缩两种方式。其中重力浓缩又有重力沉降浓缩和气浮浓缩两种方式。机械浓缩目前主要采用离心浓缩。

5.1.2　浓缩工序子工艺流程

在进行浓缩工序及浓缩构筑物设计时，首先要确定采用什么工艺流程进行浓缩，是采用重力浓缩还是采用机械浓缩。下面介绍在国内外净水厂排泥水处理中使用过的几种典型的浓缩工艺流程。可根据污泥的性质及当地的自然条件、社会环境进行选择，或通过小型试验后确定。

5.1.2.1　重力浓缩工艺流程（一）

图 5.1.2-1 浓缩工艺流程为重力浓缩工艺中无加药前处理一级浓缩工艺流程。

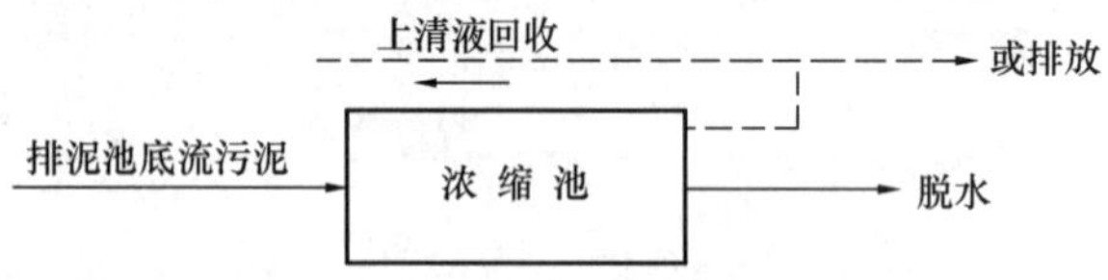

图 5.1.2-1　重力浓缩工艺流程（一）

排泥池底流污泥连续均匀进入重力沉降浓缩池，经一级浓缩后，底流污泥进入脱水工序脱水，上清液重复利用或排放。

5.1.2.2　重力浓缩工艺流程（二）

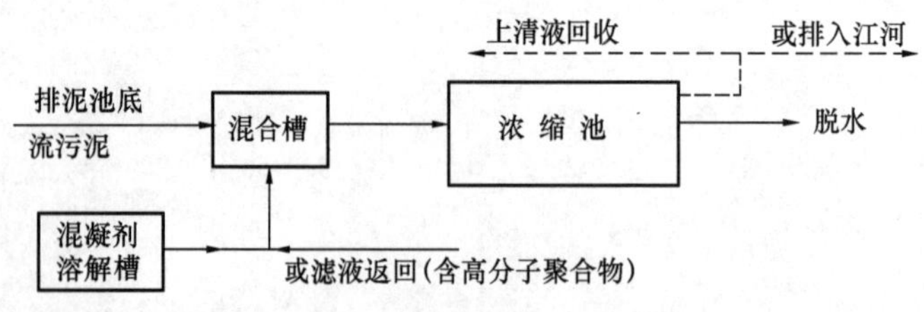

图 5.1.2-2　重力浓缩工艺流程（二）

图 5.1.2-2 所示为加药处理一级浓缩工艺流程。浓缩既可采用重力沉降浓缩池形式，也可采用气浮浓缩池形式。采用重力沉降浓缩池，在浓缩前投加高分子聚合物进行凝聚处理，排泥池底流连续均匀排出，进入混合槽与混凝剂溶液混合后进入浓缩池，经一级浓缩

后，底流污泥进入脱水工序，上清液或排放或重复利用，若上清液所含有毒物质或有害生物指标超标，则上清液排放弃掉。若为了充分利用滤液中残留的化学药剂，也可将滤液返回到浓缩池前面的混合槽。

采用气浮浓缩池形式，也需投加药剂进行凝聚，如投加硫酸铝。

5.1.2.3 重力浓缩工艺流程（三）

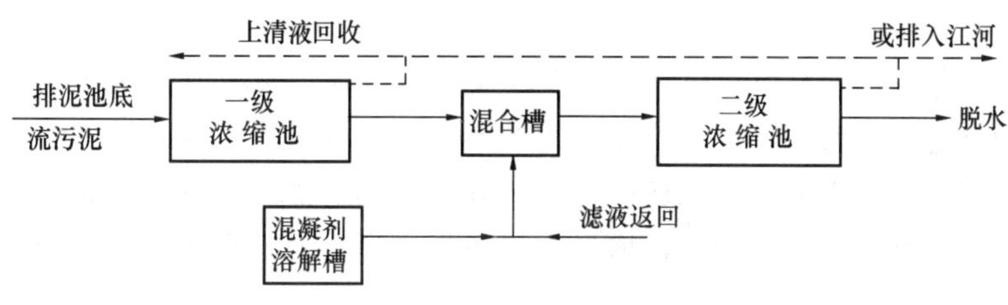

图 5.1.2-3 重力浓缩工艺流程（三）

图 5.1.2-3 所示为加药处理二级浓缩工艺流程。排泥池底流连续均匀进入第一级浓缩池，经一级浓缩后，底流连续均匀送往混合槽与配制好的混凝剂溶液混合，再连续均匀进入第二级浓缩池，经二级浓缩后的污泥进入脱水系统。第一级浓缩池上清液未受药剂影响，一般可返回净水厂回收利用，如果有其他的不利影响，如从沉淀池排泥水或滤池反冲洗废水带过来的有害生物指标超标，则应弃掉。第二级浓缩池上清液由于受混凝剂的影响，如果上清液中丙烯酰胺单体等有害指标超标则应弃掉。如果未超过国家标准，可与第一级浓缩池上清液一并回流到净水厂，与原水混合，回收利用。

5.1.2.4 重力浓缩工艺流程（四）

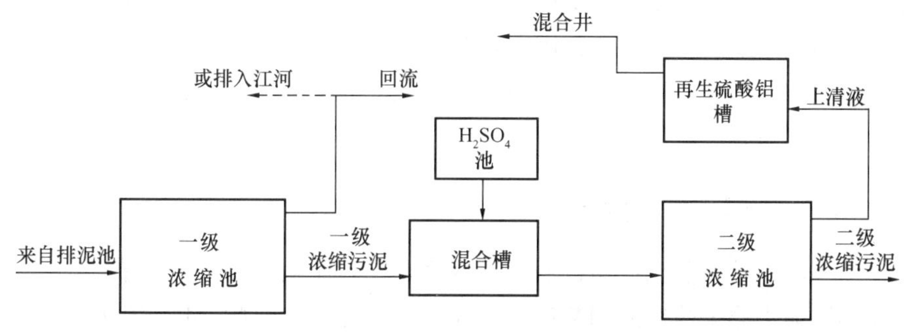

图 5.1.2-4 重力浓缩工艺流程（四）

图 5.1.2-4 为加酸处理二级浓缩工艺流程。排泥池底流连续均匀进入第一级浓缩池，经一级浓缩后，底流连续均匀送往混合槽与 H_2SO_4 混合，与 H_2SO_4 混合后的第一级浓缩污泥连续均匀进入第二级浓缩池，污泥经两级浓缩和酸处理后，再进入脱水工序。

第一级浓缩池上清液可回到净水厂重复利用，第二级浓缩池上清液由于硫酸溶解了污泥中的混凝剂铝，而成为稀硫酸铝上清液。这种稀硫酸铝上清液可以再生后回流到净化工艺混合、絮凝，重复利用，以减少混凝剂的投加量。因此第二级浓缩池上清液先进入再生硫酸铝槽，然后再返回到净水工艺的混合井。

5.1.2.5 重力浓缩工艺流程（五）

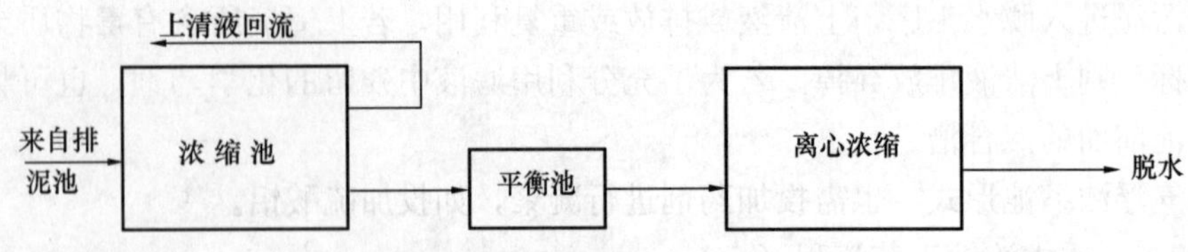

图 5.1.2-5 重力浓缩工艺流程（五）

图 5.1.2-5 为一级重力浓缩加一级离心浓缩工艺流程。排泥池底流连续均匀进入第一级浓缩池。如果排泥池底流污泥是难以浓缩的亲水性无机污泥，经一级浓缩后，浓度达不到进机污泥浓度要求，需要进行加药处理和酸处理。如果要求在浓缩和脱水阶段进行无加药处理，则可在一级重力浓缩后，再增加一级离心浓缩。由于是无加药处理，上清液可回收重复利用。

5.1.2.6 离心浓缩和脱水一体化工艺流程

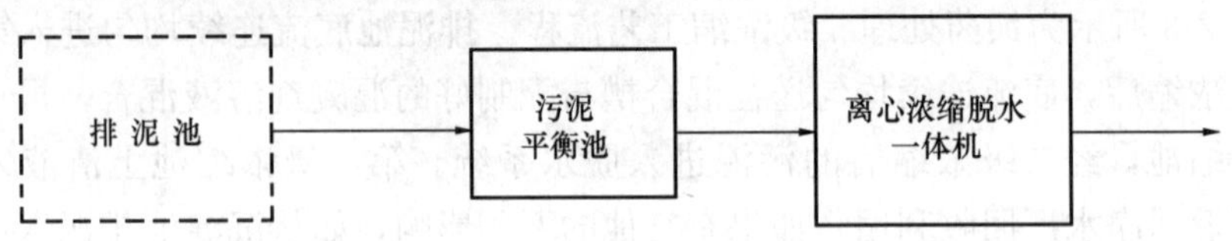

图 5.1.2-6 离心浓缩和脱水一体化工艺流程

图 5.1.2-6 为离心浓缩和脱水一体化工艺流程，采用离心浓缩脱水一体机。

排泥池底流进入脱水工序平衡池，然后用脱水机投料泵送入离心浓缩脱水一体机。

这种流程一般只适用于排泥水浓度较高，其含固率达到 2%，或者是沉淀池排泥水经浮动槽排泥池初步浓缩后，其底流含固率达到 2%的情况。用离心浓缩代替重力浓缩，虽然减少了占地面积，但重力浓缩依靠重力脱除污泥中的水分，而离心浓缩是依靠离心力脱除污泥中的水分，需要耗电。

5.1.3 浓缩工序工艺流程选择

以上介绍了国内外目前已使用过的几种浓缩子工艺流程。既有重力浓缩，也有离心浓缩。由于离心浓缩失去了池容的调节作用，加上日常耗电，因此，目前仍以重力浓缩方式为主。重力浓缩又有多种方式，具体采用哪种子工艺流程，与以下因素有关。

1. 与污泥的性质有关

如果待处理的污泥是泥、沙之类的疏水性无机污泥，则可采用图 5.1.2-1 所示的无加药前处理一级浓缩工艺流程。若待处理的污泥是亲水性无机污泥，如以 $Al(OH)_3$ 絮体为主的无机污泥，若采用图 5.1.2-1 所示的无加药前处理一级浓缩达不到目的，则可在图 5.1.2-2、图 5.1.2-3 工艺流程中选取一个进行小型试验。若上述工艺流程还达不到预定的浓缩目标值，则可采用图 5.1.2-4 所示二级重力浓缩加酸处理这一工艺流程进行试验。

如果处理难以浓缩和脱水的亲水性无机污泥，又要求进行无加药处理，则可采用如图 5.1.2-5 所示的一级无加药重力浓缩加一级离心浓缩处理工艺流程。若脱水机采用离心脱水机，排泥水处理占地又很紧张，也可以将离心浓缩与脱水合并成离心浓缩脱水一体机。

不过目前国内建成的净水厂排泥水处理系统，虽然脱水机械采用离心脱水机，但前面仍有一级重力浓缩池，采用离心浓缩加上离心脱水或一体化的情况很少。

2. 与浓缩的下一道工序选取的脱水机械有关

采用哪种浓缩工艺与选用的脱水机械密切相关。脱水机械不同，对浓缩污泥的要求也不相同。一些脱水机械要求浓缩污泥的浓度较高，低于这一浓度则无法处理。有些脱水机械则要求低一些，即要求进机浓度相对较低。则可选取比较简单的重力浓缩工艺流程。例如，脱水机械采用长时间压力过滤的板框压滤机，要求的进机浓度较低，则浓缩流程就有可能采用无加药前处理的一级浓缩工艺流程。

3. 与进入浓缩池的污泥浓度有关

进入浓缩池的污泥浓度越高，浓缩的起点浓度越高，离浓缩目标值差距越小，对浓缩越有利，达到同样的浓缩目标值，起点污泥浓度高的，可以选择相对简单的浓缩工艺，起点污泥浓度低的，就要选择相对复杂一点的浓缩工艺。

为了提高进入浓缩池的污泥浓度，调节构筑物应尽可能采用分建式，以避免排泥浓度较高的沉淀池排泥水被浓度较低的滤池反冲洗废水稀释。分建式排泥池又最好采用浮动槽排泥池，让沉淀池排泥水在浮动槽排泥池中得到初步浓缩。

4. 重力浓缩与离心浓缩工艺选择

离心浓缩与重力浓缩相比，其优点是浓缩效率高，占地面积小，封闭式操作，卫生条件较好；但其缺点是耗电多，日常维修管理及动力费高。重力浓缩虽然停留时间长，构筑物容积大，但对排泥水量的变化有一定的调节作用，而离心浓缩没有这种调节作用，给日常维修管理带来一些困难。

净水厂排泥水处理其泥臭味不如城市污水处理那么突出，也没有污水处理中因在浓缩池停留时间长而产生厌氧释磷的问题。而且重力浓缩日常运行管理费用低，因此，在净水厂排泥水处理中目前仍主要采用重力浓缩。

在确定浓缩工序子工艺流程时，可采用逆推法进行分析。首先确定脱水方式及脱水机选型，分析确定脱水工序对浓缩工序的要求，然后再结合进入浓缩池的污泥的性状及浓度综合分析，初步确定采用哪一种浓缩工艺，既经济又适用，并做小型试验进行验证。其他类似工程的运行数据和经验也可作为参考。

5.1.4 国内净水厂排泥水处理所采用的浓缩工艺及分析

根据有关资料报道，国内净水厂已建排泥水处理系统浓缩工序所采用的子工艺流程主要有以下几种：

图 5.1.4-1 是北京市第九水厂和深圳市笔架山水厂排泥水处理系统所采用的浓缩工序子工艺流程，排泥池接纳和调节沉淀池排泥水和排水池底泥。排泥池设计成浮动槽排泥池，浮动槽连续均匀集取排泥池上清液，底泥连续均匀送入浓缩池，这种排泥池具有一定的浓缩作用。因此，该流程接近图 5.1.2-3 所示二级浓缩工艺流程。用浮动槽排泥池替代一级浓缩，由于浮动槽排泥池是间歇进水的间歇式浓缩池，比起连续均匀进水的重力式浓缩池的浓缩效果要差一些。

图 5.1.4-2 是深圳市梅林水厂浓缩工序子工艺流程。调节池为综合排泥池，同时接纳

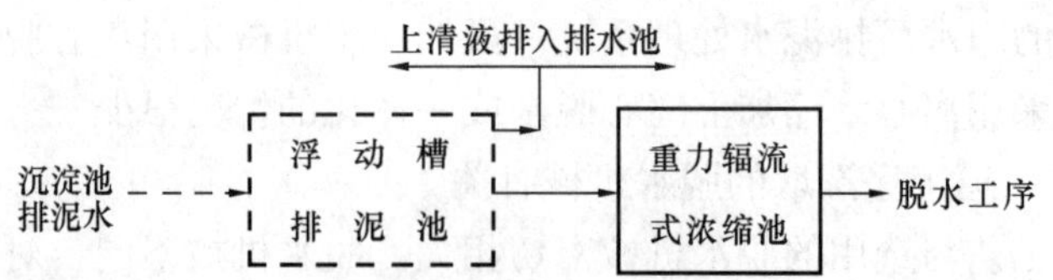

图 5.1.4-1 北京市第九水厂排泥水处理浓缩工艺

沉淀池排泥水和滤池反冲洗废水，经综合排泥池调节后，匀质匀量进入平流沉淀池，平流沉淀池底泥再均匀进入浓缩池。浓缩工序子工艺流程包含两个构筑物，一个是平流沉淀池，一个是浓缩池。由于沉淀池排泥水在综合排泥池被滤池反冲洗废水稀释，因此，将调节后的沉淀池排泥水和滤池反冲洗废水送入平流沉淀池进行初步沉淀浓缩后，再送入浓缩池。平流沉淀池撇去一部分上清液，使排泥水得到了一定程度的浓缩。由于综合排泥池容积较小，满足不了调节要求，实际上平流沉淀池既起调节作用，又起初步浓缩作用，平流沉淀池进水也是间歇的，不连续的，符合间歇式浓缩池进水的特点，但上清液的流出没有分层取出措施，上清液的出流也跟上清液同步，是间歇的脉动出流，影响浓缩效果。如果在平流沉淀池出水端增加一滗水器，变间歇、脉动出流为连续均匀出流，则可提高浓缩效果。该工艺的前两个构筑物综合排泥池加平流沉淀池与浮动槽排泥池的作用相似。

图 5.1.4-2 深圳市梅林水厂排泥水处理浓缩工艺

图 5.1.4-3 是广州市西洲水厂排泥水处理系统浓缩工序子工艺流程，调节池采用综合排泥池，沉淀池排泥水和滤池反冲洗废水经综合排泥池匀质匀量调节后，进入平流沉淀池，平流沉淀池底泥均匀进入斜板浓缩池进行浓缩。

图 5.1.4-3 广州市西洲水厂排泥水处理浓缩工艺

图 5.1.4-4 是保定市中法供水有限公司净水厂排泥水处理系统浓缩工序子工艺流程，采用综合排泥池接纳和调节沉淀池排泥水和滤池反冲洗废水。经调节后的混合排泥水均匀送入 Densadeg 高密度浓缩池进行浓缩。

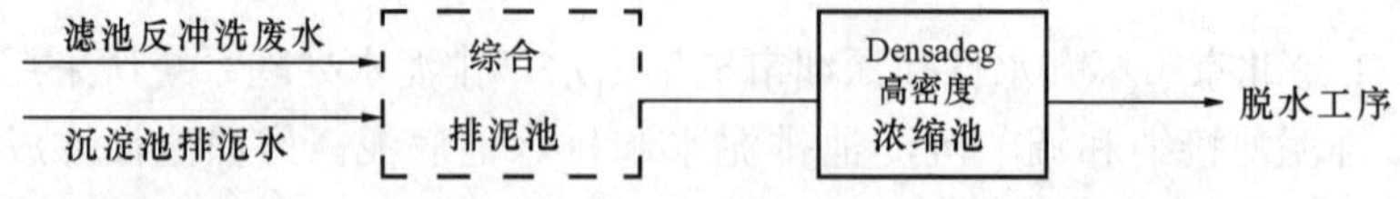

图 5.1.4-4 保定市中法供水有限公司净水厂排泥水处理浓缩工艺

图 5.1.4-5 是上海市临江水厂排泥水处理浓缩工序子工艺流程。调节池采用综合排泥池接纳和调节沉淀池排泥水和滤池反冲洗废水。经调节后的混合排泥水均匀送入浓缩池进行浓缩。浓缩池上清液排放，底流浓缩污泥均匀送入脱水工序平衡池。

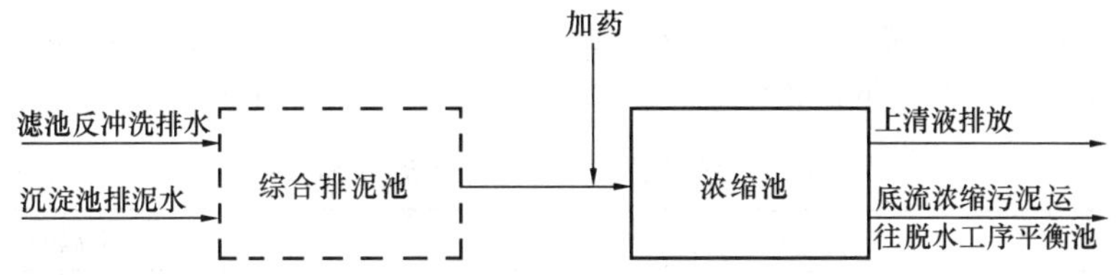

图 5.1.4-5　上海市临江水厂排泥水处理浓缩工艺

图 5.1.4-6 为大连沙河口水厂排泥水处理浓缩工序子工艺流程，调节池采用分建式排泥池Ⅰ型，沉淀池排泥水进入排泥池Ⅰ型，池中设有潜水搅拌器均质，排泥水经调节后，匀质匀量进入浓缩池。底流浓缩污泥进入脱水工序平衡池。

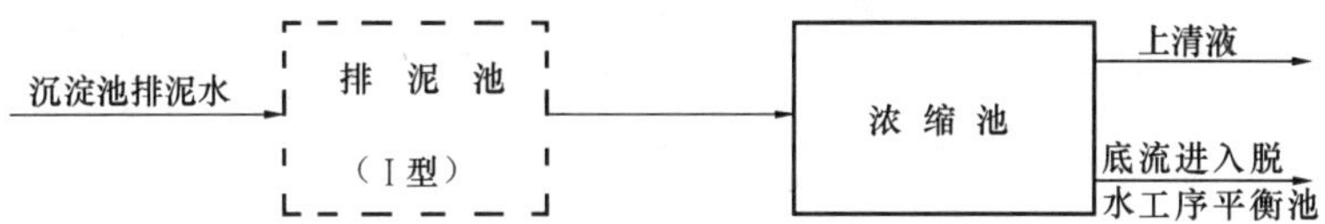

图 5.1.4-6　大连沙河口水厂排泥水处理浓缩工艺

图 5.1.4-7 是深圳市南山水厂排泥水处理浓缩工序子工艺流程，调节池采用分建式排泥池Ⅰ型，沉淀池排泥水进入排泥池Ⅰ型，池中设有潜水搅拌器均质，排泥水经调节后，匀质匀量进入兰美拉（Lamella）斜板浓缩池。底流浓缩污泥进入脱水工序平衡池。

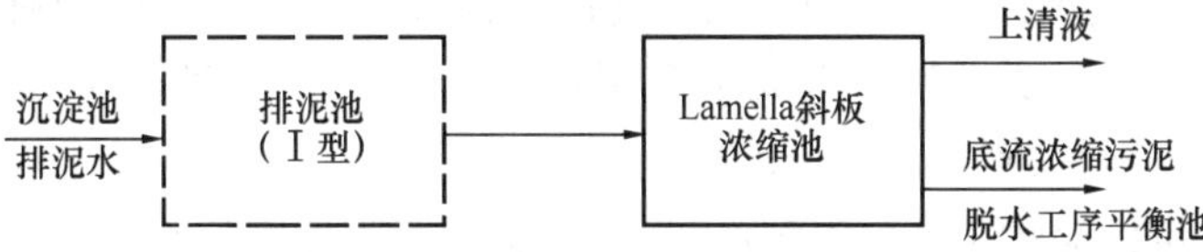

图 5.1.4-7　深圳市南山水厂排泥水处理浓缩工艺

以上几个水厂所建排泥水处理系统均采用重力浓缩，其中图 5.1.4-1～图 5.1.4-6 采用重力浓缩池，其余两个采用斜板浓缩池。重力式斜板浓缩池浓缩效率高，池子容积小，但对水量变化的适应性稍差，因此，一些水厂在脱水机前设置一个停留时间较长、容积较大的污泥平衡池，以弥补斜板浓缩池容积小所带来的不足。

5.2　重力浓缩设计

5.2.1　进入浓缩池干泥量 S_2 分析

浓缩池按固体负荷设计，按液面负荷校核，因此，浓缩池的面积与进入浓缩池的干泥量大小有关，进入浓缩池的干泥量越大，浓缩池的面积和池容就越大。

进入浓缩池的干泥量等于排泥池底流通过主流程提升泵送入或重力流入浓缩池的干泥量，用 S_2 表示。原水所携带的干泥量为 S，沉淀池排泥水所携带的干泥量为 S_1，如果沉淀池上清液携带的干泥量忽略不计，则有 $S=S_1$，$S_1=S_0+\Delta S$，干泥量 S_2 大小有两种可能，一种是等于计划处理干泥量 S_0，即 $S_2=S_0$；一种是大于计划处理干泥量 S_0，即 $S_1\geqslant S_2\geqslant$

S_0，前一种工况是超量污泥 ΔS 不进入浓缩池，后一种工况是超量污泥 ΔS 或部分超量污泥 ΔS 进入浓缩池。不同工况下进入浓缩池的干泥量 S_2 见表 5.2.1-1。

不同工况下进入浓缩池的干泥量 S_2 **表 5.2.1-1**

工况		进入浓缩池的干泥量 S_2
一	ΔS 排出口在排泥池上游	$S_2=S_0$
二	ΔS 排出口选择在排泥池	$S_2 = S_0$
三	ΔS 在沉淀池作临时存储	$S_2 = S_0$
四	ΔS 在排泥池作临时存储	$S_2 = S_0$
五	ΔS 在排泥池和浓缩池作临时存储	$S_0 < S_2 < S_1$ $S_2 = S_0 + \Delta S_2$
六	ΔS 在浓缩池作临时存储	$S_2 > S_0$，$S_2 = S_1$
七	ΔS 排出口选择在浓缩池	$S_2 > S_0$，$S_2 = S_1$
八	全量完全处理	$S_2 = S_0$，$S_2 = S_1$

从表 5.2.1-1 可以看出，表中前 4 种工况进入浓缩池的干泥量均等于计划处理干泥量 S_0，即 $S_2 = S_0$。超量污泥 ΔS 均在排泥池或排泥池前面进行处理，处理的方法有两种，一种是高于计划处理的泥量即 ΔS 在进入排泥池前就排入水体，或者是进入排泥池经调节后从排泥池底流中分流排出去。另一种方法是在沉淀池和排泥池中作临时存储，在原水浊度低于计划处理浊度，原水所携带的干泥量低于计划处理干泥量期间分期分批进入浓缩池，使进入浓缩池的干泥量维持等于或小于计划处理干泥量 S_0。

第五种工况超量污泥 ΔS 有一部分在排泥池作临时存储，假设这一部分为 ΔS_1，由于排泥池容积不够，另一部分 ΔS_2 在浓缩池作临时存储。那么，进入浓缩池的干泥量就是 $S_0+\Delta S_2$。其余 3 种工况，超量污泥 ΔS 全部进入浓缩池。进入浓缩池的超量污泥 ΔS 越多，浓缩池的面积和池容就越大。

目前一些排泥水处理的浓缩池千篇一律按计划处理干泥量 S_0 设计，为了降低工程投资，完全处理保证率又取低值，造成超量污泥 ΔS 比计划处理干泥量 S_0 还大很多，但是又没有考虑超量污泥 ΔS 如何处理。在原水浊度较高的日子，超量污泥 ΔS 全部进入浓缩池，造成浓缩池上清液浑浊，上清液从事故排出口溢流，底流浓度达不到浓缩目标值，进一步造成脱水设备能力不够，以及脱水后泥饼含水率高，甚至形不成泥饼。

5.2.2 前处理设计

5.2.2.1 酸处理

酸处理能破坏亲水性污泥的保水结构，提高污泥的浓缩性和脱水性。酸处理一般投加硫酸等强酸。当净水厂净化工艺中混凝剂采用三氯化铁（$FeCl_3$）时，可投加盐酸。浓缩池前加酸前处理流程见图 5.1.2-4。

经过一级浓缩的污泥进入混合槽，在混合槽中 H_2SO_4 与污泥经搅拌充分混合后，进入第二级浓缩池。第二级浓缩池上清液溶解了混凝剂中的铝，而成为稀硫酸铝溶液，进入再生硫酸铝储留槽，经过量的调节后，回流到净水厂净化工艺构筑物混合井与原水充分混合，重复利用。这种利用不仅回收了水量，而且还回收了一部分混凝剂 $Al_2(SO_4)_3$。酸处理工艺主要是确定 H_2SO_4 储留槽、H_2SO_4 混合槽、再生硫酸铝储留槽的容积和尺寸。

1. H_2SO_4 储留槽

根据小型试验求出单位质量干泥量的硫酸用量，然后根据不同季节每日的干泥量求出每日的硫酸用量。硫酸的储量按 7～10d 左右考虑其储留槽的容积。没有试验资料和相似工程的运行数据时，1 日的硫酸用量可按以下公式求出：

$$2Al(OH)_3 + 3H_2SO_4 \rightarrow Al_2(SO_4)_3 + 6H_2O \quad (5.2.2\text{-}1)$$

根据式（5.2.2-1）可以得出，每处理 1t $Al(OH)_3$ 干泥量需 1.9t H_2SO_4。只要求出每日产生的 $Al(OH)_3$ 干泥量，则 1 日所需的硫酸用量为：

$$Y_H = 1.9kS_C \quad (5.2.2\text{-}2)$$

式中 Y_H——硫酸用量，t/d；

S_C——$Al(OH)_3$ 干泥量，t/d；

k——安全系数，可取 $k=1.1$～1.3。

1 日的硫酸用量还可按下式计算：

$$Y_H = S_C \times \frac{3H_2SO_4}{2Al(OH)_3} \times \frac{k}{m} \quad (5.2.2\text{-}3)$$

式中 m——g/mol。

在按式（5.2.2-2）、式（5.2.2-3）计算 H_2SO_4 用量时，需先求出形成 $Al(OH)_3$ 矾花的质量。$Al(OH)_3$ 矾花的质量可按式（2.9.2-10）中 k_2D 进行估算。式(2.9.2-10)中取 $k_2=0.234$。

2. H_2SO_4 混合槽

H_2SO_4 混合槽的容积按污泥与 H_2SO_4 混合后的混合液体停留 5～10min 考虑。混合槽中设搅拌设备，以便污泥与 H_2SO_4 充分混合。

H_2SO_4 储留槽和混合槽都要做成耐酸构造。个数均需 2 个以上。

3. 再生硫酸铝储留槽

再生硫酸铝储留槽的容积一般按最大回收时 1 日的量或按平均回收 3～4d 的量设计，同时还应考虑再生硫酸铝溶液浓度稀，且不恒定。因此，要适当留有余地。另外，还应考虑水厂投药条件的改变，如改投碱式铝，再生硫酸铝槽要能作为其他药剂的储药池使用。

【例】一水厂规模 100 万 m^3/d，计划处理浊度为 10mg/L，加药率 3mg/L（纯品），经一级浓缩后，底流污泥含水率达到 98.5%，在二级浓缩前加 H_2SO_4 进行处理，求 H_2SO_4 用量、H_2SO_4 储留槽容积和 H_2SO_4 混合槽的容积。

【解】$S_0 = (k_1C + k_2D) \times k_0Q \times 10^{-6} = (1 \times 10 + 0.234 \times 3) \times 1.06 \times 1000000 \times 10^{-6} = 11.34\text{t/d}$

$Al(OH)_3$ 矾花的质量 S_C 按 k_2D 估算为：

$$S_C = 0.234 \times 3 \times 1.06 \times 1000000 \times 10^{-6} = 0.744\text{t/d}$$

根据式（5.2.2-1）可以得出，每处理 1t $Al(OH)_3$ 干泥量需 1.9t H_2SO_4，根据式（5.2.2-2），取 $k=1.1$，得出 H_2SO_4 用量为：

$$Y_H = 1.9kS_C = 1.9 \times 1.1 \times 0.744 = 1.56\text{t/d}$$

H_2SO_4 储留槽容积按 10d 用量计算，则：

$$W = 1.56 \times 10 = 15.6\text{t}$$

分 2 槽，每槽 7.8t。再根据 H_2SO_4 密度，求出其体积。

H_2SO_4 混合槽的容积按混合液停留 10min 考虑，第一级浓缩后的湿污泥体积为：

$$W = \frac{S_0}{1 - P_3} = \frac{11.37}{1 - 0.985} = 758\text{t/d}$$

$$758 + 1.56 = 760\text{t/d}$$

H_2SO_4 与含水率 98.5%的污泥混合后，其相对密度近似于 1，则 H_2SO_4 储留槽的容积为：

$$V = 760 \times \frac{10}{24 \times 60} = 5.3\text{m}^3$$

分 2 槽，每槽有效容积为 2.65m^3。

5.2.2.2　凝聚处理

浓缩前进行凝聚处理主要是投加高分子絮凝剂，如聚丙烯酰胺。投药装置包括溶药池、溶液池及投加设备的选择均与净水厂加药间设计相同。若位置靠近，还可以与净水厂加药间合建。因此，只把设计要点重复一下。

(1) 投加率宜按小型试验和相似工程运行数据确定。在没有试验数据和相似工程运行数据时，可按污泥干固体的 0.2%～0.3%计算确定。

(2) 投配浓度为 0.1%～0.5%。

(3) 溶解池的个数根据计算确定，但一般不少于 2 个。

(4) 若采用粉剂，应设除尘装置。

(5) 已溶解的聚丙烯酰胺溶液，其存留时间不能超过 1 周。粉状药剂储存不能超过 3 个月。

5.2.3　重力连续式浓缩池设计

重力连续式浓缩池目前有辐流式浓缩池和斜板浓缩池两种形式。斜板浓缩池的优点是浓缩效率高，占地面积小。其缺点是斜板容易老化，需定期更换。另外，由于斜板浓缩池效率高，所需容积小，在应付较高的原水浊度，沉淀池排泥水量较大时，斜板浓缩池的调节能力不如辐流式浓缩池。因此，重力连续式浓缩池的形式，目前还是以辐流式浓缩池采用较多。

5.2.3.1　辐流式浓缩池

1. 基本构造

辐流式浓缩池按其进水形式，可分为中心进水辐流式浓缩池和周边进水辐流式浓缩池，以中心进水辐流式浓缩池应用普遍。中心进水辐流式浓缩池一般做成圆形，排泥口在中心，由于进水也是从中心进入，因此，沉下来的泥大部分堆积在中心集泥口周围，沉泥到达排泥口的平均距离较短，有利于刮泥。为了便于布置，一些辐流式浓缩池也设计成正方形，但下面积泥区做成圆形，即所谓“天方地圆”。目的是为了消除正方形的 4 个刮泥机达不到的死角。

如图 5.2.3-1 所示，待浓缩的污泥由 $DN200$ 排泥管从池中心流入，经导流筒 6 配水后从中心流向周边，上清液由周边溢流堰 2 均匀排出，浓缩后的底流污泥用刮泥机 4 旋转缓慢刮至池中心的污泥斗，从排泥管 3 排出。刮泥机上有竖直栅条 5，随着刮泥机的旋转，垂直搅拌栅条 5 也随刮泥机慢速转动，对浓缩污泥进行慢速搅拌，可破坏污泥颗粒架桥，促使污泥内部的絮体水和毛细水析出，使污泥得到进一步浓缩。

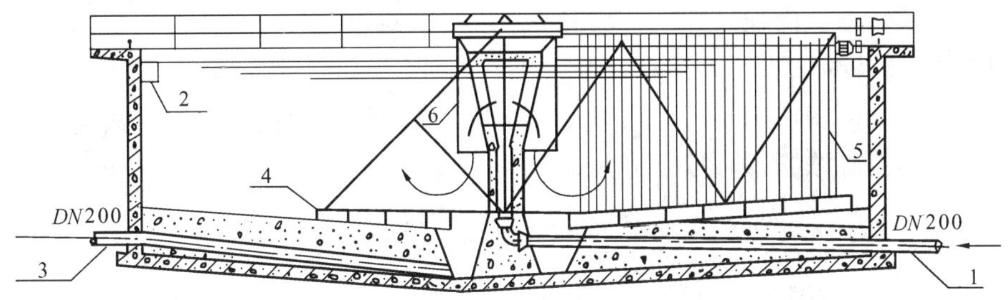

图 5.2.3-1　带刮泥机与搅拌栅的连续式重力浓缩池

1—排泥管；2—溢流堰；3—排泥管；4—刮泥机；5—栅条；6—导流筒

中心进水辐流式浓缩池进水有两种方式，一种是从池底中心进入，如图 5.2.3-1 所示；另一种是从池上部流入，如图 5.2.3-2 所示。为了避免中心配水时的径向流速过高造成短路而影响沉淀效果，一般在中心进水管外设置导流筒，以改变水流流向。导流筒的水平截面积为水池横截面积的 3%。从池底中心进入的优点是配水更均匀，缺点是进水管被压在池底下，这段管道不好维修。第二种方式的优点是进水管道从上部进入，管道维修比第一种方式更方便，缺点是排泥水进入导流筒（图中为中心布水井）是点状方式，配水的均匀性差一些；如果要达到同样的均匀度，构造上更复杂一些。另外就是要注意避开与刮泥机搅拌栅条的矛盾，不要发生碰撞。无论采用哪种方式进水管与导流筒都要相互协调，达到均匀配水的目的。

2. 排泥机械及选用

目前，辐流式浓缩池的排泥机械主要有中心传动旋转式刮泥机和周边传动旋转式刮泥机两种。中心传动旋转式刮泥机又分为垂架式中心传动旋转式刮泥机和悬挂式中心传动旋转式刮泥机。由于悬挂式中心传动旋转式刮泥机的重量、刮泥阻力所产生的扭矩和其他活荷载由横跨在水池上的工作桥承受，整台刮泥机的荷载都作用在工作桥的中心，好像悬挂在工作桥上，因此，工作桥的跨度不能太大，即浓缩池的直径不能太大。该机所适应的范围比起垂架式中心传动旋转式刮泥

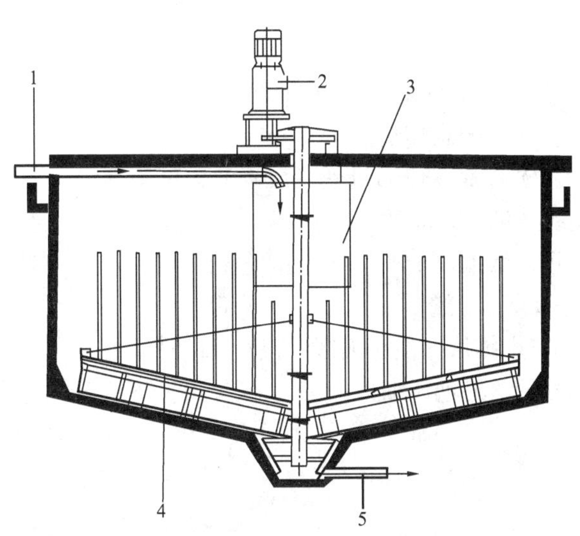

图 5.2.3-2　上进水连续式重力浓缩池

1—进水管；2—驱动装置，带电动机和减速器；3—中心布水井；4—刮泥机的旋臂；5—排泥管

机和周边传动旋转式刮泥机均小，一般用在直径小于 12m 的浓缩池。但由于排泥水属于絮凝污泥，质轻且浓度不高，含固率一般都小于 5%，刮泥时阻力小，产生的扭矩相对较小，构造相对简单。因此，在净水厂排泥水处理中，浓缩池刮泥机多采用悬挂式中心传动旋转式刮泥机，目前已经做到浓缩池直径 24m。

3. 辐流式浓缩池面积和池边水深计算

(1) 辐流式浓缩池面积计算

1) 根据沉降浓缩试验成果计算

辐流式浓缩池面积按满足污泥浓缩要求计算，按满足液面负荷要求校核。满足浓缩要求所需面积根据沉降浓缩试验按以下公式计算：

$$A_i=\frac{Q_2C_2}{V_i}\left(\frac{1}{C_i}-\frac{1}{C_u}\right) \tag{5.2.3-1}$$

式中 Q_2 ——流入浓缩池的流量，m^3/d；

C_2 ——流入浓缩池的污泥浓度，kg/m^3；

V_i ——浓度为 C_i 的界面沉降速度，m/d；

C_u ——浓缩池底流排泥浓度，kg/m^3。

浓缩池满足浓缩要求所需面积 A 为 C_i 变化所得出的 A_i 中最大值。由于沉降浓缩试验是用静态方法来模拟实际浓缩池的连续的动态沉降浓缩工况，因此，根据沉降浓缩试验成果计算出来的浓缩池面积，也只是理想状态下的概略值，不一定是实际浓缩池的最佳值，因此应尽可能采用接近实际浓缩设备的试验求出固体通量，或者是采用相似工程的实际运行数据。

2) 根据固体通量计算

根据固体通量按以下公式计算：

$$A=\frac{1000S_2}{G} \tag{5.2.3-2}$$

式中 A——浓缩池面积，m^2；

S_2 ——进入浓缩池干泥量，t/d；

G——固体通量，$kg/(m^2 \cdot d)$。

固体通量 G 应通过现场沉降浓缩试验确定，或者是采用已经运行的相似工程运行数据确定。当缺乏试验数据和相似工程运行数据时，可采用 $16\sim24kg/(m^2 \cdot d)$。

进入浓缩池干泥量 S_2 的取值有 3 种情况，一种是 $S_2=S_0$，一种是 $S_2=S_1$，一种是 $S_0<S_2<S_1$，可参考表 5.2.1-1 确定。

3) 根据浓缩池压缩区的高度 H_3 计算

根据浓缩池压缩区的高度 H_3，可按下列公式计算：

$$A=\frac{S_2t_u(\rho_S-\rho_w)}{\rho_S(\rho_m-\rho_w)H_3}\times10^3 \tag{5.2.3-3}$$

$$A=\frac{S_2t_u}{\rho_m(1-P_m)H_3}\times10^3 \tag{5.2.3-4}$$

$$A=\frac{S_2t_u}{H_3(1-P_m)} \tag{5.2.3-5}$$

$$A = \frac{S_2 t_u}{H_3 C_m} \times 10^6 \qquad (5.2.3\text{-}6)$$

式中 S_2——进入浓缩池干泥量，t/d；

t_u——污泥浓缩时间，d；

H_3——浓缩池污泥浓缩区高度，m；

P_m——浓缩区浓缩污泥的平均含水率；

C_m——浓缩区浓缩污泥的平均浓度，mg/L；

ρ_m——浓缩区浓缩污泥的平均密度，kg/m³；

ρ_S——污泥中固体密度，kg/m³；

ρ_w——水的密度，1000kg/m³。

污泥浓缩区高度 H_3（见图 2.8.2-2）应通过沉降浓缩试验确定，一般为 2m 左右。由于污泥浓缩区高度 H_3 内污泥浓度沿高度方向是变化的，如图 2.8.2-2 所示，从浓缩区起点 c 至底层 u，污泥浓度逐渐增大。底层污泥受上层污泥的压实，污泥浓度最大，含水率最小。如果按底层 u 点的密度 ρ_u 和含水率 P_u 计算浓缩区的容积，则得出的浓缩区的容积偏小，不安全。若以浓缩区 c 点的污泥密度 ρ_c 和含水率 P_c 进行计算，则得出的浓缩区容积偏大。因此，湿污泥密度 ρ 和含水率 P、污泥浓度 C 取其平均值 ρ_m、P_m 和 C_m。

$$P_m = \frac{P_c + P_u}{2} \qquad (5.2.3\text{-}7)$$

$$C_m = \frac{C_c + C_u}{2} \qquad (5.2.3\text{-}8)$$

$$\rho_m = \frac{\rho_c + \rho_u}{2} \qquad (5.2.3\text{-}9)$$

式中 P_c——浓缩区顶点 c 的含水率；

P_u——浓缩区底层的含水率；

C_c——浓缩区顶点 c 的污泥浓度；

C_u——浓缩区底层的污泥浓度；

ρ_c——浓缩区顶点 c 的湿污泥密度；

ρ_u——浓缩区底层的湿污泥密度。

污泥的浓缩时间宜通过沉降浓缩试验确定，一般取 t_u =24～48h。

4）根据液面负荷计算

浓缩池面积 A 根据固体通量和其他方法计算后，还要按液面负荷进行校核，核对是否满足污泥沉降要求，取其大者。根据液面负荷计算得出的浓缩池面积为：

$$A = \frac{Q_2}{F} \qquad (5.2.3\text{-}10)$$

式中 A——满足沉降要求的面积，m²；

Q_2——进入浓缩池的流量，m³/h；

F——液面负荷，m³/(m²·h)。

式（5.2.3-10）中 Q_2 为排泥池主流程提升泵送入浓缩池的流量，可根据式（4.2.1-41）、式（4.2.1-42）计算得出。液面负荷 F 可根据沉降浓缩试验等速沉降区的界面沉降速度得出，当缺乏试验资料时，可根据规范按不大于 1.0$m^3/(m^2 \cdot h)$取值。如果按式（5.2.3-10）计算得出的浓缩池面积 A 大于按其他方法求出的面积，则应取按式（5.2.3-10）计算得出的值。

（2）池边水深计算

如图 2.8.2-2 所示，浓缩池总深度 H 由池底坡所占高度 H_4、浓缩区高度 H_3、上清液高度 H_2 和超高 H_1 组成。池边水深为（H_2+H_3）。池边水深一般取 3.5～4.5m，如果考虑超量污泥在浓缩池作临时存储，或适当加大池边水深，或加大浓缩池面积。超高 H_1 一般不小于 0.3m，根据需要决定，池底坡度可取 8%～10%。

浓缩区高度 H_3 也可以根据式（2.8.2-8）～式（2.8.2-16）计算。

5.2.3.2　斜板浓缩池

按液体在斜板中的流态，斜板可分为同向流（也称下向流）、侧向流和异向流（也称向上流）。目前，用于斜板浓缩池的斜板主要是异向流斜板。

目前，斜板（管）浓缩池主要有以下几种类型：

1. 在重力式浓缩池澄清区加异向流斜板或斜管

重力浓缩池有效水深由澄清区和污泥浓缩区（也称压缩区）组成，在浓缩池澄清区加斜板或斜管可减少污泥沉降时间，由于污泥在重力浓缩池中停留时间主要耗在浓缩区的污泥浓缩上，因此，斜板浓缩池面积仍按固体通量设计，按液面负荷校核，以满足澄清区污泥沉降要求。浓缩池按固体负荷确定其面积后，一般能满足规范规定的不大于 1.0$m^3/(m^2 \cdot h)$的液面负荷要求，但是，当浓缩池入流浓度很低时，同样的干泥量，入流流量很大，有可能大于规定的 1.0$m^3/(m^2 \cdot h)$，需增加浓缩池的面积来满足污泥沉降要求。如果在澄清区加斜板或斜管，就可以在不增加浓缩池面积的条件下满足沉降要求。即使是在一般情况下，按固体通量设计也满足了液面负荷要求，由于增加斜板或斜管，可减少污泥的沉降时间，增加污泥在浓缩区的停留时间，可提高污泥浓缩的程度。

这种斜板斜管浓缩池如图 5.2.3-3 所示，其斜板斜管构造与一般异向流斜管相同，斜长 1m，倾角 60°。

如果用这种斜板斜管浓缩池替代净水厂净化工艺中的斜管沉淀池，成为斜管（斜板）沉淀浓缩池，则具有以下优点：

（1）可以不设排泥池、浓缩池；或者只设排泥池，不设浓缩池。简化排泥水处理系统，减少排泥水处理占地面积。

（2）沉淀池用于临时存储超量污泥 ΔS 的容积大幅度增加，可以降低计划处理干泥量 S_0 的量值，减小排泥水处理规模。或者是提高排泥水处理完全处理保证率。对于原水浊度变化较大的原水，是应付高浊度的良策。

（3）可以提高浓缩污泥的浓度，进一步降低脱水泥饼的含水率，降低泥饼处置成本。其原因一是由于斜管沉淀池的面积是浓缩池的好几倍，使沉淀后的污泥在浓缩池浓缩区的浓缩时间增加了好几倍。二是沉淀池泥区深度一般不到 1m，排泥时容易与上层清水垂直混掺，降低排泥浓度。而浓缩池浓缩区较深，不仅浓缩后的污泥浓度高，而且不容易与上层较清的水产生垂直混掺。

但是存在以下缺点：

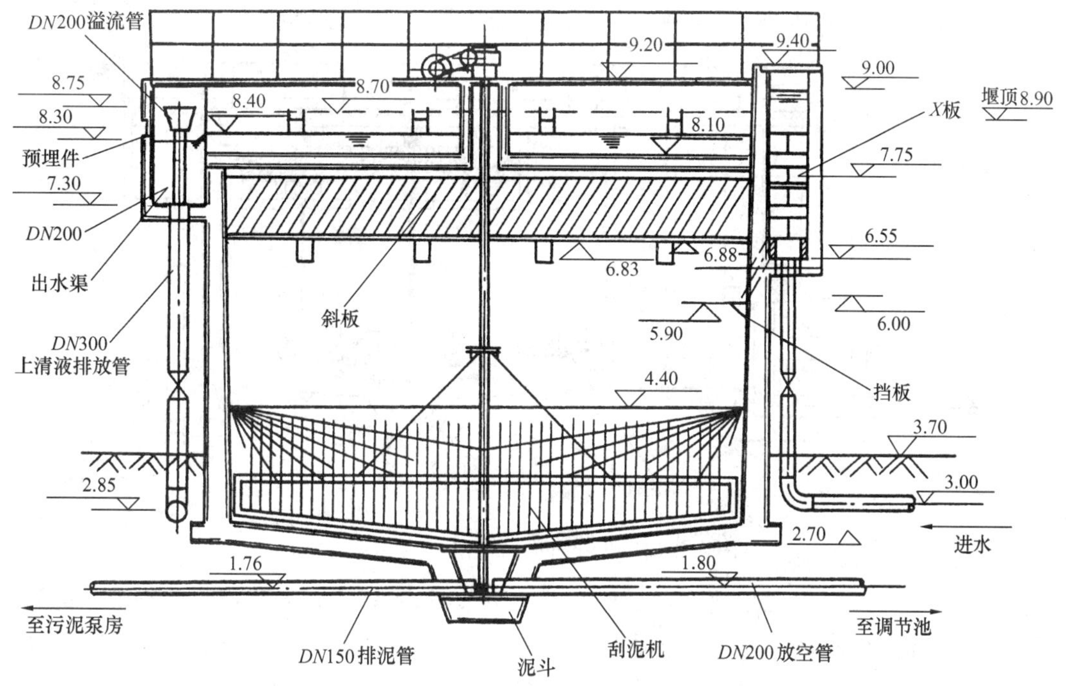

图 5.2.3-3　上向流斜板（斜管）浓缩池

（1）斜管沉淀池深度增加。这种斜板斜管沉淀浓缩池就是把原净水厂斜管沉淀池的泥区扩大成浓缩池的浓缩区。一般斜管沉淀池泥区深度为 0.6～1.0m，浓缩池压缩区为 2～3m，一般斜管沉淀池的深度约为 5m，而浓缩池一般达到约 7m，深度比斜管沉淀池大约 2m。

（2）工程造价会有所提高。虽然排泥水处理系统取消了整个排泥池和浓缩池，斜管沉淀池增加的深度仅仅是浓缩池的压缩区的深度，约 2m。但是斜板浓缩池所处理的水量仅仅是原水水量的 3%～5%，而斜管沉淀池处理的水量是 100%的原水水量，是前者的 20～30 倍，并不是说斜管沉淀池的面积是浓缩池的 20～30 倍。因为浓缩池是按固体通量设计的，而斜管沉淀池是按液面负荷设计的，浓缩池在满足固体通量时，核算其液面负荷一般为 1.0$m^3/(m^2 \cdot h)$。斜管沉淀池的液面负荷若按 6$m^3/(m^2 \cdot h)$计，是浓缩池的 6 倍，综合处理水量和液面负荷两种因素，斜管沉淀池的面积是斜板浓缩池的约 1～2 倍。这增加的约 1～2 倍面积的浓缩池的压缩区的容积与取消整个排泥池、浓缩池的容积相比，工程造价高低，具体工程应通过计算确定。一般来说会有所提高。

2. 带污泥回流型斜管（斜板）浓缩池

这种类型的斜管（斜板）浓缩池以法国德利满公司的 Densadeg 为代表，如图 5.2.3-4 所示。

这种类型的斜管（斜板）沉淀浓缩一体池也是在澄清区加斜管或斜板。与前一种斜管（斜板）沉淀浓缩池不同的地方是将浓缩区的污泥回流到前面与原水混合。由于浓缩区污泥不仅浓度大，而且凝聚后的颗粒也较粗，形成的凝聚核心多，提高了絮凝效果。为了进一步提高絮凝效果，高分子絮凝剂的投加对这种池子尤为重要。Densadeg 高密度沉淀浓缩池的固体负荷比普通重力式浓缩池有较大幅度的提高，其液面负荷可达 10$m^3/(m^2 \cdot h)$

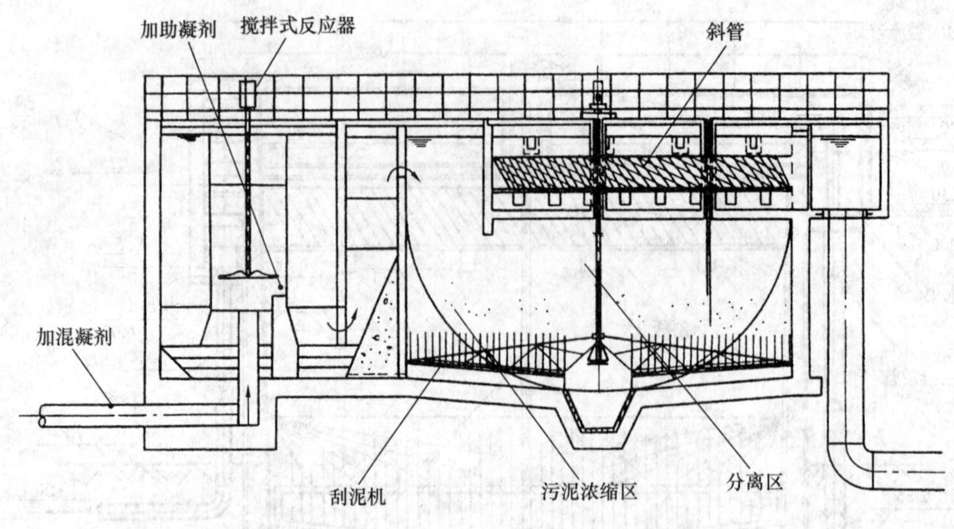

图 5.2.3-4 Densadeg 高密度沉淀浓缩池

以上，相当于普通斜管沉淀池的近 2 倍。因此可节省占地，节约投资。Densadeg 高密度沉淀浓缩池可用做净水厂沉淀和排泥水浓缩，沉淀浓缩一体化，其排泥水可直接进入脱水工序平衡池，Densadeg 高密度沉淀浓缩池浓缩后的污泥浓度可达到含固率 1%～3%。

北京市第三水厂改建部分设计规模 15 万 m^3/d，其水线部分絮凝沉淀选用高密度沉淀池，同时又作为泥线的浓缩池。排泥水处理工艺流程如图 4.1.2-14 所示。原水经 Densadeg 高密度沉淀浓缩池浓缩后，底流污泥进入污泥混合池；V 型滤池、炭滤池反冲洗废水和初滤水进入回流水池，进入回流水池的这部分排泥水有两个去向，一个是如果排水水质符合回流要求，经提升后送入配水溢流井回收利用。另一个是如果不符合回流要求，进入排泥水处理系统废水回收池，经调节后，进入 Densadeg 高密度沉淀浓缩池进行进一步处理，由于 V 型滤池、炭滤池的反冲洗废水、初滤水污泥浓度很低，不能直接进入脱水工序，因此，在泥线又建设高密度沉淀浓缩池，专门沉淀浓缩 V 型滤池、炭滤池的反冲洗废水、初滤水。水线高密度沉淀浓缩池排出的底泥与泥线高密度沉淀浓缩池排出的底泥在污泥混合池汇合，进入脱水工序平衡池。据实测，水线的高密度沉淀浓缩池底泥浓度为含固率 1%～3%，最低为 0.8%。脱水机采用离心脱水机，在脱水机的处理能力上要留有一定的富余能力，可以弥补进机污泥浓度较低这一不足。

3. 兰美拉（Lamella）斜板浓缩池

兰美拉（Lamella）斜板浓缩池是一种从中间进水的上向流斜板沉淀池，板长 2.5m，斜板倾角 60°，如图 5.2.3-5 所示。这种斜板浓缩池由于从中间进水，污泥压缩区基本上不受浓缩池进水的干扰，污泥层处于相对静止的压密环境。因此，浓缩效率更高。

深圳市南山水厂设计总规模 80 万 m^3/d，其中一期 20 万 m^3/d，排泥水处理浓缩池采用兰美拉（Lamella）斜板浓缩池（见图 5.2.3-6），2 座，每座尺寸 10.2m×10.2m×6.6m，主要设计参数：固体通量 38.4kg/(m^2·d)，液面负荷 0.6m^3/(m^2·h)，斜板材质为不锈钢，板长 2.5m，斜板倾角 60°，板距 80mm，板厚 1mm。

5.2.3.3 浓缩池提升泵房

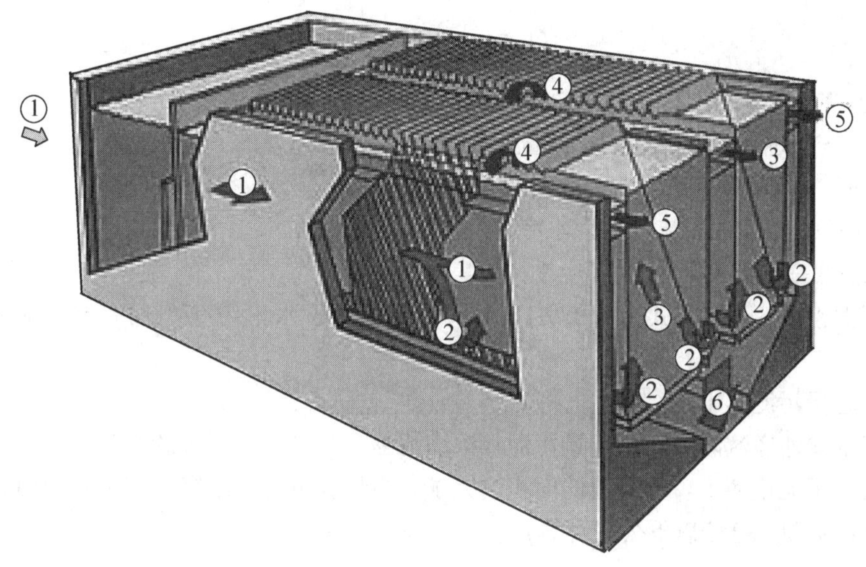

图 5.2.3-5　兰美拉（Lamella）斜板浓缩池

图 5.2.3-6　南山水厂兰美拉（Lamella）斜板浓缩池

1. 不同功能水泵配置

与排泥池提升泵房一样，浓缩池提升泵房也包括以下 3 个方面的水泵：

（1）主流程排泥泵：当浓缩池底流不能重力流入脱水机前平衡池时，将浓缩池底流提升至脱水机前平衡池。

（2）超量污泥排出泵：当超量污泥 ΔS 从浓缩池底流分流出去，浓缩池底流又不能重力流入受纳水体时，将高出计划处理的超量污泥 ΔS 提升排出。

（3）上清液排出泵：当浓缩池上清液不能重力排出时，将上清液提升后排出。

2. 不同功能水泵参数计算

（1）主流程排泥泵

主流程排泥泵的扬程根据浓缩池水位和平衡池水位的高差和管路水头损失计算，主流程排泥泵流量 Q_3 按进入脱水工序的干泥量计算，进入脱水工序的干泥量为计划处理干泥量 S_0，则：

$$Q_3 = \frac{S_0}{24\rho(1-P_3)} \tag{5.2.3-11}$$

当污泥浓度用 mg/L 表示时：

$$Q_3 = \frac{S_0}{24\rho C_3} \times 10^6 \tag{5.2.3-12}$$

式中 Q_3 ——进入脱水工序的浓缩池底流流量，m^3/h；

S_0 ——进入脱水工序的干泥量，t/d；

ρ ——湿污泥密度，t/m^3；

P_3 ——浓缩池底流污泥含水率；

C_3 ——底流污泥浓度，mg/L。

湿污泥密度 ρ 可参考式（2.2.6-1）计算。当污泥含水率为 97%时，湿污泥密度 $\rho = 1.015t/m^3$。

（2）超量污泥排出泵

由于浓缩池底流浓度高，超量污泥在浓缩池临时存储时，所占的容积小。其缺点是进入浓缩池的干泥量多了，浓缩池的面积增大了。当超量污泥从浓缩池底流排出时，超量污泥排出泵的流量 ΔQ 按以下公式计算：

$$\Delta Q = \frac{\Delta S}{24\rho(1-P_3)} \tag{5.2.3-13}$$

$$\Delta Q = \frac{\Delta S}{24\rho C_3} \times 10^6 \tag{5.2.3-14}$$

式中 ΔS——进入浓缩池的超量污泥，t/d；

ΔQ——超量污泥排出泵流量，m^3/h；

P_3 ——浓缩池底流污泥含水率；

C_3 ——浓缩池底流污泥浓度，mg/L。

（3）上清液排出泵

上清液排出泵流量按以下公式计算：

$$q_3 = Q_2 - Q_3 - \Delta Q \tag{5.2.3-15}$$

式中 Q_2 ——进入浓缩池的流量，m^3/h；

Q_3 ——浓缩池底流进入脱水工序的流量，m^3/h；

q_3 ——浓缩池上清液流量，m^3/h。

式中 Q_2 为进入浓缩池的流量，也是排泥池主流程排泥泵的流量，可按式（4.2.1-41）、式（4.2.1-42）计算。Q_3 为浓缩池底流进入脱水工序的流量，也是浓缩池主流程排泥泵的流量，可按式（5.2.3-11）、式（5.2.3-12）计算。

第 6 章　脱水工序及脱水机房设计

6.1　脱水工序子工艺流程

要进行脱水工序设计，首先要确定脱水工序的子工艺流程，要对脱水工序目前常用的工艺流程有所了解。下面介绍在实践中采用过的几种脱水工艺流程，见表 6.1.0-1。

脱水工序子工艺流程　　　　**表 6.1.0-1**

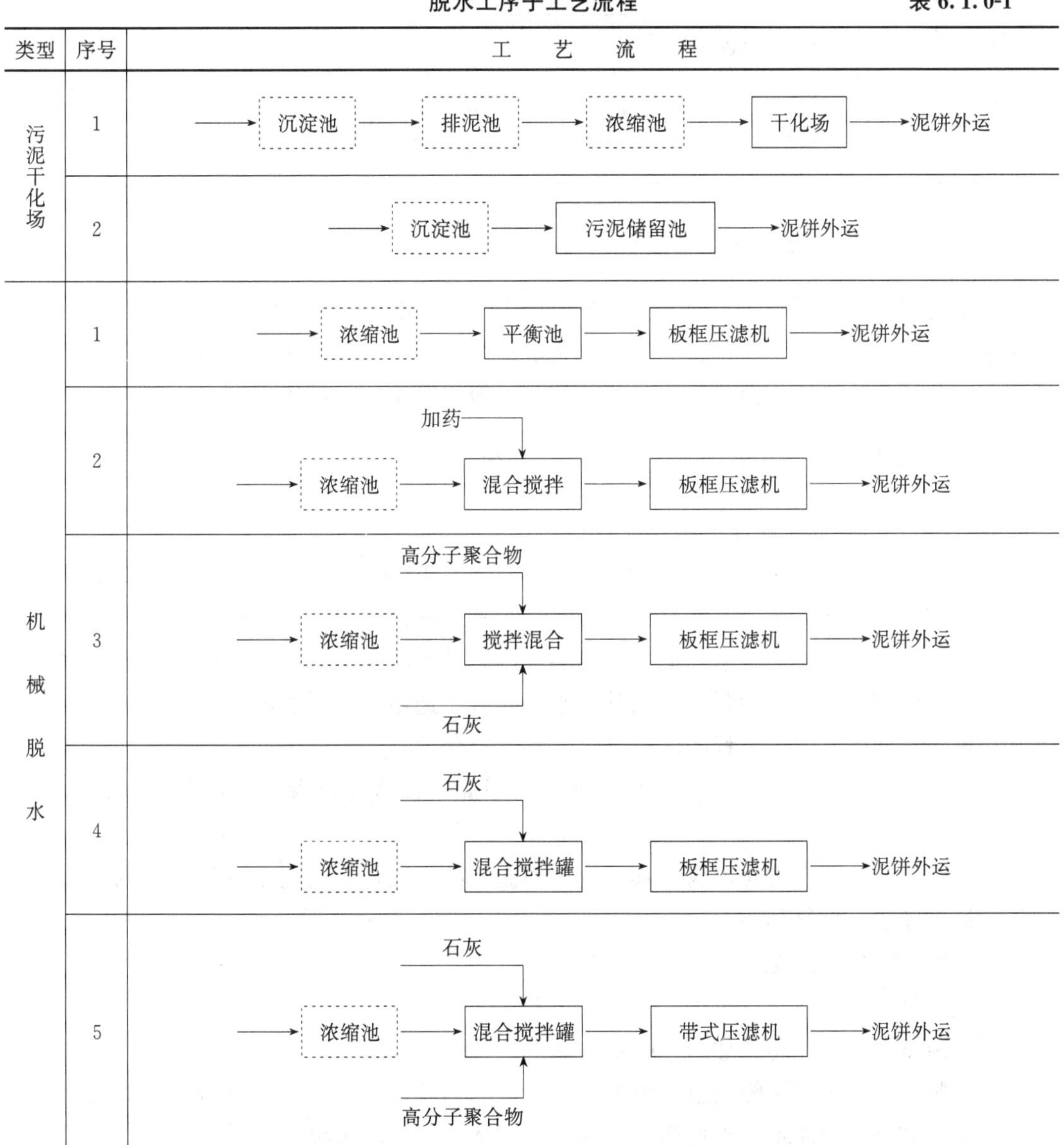

类型	序号	工　艺　流　程
污泥干化场	1	→ 沉淀池 → 排泥池 → 浓缩池 → 干化场 → 泥饼外运
	2	→ 沉淀池 → 污泥储留池 → 泥饼外运
机械脱水	1	→ 浓缩池 → 平衡池 → 板框压滤机 → 泥饼外运
	2	→ 浓缩池 → 混合搅拌（加药）→ 板框压滤机 → 泥饼外运
	3	→ 浓缩池 → 搅拌混合（高分子聚合物、石灰）→ 板框压滤机 → 泥饼外运
	4	→ 浓缩池 → 混合搅拌罐（石灰）→ 板框压滤机 → 泥饼外运
	5	→ 浓缩池 → 混合搅拌罐（石灰、高分子聚合物）→ 带式压滤机 → 泥饼外运

续表

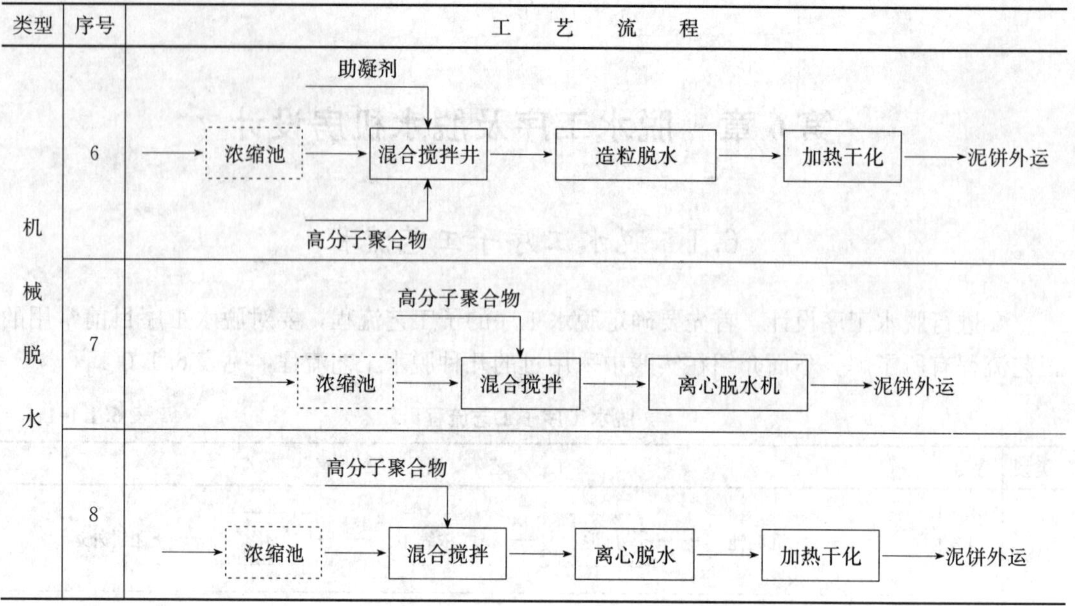

6.1.1 污泥干化场脱水工艺流程

采用污泥干化场脱水工艺流程见表6.1.0-1，一个是沉淀池排泥水经调节、浓缩两道工序处理后排入污泥自然干化床。另一个是沉淀池排泥水直接排入污泥储留池，污泥储留池兼备调节池、浓缩池、自然干化床的功能。一般以采用前一种流程较多。

6.1.2 机械脱水子工艺流程

6.1.2.1 机械脱水子工艺流程1

表6.1.0-1中机械脱水子工艺流程1表示的是无加药脱水工艺流程，这种脱水工艺流程必须与浓缩工序图5.1.2-1所表示的无加药工艺流程相配合，才能成为真正的无加药脱水工艺流程。由于浓缩和脱水两道工序均不加药，进入脱水机的污泥浓度较低，脱水难度增加，脱水效率低下。这种脱水工艺其脱水机一般应选用板框压滤机。

这种无加药脱水工艺流程的优点是：

(1) 由于浓缩和脱水两道工序均不加药，因此，日常运行管理较简单，日常运行费用低。

(2) 由于两道工序均无加药，其上清液和滤液的水质未受药剂中有毒成分的污染，有利于回流到净水厂重复利用。

(3) 其泥饼的处置或上清液的排放不会对环境造成污染。

其缺点是：

(1) 由于两道工序均无加药，脱水效率低。

(2) 脱水机的选型一般只限于板框压滤机。因为其他形式的脱水机械对污泥的进机浓度要求相对较高，适应不了无加药处理这种污泥浓度较低的工况。

(3) 由于脱水效率较低，所需脱水机械的台数成倍地增加，提高了脱水工序的投资。

6.1.2.2　机械脱水子工艺流程 2

机械脱水子工艺流程 2 是在板框压滤机前投加高分子聚合物进行化学调质。如投加聚丙烯酰胺。这一流程是加药处理中最简单的工艺流程，采用得比较多。北京市第九水厂排泥水处理脱水工序就采用这一工艺流程。由于板框压滤机从英国进口，其滤布和其他部件更换比较困难，需要从英国进口，而且价钱也较高。后改为国产离心脱水机。

这一流程的优点是脱水后产品泥饼含水率较低，便于运输，在运输过程中对环境影响小。一些地区的环保部门指定采用板框压滤机。

6.1.2.3　机械脱水子工艺流程 3

机械脱水子工艺流程 3 是在板框压滤机前投加两种药剂进行化学调质，一种是高分子聚合物，一种是石灰。高分子聚合物与石灰配合使用，充分发挥不同絮凝剂的协同作用，优势互补，有利于高分子聚合物在碱性条件下水解，卷曲的高分子长链充分展开，增强絮凝剂效能和提高絮凝反应效果，可减少价钱较高的高分子聚合物的投加量。

这一流程虽然效果好，其进机浓度可以较低。但由于投加石灰不仅污泥量大幅度增加，而且要建一套投加石灰的系统；且粉尘飞扬，容易堵塞滤布及管道，工作环境较差。若净水厂净化工艺流程中建有投加石灰的系统，可以共用，则采用这种工艺流程有一定的优势。深圳市梅林水厂脱水工序采用这种工艺。国外也有水厂采用这种工艺。

一般来说，采用板框压滤机，只需投加高分子聚合物，不需要投加石灰，只有污泥浓缩效果不好时，或者是要求脱水泥饼含水率很低时，例如，要求泥饼含水率在 60%以下，才同时投加这两种药剂。

6.1.2.4　机械脱水子工艺流程 4

机械脱水子工艺流程 4 是在板框压滤机前投加单一药剂石灰进行化学调质。这种工艺流程在浓缩工序进行酸处理时，在脱水工序投加石灰较为普遍。因为酸处理后投加石灰，效果更好，而且石灰投加量也有所减少。如日本一净水厂在第二级浓缩池前投加硫酸，在脱水机前又投加石灰。法国的雷恩市雷恩寺水厂排泥水处理，设两级浓缩，在浓缩工序投加高分子聚合物，在板框压滤机前投加石灰，泥饼含水率降至 50%。

6.1.2.5　机械脱水子工艺流程 5

机械脱水子工艺流程 5 是在带式压滤机前投加高分子聚合物和石灰。脱水机选用带式压滤机，如果脱水前处理只投加高分子聚合物进行凝聚处理，有时达不到要求，有不成功的实例。国内一水厂采用选用机型进行排泥水经浓缩处理后脱水的小型试验，脱水前投加单一高分子聚合物经反复试验，均未成功，泥从带式压滤机滤布两侧被挤出来，后来改用高分子聚合物＋石灰取得成功。采用其他的两种药剂组合都不行。

由于净水厂排泥水大部分属于含氢氧化铝的亲水性无机污泥，这种污泥含水率高，保水力较好，不易成形，浓缩与脱水都比较困难，要施加较大的能量。这种亲水性无机污泥经浓缩后，一般污泥浓度较低，选择脱水机械时，以板框压滤机为好。如果选择带式压滤机，最好在脱水前处理中投加石灰。石灰除本身就是一种凝聚剂外，投加石灰的污泥，水分减少，污泥易成型，即加压不易变形，不至于因承受太大的压力而从滤布两侧挤出来。

6.1.2.6 机械脱水子工艺流程 6

机械脱水子工艺流程 6 是造粒脱水机+热风干燥。浓缩后的污泥在进入造粒脱水机前，投加助凝剂如水玻璃和絮凝剂高分子聚合物如聚丙烯酰胺。

造粒脱水机虽然设备简单，维修、管理相对方便，投资少，但脱水效果差，含水率只能达到80%～85%，单独采用造粒脱水机在脱除水分上很难达到要求。泥饼的性状达不到能"铲"的污泥和便于运输的泥饼。因此，一般都与其他脱水方式组合使用。如与加热干燥组合使用。这种脱水方式能将泥饼的含水率降至 35%。

如果泥饼的处置方式是有效利用，如用来制砖。则这种脱水方式利用热风干燥将泥饼含水率降至 35%，对后续工序有利，降低了后续工序的能量消耗。但如果污泥处置是填埋，则能量消耗多，日常运行费增加，应进行技术经济比较后确定。

6.1.2.7 机械脱水子工艺流程 7

机械脱水子工艺流程 7 是采用离心脱水机脱水，脱水前投加高分子聚合物如聚丙烯酰胺进行化学调质。

离心脱水机脱水后的泥饼含水率可达 75%～80%，含水率相对较高。而且日常电耗高。机器高速旋转，噪声大，脱水滤液较浑浊。但离心脱水机能自动连续运行，产率高，占地面积小，可封闭操作，卫生条件好，自动化程度高，运行管理相对简单，基建及设备费用低，因此离心脱水机目前被广泛应用。

在实践中还出现了离心浓缩脱水一体机代替重力浓缩池+离心脱水机的实例。由于采用离心浓缩，失去了重力浓缩池池容的调节作用，对外界条件变化的适应性稍差。其优点是占地面积小，特别是在寒冷的北方，对防止浓缩池水面结冰具有一定的意义。

6.1.2.8 机械脱水子工艺流程 8

机械脱水子工艺流程 8 是采用离心脱水与污泥加热干化、烧结组合使用的脱水方式。脱水前投加高分子聚合物进行化学调质。如果经化学调质，脱水效果达不到目标值，特别是脱水泥饼要有效利用，如烧结制砖，经烧结后制作路面材料时，可采用这种脱水方式。

除表 6.1.0-1 所列举的较为常见的几种脱水子工艺流程外，还有其他一些脱水工艺流程。如脱水前处理采用热调质或冷调质的脱水工艺流程。这些工艺流程虽然很少采用，但在特定条件下仍可采用。由于脱水工序子工艺流程的选定既要接受浓缩工序中最不利条件的考验，又要符合处置工序的要求。例如，处置工序的特定环境要求脱水工序采用无加药处理，则脱水子工艺流程应采用机械脱水子工艺流程 1 或自然干化床，若无条件采用自然干化床，则只能采用机械脱水子工艺流程 1。如果机械脱水子工艺流程 1 因无加药，其泥饼含水率达不到要求，则可考虑以下脱水工艺流程，如图 6.1.2-1 所示。

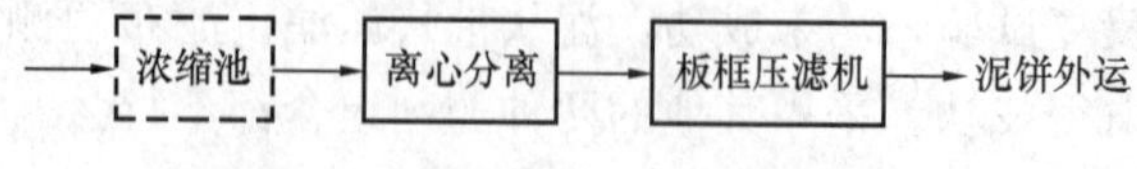

图 6.1.2-1 其他脱水子工艺流程（一）

在浓缩池、板框压滤机之间增加一级离心分离，主要是为了提高板框压滤机的进机浓度，进而降低泥饼的含水率，抵消无加药处理带来的泥饼含水率高的影响。压滤机械除选用板框压滤机外，其他如带式压滤机是否可以选用，要看离心分离后的污泥浓度。如果离心分离后的污泥浓度较高，例如含水率降至95%以下，也可考虑选用带式压滤机。

对于特别难脱水的亲水性无机污泥，如果在板框压滤机前增加一级离心分离，泥饼含水率仍达不到预定的目标，则可考虑采用以下工艺流程，如图6.1.2-2所示。

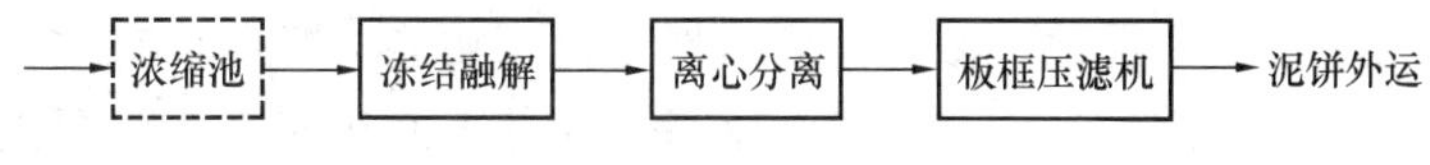

图6.1.2-2 其他脱水子工艺流程（二）

图6.1.2-2所示脱水子工艺流程是在图6.1.2-1所示流程的基础上增加了冻结融解这一环节，可看成是离心分离的前处理。

以上两种脱水子工艺流程增加了离心分离和冻结融解这一环节，提高了进机浓度，对于某些极难处理的亲水性无机污泥，使采用板框压滤机进行无加药处理成为可能。如果只是为了减少板框压滤机的数量而增加离心分离和冻结融解，由于板框压滤机、离心分离机、冻结融解设备的附属设备包括控制设备互不相同，管理上要比单一采用板框压滤机复杂。因此，应进行技术经济比较后确定。

6.2 自然干化场设计

自然干化场是一片滤水性能良好的平坦场地。含水率较高的污泥在自然干化场形成薄层，通过排除上清液及人工滤层过滤、渗透和自然蒸发作用而逐渐变干。一般可使污泥含水率降至75%左右。

采用自然干化场脱水主要有以下两个流程，如图6.2.0-1、图6.2.0-2所示。

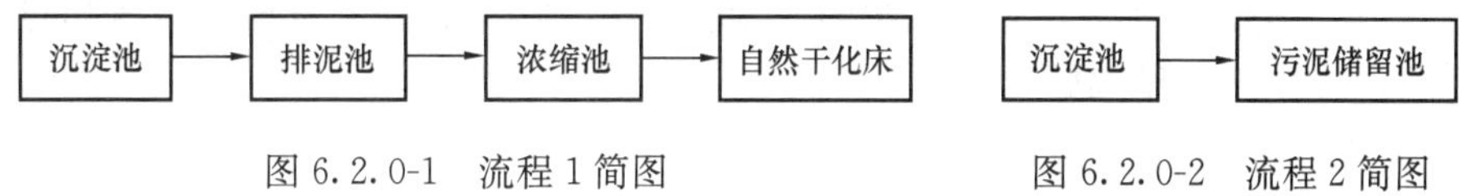

图6.2.0-1 流程1简图　　　图6.2.0-2 流程2简图

以上两个流程，目前较多采用第一个流程。无论采用哪个流程，前面的调节工序最好采用分建式调节构筑物，让浓度较高的沉淀池排泥水进入自然干化场系统，免受浓度较低的滤池反冲洗废水的稀释。减少进入自然干化床的水量，缩短自然干化场的干化周期。

自然干化场设计的主要内容是自然干化床的面积和划分床数。

6.2.1 设计要点

(1) 沉淀池排泥水可直接流入污泥储留池，也可经浓缩池浓缩后流入自然干化床。

(2) 确定床数要考虑每日排泥次数和所需干化日数。但不能少于2床。考虑到排泥次数、干化日数等因素的变化，在确定床数时，应留有富余。

如果是直接流入污泥储留池，就要考虑沉淀池的每日排泥次数，如果是经浓缩后流入自然干化床，则要考虑浓缩池的每日排泥次数。

(3) 自然干化床所需的干化日数 t 与污泥负荷（单位面积处理的干泥量）、进入干化床的初始含水率、脱水后要求达到的含水率、污泥的性状、气温条件及干化床的结构构造等因素有关，一般需要进行小型干化床试验或参照类似工程确定。

（4）干化床中污泥排入深度过大，脱水效率要下降；如果过小，所需干化床面积大，不经济。因此，污泥排入深度应根据排泥量、每日排泥次数、用地条件是否宽松、脱水效率、现场条件等因素综合考虑确定。自然干化床排入深度可取 0.5～1.0m，储留池可取 1.0～2.0m。

（5）污泥储留池兼具排泥池、浓缩池和自然干化床功能。因此，在池容上要能容纳沉淀池最大 1 次排泥水量或沉淀池 1 日的排泥水量。在计算面积时，不仅要满足污泥的沉降分离要求，而且要使污泥在储留池的停留时间内，使自然干化处理充分地进行。

（6）干化床的构造和形式必须充分考虑如何有利于污泥脱水效率的提高、布泥的均匀性、上清液的及时排除、方便泥饼的搬出和防止污染地下水。

干化床应做成长方形。

为了防止污染地下水，干化床的床面及侧面，应采用不透水材料，如床面采用混凝土床。

（7）为了便于污泥中的水分向下渗透和排除，在不透水的床面上应设置下部集水装置，利用砂层过滤原理，排除水分。砂层的厚度应满足滤出水符合《污水综合排放标准》GB 8978—1996 的要求，一般为 0.25～0.3m。下部承托层砾石层厚度除考虑埋于其中的排水管管径外，还应考虑泥饼运出时，大型装载机械及卡车的重量不压坏集水管和其他集水装置。

（8）进泥口的设计应考虑布泥的均匀性，特别是大型干化床，要防止一点进泥。当采用一点进泥时，干化床的宽度应小于 8m，长度应小于 20m。当干化床面积较大时，可采用桥式移动进泥口，均匀布泥，以提高污泥干化床的脱水效率。但一次建设费用高。

（9）自然干化场必须在四周设上清液引出装置，不能全依赖向下渗透和蒸发。上清液及雨水必须能从四周池壁不同高度及时排除，以促进蒸发干燥。因此，最好设置能升降的溢流堰闸，或采用叠梁闸。上清液引出装置见图 6.2.1-1。上清液排出口设有格栅，以防止大的污物排出，堵塞排水管道。

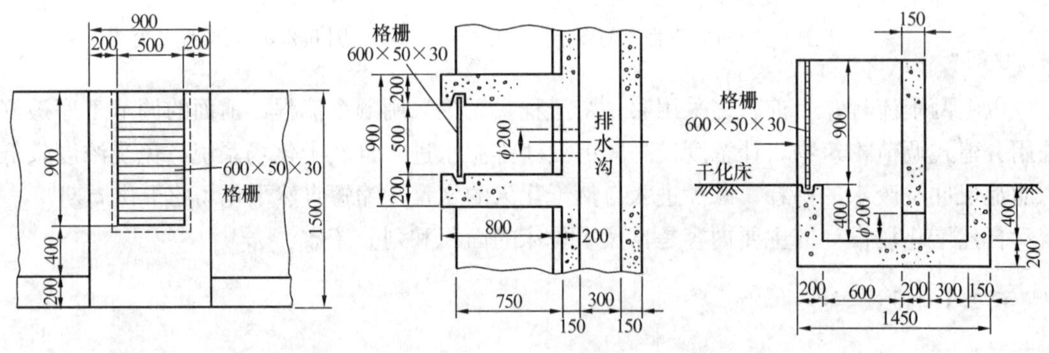

图 6.2.1-1　上清液引出装置

（10）上清液排出时，由于要携带一部分泥量，因此，排水沟的坡度应尽可能大，以免污泥在沟中沉积。若上清液悬浮物含量超过排放标准，其末端应设置沉淀装置，上清液经处理达标后才能排放。或者将上清液回流至排泥池或浓缩池。

（11）自然土床地面和砂石滤床应高于地下水位，自然土床底部应保持 1%左右的坡度坡向排水口。

（12）在干化床四周应设置防止地表水流入的设施，如明渠。

(13) 泥饼清除有两种方式：一种是人工清除，另一种是机械清除。对于大面积的干化床，为避免恶劣环境下繁重的体力劳动，最好采用机械清除泥饼。如国外某污泥干化场采用机动桥带刮板和移动进泥口，进泥口与机械清除泥饼相结合，既消除了人工清除泥饼的繁重体力劳动，又使进泥均匀地散布在整个污泥干化场上。

6.2.2 设计参数取值与计算

自然干化床计算主要求干化床的面积和床数。

6.2.2.1 自然干化床面积计算

自然干化床总面积 A 可按式（2.8.3-1）、式（2.8.3-2）计算。当知道自然干化床污泥负荷 G 和干化日数 t 时，用式（2.8.3-1）计算比较方便，即：

$$A=\frac{S_0 t}{G}$$

式中 A——自然干化床总面积，m^2；

S_0——计划处理干泥量，kg 干固体/d；

G——污泥干固体负荷，kg 干固体/m^2；

t——干化日数，d。

采用式（2.8.3-2）计算，设计参数取值更方便，即：

$$A=\frac{Q_3 t}{H}$$

式中 Q_3——流入干化床的污泥流量，m^3/d；

t——干化日数，d；

H——干化床内污泥有效深度，m，一般取 0.5～0.8m。

因为自然干化床内排泥深度 H 一般取 0.5m～0.8m，排入干化床的流量 Q_3 是浓缩池底流提升进入脱水工序的流量，根据式（5.2.3-11）、式（5.2.3-12）求出。只有干化日数 t 受气候、气温、场地等条件的限制，最好通过小型干化床试验或参照气候条件相似地区已运行的自然干化床运行数据确定。当无试验数据，又无相似地区运行经验时，可参照 2.8.3.1 节根据式（2.8.3-3）计算得出干化日数。还可参照图 6.2.2-1 取值：对自然土床，从图 6.2.2-1 可以看出，在夏天，若污泥负荷取 40kg/m^2，干化日数需要 15d，综合污泥负荷为 2.7kg/（m^2·d）。但在冬天，在表面负荷 30kg/m^2 条件下，需要干化日数 112d，综合污泥负荷仅为 0.27kg/（m^2·d），相差 10 倍。

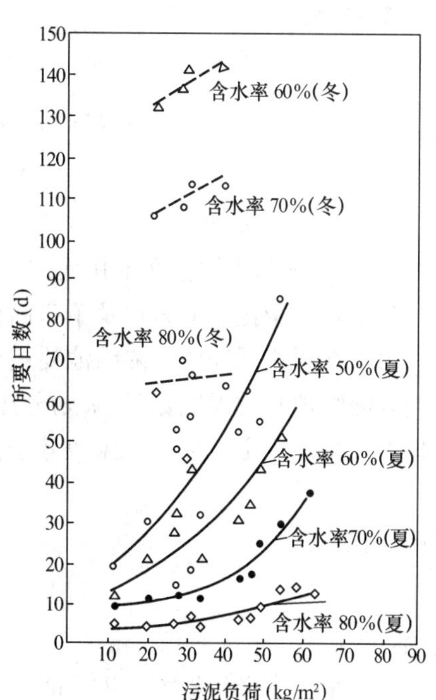

图 6.2.2-1 污泥负荷和脱水所需日数的关系

对于排水良好的人工砂石滤床，除按式

(2.8.3-3）计算外，表6.2.2-1是地中海地区稳定的生活污水污泥在排水良好的干化床的生产能力，可作为参考。

排水良好的人工滤床生产能力取值范围 **表6.2.2-1**

生产能力		干化日数
kgDs/（m^2·d）	磅/（ft^2·d）	
0.3～0.5	0.06～0.10	30d

但由于外界条件千差万别，计算结果与实际发生的干化日数 t 会有一定的差别。因此，用计算方法求干化日数 t 时，参数取值应尽可能通过调查研究取得，以避免参数取值严重偏离现实，造成计算结果误差太大。

6.2.2.2　自然干化床床数的确定

假设浓缩池均匀排泥。

（1）设浓缩池的池数为 n，排泥周期为 r，则每个浓缩池每日排泥次数为：

$$n' = \frac{1}{r} \tag{6.2.2-1}$$

则全部浓缩池每日总排泥次数 n'_t 为：

$$n'_t = \frac{n}{r} \tag{6.2.2-2}$$

式中　r——浓缩池排泥周期，d；

n'_t——全部浓缩池1日总排泥次数；

n——浓缩池池数。

（2）设自然干化床的床数为 N，干化周期为 t，每个浓缩池在干化周期 t 时段内的排泥次数 N' 为：

$$N' = n' \times t = \frac{t}{r} \tag{6.2.2-3}$$

则全部浓缩池在干化周期时段内的排泥次数为：

$$N'_t = n \times N' = n\frac{t}{r} \tag{6.2.2-4}$$

式中　t——干化周期，d；

N'_t——全部浓缩池在干化周期 t 时段内的排泥次数。

（3）自然干化床的床数及单床面积

由于在干化周期内，浓缩池要进行多次排泥，因此，求出干化床总面积后，要按干化周期内浓缩池总排泥次数 N'_t 来划分床数。单个干化床的大小，要以能容纳浓缩池最大1次排泥水量来确定。因此，床数等于排泥次数 N'_t，则床数 N 为：

$$N = N'_t \tag{6.2.2-5}$$

单床面积为：

$$A_1 = \frac{A}{N'_t} \tag{6.2.2-6}$$

式中　A_1——单床面积，m^2；

A——干化床总面积，m^2；

N'_t——床数，等于浓缩池在干化周期内的总排泥次数。

干化床总面积 A 根据式（2.8.3-1）、式（2.8.3-2）计算得出。

确定单床面积的大小主要考虑便于排入污泥在干化床内均匀分布，上清液排除的好坏，运出泥饼操作的难易程度等因素，如果综合考虑这些因素后，按容纳1次排泥量来确定单床面积太大，可以再划小，用2床或数床来容纳浓缩池的1次排泥水量。一般单床面积以100～1000m^{2}者较多。

如果按m床容纳浓缩池1次排泥水量，则所需床数为：

$$N = mN'_{t} \tag{6.2.2-7}$$

另外，由于流入污泥量的变化，干化周期、排泥次数预计也不十分准确，因此，床数的划分要留有余地。且床数不能少于2床，为管理方便，最好2床以上。

【例】某水厂计划处理干泥量S_0=15.6t/d，污泥经浓缩后流入自然干化场脱水，浓缩池2个，每个浓缩池2日排泥1次，浓缩池底流浓度为含水率P_3=96%，经小型干化床试验，在排水良好的人工滤层干化床上经2～3d重力脱水后，污泥含固率可提高至18%，当地年降雨量960mm，年蒸发量1624mm，干化床进泥深度H=0.7m，超高取0.3m，求干化床的总面积和床数。

【解】从浓缩池每日排出的污泥量应为：

$$Q_3 = \frac{S_0}{1-P_3} = \frac{15.6}{1-0.96} = 390\text{t/d}$$

湿污泥相对密度为：

$$\rho = \frac{100\rho_s}{p\rho_s+(100-p)} = \frac{100\times1.9}{96\times1.9+(100-96)} = 1.019$$

则每日排出的湿污泥体积为：

$$Q'_3 = \frac{390}{1.019} = 383\text{m}^3/\text{d}$$

污泥干化周期经计算为45d，计算过程详见前面章节2.8.3.1。则自然干化床的总面积为：

$$A = \frac{Q'_3 t}{H} = \frac{383\times45}{0.7} = 24622\text{m}^2$$

全部浓缩池在干化周期t内总排泥次数N'_t为：

$$N'_t = n\frac{t}{r} = 2\times\frac{45}{2} = 45\text{次}$$

式中：浓缩池池数n=2，浓缩池排泥周期r=2d，干化周期t=45d。

如果单床面积按能容纳1次排泥量划分，则床数N等于排泥次数N'_t。

$$N = N'_t = 45\text{床}$$

则单床面积A_1为：

$$A_1 = \frac{A}{N} = \frac{24622}{45} = 547\text{m}^2$$

如果按2床容纳浓缩池1次排泥水量，m=2，则：

$$N = mN'_t = 2\times45 = 90\text{床}$$

单床面积为：
$$A_1 = \frac{A}{N} = \frac{24622}{90} = 274\text{m}^2$$

答：如果单床面积按能容纳1次排泥量划分，则床数为45床，单床面积547m^2；如果单床面积按2床能容纳1次排泥量划分，则床数为90床，单床面积274m^2。

6.2.3 构造实例

【例1】上层厚100～250mm，d=0.5～1.5mm砂层，下层厚100～200mm，d=15～

25mm 矿渣、砾石或碎砖石，在滤层下面埋 75～100mm 陶土管，接口不密封，管道坡度 0.025～0.003，管中间距 4～8m。滤层下面是不透水层，不透水层为混凝土，厚 150mm。

【例 2】 排水管为 d100mm 穿孔管，穿孔管外壁包棕丝，池底铺小豆石，粒径 50～100mm，上层铺 10～30mm 粗砂。

【例 3】 上层厚 100mm，粒径为 0.5～1.5mm 的砂层，砂层下面是厚 200mm、粒径为 15～25mm 的砾石垫层，埋于砾石层中的排水管为无接头的水泥管。

【例 4】 某污泥处理干化场布置及构造见图 6.2.3-1。

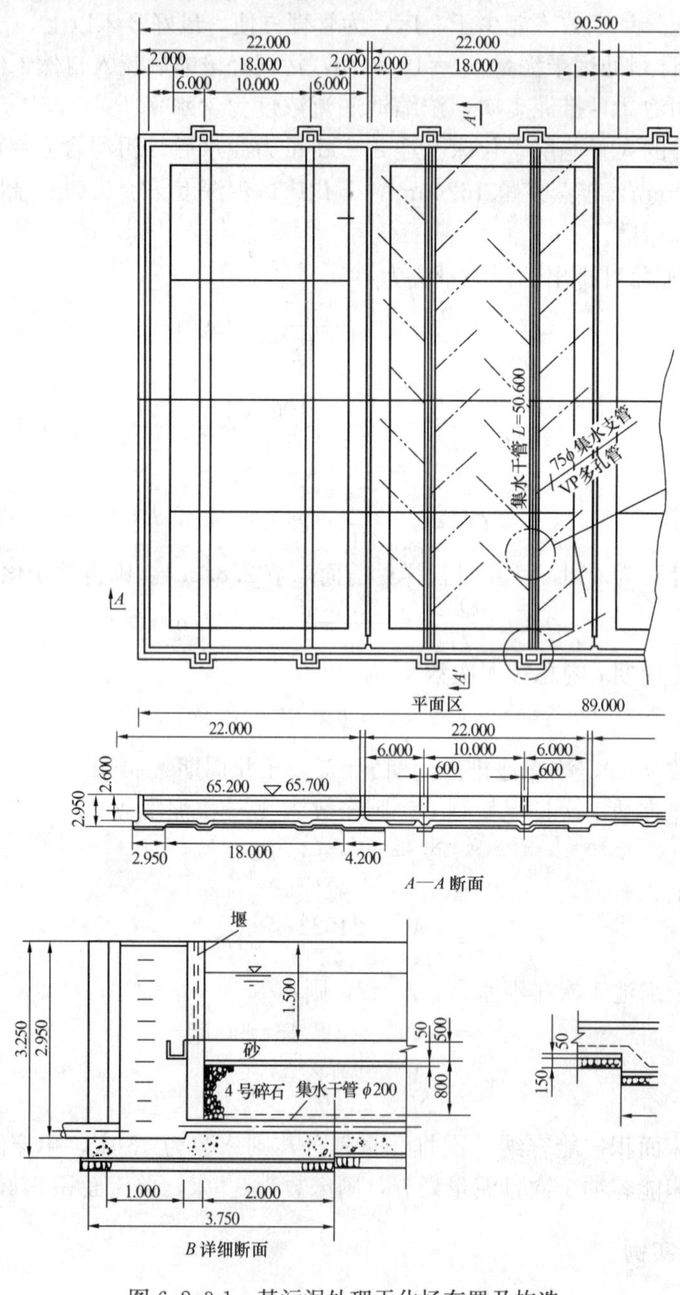

图 6.2.3-1　某污泥处理干化场布置及构造

上述几个实例具有一定的局限性。例如，砂层的厚度应注意处理后的水应满足国家规定的相关排放标准，一般需要 250～300mm 厚度。砾石层的厚度，按照泥饼运出时大型机械（如铲车）及卡车的重量，以不损坏下部集水装置为原则进行决定。

如果下部不设集水装置，为方便泥饼的收集和搬出，宜在床底铺设 100mm 厚的砂子。且应考虑防止污染地下水的措施。

6.3 机 械 脱 水

6.3.1 脱水前处理

6.3.1.1 石灰处理

设计要点如下：

(1) 石灰投加率应根据脱水试验确定的最佳投灰量并进行技术比较后决定。在缺乏试验资料时，可按干泥量的 15%～50%取值。

(2) 石灰有干投和湿投两种方式，干投虽然简单，但由于污泥黏度高，要与污泥充分混合比较困难，因此，一般采用湿投。

(3) 石灰湿投时，需要消化，配置成浓度为 10%～20%的石灰乳液进行投加。

(4) 石灰溶解池、混合池须设两池及以上。

(5) 石灰处理设备宜做成耐碱构造。

(6) 由于投加石灰，脱水滤液的 pH 值可达到 12 左右，滤液能否直接回用到净水工艺中去，能否直接排放到下水道和自然水体中去，需要根据具体情况进行充分研究后确定。

(7) 投加石灰不仅引起 pH 值可达到 12 左右，而且泥饼体积大幅度增加，导致日常处置费用大幅度升高。且泥饼填埋不适于植物生长。

(8) 石灰储存、溶解等操作场所，石灰粉末飞扬，应设置除尘装置。在储存室为避免粉末石灰吸湿后变成块状，还应设置除湿装置。

石灰处理设备包括溶解、混合、投配 3 个部分。如果净水厂水线、泥线均需投加石灰，两者可以合建，设备选型及布置方式基本相同。还可以与其他药剂投加间合建。图 6.3.1-1 为某净水厂排泥水处理系统石灰投加间与其他药剂投加间合建平面图。

6.3.1.2 凝聚处理

1. 絮凝剂的选型

在浓缩和脱水两道工序均可设凝聚处理。在脱水工序中，投加的药剂有无机和有机高分子絮凝剂两种，其使用方法也有两种，一种是单独使用一种絮凝剂，另一种是两种及两种以上絮凝剂组合使用。若单独使用一种絮凝剂，一般应选择聚合度较高、分子链较长的有机高分子絮凝剂，以便更好地发挥吸附和架桥作用。高分子絮凝剂 PAM 一般为聚丙烯酰胺。PAM 有阳离子、阴离子、非离子、阴阳离子 4 种类型。从理论上分析，阳离子型聚丙烯酰胺具有压缩双电层和吸附架桥的双重功效，其链状分子上的荷电基团为正电荷，能中和污泥颗粒表面上的负电荷，压缩双电层。较长的分子链又能在污泥颗粒之间产生吸

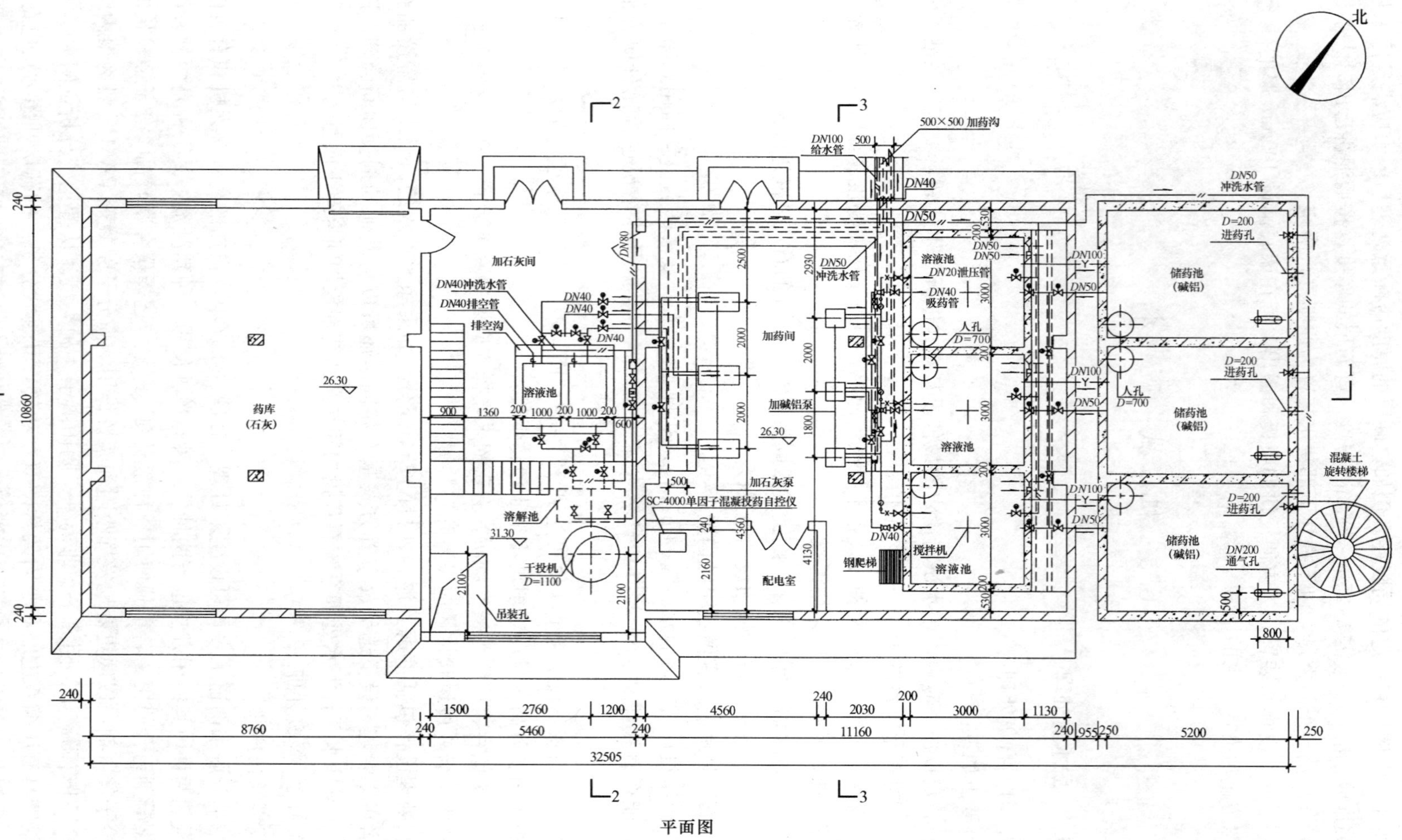

图 6.3.1-1 某净水厂排泥水处理系统石灰投加与其他药剂投加间合建

附架桥作用。一般认为，污泥脱水中使用高分子量及高电荷密度的阳离子型高分子絮凝剂可以大幅度提高脱水效率，调质效果较好。但由于在净水厂净化工艺流程中已投加过铝盐或铁盐混凝剂，经双电层压缩，Eeta 电位负电性已明显降低。浓缩和脱水阶段投加高分子絮凝剂，主要表现为絮凝过程，促使污泥颗粒之间架桥絮凝成较大的颗粒和降低污泥比阻抗。加之阳离子价格较贵，因此，一般多选用阴离子型 PAM。

另一种方式是两种或两种以上絮凝剂组合使用，有机絮凝剂与无机絮凝剂组合使用。目前，在实际中应用较多，效果较好的是聚丙烯酰胺与石灰配合使用。这种组合方式虽然较好，但需要建一套投加、溶解、储存石灰的系统。而且有粉尘污染，操作条件差，一些水厂不愿采用。

无论采用哪种药剂，哪种使用方法，就是同一种药剂阴离子型或阳离子型，市场上也品种繁多。因此具体确定哪一个品种及该品种的最佳投量，除考虑价格因素外，需从技术上评价，最好通过小型试验确定。脱水机械的种类不同，评价和确定药剂选型的方法也有所不同。

（1）过滤式脱水机械

投加高分子絮凝剂 PAM 进行化学调质，能使细小的污泥颗粒絮凝成较大的颗粒，可显著降低污泥的比阻抗值 γ 和毛细管吸水时间 CST。因此，对于过滤式脱水机械，如板框压滤机、带式压滤机，从技术上评价和确定所投加的药剂种类及最佳投量，可采用以下两种方法。

1）测定比阻抗值 γ

在现场取一定量的污泥样品，分别加入不同品种和不同数量的高分子絮凝剂 PAM，经搅拌后快速均匀混合，测定其过滤比阻抗值 γ，并与未投加 PAM 的原污泥样品的比阻抗值进行比较。

高分子絮凝剂 PAM 的最佳投量与污泥的性质及絮凝剂 PAM 的品种有关。一般在没有试验资料时，其投加量可取污泥干固体量的 2.5‰～3.0‰。但这不是最佳投量，最佳投量应通过试验确定。按表 6.3.1-1 分别测定不同品种、不同投加量的污泥样品的比阻抗值 γ。从技术上考虑，比阻抗值最小的为最佳品种和最佳投量。但还要考虑价格因素。因此，应通过技术经济比较后确定。

表 6.3.1-1 中选择 3 个不同品种的高分子絮凝剂，投加量分别按污泥干固体重量 0.5‰～3.0‰，对 18 个污泥样品分别测定其比阻抗值 γ。比阻抗值 γ 越低，调质后的污泥脱水性能越好。从技术上评价，比阻抗值 γ 低者为药剂选型的首选产品和最佳投量。

2）测定毛细管吸水时间 CST 值

毛细管吸水时间 CST 值与其比阻抗值 γ 之间存在一定的比例关系，而且测定设备简单，快速简便，数据重现性好。因此，在过滤装置中常用快速测定毛细管吸水时间 CST 值来替代过滤比阻抗值 γ 的测定。一些实验室配备有毛细管吸水时间 CST 值测定仪。再配备试验用的定时变速搅拌机及滤纸，就可以对污泥样品进行测定。

如表 6.3.1-1 所示，选择几种不同型号的高分子絮凝剂 PAM，按不同浓度、不同投加量投加到污泥样品中，分别测定毛细管吸水时间 CST 值，CST 值越低，其污泥过滤比阻抗值越低。从技术上评价，毛细管吸水时间 CST 值低者为首选药剂产品和最佳投量。

不同品种、不同投加量的污泥样品比阻抗值 γ、毛细管吸水时间 CST 测定值　　表 6.3.1-1

药剂种类	投加量（‰）	比阻抗值 γ	毛细管水时间 CST 值
1 号药剂	0.5		
	1.0		
	1.5		
	2.0		
	2.5		
	3.0		
2 号药剂	0.5		
	1.0		
	1.5		
	2.0		
	2.5		
	3.0		
3 号药剂	0.5		
	1.0		
	1.5		
	2.0		
	2.5		
	3.0		
原污泥	0		

（2）离心式脱水机械

上述药剂选型采用测定污泥比阻抗值 γ 和毛细管吸水时间 CST 值，这两种方法只适用于过滤式脱水机械。离心式脱水机械前处理絮凝剂的选型可采用小型离心机通过室内试验确定。污泥样品配制方法与上述两种方法相同。将一定量药剂投入污泥样品中，经快速搅拌、均匀混合后，放入离心机内，离心机转动达到设定时间后，停止转动，用滴定管或其他方法测量上清液体积 H_1 和悬浮物浓度 C'_4，根据上清液体积和上清液悬浮物浓度可计算出上清液所携带的干泥量 S'_4，$S'_4=H_1C'_4$。样品中总干泥量 S_0 可根据样品体积 H_0 和样品污泥浓度 C_4 计算出，$S_0=H_0C_4$。两者之差（$S_0-S'_4$）就是离心脱水后泥饼的干泥量 S_4，则可根据以下公式计算离心脱水后泥饼的含固率 e。

$$e=\frac{S'_4-C'_4H_1}{H_0-H_1}\times10^{-6} \tag{6.3.1-1}$$

式中　H_0——污泥样品体积，L；

H_1——上清液体积，L；

S_0——污泥样品干泥量，mg；

S'_4——样品经浓缩后上清液中干泥量，mg；

C'_4——上清液悬浮物浓度，mg/L；

e——脱水泥饼含固率。

经试验用小型离心机脱水后，泥饼含固率高的样品，从技术上评价，应为首选药剂产品和最佳投加量。

2. 投加设备

在浓缩和脱水两道工序前处理中，均可设凝聚处理。如果两道工序均需设置，则可合建，分别向两道工序投加药剂。如果位置合适，还可以与净水厂加药间合建，可减少管理环节，节省占地。

如果只在脱水工序中投加高分子絮凝剂，一些厂家的脱水设备配备有药剂制备和投加系统，作为附属设备由厂家供货。而且这种药剂制备和投加系统除自身配备控制系统外，还纳入了脱水机主机的现场控制系统，与脱水机及其他附属设备联动。因此，脱水机配备有药剂制备和投加系统，最好由厂家直接供货。如果采用与其他工序合建，则投加设备与脱水机械如何联动应重新设计，并取得脱水机厂家的同意。

6.3.2 脱水机械及脱水机房设计

目前经常使用的脱水机械有板框压滤机、带式压滤机、离心脱水机 3 种。其他的还有几种脱水工艺组合使用，如造粒脱水机与干化、烧结工艺组合使用。在净水厂排泥水处理中，使用最多的是板框压滤机和离心脱水机。

6.3.2.1 板框压滤机

1. 板框压滤机的分类

板框压滤机按过滤过程可分为两大类，一类是一段式压力过滤，另一类是压力过滤终止后又进行薄膜挤压的两段式加压的板框压滤机。

(1) 压力过滤：靠泥水压力将滤液滤出。过滤压力为 0.4～0.6MPa，加压压力由投料泵提供。如图 6.3.2-1 所示。其原理与水处理中压力过滤器相同，压力过滤器里面的滤料

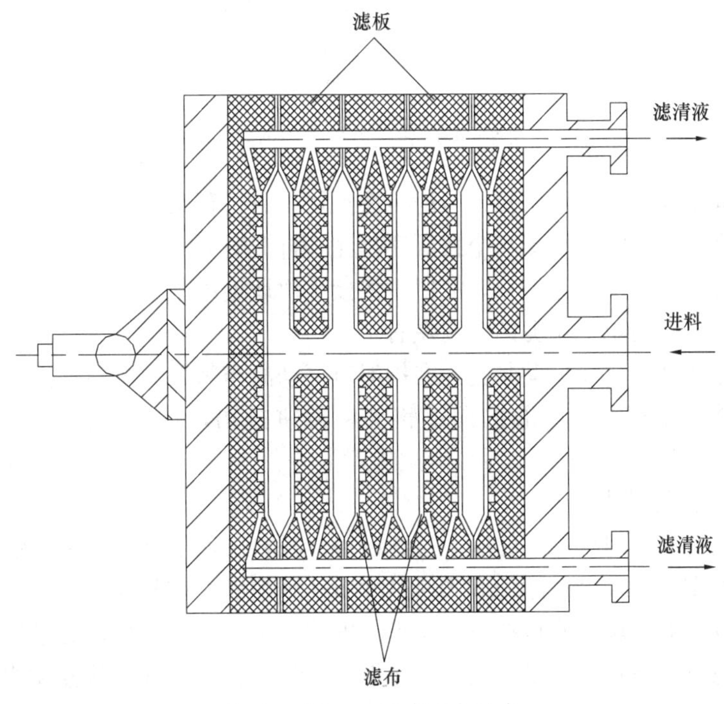

图 6.3.2-1 一段式压力过滤

相当于滤布，两者的过滤压力均由水泵提供。只不过由于滤布和泥饼的孔隙率小，消耗的压力大。

（2）压力过滤＋薄膜挤压过滤：首先进行压力过滤，压力过滤终止后又进行薄膜挤压。前一段压力过滤的压力也是由投料泵提供，与第一类采用单一压力过滤的一段式压力相同或稍低。后一段挤压过滤是靠向滤板所带的薄膜内充压力水或压缩空气来实现，薄膜挤压压力一般为 1.0～1.5MPa，最高可达 2.5MPa。由于薄膜挤压压力较高，因此两段式加压的泥饼的含水率比一段式要低很多。如图 6.3.2-2 所示。

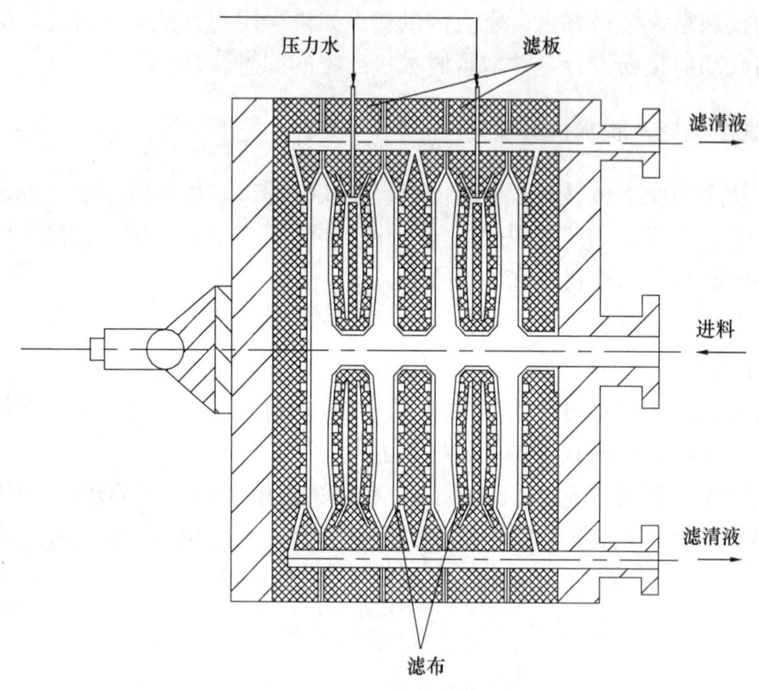

图 6.3.2-2　两段式压力过滤＋薄膜挤压过滤

一段式板框压滤机和两段式板框压滤机按泥饼排放过程又可分为 4 种类型：

（1）单室排泥：滤室 1 个接 1 个按顺序排泥，排泥时需人工管理。

（2）连续排泥：滤室快速打开，泥饼 1 块接 1 块地连续落下。设备占地面积大，但排泥时间大大减少，仅为单室排泥的 1/3 左右。

（3）滤布振动排泥：设振动装置，在排泥时振动滤布帮助泥饼脱落。

（4）滤布移动排泥：靠滤布的向下移动将泥饼排出，排净度高，排泥时不需人工管理。

2. 板框压滤机的基本构造

板框压滤机是一种间歇加压的压力过滤设备。投料泵把浓缩后的污泥输入压滤机的每个滤室，在压力作用下，以过滤的方式通过滤布达到固液两相分离的目的。

板框压滤机是由一块块滤板在液压压紧装置的作用下将一定数量的过滤板加以固定的一种装置，由滤板、滤布、主梁和框架、滤板压紧装置、滤板分离装置和滤布清洗装置组成。如图 6.3.2-3 所示。

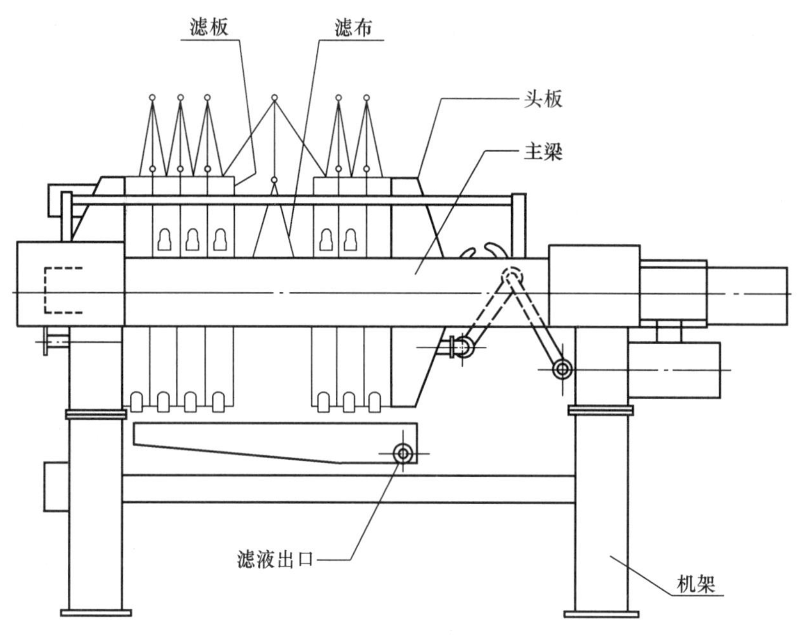

图 6.3.2-3 板框压滤机结构

3. 板框压滤机工作原理

板框压滤机的工作可分为压滤脱水和泥饼排出两大过程。

(1) 脱水过程

压滤机工作时，一块块滤板在液压压紧装置的作用下闭合，并在凹形滤板间形成一个个空间即滤室。滤板的表面有凸起的条纹以支撑外包的滤布，而凹进的沟槽则连通成滤液的出路。当泥水经泵压入滤室后，滤液在压力的作用下，经板间通路排出，泥水中的固体物则被滤布阻挡留在滤室内形成泥饼，此时每块滤板进泥孔中的污泥含水率仍很高，须用压缩空气进行吹扫，从而完成全部脱水过程。

两段式挤压型板框压滤机的脱水过程分两个步骤，第一步与普通压滤机相同，第二步为薄膜挤压脱水。挤压型压滤机的滤板带有一层薄膜，在滤板后形成一个空腔。当向薄膜内充水或充气时，薄膜向滤室侧膨胀变形，使滤室体积变小，对泥饼进一步挤压，从而获得含水率更低的泥饼。

(2) 排泥过程

脱水完成后，液压系统卸压，并打开压滤机的活动端板，滤板分板钩将滤板一块块顺序打开，同时泥饼在自重的作用下，落下排出。另外，压滤机可配置滤布振动或滤布行走辅助排泥装置，当泥饼黏性大、重量轻时，辅助排泥装置可帮助泥饼自动脱落排出。

压滤机还配有滤布清洗装置，在排泥完成后利用高压清洗水对滤布进行全面清洗。

4. 板框压滤机选型计算

板框压滤机的选型计算主要是根据每日需要处理的干泥量，压滤机的产率（即过滤能力）及每日运行时间来确定所需的过滤面积及台数。每日需要处理的干泥量是计划处理干泥量 S_0，板框压滤机产率一般可要求厂家提供，或要求供货商现场取泥做小型试验确定。过滤能力确定后，将每日需要处理的干泥量除以过滤能力和每日运行时间的乘积，即可得出所需的过滤面积。然后根据样本所提供的压滤机规格，即单台板框压滤机的过滤面积，求出台数。一般至少选用 2 台。在台数上可考虑备用 1 台，也可以不考虑备用，在每日运行班次上按 1～2 班运行考虑。当 1 台板框压滤机事故检修时，可增加运行班次来解决。

板框压滤机的过滤总面积按以下公式计算：

$$A=\frac{S_0}{ET} \tag{6.3.2-1}$$

$$N=\frac{A}{a} \tag{6.3.2-2}$$

式中 S_0——计划处理干泥量，kgDs/d；

A——过滤总面积，m^2；

E——板框压滤机产率，kgDs/(m^2·h)；

T——每台板框压滤机每日工作时间，h/d；

a——单台板框压滤机的过滤面积，m^2；

N——台数。

由于板框压滤机为间断周期性工作，因此，产率改用每台机器每个周期处理多少千克干泥量更方便直观，则式（6.3.2-2）可表示为：

$$N=\frac{S_0}{RE_1} \tag{6.3.2-3}$$

式中 R——板框压滤机每日工作周期数，周/d；

E_1——单台脱水机每个周期的产率，kgDs/（台·周）。

在板框压滤机的选型计算中，压滤机产率是一个重要因素。在式（6.3.2-1）、式（6.3.2-3）中板框压滤机产率采用了不同的表示方法，但实质一样。影响板框压滤机产率的因素有很多，如过滤压力、过滤时间、污泥性状、前处理方式（如是否投加石灰）等。产品样本只能提供产率的取值范围，因此，宜采用小型板框压滤机进行试验后确定。在没有条件做实验时，可参照厂家提供的样本结合类似工程确定。

【例】某水厂计划处理干泥量 26t/d，厂家提供的板框压滤机特性参数为每日运行周期数 6，设计按每日 2 班工作，即脱水机每日运行 4 个周期，经小型试验，进机污泥浓度为含固率 3%时，单台脱水机每周期能处理的干泥量为 2170kg/（台·周），求所需要的脱水机台数。

【解】根据式（6.3.2-3），得出：

$$N=\frac{S_0}{RE_1}=\frac{26000}{2170\times 4}=3\text{ 台}$$

答：需要板框压滤机 3 台。

5. 板框压滤机房设计要点

（1）脱水机的产率与拟处理污泥的特性、脱水机的性能及所要求的泥饼含水率有关。板框压滤机的产率宜采用拟选用机型进行小型试验确定，或根据污泥的特性、拟选用脱水机的性能及所要求的含水率按其他工程中相同的机型、相似的污泥数据确定，并考虑冬季低温对脱水机产率的影响。

冬季低温时，污泥脱水性能差，其过滤性能夏季是冬季的 2～3 倍。在缺乏试验数据时，已运行的相同的机型，污泥特性相近、要求脱水后的泥饼含水率又相同的运行数据也可以采用。脱水机样本上的数据范围可作为参考。

（2）脱水机的台数应根据计划处理干泥量、脱水机的产率及设定的运行班次综合考虑确定，但不宜少于 2 台。

脱水机的运行时间可按 1 日 1～2 班次设定，每个班次按 6～7h 计算，留有 30～60min 清扫和整理的时间。脱水机台数可不设备用，当脱水机需要检修时，可用增加运行班次来解决。

（3）脱水机前宜设置平衡池，平衡池的容积可按 1～2 日的湿污泥量设计。但对于脱水机房用地紧张，而浓缩池容积较大，调节能力强，也可根据板框压滤机运行周期按 1～2 个批次量设计。但对于采用斜板浓缩、离心浓缩的地方，由于池容小，调节能力不足，则平衡池的容积宜取高值。以利于应付外部条件的变化和方便日常管理。

（4）当滤液回流到浓缩池或净化构筑物时，宜设置滤液回收井，经调节后均匀回流。

脱水机滤液排放是间歇的，不均匀的，如果前处理投加药剂聚丙烯酰胺，滤液回流到浓缩池，则浓缩池上清液含聚丙烯酰胺单体的分布不均匀，集中在部分时段，如果浓缩池上清液回流到净水厂与原水混合，重复利用，容易造成净水厂出水水质超标。另外，均匀回流，对提高浓缩效果也有利。

（5）板框压滤机进机污泥浓度含固率一般不小于 2%，脱水后泥饼的含固率一般不小于 30%。

（6）板框压滤机宜选用两段式加压挤压脱水机，过滤压力可采用 0.4～0.6MPa，薄膜挤压压力可采用 1.0～1.5MPa。

一般净水厂排泥水因净水工艺投加铝盐混凝剂，形成难以浓缩、脱水的氢氧化铝亲水性污泥，因此，宜选用先压力过滤后薄膜挤压的两段式加压挤压压滤机。

（7）滤布应具有强度高、使用寿命长、表面光滑、便于泥饼脱落的特点。由于各种滤布对不同性质的污泥及所投加药剂的适应性有一定的差别，因此，滤布的选型应通过对拟处理污泥投加不同的药剂进行试验后确定。

（8）浓缩污泥在脱水前宜进行化学调质。如果采用无加药处理工艺，板框压滤机的台数要大幅度增加，因此，要进行技术经济比较后确定。

无加药处理工艺即在浓缩和脱水两道工序对污泥不进行化学调质，虽然管理方便，日常运行费用低，对脱水后泥饼的处置有利。但处理效率低，需要台数多，占地面积大，一次投资高，因此，应通过技术经济比较后确定。

（9）若对浓缩后污泥进行化学调质，药剂的种类及投加量一般宜由试验或可按同一类型脱水机相似污泥运行数据确定。若无上述试验资料和运行数据，则可按污泥干固体重量的 2‰～3‰计算加药量。

（10）板框压滤机一般宜配置滤布清洗系统，用来冲洗板框压滤机滤布。

冲洗系统设备虽然随主机由厂家配套提供，但需要提供水量和水压都符合要求的冲洗水源。板框压滤机需要高压水，水厂一般满足不了，需要厂家配套提供高压水泵。但脱水机房中应设有储水池，储水池的容积应不小于最大 1 次的冲洗水量。储水池的容积由厂家提供，或者由厂家配套提供储水罐。

（11）板框压滤机一般宜解体后吊装，起吊重量可按板框压滤机解体后部件的最大重量选取。若脱水机不考虑吊装，则宜结合更换滤布的需要设置起重量为 2t 的单轨吊车。

由于板框压滤机重量达百吨以上，因此宜进行分体吊装。如果脱水机不考虑吊装，则位于第二层的脱水机应在脱水机房屋顶及最后一面侧墙建成之前就位，并在土建施工过程中采取保护措施。

（12）板框压滤机房的布置除考虑板框压滤机及其附属设备外，还应考虑泥饼运输设施和通道。

（13）板框压滤机房内泥饼的输送方式及泥饼堆置间的容积应根据所处理泥量的多少、泥饼的出路及运输条件确定。

（14）由于滤布要经常冲洗，脱水机地面应有良好的排水系统，特别是在底层和泥饼堆置间，泥土较多，最好设置便于清扫的明沟，盖板用铁篦子或多孔盖板。

（15）泥饼堆置间应排水良好，其容积一般可按 3～7d 的泥饼堆积容积确定。

泥饼堆置间应设计排水系统，并要防止外面雨水倒灌，以免脱水后的泥饼又重新吸收水分。

（16）脱水机房内应设置通风和噪声消除设施。脱水机房内通风可考虑采用在侧墙上安装轴流风机进行定时换气的方法。消除噪声主要指消除空压机产生的噪声。

（17）脱水机附属设备包括现场控制设备宜与主机一并配套提供。主要是为了避免附属设备、控制设备、通信设备由于厂家及供货商不同而互相不匹配。

（18）在配置板框压滤机附属设备投料泵时，应遵循下列规定：

1）当浓缩污泥进入脱水机前需进行化学调质时，为了尽可能不剪碎已经形成的矾花，宜选用容积式水泵。可用作投料泵的容积式水泵有隔膜泵、活塞泵、螺杆泵、凸轮转子泵、软管泵等。

2）投料泵宜采用自灌式启动，不宜采用真空启动。

由于浓缩后的污泥较浓，投料泵按平衡池液位自动开停，且开停较频繁，因此宜采用自灌式启动。

由于投料泵是从平衡池中吸泥，如果平衡池高程太低，可将平衡池位置适当抬高。

（19）输送浓缩污泥的管道应适当设置管道冲洗注水口和排水口，其弯头宜易于拆卸和更换。

由于经浓缩后的污泥浓度较高，而输送浓缩污泥的管道也不是一日 24h 连续运行。如果输送浓缩污泥的管道停止运行的时间较长，污泥会在管道内沉积，特别是在拐弯的地方，容易形成堵塞。因此，输送浓缩污泥的管道应考虑冲洗和清通措施。如适当设置冲洗注水口和排水口。弯头可拆下来进行清扫。

6.3.2.2　离心脱水机

离心脱水机通过转子的转动产生离心力，并将离心力施加在转子内的污泥上而使泥水分离。根据离心脱水机的结构形式、几何形状及转子内泥水的流向，离心脱水机可分为多种形式（见表 6.3.2-1）。

离心脱水机分类及特点 **表 6.3.2-1**

序号	分类	特点
1	转筒式离心脱水机	转筒式离心脱水机的转子是不透水的转鼓，可以看作是一个旋转的沉降槽。在离心力的作用下，通过沉淀使泥水和固体物质分离，内装一螺旋输送器，将被分离的固体物质连续排出
2	筛网式离心脱水机	这种形式的离心脱水机的转子是均布孔眼的转鼓。在转子转动的同时，污泥中的水分穿过孔眼由转子内流到转子外，而达到脱水的目的
3	壳式离心脱水机	这种离心脱水机的转子是一种可旋转的圆柱形容器，在离心力作用下，污泥中的固体沉淀在容器内壁上。分离出来的水分由排液管排出，泥饼由刮刀刮除。这种离心脱水机只能周期性间歇运行
4	双锥式离心脱水机	双锥式离心脱水机的转子是两个压合在一起的圆锥体。污泥经水平驱动轴（中空）进入。污泥中的水分通过锥体侧面一定高度的排水孔排出。停止运行后，通过液压装置将两个锥体依次打开，排出脱水后的污泥
5	盘式离心脱水机	这种离心脱水机的转子围绕垂直轴转动，是一种高速离心脱水机。转子内有许多“盘子”，以45°角和相同的间距平行布置

在以上几种离心脱水机中，以转筒式离心脱水机应用最普遍。市政工程水处理行业所使用的离心脱水机基本上都采用这种形式。这种形式也称卧式螺旋卸料沉降离心脱水机。下面重点介绍这种离心脱水机。

1. 构造及工作原理

卧式螺旋卸料沉降离心脱水机的主要结构见图 6.3.2-4，脱水机由转鼓、卸料螺旋、布料器、驱动装置和支架等部件组成。转鼓是一个圆柱—圆锥形转筒，因此，也称转筒式离心脱水机。分离作用主要发生在圆柱形部分，锥形部分主要将沉泥送往排出口，在锥形部分沉泥受到反压力的挤压而得到进一步的浓缩。

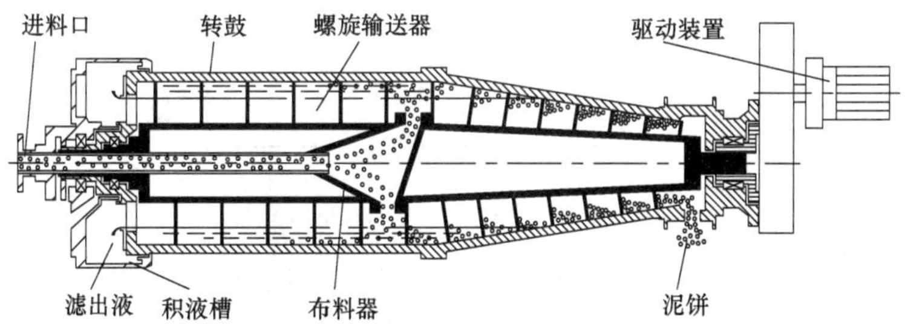

图 6.3.2-4 卧式螺旋卸料沉降离心脱水机

如图 6.3.2-4 所示，需脱水的污泥从转鼓的一端通过布料器进入脱水机内转子，转子是不透水的转鼓，可以看做是一个旋转的沉降槽，在离心力的作用下，被甩到周壁，形成一个圆环形的浅池。由于污泥中所含成分的相对密度不同，在转子内会产生分层现象，较重的无机颗粒比水重，在转子内壁上沉淀，位于圆环的最外层。较轻的水形成内环。在这种离心脱水机的一端设有高度可调的圆环形堰板，转子内圆环形浅池的深度取决于堰板的高度。随着进泥量的增加，位于转子中心即内层的水分积到一定厚度，超过堰板高度后翻过堰板排出。堰板的高度直接影响着澄清区的沉淀时间和脱水效果。一般堰板的内径应大于锥体的直径。在堰板的另一侧设有螺旋输送器，沉淀在转子内壁的污泥依靠转子和螺旋输送器的速度差输送至转子的锥体端，进一步脱水后排出。一般螺旋输送器的转速略大于转子的转速，通过调节螺旋输送器的速度和调节堰板的高度来达到最佳脱水效果。

按照污泥中固体颗粒与进入转子的污泥中的水分在转子内的流向，卧式螺旋卸料沉降离心脱水机可分为异向流和同向流两种形式。这与水处理中斜板斜管的分类相似。

水处理中同向流斜板是在斜板内原水的流动方向与原水中沉淀下来的固体颗粒的流动方向相同，因此，沉淀效率高。与同向流斜板一样，同向流式卧式螺旋卸料沉降离心脱水机是指在转子内原液的流动方向与原液中沉淀下来的污泥颗粒流动方向相同。由于转子内原液的流动方向与沉泥输送的方向相同，原液流动对沉泥的搅动较小，因此适合于难以浓缩、脱水的亲水性胶体污泥。同向流式既适合于脱水，也适合于浓缩。

同向流式卧式螺旋卸料沉降离心脱水机原液进口设在转子的柱体端，沉淀后的底泥从锥体端排出，原液进口与脱水后泥饼排出口分别位于柱体端和锥体端。底泥由螺旋输送器送往出口锥体端，经锥体进一步浓缩脱水后排出。沉淀后的上清液出口溢流堰板设在原液进口柱体端，由于原液进口与上清液出口均位于同一柱体端，会产生混掺，因此，在柱体和锥体交界处设上清液收集管，将上清液收集后引回到柱体排出。

异向流式卧式螺旋卸料沉降离心脱水机与同向流式的相同点是原液都是从柱体端进入，上清液都是从柱体端排出，泥饼都是从锥体端排出。区别主要有两点：其一是虽然两者原液都是从柱体端进入，但异向流是用一根进泥管经柱体端伸入转子内一段较长的距离。其二是同向流式上清液是在末端（柱体与锥体交界处）用管子收集后，从柱体端部引出，而异向流式是直接从柱体端部引出，为了避免原液与上清液混掺，因此原液用管子引入转子内部一段较长的距离。原液不是全部流经柱体部分，异向流式一般只适合于进机污泥浓度较高的污泥脱水。从理论上分析，离心浓缩应采用同向流式，浓缩脱水一体机应采用同向流式，或者是先同向流式，后异向流式。异向流式卧式螺旋卸料沉降离心脱水机工作原理见图 6.3.2-5。

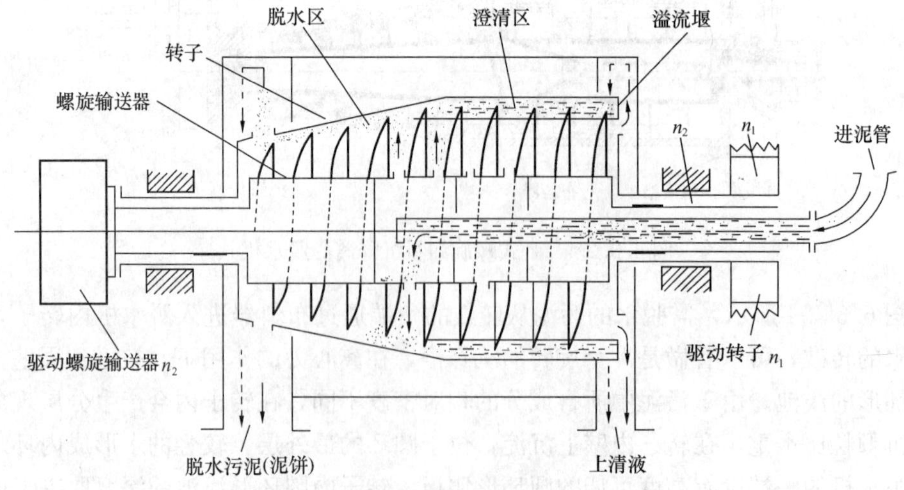

图 6.3.2-5　异向流式卧式螺旋卸料沉降离心脱水机工作原理

2. 影响离心脱水机的因素

(1) 转速

离心力与转速的平方成正比，离心脱水机转速越高，离心力越大。在一定范围内提高转速可以增加泥饼的含固率，提高固体回收率。转速决定了分离因数的大小。一般情况下，水处理排泥水脱水用的离心机的分离因数值在2000～3000G之间为最佳，低于2000G很难达到良好的分离效果，高于3000G时，虽然高分离因数增加了机械沉降速度，但随着转速的提高，对污泥絮体剪切力也增加，大的絮体容易被破坏和剪碎，这又降低了污泥的分离效果。而且提高转速还导致电耗、机械磨损、噪声大大增加，因此，应综合各方面的因素，通过小型试验或相似工程的运行数据确定离心脱水机的转速。

(2) 堰板高度

卧式螺旋卸料沉降离心脱水机的出水堰板是可调的。提高堰板高度，则增加了转子内的水深，使停留时间增长。通过调节堰板高度来提高固体的回收率和达到泥饼所需的含固率。但脱水机的产率降低。

(3) 转速差

转子内所形成的泥饼是依靠螺旋输送器与转子的转速差来缓慢输送的。转速差的大小取决于污泥的投加速率和污泥的性质。当污泥的投加速率较高，即离心机承受的负荷较大，需要提高生产能力时，应采用较高的转速差；当进机污泥浓度较小，污泥又难以浓缩和脱水，如亲水性无机污泥，而又要求较高的固体回收率和较高的泥饼含固率时，应采用较小的转速差。

(4) 转子的长细比

转子的长细比指转子长度 L 和直径 D 的比值，用 λ 表示，$\lambda=\frac{L}{D}$。转子的长细比一般为 $\frac{L}{D}=2.5\sim3.5$，是评价污泥在脱水机转子内停留时间长短的一个重要参数。长细比大的脱水机具有更好的分离效果和更高的泥饼含固率。

(5) 污泥脱水负荷

污泥脱水负荷是指离心脱水机单位时间内处理的负荷。污泥负荷增大，即脱水机进泥量增加，则污泥在离心脱水机转子内的停留时间缩短，固液分离效果降低，固体回收率下降，泥饼含水率也会增加。污泥负荷的确定除与离心脱水机本身有关外，还与污泥的特性有关。因此，除按厂家样本提供的脱水机产率来确定其污泥脱水负荷外，最好由厂家现场取泥试验来确定所选用的离心脱水机的最适宜的污泥脱水负荷。

一些工程因投资、占地或其他某种原因，浓缩设备不够完善或比较简单，进机污泥浓度达不到3%的含固率，甚至只能达到1%，对于这种工况，在离心脱水机选型时，如果进机浓度达到含固率3%的保证率较低，在容量上即脱水机产率上要留有较大的富余。即离心脱水机选大一些，或台数上除备用外，在运行台数上留有余量。在遇到污泥进机浓度较低时，可利用增加离心脱水机的台数，或每台脱水机的容量选大一些，让脱水机在低负荷下工作，降低脱水机的污泥负荷，增加污泥在离心脱水机转子内的停留时间，降低泥饼含水率。

(6) 污泥的性状

当污泥进机浓度较小，污泥的性状又是难以浓缩和脱水的亲水性无机污泥时，例如含氢氧化铝、氢氧化铁的亲水性无机污泥；污泥中 TOC/TSS 的比例偏高，有机物含量偏高；污泥中藻类含量高，含胶体黏土等都会形成亲水性污泥。处理这种亲水性污泥，在离心脱水机转速、转速差、堰板高度等因素相同时，脱水机产率低，或者是脱水后泥饼的含固率低，形不成泥饼。因此，一般要求离心脱水机进机污泥浓度含固率不小于 3%。

3. 离心脱水机选型计算

卧式螺旋卸料沉降离心脱水机的处理能力以湿污泥负荷进行计算。离心脱水机的台数可根据样本上提供的某一进机污泥浓度下的湿污泥处理量来确定。一般要求进机污泥浓度含固率不小于 3%。如果进机污泥浓度太小，则应选择浓缩、脱水一体机。或者是脱水机容量要选大一些，或者是台数多一些，让离心脱水机在低负荷下工作，然后利用提高离心脱水机的转速、提高堰板高度、降低螺旋输送器和转子的转速差来提高泥饼的含固率。但这么做会降低脱水机的产率，增加离心脱水机的电耗。因此，脱水机选型时，在容量上要留有富余，以应付脱水机产率降低的幅度。由于在容量或台数上留有富余，不仅要增加设备投资，而且还要增加日常电耗，增加日常运行费用，因此，应尽可能改造完善污泥浓缩设施，达到离心脱水机所要求的进机污泥浓度。

卧式螺旋卸料沉降离心脱水机的台数可按以下两种方法计算：

(1) 按湿污泥负荷计算

$$n=\frac{Q_3}{Et} \tag{6.3.2-4}$$

式中 E——脱水机的湿污泥负荷，$m^3/(h\cdot台)$；

t——脱水机每日运行时间，h/d；

Q_3——需要处理的湿污泥流量，m^3/d；

n——脱水机台数。

式中 Q_3 为浓缩池底流中送往脱水工序的湿污泥流量。脱水机的湿污泥负荷可根据小型试验确定，或者是根据厂家所提供的样本并参照相似工程的运行数据确定。

(2) 根据计划处理干泥量 S_0 确定

$$n=\frac{S_0}{Et\rho(1-P_3)} \tag{6.3.2-5}$$

或

$$n=\frac{S_0}{Et\rho\mu_3} \tag{6.3.2-6}$$

式中 S_0——计划处理干泥量，t/d；

E——脱水机的湿污泥负荷，$m^3/(h\cdot台)$；

t——脱水机每日运行时间，h/d；

μ_3——进机污泥含固率；

P_3——进机污泥含水率；

ρ——进机湿污泥密度，t/m^3；

n——所需脱水机台数。

【例】 某水厂排泥水处理系统计划处理干泥量 $S_0=25.6\text{t/d}$，选用卧式螺旋卸料沉降离心脱水机，进机污泥浓度为含水率 $P_3=97\%$，要求泥饼的含水率为 $P_4=78\%$，从样本上查出其产率为 $30\text{m}^3/(\text{h}\cdot\text{台})$，脱水机每日按两班 14h 工作考虑，试求离心脱水机的台数。

【解】 已知：离心脱水机需要处理的干泥量 $S_0=25.6\text{t/d}$，$t=14\text{h}$，$P_3=97\%$，湿污泥相对密度 ρ 可按式（2.2.6-1）计算得出，含水率为 97%的湿污泥的相对密度一般为 $\rho=1.015$，由于污泥浓度低，也可近似取 $\rho=1$，根据式（6.3.2-5），计算得出：

$$n=\frac{S_0}{Et\rho(1-P_3)}=\frac{25.6}{30\times 14\times 1.015\times(1-0.97)}=2\text{ 台}$$

答： 需要离心脱水机 2 台，由于按两班工作时间，因此，不设备用。

4. 离心脱水机及机房设计要点

（1）离心脱水机有转筒式、筛网式、壳式、盘式、双锥体等多种形式，离心脱水机的选型应根据污泥的特性、所处理污泥量的多少、运行方式综合确定。对于水处理行业，一般宜采用转筒式，即卧式螺旋卸料沉降离心脱水机。

（2）脱水机的产率与拟处理污泥的特性、脱水机的性能及所要求达到的泥饼含水率有关。因此，离心脱水机的产率一般宜采用拟选机型进行试验确定。在缺乏上述试验资料时，也可按在相同的污泥性状下已运行的相同机型的数据，并结合脱水机样本提供的数据确定。

（3）脱水机的台数应根据所处理的污泥量、脱水机的产率及设定的运行时间综合考虑确定。但不宜少于 2 台。

（4）脱水机前宜设平衡池，平衡池容积可按 1～2d 的污泥量设计。

（5）上清液排出管应便于气体的逸出，或设有抽气装置。

高速旋转排出的上清液含有大量的空气，并可见到气泡，容易在排出管中形成气阻，因此，应设置便于气体逸出的装置，如气水分离器，在高点设置排气阀或采用明渠输送。

（6）浓缩污泥进机前宜进行化学调质。药剂的种类及投加量宜通过试验确定，或者是按污泥性状相似、同一形式离心脱水机的运行数据确定。若无上述试验资料和运行数据，则可按干固体质量的 2‰～3‰计算加药量。

（7）离心脱水机宜设置冲洗装置。

停止运行后，应清扫机内残存污泥，防止残留的污泥在离心机再次启动时产生不平衡力，发生振动、影响处理效果及设备损坏等情况。离心脱水机的自动清洗系统包括过滤器以及相关的管道、阀门等设备，在每次停机时都能够自动对转鼓进行清洗。

离心脱水机冲洗装置虽然是主机配套提供的自动清洗系统，在每次停机时都能够自动对转鼓进行清洗。但在脱水机机房设计时要提供可靠的冲洗水水源，满足水量、水压要求。当水厂供水系统不能满足水量、水压要求时，应设冲洗水池和专用冲洗水泵，冲洗水泵由厂家配套提供，水池容积由厂家提出。冲洗水水质可采用自来水或中水，冲洗时间 5～15min，冲洗水压≥0.3MPa。

（8）脱水机房内应设置防振和噪声消除措施。

6.3.2.3　带式压滤机

1. 工作原理

带式压滤机是使浓缩后的污泥在上下两层滤布中承受压力、剪力而脱水。污泥从一连串有规律排列的辊压筒中呈 S 形经过，依靠滤带本身的张力形成对污泥层的压榨和剪切力，把污泥层中的毛细水挤压出来，获得含固量较高的泥饼，从而实现污泥脱水。

污泥在压力区的状态是上下受挤压，两侧为开放式，其受挤压的空间是不密闭的，因此，污泥在带式压滤机压力区内有蠕变危险，滤饼有可能从滤布两侧被挤出来。因此，带式压滤机对进机污泥浓度有一定的要求，使进入压力区内的污泥稠度能承受逐渐增加的压力。一般要求进机污泥浓度含固率达到 5%。如图 6.3.2-6 所示，带式压滤机脱水一般分以下几个区段。

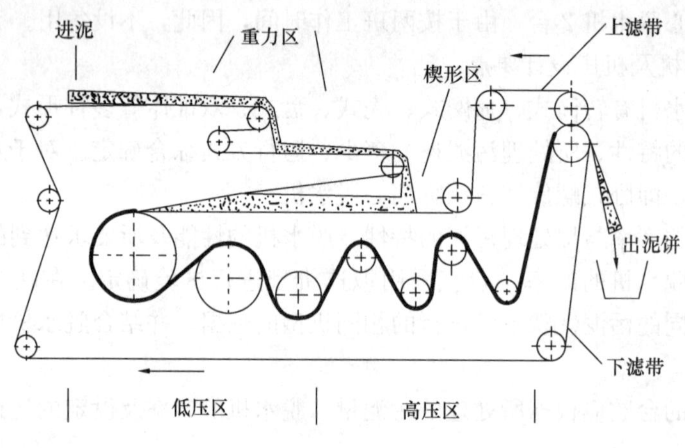

图 6.3.2-6　带式压滤机工作原理

(1) 重力脱水段

由于带式压滤机要求进机污泥浓度含固率达到 5%，一般难以达到，污泥在带式压滤机压力区内容易产生蠕变，从滤布两侧被挤出来的可能性很大，因此，带式压滤机在压榨脱水之前，有一水平段，在这一段上对污泥进行预浓缩，大部分游离水借自身重力穿过滤带，从污泥中分离出来，形成不流动的、初步可以承受外力挤压的状态。一般重力脱水区可脱出污泥中 50%～70%的水分，使污泥的含固率增加约 5%～7%。从减小污泥在带式压滤机压力段发生蠕变考虑，这一段应尽可能延长，但长度增加使机器外形尺寸加大。此段长度一般为 2.5～4.5m 左右。在此段内设有分料耙和分料辊，可把污泥疏散并均匀分布在滤布表面，使之在重力脱水区更好地脱去水分。

(2) 楔形脱水段

楔形脱水区是一个三角形的空间，两滤带在该区逐渐靠拢，污泥在两条滤带间开始逐渐受到挤压。在该区段内，污泥又脱去一部分水分，其含固率进一步提高，并由半固态向固态转变，形成了较大的污泥内聚力，为进入压力脱水区段承受一定的压力和剪力做好准备。

(3) 低压脱水段

污泥经过楔形脱水段后，被夹在上、下两条滤带之间，并随滤带一起绕辊筒作 S 形上、下移动。施加到泥层上的压榨力和滤带张力与辊筒直径有关。在张力一定时，辊筒直径越大，压榨力越小，S形压辊压榨力与滤带张力及辊筒半径之间的关系为：

$$p = \frac{F}{r}$$

式中 p——压榨力，Pa；

F——滤带张力，N/m；

r——辊筒半径，m。

压榨区段前面3个辊筒直径较大，一般为500～800mm，施加到泥层上的压力较小，因此称低压区。污泥经低压区脱水后，含固率和内聚力会进一步提高，为在高压脱水段承受更大的压力和剪力做好准备。施加在上、下滤布之间的污泥层的压榨力必须与其污泥浓度相适应。如果没有重力脱水段而直接进入低压脱水段，或没有低压脱水段而直接进入高压脱水段，污泥层承受不了施加给它的压力和剪力，而产生蠕变有可能从滤布两侧挤出，或从滤布上、下两面渗出。

（4）高压脱水段

经低压区脱水后的污泥，进入高压脱水段后，受到的压榨力逐渐增大，其原因是辊筒的直径越来越小。高压段的辊筒直径一般为200～300mm。在高压脱水段，上下交错的压辊使滤布中的泥饼变形，此时，剪应力的升高使污泥颗粒间发生相对位移，进一步迫使间隙水沿新形成的水流通道排出。污泥经高压脱水后，其含固率进一步提高，一般为20%，可用输送机输送至堆放场，或直接装车送出厂外。

低压脱水和高压脱水统称为压榨脱水。常见的带式压滤机压辊数目为4～11个，压辊直径在150～1200mm范围内。

（5）高压压榨带

一些带式压滤机为提高脱水泥饼的含固率，还设置了具有高压压榨带的高压脱水段。通过高压压榨带后，泥饼的含水率进一步减少，可达到70%～80%。

2. 带式压滤机构造

带式压滤机由滤带、辊压筒、滤带张紧系统、滤带调偏系统、机架、滤带冲洗系统和滤带驱动系统构成。

（1）主传动装置

由于污泥的性状各异，要求带式压滤机能适应较宽的工作范围。主传动系统一般采用无级调速。常用交流电动机——摩擦盘无级调速——涡轮减速机直联两级减速，实现滤带速度的无级调节。

滤带速度一般为0.5～5m/min，对于不易脱水的污泥，如净水厂含AI（$OH)_3$的亲水性无机污泥及其他有机成分较高的污泥应取低速，对于含泥砂较多的疏水性无机污泥可取高速。

（2）滤带的张紧及矫正装置

对于处理不同性质的污泥，要求滤带的张紧力能够调节。滤带张紧拉力常用气动或液动系统来实现。采用此种方式，结构简单。调节减压阀，改变气体或液体的压力即可调整滤带的拉力。采用气动系统，气体减压阀的压力一般在0.1～0.4MPa之间调节，常用滤带的张紧气压为 0.2～0.3MPa。

通过实际运行和国内外同类产品比较，气体传动与液体传动相比，具有动作平稳可靠、灵敏度高、维修方便、没有污染等特点，因此，气压传动比液压传动应用更多。

正常工作时，滤带允许偏离中心线两边 10～15mm，超过 15mm 时，滤带矫正装置开始工作，调整滤带运行。如果矫正装置失灵，滤带得不到调整，当滤带偏离中心位置超过 40mm 时，应有保护装置，使机器自动停机。

(3) 传动辊、压榨辊及导向辊

带式压滤机有各种不同直径的辊，其结构形式相似。一般高压脱水段或直径小于 500mm 的压榨辊都是用无缝钢管，两端焊接轴头，一次加工而成。为增加主传动轴和纠偏辊的摩擦力，在外表面衬一层橡胶。在低压脱水段使用直径大于 500mm 的压榨辊，一般用钢板卷制而成。由于此工作段污泥的含水率较高，常在辊筒表面钻孔或在辊筒表面开凹槽，以利于压榨出来的水及时排出。

为了保持滤带在运行中的平稳性，设备安装后，所有辊子之间的轴线应平行。对于直径大于 300mm 的辊子，在加工制造时应使用重心平衡法进行静平衡检验，辊子安装后要求在任何位置都应处于静止状态。

(4) 机架

机架是用槽钢、角钢等型材或用异型钢管焊接而成，其主要作用是安装各种工作部件，起到定位和支承作用。对机架的要求，除了有足够的强度和刚性之外，还要求有较高的耐腐蚀能力，因为它始终工作在有水的环境之中。

(5) 滤带冲洗装置

滤带卸去滤饼后，上、下滤带必须清洗干净，以保持滤带的透水性，以利于脱水过程的连续高效。对于一些黏性较大的污泥，常堵塞滤布的缝隙不易清除，故冲洗水压力必须大于 0.5MPa。

滤带冲洗装置随主机配套提供，但脱水机机房应提供可靠的冲洗水水源，满足水量、水压要求。冲洗水可采用自来水或中水。

(6) 安全保护装置

当带式压滤机发生严重故障不能连续正常运行时，应自动停机并报警。带式压滤机应设置以下保护装置。

1) 滤带张紧采用气压时，当气源压力小于 0.5MPa 时，滤带的张紧压力不足，应自动停机并报警。

2) 当冲洗水压小于 0.4MPa 时，滤带不能冲洗干净而影响循环使用，应自动停机报警。

3) 运行中滤带偏离中心，超过 40mm 而无法矫正时，应自动停机报警。

4) 机器侧面及电器控制柜上设置紧急停机按钮，用于紧急情况下停机。

3. 影响带式压滤机的因素

带式压滤机的产率、泥饼含水率与滤带速度、滤带宽度、污泥的性状、进机污泥浓度及脱水前处理中投加的药剂有关。

(1) 与滤带速度有关。带速是影响带式压滤机产率的主要因素。带速越快，带式压滤机的产率就越高。同时，带速也是影响泥饼含水率的重要因素。滤带的速度 v 与污泥在带式压滤机内的停留时间成反比，带速越快，污泥在带式压滤机内的停留时间越短，受挤压的时间越短，脱去的水分就越少。在进机污泥浓度相同的情况下，泥饼的含水率就越高。因此，带速的确定应兼顾产率和滤饼含水率两个因素综合决定。根据实际情况，当对滤饼含水率要求不高时，可适当增大带速，以提高其处理能力。反之，若对泥饼的含水率要求较高，则挤压时间要求较长，就应减小带速，适当降低产率。

（2）与滤带宽度有关。在带速一定时，滤带宽度越大，带式压滤机的产率就越高。但带宽一般不超过 3m。

（3）与污泥的性状有关。对进机污泥浓度有较高的要求，与板框压滤机相比，要求的进机污泥含水率相对较低。且进入带式压滤机前需进行凝聚预处理，形成大且强度较高的絮凝颗粒，否则容易从滤布两侧挤出，或直接从滤布渗出，最后的脱水产品是污泥呈稀薄状而不能形成泥饼。

4. 带式压滤机选型计算

带式压滤机选型计算主要是根据生产能力（即产率）、每日产生的污泥量和每日运行时间来确定所需的带宽和台数。

带式压滤机的生产能力以每米带宽每小时分离出来的干泥量的千克数计算，也有的以每米带宽每小时处理的湿污泥体积计算。

带式压滤机生产能力一般采用拟处理污泥、拟选用机型通过小型试验确定，也可采用相似工程数据计算后确定。

（1）按干泥量计算

按干泥量计算经常碰到以下两种类型的问题：

1）已知每日的计划处理干泥量 S_0，每台带式压滤机的产率及每日工作时间，求带式压滤机的台数。带式压滤机台数可按以下公式求出：

$$n = \frac{1000\,S_0}{EtB} \tag{6.3.2-7}$$

式中　S_0——计划处理干泥量，t/d；

E——产率，kgDs/（m・h），由厂家提供；

B——带宽，m，

t——每日工作时间，h/d。

2）已知每日的计划处理干泥量 S_0，要求的泥饼含水率，建设单位限定脱水机的台数及每日工作时间，选择带式压滤机。

这种类型是由建设单位限定了脱水机部分选型参数 S_0、n、t，反求带式压滤机的产率和带宽。根据计算出来的结果很可能选不到定型产品，可将要求条件提供给厂家，由厂家进行选型计算。厂家可根据某定型产品调整带宽和带速来解决。这种类型一般在现有设施改造中碰到。

【例】某水厂计划处理干泥量 $S_0=13.4$t/d，选择带式压滤机脱水，带式压滤机技术数据为：带宽 $B=2$m，产率 $E=200$kgDs/（m・h），压力 0.4MPa，每日工作 2 班 $t=14$h，需要几台这种脱水机。

【解】带式压滤机台数 n 为

$$n=\frac{1000\,S_0}{EtB}=\frac{1000\times 13.4}{200\times 14\times 2}=2.4\text{台}=3\text{台}$$

答：选 3 台带式压滤机，不设备用，当 1 台检修时，另 2 台增加工作时间，每日工作 18h。其辅助设备由厂家配套供齐。

(2) 按湿污泥量计算

带式压滤机选型计算既可以按干泥量计算，也可以按进入带式压滤机的湿污泥量计算。对于不同进机浓度、不同带速和带宽、不同的泥饼含水率，带式压滤机能处理的湿污泥负荷是不同的，湿污泥负荷指在某一进机污泥浓度、一定的带速和带宽、达到一定的泥饼含水率下，带式压滤机所能处理的湿污泥量，单位为 m^3/h。如果知道了需要处理的湿污泥量，就可求出所需要的带式压滤机的台数。

带式压滤机产生的泥饼量可用以下公式表示。

$$W_4=0.6kBHv \tag{6.3.2-8}$$

式中 W_4——脱水机产生的泥饼量，$m^3/(h\cdot 台)$；

B——滤带宽度，m；

H——滤饼厚度，cm；

k——滤带宽度有效系数，一般取 0.85；

v——滤带速度，m/min。

根据产生的泥饼量 W_4 可计算出带式压滤机的进机污泥量 W_3，即：

$$W_3=\frac{100-P_4}{100-P_3}W_4 \tag{6.3.2-9}$$

浓缩池送往脱水工序进行脱水处理的底流流量为 Q_3，则所需带式压滤机的台数可根据下式计算：

$$n=\frac{Q_3}{W_3 t} \tag{6.3.2-10}$$

式中 Q_3——浓缩池送往脱水工序进行脱水处理的底流流量，m^3/d；

W_3——脱水机进机湿污泥量，$m^3/(h\cdot 台)$；

t——带式压滤机每日工作时间，h/d；

n——脱水机台数。

求出单台带式压滤机的进机湿污泥量后，如果每台带式压滤机用 1 台进料泵，则进料泵的流量等于进机湿污泥量 W_3。如果用 2 台进料泵，则进料泵流量等于进机湿污泥量 W_3 的 1/2。

【例】某水厂排泥水处理系统浓缩池底流送往脱水工序的湿污泥量 $Q_3=386m^3/d$，要求带式压滤机每日工作 14h，求带式压滤机的台数。带式压滤机技术参数为进机污泥含水率 $P_3=95\%$，脱水后泥饼含水率达到 75%，带宽 2m，带宽有效系数 $k=0.85$，带速 2.25m/min，泥饼厚度 0.8cm。

【解】$W_4=0.6kBHv=0.6\times 0.85\times 2\times 0.8\times 2.25=1.83m^3/(h\cdot 台)$

$$W_3=\frac{100-P_4}{100-P_3}W_4=\frac{100-75}{100-95}\times 1.835=9.175m^3/(h\cdot 台)$$

所需带式压滤机的台数为：

$$n=\frac{Q_3}{W_3 t}=\frac{386}{9.175\times14}=3\text{ 台}$$

取 n=3 台，不设备用。

答：该带式压滤机能处理的湿污泥负荷为 9.175m³/(h·台)，处理 386m³/d 湿污泥量，需要该带式压滤机 3 台。

6.3.2.4　造粒脱水机

1. 工作原理

对进入脱水工序的浓缩污泥在混合槽中投加助凝剂混合后，再投加高分子絮凝剂，并给以缓速搅拌，使污泥颗粒相互凝聚附着。然后送入造粒脱水机。造粒脱水机是一旋转的圆筒体，初步凝聚的污泥颗粒在圆筒内慢慢地滚动，形成丸状的粗大颗粒。由于污泥颗粒像滚雪球似的不断加大而产生压力，使泥水得到分离。经造粒脱水后，污泥含水率可达到85%～80%。

2. 设计要点

(1) 进入造粒脱水机的污泥浓度应不小于含固率 2%。

(2) 进入造粒脱水机的污泥要呈弱碱性，否则应进行 pH 调整。若在浓缩前进行过酸处理，pH 值较低时需投加 NaOH。投加水玻璃也能使污泥呈弱碱性。

(3) 水玻璃是一种较好的助凝剂，对降低脱水产品的含水率效果较好。是否投加应根据需要，最好通过小型试验确定。

(4) 高分子絮凝剂投加量为干固体的 0.1%～0.2%，水玻璃为 3%～10%。

(5) 滚筒所需面积按固体负荷 60～130kg/(m²·h) 确定。

(6) 由于造粒脱水的效果与污泥的性质、季节变化、投加药剂的种类等因素有关，因此应进行造粒脱水的小型试验，确定造粒脱水的效果与污泥性质、药剂种类、投加量、固体负荷的关系。

3. 造粒脱水机的选型及应用

(1) 造粒脱水机选型计算

造粒脱水机的选型主要是选择造粒脱水机的型号和台数。可根据造粒脱水机的产率 E、计划处理干泥量 S_0 及每日工作时间 t 按以下公式计算：

$$n=\frac{1000\,S_0}{Et}\tag{6.3.2-11}$$

式中　E——产率，kgDs/(h·台)，由厂家提供；

S_0——每日计划处理的干泥量，tDs/d；

t——造粒脱水机每日工作时间，h/d；

n——所需台数。

(2) 造粒脱水机在污泥脱水中的应用

造粒脱水机虽然设备简单，维修管理相对容易，投资少。但脱水效果差，含水率只能达到 85%～80%，因此，单独采用造粒脱水方式的很少。

由于造粒脱水的产品含水率高，因此造粒脱水一般都与其他脱水方式组合使用。如在造粒脱水后加热风干燥，国外一些水厂采用造粒脱水加热风干燥，将污泥干燥到含水率35%。

由于污泥热风干燥要消耗能源，要增加基本建设投资和日常管理费用，还增加了管理环节。因此要经过技术经济比较后，才能确定是否使用。若具备以下条件，则可考虑这种组合工艺。

1）有废热可供利用；或者是当地燃料价格便宜，经比较造粒脱水与干化组合使用仍较经济。

2）下一步工序泥饼处置是有效利用，用来制砖或其他建筑材料，处置工序本身就需要将泥饼干化，也可采用这种组合工艺，可以减少下一步工序的建设费用及能耗。

6.3.2.5　脱水机特点及性能比较

1. 板框压滤机

板框压滤机是一种适应性很强的脱水设备，其脱水能力强、脱水效果好，泥饼含固率可高达45%以上，能够回收多达99.9%的固体物，因此，可以减少泥饼储存场地、降低运输费用，减少泥饼干燥和焚烧的热能，使泥饼处置成本大大降低。另外，有些板框压滤机可以做到不加药处理，在整个脱水过程中不需添加任何絮凝剂，使排泥水处理过程没有二次污染，有利于环境保护。

板框压滤机还具有可预留滤板数量的特点，当水厂污泥量增加时，只需在预留位置加装滤板即可提高板框压滤机的处理能力，大大减少了二次投资的费用。

对于脱水后要求达到较高的含固率和比较难脱水的污泥一般应选用板框压滤机。一般来说，泥饼含固率要求达到30%以上时应选用板框压滤机。进入板压滤机的污泥含固率不宜小于1%。一些环保部门，还专门指定板框压滤机。但相对于其他脱水设备，有造价高，辅助配套设备多，不能连续进出泥，占地面积大等不利因素，因此在以往的排泥水处理工艺中使用不多。但随着环境保护要求的不断提高和污泥处置的需要，污泥排放标准也在相应的提高，板框压滤机已经越来越多地应用在排泥水处理中。

2. 离心脱水机

离心脱水机是一种连续运行的高效脱水设备，污泥脱水效果介于带式脱水机和板框压滤机之间，泥饼含固率可达25%以上。离心脱水机最大特点是设备体积小、操作管理简单、占地面积少。由于污泥脱水过程是在全封闭的情况下进行，避免了二次污染，改善了操作人员的工作环境。

但离心脱水机的工作噪声大，能耗高，当污泥中含有砂砾时，对离心机的磨损会很大。另外，由于离心脱水机是高速旋转设备，因此维修难度大，要求有较高的维修技术能力，特别是承受磨损的转子（卸料螺旋），只能送回制造厂，在厂内进行维修。

3. 带式压滤机

带式压滤机具有能耗低、投资少的特点。但污泥在带式压滤机的压力区的工作状态是上下受挤压，两侧为开放式，污泥容易从两侧被挤出来，因此对净水厂亲水性强的排泥水污泥，处理效果比较差。

目前常用的是这3种脱水机，这3种脱水机的性能比较见表6.3.2-2。

常用脱水机性能比较　　表 6.3.2-2

项目＼机型	板框压滤机	离心脱水机	带式压滤机
脱水原理	加压挤压过滤	由离心力产生固液分离	重力过滤和加压过滤
工作状态	间断式	连续式	连续式
调节方法	调节加压时间和压力大小	调节转鼓与螺旋输送器的转速差，调节堰板高度	调节滤带速度、滤布张力和泥饼厚度
管理难易	较复杂	方便	较方便
环境卫生条件	卫生条件较差	全封闭，卫生条件好	由于是敞开式，卫生条件差
噪声	小	大	小
占地面积及土建要求	设备体积大，辅助设备多，占地面积大，土建要求高	设备体积小，占地面积小	介于板框压滤机和离心脱水机之间
辅助设备	空压机系统，滤布清洗高压冲洗泵系统	空压机系统，滤布清洗高压冲洗泵系统	不需要辅助设备
泥饼含固率	30%～40%	25%左右	20%左右
对进机污泥浓度要求	相对较低，但含固率不宜低于1%	介于两者之间	要求较高，要求含固率达到5%
滤液含固率	低，仅0.02%左右	较高，0.05%左右	高，>0.05%
泥饼稳定性	好	较好	较差
能耗（kWh/tDs）	20～40	最高，30～60	最低，10～25

6.3.2.6　脱水机附属设备

脱水机附属设备与脱水机主机的形式有关，附属设备与主机协调动作。因此，应强调在选购主机的同时，由供货商将其附属设备、现场控制设备组成一个系统配套提供。脱水机附属设备包括污泥平衡罐（或平衡池）、污泥切割机、污泥进料泵、加药泵、絮凝剂制备及投加装置、泥饼输送装置以及管道和阀门等。除了上述附属设备外，还有配套提供的辅助设备，包括脱水机冲洗系统设备，空压机系统。

1. 污泥平衡池

板框压滤机周期性间断工作，离心脱水机、带式压滤机可连续性工作，也可间断性工作。为了使浓缩池排泥尽可能均匀连续地进行，脱水机进料泵与浓缩池排泥泵之间应设调节池进行调节，位于脱水工序的这一调节池，称平衡池。平衡池中设扰流设备、液位计及污泥浓度计。污泥平衡池主要有以下作用。

（1）调节与储存作用

由于浓缩池底流排泥泵与脱水机投料泵的流量和压力是不一致的，需要调节，平衡池就起这种调节作用。

平衡池的分格数一般不宜少于 2 格，其容积可按 1～2d 的污泥量设计。当原水发生短时高浊度时，可将部分超量污泥储存在平衡池中。对于大型净水厂排泥水处理规模大，平衡池容积按 1～2d 的污泥量设计，所需平衡池容积较大，可根据脱水机运行工况适当减小。平衡池的最小容积在不考虑储存作用时，理论上应大于同时工作的多台脱水机 1 个批次的湿污泥量，且在下一个批次开始运行时，平衡池中已准备好下一个批次同时运行的多台脱水机的污泥量。当批次之间间隔较短时，有一定的难度。因此，平衡池的容积在有条件时，宜同时考虑调节再加上一定的储存容积，可适当做大一些。

（2）若污泥脱水前需投加药剂进行化学调质，可将平衡池作为药剂的投加点。将配制好的药液投入平衡池中，平衡池中设扰流设备使药液与污泥均匀混合，同时，还可防止污泥在平衡池中沉淀。

（3）参与排泥水处理系统自动控制

平衡池上游连接浓缩池底流排泥泵，下游与脱水机进料泵相连。浓缩池排泥泵（简称 1 号泵）和脱水机进料泵（简称 2 号泵）的开停均受平衡池液位的控制。

1）浓缩池排泥泵（1 号泵）开、停控制条件：浓缩池底流浓度达到设定值，且平衡池液位低于设定高液位时，1 号泵将自动运行。

当浓缩池底流浓度低于设定浓度，或平衡池液位高于设定高液位时，1 号泵将自动停止运行。浓缩池继续沉降浓缩过程。这样，进入平衡池的污泥浓度变动较小，能保持进入脱水机的污泥浓度基本恒定。

2）脱水机进料泵（2 号泵）与平衡池内液位联动，其控制开、停条件是：当平衡池液位低于设定低液位时，2 号泵自动停止运行，脱水机处于待机状态。当平衡池液位达到设计高液位时，2 号泵又自动启动，脱水机系统启动激活。这样，脱水机系统就能全自动、连续运行。一般平衡池的容积都能满足脱水机一个批次所需的污泥量。因满足不了脱水机的需要而中途自动停机的情况很少发生。

2 号泵的开停还受脱水机工作状况的约束。

（4）系统维护、保养的需要

1）当浓缩池刮泥机或其他构、部件需要定期维修保养时，平衡池可先存储一定量的污泥，这样脱水机可以照常工作，或者是对脱水机的工作影响较小。

2）当脱水机需要定期维修保养时，可将 1～2d 的污泥量临时存储在平衡池内，以减少对浓缩池运行的影响。在 1 台脱水机维护保养期间，若维修时间较长，除其余脱水机 1 日 24h 连续工作外，处理不了的污泥可分别存储于排泥池、浓缩池、平衡池内，首先装满平衡池。并注意维护检修时间最好选择原水浊度较低的季节，以减少净水厂的污泥量，避免浓缩池堆积泥量较多而影响其正常运行。

（5）是应付高浊度的一条措施

当发生高浊度时，原水浊度高于其计划处理浊度，脱水设施能力不够，可将部分超量污泥存储在平衡池中。脱水设备一般按 1～2 班工作。原水高浊度时，可 1 日 3 班工作，将存储在平衡池中的超量污泥处理完。这样就可以减少超量污泥的排放，提高排泥水处理系统全量完全处理保证率。

当平衡池容积较小时，可随主机配套提供，便于与随主机配套提供的现场控制系统连接。如果平衡池容积较大，也可现场制作。

平衡池有效容积可按以下公式计算：

$$W = \frac{S}{(1 - P_3)\rho} \tag{6.3.2-12}$$

式中 W——平衡池有效容积，m^3；

S——干泥量，t；

P_3——污泥含水率；

ρ——湿污泥密度，t/m^3。

如果干泥量 S 为脱水机一个周期所处理的干泥量，则 W 表示一个周期的湿污泥体积；如果 S 为一个批次的干泥量，则 W 为一个批次的湿污泥体积；如果要求平衡池能容纳 2 日的湿污泥量，则 S 为 2 日的干泥量。

P_3 为进机污泥浓度，一般等于浓缩池底流出流浓度。但如果在脱水前处理中投加石灰，投加点在平衡池，则式（6.3.2-12）中 P_3 不等于浓缩池底流浓度。其干泥量 S 还应考虑投加石灰所引起的污泥量的增加及进机污泥浓度的提高。

湿污泥密度 ρ 按式（2.2.6-1）计算，当含水率 $P_3 = 97\%$时，$\rho = 1.015t/m^3$，也可近似取 $\rho = 1t/m^3$进行计算，所得平衡池有效容积稍微偏大。

【例】某水厂排泥水处理系统板框压滤机每台机器每个周期的干泥量负荷为 1950kg/周，进机污泥含水率 $P_3 = 97\%$，平衡池容积按容纳 2 个周期的湿污泥量设计，求平衡池的有效容积。

【解】根据式（2.2.6-1），湿污泥密度为：

$$\rho = \frac{100 \times 1.92}{97 \times 1.92 + (100 - 97)} = 1.015t/m^3$$

$$W = \frac{S}{(1 - P_3)\rho} = \frac{1.95 \times 2}{(1 - 0.97) \times 1.015} = 128m^3$$

如果取 $\rho = 1t/m^3$，则 $W = 130m^3$。

答：平衡池的有效容积为 $128m^3$。

2. 污泥进料泵

（1）进料泵的选型

在进料泵的输送过程中，前处理在絮凝过程中所形成的矾花不能被打碎，因此进料泵宜选用容积式水泵。脱水机污泥进料泵可选择的容积式水泵泵型有隔膜泵、活塞泵、螺杆泵、凸轮转子泵和软管泵等。

污泥进料泵性能的比较 **表 6.3.2-3**

泵型	优　点	缺　点
隔膜泵	泵运转较平顺，对介质没有剪切破坏	价格及运行费用高
活塞泵	流量大、压力高，操作压力高达 2MPa； 对介质的挤压剪切很小	价格高； 维护成本高
螺杆泵	可泵送高黏度、流动性差的介质；对介质无剪切、无搅动，没有湍流脉动现象，泵送平稳；有比较好的自吸能力；通过增加级数可提高输送压力，压力、温度和转速对容积效率影响很小；体积小，结构简单；有计量功能，可作一般计量泵使用	耐磨损性能稍差； 不能干运行； 维修成本较高

续表

泵型	优 点	缺 点
凸轮转子泵	对介质的挤压剪切很小，泵送平稳，几乎没有脉动；颗粒通过能力强，粒径范围 25～70mm；耐磨损性能好，允许干运转；改变旋转方向，可反向输送介质； 启动扭矩低； 结构紧凑，占地面积小	输送压力低，不能输送非流动性介质； 压力稳定性稍差，压力、温度和转速对容积效率有一定的影响
软管泵	对介质无剪切、无搅动，泵送平稳，自吸能力强；颗粒通过能力强，耐磨损性能好；有计量功能，可作一般计量泵使用；可反向输送介质； 可长期干转（干运行），维护简单、方便	价格较高，初期投资大

由于隔膜泵和活塞泵价格高，运行费用和维护成本高，占地面积大，因此，目前常用的进泥泵是螺杆泵、凸轮转子泵和软管泵，如图 6.3.2-7～图 6.3.2-9 所示。

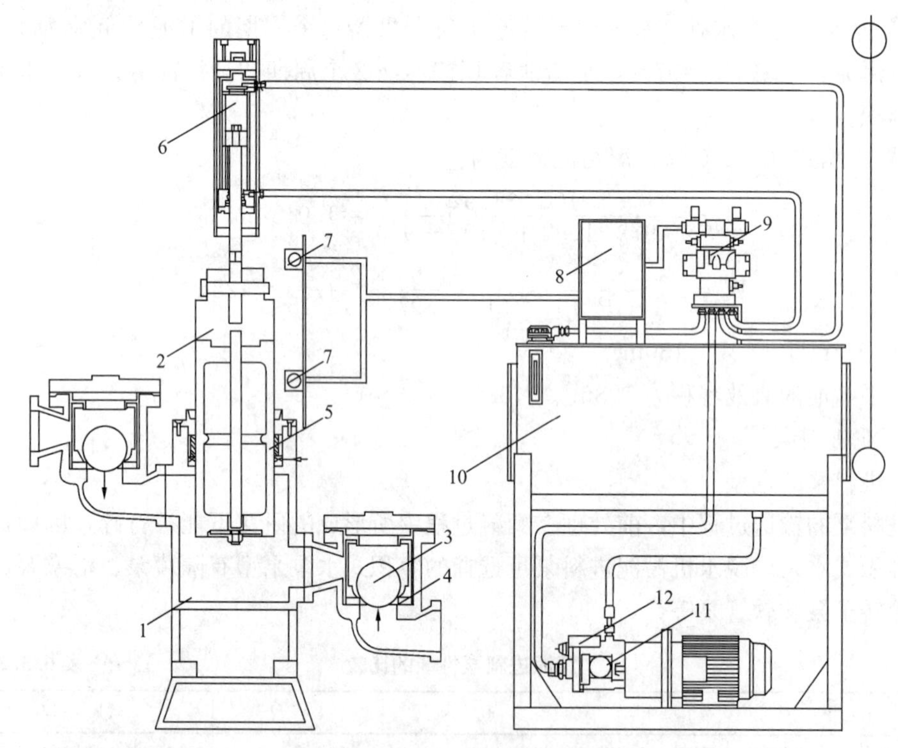

图 6.3.2-7 某水厂采用的活塞式进料泵

1—泵体；2—柱塞；3—球阀；4—阀座；5—“人”字形密封套；6—液力缸；7—接近开关；8—印刷电路板；9—换向阀；10—储油箱；11—油泵；12—压力补偿器

由于进料泵是向脱水机投送污泥的设备，因此进料泵的选型与脱水机有关。带式压滤机和离心脱水机要求连续均匀进料。而板框压滤机不是这样，在 1 个周期内，流量和压力变化幅度非常大。在 1 个周期的开始，进料泵输送的污泥只是用来填充板框压滤机的小

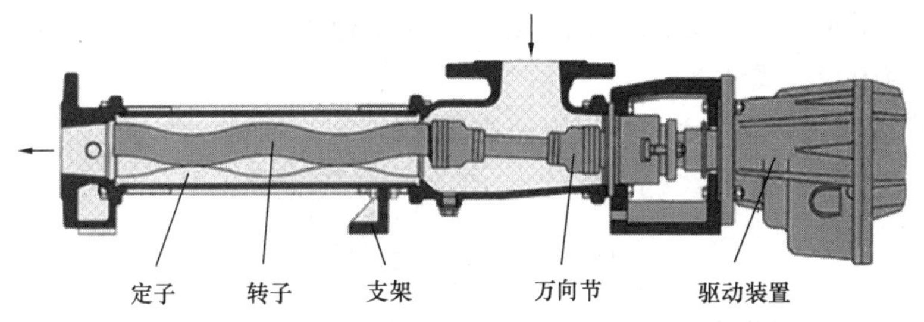

图 6.3.2-8　螺杆泵

图 6.3.2-9　软管泵

室，进料泵的压力较低。但当板框压滤机的小室充填满后，小室里的污泥越来越密实，滤液透出滤布的阻力越来越大，污泥逐渐被压实，进料泵的压力逐渐增大，流量越来越小。1个周期完成时，过滤流量下降到最初流量的5%～10%。因此，对于板框压滤机，最有效的进料泵系统应该是在1个周期内流量逐渐减小，压力稳定地增加到最大值。进料泵的运行可与板框压滤机的过滤压力成闭环控制，用过滤压力来控制1个周期的长短。

因此，板框压滤机进料泵的选型应注意以下几点：

1）离心脱水机、带式压滤机都是低压连续进泥，而板框压滤机压力较高。以螺杆泵为例，对于板框压滤机要选择多级螺杆泵，而带式压滤机、离心脱水机则选择单级螺杆泵即可。

2）适合在流量、扬程变化幅度很大的条件下工作。

3）当进机污泥浓度较稀时，宜选用流量、扬程不同的两种类型的泵。1台是大流量低扬程，另1台是低流量高扬程。第一台用于周期开始时输送污泥充填板框压滤机过滤小室；第二台用在一个周期的后段，以适应后段过滤小室里污泥填满后被压缩，过滤压力越来越大，流量越来越小的要求。对于浓缩得较好，进机浓度达到要求的污泥，单台泵也能满足要求。

由于进料泵开、停频繁，且污泥浓度较大。因此，进料泵宜安装在平衡池最低液位以下，自灌式启动。不宜采用真空启动。

（2）进料泵选型计算

脱水机污泥进料泵一般随主机配套提供，进料泵计算也由厂家完成。进料泵计算主要是计算进料泵的流量和扬程。进料泵的扬程与脱水机的位置高程和性能要求有关，下面介绍进料泵流量的计算方法。

离心脱水机和带式压滤机都是连续进泥，流量、压力在进泥过程中基本保持稳定。如果离心脱水机和带式压滤机1日24h连续工作，则其流量应该与送往脱水工序的浓缩池底流流量一致。但脱水机一般是1日工作2班，设平衡池进行调节。因此，进料泵的流量可参照浓缩池底流流量公式计算。

1）带式压滤机进料泵选型可用以下公式计算：

公式1：

$$Q=\frac{S_0}{n n_1 t(1-P_3)\rho} \tag{6.3.2-13}$$

式中 S_0——计划处理干泥量，t/d；

P_3——进机污泥含水率；

n——脱水机台数；

n_1——每台带式压滤机使用进料泵的台数（不包括备用）；

t——脱水机每日工作时间，h/d；

ρ——湿污泥密度，t/m^3；

Q——单台进料泵流量，m^3/h。

式中湿污泥密度ρ可按式（2.2.6-1）计算，也可近似取$\rho=1t/m^3$。

公式2：

$$Q=\frac{W_3}{n_1} \tag{6.3.2-14}$$

式中 W_3——每台带式压滤机进机湿污泥量，$m^3/(h\cdot台)$；

n_1——每台带式压滤机使用进料泵的台数（不包括备用）；

Q——单台进料泵流量，m^3/h。

2）离心脱水机进料泵流量除按式（6.3.2-13）计算外，还可按以下公式计算：

$$Q=\frac{E}{n_1} \tag{6.3.2-15}$$

式中 E——离心脱水机产率，即能处理的湿污泥负荷，$m^3/(h\cdot台)$；

n_1——每台离心脱水机使用进料泵的台数（不包括备用）；

Q——单台进料泵流量，m^3/h。

3. 絮凝剂制备及投加装置

脱水前处理用得最多的是凝聚处理，投加的絮凝剂有无机絮凝剂和有机絮凝剂，这两种絮凝剂又有粉剂和液体两种。投加的药剂有可能是1种，也有可能同时投加2种，投加药剂的种类和数量应通过絮凝剂选型试验后确定。

药剂的投加一般使用与脱水机配套提供的全自动的絮凝剂制备投加系统。如果投加的药剂与净水厂相同或部分相同，也可以与净水厂加药间合建，另行设计。但由于另行设计与整个污泥脱水系统联动比较困难，因此，一般采用厂家配套提供的全自动的絮凝剂制备投加系统，整个药剂投加系统与主机及附属系统联动，可以将粉剂或液体原料按需要的浓度全自动配制并定量投加。

絮凝剂制备投加系统可分为3部分：絮凝剂制备装置、加药装置和在线稀释系统。絮凝剂制备装置由干粉投加系统（或药液投加系统）、搅拌溶解系统、溶液储存系统和控制系统组成；加药装置由加药泵、流量计和阀门组成；在线稀释系统由水射器、转子流量计、静态混合器和阀门等组成。

絮凝剂制备投加装置是一种自动批次配制、连续投加的设备。该装置把药液的配制、投加和计量过程集中在一个处理单元中，设备集成化程度高，占地面积小。其制备原料可以是粉剂，也可以是液体药剂。药液浓度可以在一定范围内任意调节。能够高效均匀地配制出充分熟化，活性极强的聚合物溶液，使高分子聚合物得以充分利用。

絮凝剂制备装置配制药液的浓度范围为0.2%～0.5%，经过在线稀释后的投加浓度为0.05%～0.1%。絮凝剂制备浓度可在自控系统上设定，经过自控系统设定后会保持不变，不随药剂处理量、污泥流量的变化而改变。加药泵在选型时，要按配制的药液浓度来考虑泵的流量范围，即按0.2%～0.5%的药液浓度来计算加药泵的流量而不是按稀释后的投加浓度0.05%～0.1%来计算加药泵的流量。因为稀释水管道与加药泵的出水管道相接，稀释水量不通过加药泵。

絮凝剂制备装置在配制药液时，为了保证高分子絮凝剂能够在短时间内充分混合溶解，装置需要稳定的水压来保证流量，供水压力要大于0.35MPa。如果用户不能提供时，要配套增压泵。同时还要配套稳压和缓冲设备，在过压和压力波动时保证系统设备安全。有些品牌的产品可以选配水源加压稳压设备，此时水源压力在0.1MPa左右即可。

加药泵一般选用偏心单螺杆泵，泵的形式及特点与污泥进料泵相同。螺杆泵能够连续、均匀地输送介质，没有湍流、搅动和剪切现象，在这方面优于离心泵，同时在输送稳定性、设备构造及价格方面又优于隔膜泵，特别适用于泵送高分子絮凝剂，能够最大限度地保持药液性质，使药效能够充分发挥作用，从而获得最佳的脱水效果。

絮凝剂的投加量需要根据污泥流量和性质进行调节，可以采用变频调速方式，通过改变加药泵转速来调整加药量。加药泵的材质根据药剂种类进行选择，用于投加聚丙烯酰胺时，转子采用不锈钢材质，定子采用氯磺化聚乙烯（海帕伦）橡胶。

4. 泥饼输送方式及设备

《室外给水设计规范》GB 50013—2006 规定：机械脱水间的布置，除考虑脱水机械及附属设备外，还应考虑泥饼运输设施和通道；泥饼运输设施的选择和通道的布置又与泥饼的输送方式有关。

（1）泥饼的输送方式

把泥饼从脱水机输送到填埋地点要经过两个阶段，一个是厂内输送阶段，一个是厂外输送阶段。

1）厂内输送阶段

厂内输送即从脱水机到泥饼间，泥饼的输送方式有3种：

第一种方式是脱水后的泥饼经输送带如皮带运输机或螺旋输送机先送至泥饼堆积间，再用铲车等装载机将泥饼载入运输车运走。泥饼堆置间按3～7d的泥饼发生量设计。

第二种方式是泥饼经皮带运输机或螺旋输送机送到具有一定容积的料仓内储存，当料仓内泥饼达到一定容量时，打开料仓底部弧门卸料。料仓容量应大于1台运输工具的载质量，底部空间的高度应能通过运输工具，并满足操作弧门开启卸料的要求。

第三种方式是设置一个泥斗，泥斗容量较小，泥饼不在泥斗中存储，泥斗只起便于收集泥饼和通道的作用。泥斗底部空间的高度应能通过运输工具，运输工具直接放在泥斗下面等候皮带运输机或螺旋输送机转送过来的泥饼。

这3种厂内输送方式应根据所处理泥量的多少，泥饼的出路及厂外运输条件确定。当泥量多、泥饼的出路经常变换，厂外运输条件不太好时，宜采用第一种方式。例如，赶上雨雪天气，路不好走；或者运输路线要经过闹市区，只能晚上运输；或者是泥饼临时找不到出路，可临时存储在泥饼堆置间。第二种方式泥饼的装载速度快，可以很快装满运泥车辆外运，节省了运输工具等待的时间，提高了运输效率，不需要像第三种方式那样，车等泥饼，运输工具的使用效率低，而且也不需要装载铲车，节省了运行费用，还改善了工作环境。第二种方式适用于运距较长，需要充分发挥运输工具效率的情况。第三种方式不需要建造泥饼间存储泥饼，也不需要装载铲车，工程投资较其他两种方式低，适用于所处理的泥量较少，厂外运输距离不长这种情况。

2）厂外输送阶段

厂外输送有两种方式：

一是设置专门车辆输送。需要建造泥饼间存储泥饼，需要铲车、泥斗。这是目前常用的方式。

二是管道输送。专门车辆输送方式基本上属于敞开输送，输送过程中容易产生跑冒滴漏，产生二次污染，管道输送可实现密闭输送，避免二次污染。

（2）泥饼输送设备选择

厂内输送阶段：

目前厂内输送阶段使用的泥饼输送设备有4种形式：皮带输送机、无轴螺旋输送机、有轴螺旋输送机和单螺杆泵。几种设备的特点及适用工况见表6.3.2-4。

泥饼输送设备特点及适用工况 **表6.3.2-4**

	特点及适用工况
皮带输送机	输送过程中不宜转弯、升高，最宜用于短距离水平直线输送。可用于板框压滤机、离心脱水机、带式压滤机出料后的第一道输送。有移动式产品可供选用。其机长及装配形式可根据用户要求确定。 设备结构复杂、体积大。泥饼敞开输送，污泥容易溅到外面，造成二次污染，不适于对工作环境要求高的场合
无轴螺旋输送机	设备结构简单，输送泥饼不易堵塞。输送距离长，可达25m，并可根据用户需要，采用多级串联式安装，可以较长距离输送泥饼
有轴螺旋输送机	设备稳定性高，工作可靠，维修量少。有轴结构利于倾斜输送泥饼。 不适于输送易变质的、黏性大的、易结块的物料
单螺杆泵	适用于水平距离小于500m，升高小于50m的工况下输送。可实现密闭输送，不会造成二次污染；可以转弯、提升，布置方便，占地面积小，维修较方便。单螺杆泵应采用带喂料装置，即中间料仓泥斗

1）皮带输送机

皮带输送机是一种传统的输送方式，但用于泥饼输送时容易出现打滑现象，可能影响泥饼输送的进行；另外皮带输送机是敞开的，污泥容易溅到外面，造成二次污染。输送过程中不宜转弯、升高，最宜用于短距离水平直线输送。可用于板框压滤机、离心脱水机、带式压滤机出料后的第一道输送。

2）无轴螺旋输送机

最宜用于 25m 以内水平直线输送，以及没有较多的转弯和高差不大的情况下进行输送。无轴螺旋输送机根据需要可以水平布置，也可以倾斜放置。在输送机规格相同的情况下，倾斜安装的无轴螺旋输送机的输送能力要低于水平安装的输送机，倾斜角度越大，输送能力越低，衰减比例见表 6.3.2-5。

不同安装角度时的输送量　　表 6.3.2-5

安装角度	0°	5°	10°	15°	20°	25°	30°
输送量	100%	90%	80%	70%	65%	60%	55%

无轴螺旋输送机水平安装时也要有 5°左右的向出料口方向上扬的角度，以利于 U 形槽中的积水排出。

可根据用户需要，采用多级串联式安装，增长输送距离。可用于板框压滤机、离心脱水机、带式压滤机出料后的第一道输送。

3）有轴螺旋输送机

有轴螺旋输送机的螺旋叶片固定在一个长轴上，螺旋长轴两端有轴承支座支撑。这就避免了螺旋叶片在使用一段时间后，会拉长变形，同时，两端有支撑的螺旋轴使螺旋叶片与 U 形槽之间的摩擦减小，磨损大为降低，减少了维修工作量和维修成本。

有轴螺旋输送机的螺旋轴标准长度是 6m，输送距离超过 6m 时，要分段拼接，输送长度可达 20m 以上。

4）螺杆泵

螺杆泵采用刚性转子在弹性定子腔内绕偏心进行行星回转，从而实现介质连续不断地输送。在净水厂排泥水处理和污水处理厂污泥处理处置工程中，螺杆泵用途广泛，一是用做脱水机的进料泵，前面已经提及；二是螺杆泵具有计量功能，因此可用作加药泵；三是可作为泥饼的输送泵。

螺杆泵适用于水平距离小于 500m，升高小于 50m 的工况下输送。可实现密闭输送，不会造成二次污染；可以转弯、提升，布置方便，占地面积小，维修较方便。单螺杆泵应采用带喂料装置，即中间料仓泥斗。

单螺杆泵在污泥处理处置工程中获得了较为广泛的应用，例如，杭州水务集团祥符水厂规模为 25 万 m^3/d，沉淀后的排泥水经浓缩后，由 2 台离心脱水机进行脱水，用 2 台无轴螺旋输送机将脱水后的泥饼送到泥饼堆置间，然后由铲车装车外运。2 台无轴螺旋输送机串联布置，其中任何 1 台无轴螺旋输送机发生故障均会造成整个系统停止运行。2005 年将无轴螺旋输送机改为 2 台 GN85-2A 单螺杆泵，采用单元布置的形式，每台单螺杆泵负担 1 台离心脱水机的脱水后泥饼的输送任务，形成 2 个独立的单元，2 台单螺杆泵并联工作，任何 1 台单螺杆泵出现故障，另一台单螺杆泵还能继续运行，不至于造成整个系统停止运行。单台最大输送量为 $4m^3/h$，提高了整个系统的安全可靠性。并保留了将来新建高位料仓的提升能力。通过料仓装车，可省去装载铲车，节约运行费用，也改善了工作环境。

5）污泥输送管道和阀门

输送污泥的管道可采用钢管和塑料管。其中以内衬塑料的钢管为最佳，衬塑钢管既有足够的强度，又能降低摩擦阻力。管道应适当设置冲洗注水口和排水口，便于进行管道冲洗；管道转弯时，尽量采用45°弯头代替90°弯头，若不可避免采用90°弯头时，其曲率半径 R 应 $\geqslant 5D$（D 为管径）；切忌用软管代替弯头，弯头应易于拆卸；管道连接采用法兰连接，便于拆卸。

用于输送污泥的电动或气动阀门宜采用偏心柱塞阀、刀闸阀、管夹阀等全通道、无阻塞、可快速开启的阀门。手动阀门采用浆液阀、软密封闸阀等全通道、无阻塞阀门。

厂外输送阶段：

把泥饼输送到填埋地点或其他目的地，厂外输送一般采用专用的运输工具。当距离填埋场较近时（500m 以内），也可用单螺杆泵输送。例如，某污水处理厂一期工程由 6 台带式压滤机进行脱水，分 2 组由无轴螺旋输送机将脱水后泥饼送入 GN105-2A 单螺杆泵喂料装置泥斗，每台最大输送量 $8m^3/h$，通过 $D=200$ 管道直接将泥饼送到填埋场。

管道输送虽然能实现密闭输送，避免二次污染，但在净水厂排泥水处理中，目前还没有关于这方面的报道。

6）其他辅助设备

除了上述脱水机的附属设备外，还有冲洗系统、压缩空气系统等辅助设备。

①冲洗系统

脱水机一般都设有冲洗系统，冲洗系统设备虽然随主机由厂家配套提供，但需要提供水量和水压都符合要求的冲洗水源。板框压滤机需要高压水，水厂一般满足不了，需要厂家配套提供高压水泵。但脱水机房中应设有储水池，储水池的容积应满足最大 1 次冲洗水量。储水池的容积由厂家提供，或者由厂家配套提供储水罐。

②压缩空气系统

压缩空气系统由空压机提供压缩空气，对于板框压滤机主要用来作为板框压滤机第二段薄膜挤压的动力和吹出板框中心的泥芯。对于带式压滤机，主要供带式压滤机低压段缠绕辊与高压段挤压辊调整和张紧用。

还有一部分压缩空气经过减压、过滤、干燥处理后，作为仪表、气动阀门的气源。

6.3.2.7　泥饼产生量及滤液发生量计算

1. 泥饼产生量计算

要确定料斗、运泥车和泥饼堆置场的容积，就要确定 1 日或 1 个班次、1 个周期的泥饼产生量。泥饼的产生量可按以下几种方法计算。

（1）根据计划处理干泥量 S_0 及泥饼的含水率 P_4 计算

泥饼重量为：

$$W_4=\frac{S_0}{1-P_4} \tag{6.3.2-16}$$

泥饼体积为：

$$W'_4 = \frac{S_0\omega}{(1-P_4)\rho} \tag{6.3.2-17}$$

式中　W_4——泥饼的质量，t/d；

W'_4——泥饼的体积，m^3/d；

S_0——计划处理干泥量，t/d；

P_4——泥饼含水率；

ρ——泥饼密度，t/m^3；根据式（2.2.6-1）计算。

ω——松散系数，一般取 1.1～1.2。

当 S_0 为脱水机 1 日处理的干泥量时，则 W_4 为 1 日产生的泥饼质量，W'_4 为 1 日产生的泥饼体积；若 S_0 是 1 个周期或 1 个班次处理的干泥量，则 W_4 为 1 个周期或 1 个班次产生的泥饼质量，W'_4 为 1 个周期或 1 个班次产生的泥饼体积。

（2）根据脱水机的构造特点计算

1）板框压滤机：根据板框压滤机滤室总数和每个滤室中泥饼的厚度，计算出 1 台板框压滤机 1 个周期的泥饼体积，然后乘以 1.1～1.2 的松散系数，即为 1 台板框压滤机 1 个周期的泥饼容积发生量，再根据每日的周期数计算出 1 台板框压滤机 1 日的泥饼容积。

厂家对每台板框压滤机有多少个过滤小室，不同的过滤压力滤室中泥饼的厚度比较清楚，因此泥饼的容积可由厂家提出。

2）带式压滤机：根据带式压滤机的带宽和带速，按式（6.3.2-8）计算出每台带式压滤机每小时的泥饼产生量 W_4 。

厂家对所提供的带式压滤机的带宽、带速及泥饼厚度比较清楚，因此，每台带式压滤机每小时的泥饼产生量可由厂家提出，如果知道了上述参数，也可由式（6.3.2-8）计算得出。

2. 滤液产生量计算

滤液产生量按以下公式计算：

$$Z_4 = \left(\frac{P_3}{1-P_3} - \frac{P_4}{1-P_4}\right)\frac{S_0}{\rho} \tag{6.3.2-18}$$

滤液密度取 $\rho = 1t/m^3$，则上式为：

$$Z_4 = \left(\frac{P_3}{1-P_3} - \frac{P_4}{1-P_4}\right)S_0 \tag{6.3.2-19}$$

式中　Z_4——滤液量，m^3/d；

S_0——计划处理干泥量，t/d；

P_3——进机污泥含水率；

P_4——泥饼含水率。

当式中 S_0 为 1 日处理的干泥量时，则 Z_4 为 1 日的滤液量；当 S_0 为 1 个班次或 1 个周期处理的干泥量时，则 Z_4 为 1 个班次或 1 个周期的滤液量。

【例】某水厂排泥水处理系统计划处理干泥量 $S_0 = 15.6t/d$，脱水机械选择带式压滤机 3 台，进机污泥含水率 96％，泥饼含水率 75％，带式压滤机每日工作 10h，求带式压滤机每日排放的滤液量。

【解】根据式（6.3.2-19），得出：

$$Z_4 = \left(\frac{P_3}{1-P_3} - \frac{P_4}{1-P_4}\right)S_0 = \left(\frac{0.96}{1-0.96} - \frac{0.75}{1-0.75}\right)\times 15.6 = 327.6\text{m}^3/\text{d}$$

$$327.6 \div 10 = 32.76\text{m}^3/\text{h}$$

$$32.76 \div 3 = 10.92\text{m}^3/(\text{h}\cdot\text{台})$$

答：带式压滤机每日排放的滤液量为 327.6m^3，折合成每台 10.92m^3/h。

第7章　厂平面及分期建设

7.1　厂　平　面

7.1.1　厂址选择

净水厂排泥水处理厂（或处理站）的位置应尽可能靠近沉淀池和滤池，且地面高程处在净水厂低处，便于沉淀池排泥水和滤池反冲洗废水重力流至排泥池和排水池。如果距离太远，或者是地面高程太高，造成排泥池、排水池埋深太大，很有可能造成中间增设提升泵站，以减小其埋深。但也不能太低，太低会造成浓缩池上清液的排出、排泥水处理构筑物的溢流、放空都很困难。以沉淀池排泥水能重力流至排泥池，滤池反冲洗废水能重力流至排水池为主。

对于净水厂排泥水处理建设滞后而又未预留建设用地，需在净水厂厂外另行择地建造，或者是将排泥水送往其他水厂合并处理的情况，一般宜将调节构筑物排泥池和排水池建在原净水厂内。然后用水泵将排泥水送往设在厂外的排泥水处理系统。这样，可以避免在厂外选址时其高程受沉淀池重力排泥的制约。

厂址选择除考虑尽可能靠近沉淀池和滤池外，也尽可能远离净水厂厂前区，泥饼运输车辆尽可能不穿越厂前区。有条件时可考虑设专门运输通道，设泥饼运输车辆专门进、出口大门，并离厂外马路较近，便于泥饼运输车辆进出入水厂。

由于排泥水处理厂址地势较低，因此，应注意地面雨水的排除，防止厂区雨水朝这一方向汇聚。

7.1.2　厂平面构筑物布置

厂平面构筑物的种类及数量与处理流程有关。净水厂排泥水处理流程一般由调节、浓缩、脱水、处置四道基本工序组成。厂平面构筑物一般包含前三道工序的所有构筑物和附属构筑物，以及泥饼输送的厂内部分。

厂平面构筑物的布置一般按流程顺流式布置，使流程尽量短直。流程短直带来的好处是排泥管道短直，这对防止管道堵塞很有好处。对于场地紧张，限制条件较多，处理构筑物有时也有迂回布置的情况，但应尽可能避免，特别是浓缩池的底流浓缩污泥重力流至脱水机房时，更应保持排泥管道短而顺直。当不能避免时，应采取防止管道堵塞的措施。图7.1.2-1为某净水厂排泥水处理厂平面布置图。

7.1.3　厂平面管道

厂平面管道输送的排泥水污泥浓度较高，因此在输送过程中要防止堵塞，特别是浓缩

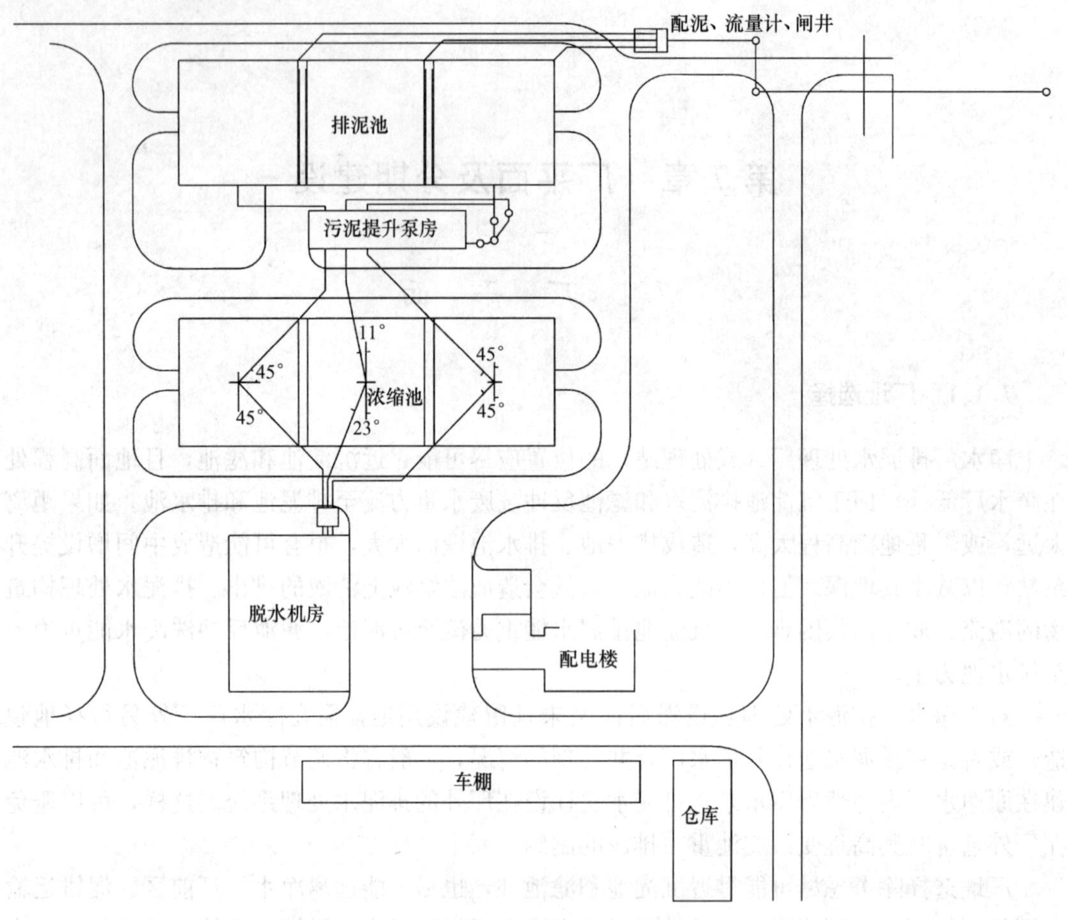

图 7.1.2-1　某净水厂排泥水处理厂平面布置图

池至脱水机房的输送污泥的管道，应注意以下几点：

（1）厂平面管道管径应不小于 150mm。

（2）为防止输泥管道堵塞，特别是从浓缩池至脱水机房的输泥管道，弯头宜做成易于拆卸的构造。

（3）输泥管道宜设置注水口和排水口，以便于冲洗输泥管道中的积泥。

（4）竖向 90°弯头最好设放空措施，以便停止工作时，防止竖管中积泥堵塞弯头。

（5）90°弯头最好增大拐弯半径，采用曲率半径 $R=5D$，D 为管径，以减少管道堵塞的几率。

7.2　分期建设形式

由于投资跟不上，往往是排泥水处理系统建设滞后于净水厂。随着环境保护要求的不断提高，这种状况得到了很大改善。排泥水处理分期建设一般有两种形式：一种是按规模分期，另一种是沿流程分期。

1. 按规模分期

按规模分期就是排泥水处理系统的建设规模随净水厂的分期而分期建设。即在分期建设上与净水厂建设同步。净水厂分几期建设，相应的排泥水处理系统也分几期建设。例如，净水厂分两期建设，排泥水处理系统也分两期建设。这种分期建设形式一般是按处理构筑物分期建设，以节约投资，充分发挥投资效益。例如，排泥池、排水池、浓缩池可以分期建设，但也有一些构筑物土建部分不分期，一次建成，设备分期安装。例如，中间提升泵房、脱水机房、配电、控制间等。分期建设没有一个明确的界限，应根据具体情况，通过技术经济分析确定。

2. 沿流程分期建设

沿流程分期建设就是近期只实施排泥水处理全流程的部分环节，余下环节放在以后再实施。在国内排泥水处理处于起步阶段时，一些已建和新建的净水厂先建回流水池（即排水池）回收滤池反冲洗废水，重复利用；沉淀池排泥水排入河流、水沟等天然水体。以后再建浓缩池和脱水系统。

沿流程分期建设属于非完全处理，前面相关章节将“非完全处理”定义为：净水厂所产生的排泥水经处理后在排水水质上未达到国家颁布的相关排放标准。虽然是权宜之计，以后再建，但没有达到排泥水处理的目标，从环保的角度来看是不行的。因此，新建净水厂的排泥水处理应与水厂净化构筑物一道，按规模分期，同步建设。

7.3 成本计算分析

排泥水处理成本可用以下两种方法表示：

（1）用处理每立方米原水所增加的排泥水处理费用表示。单位为：元/m^3。

（2）用处理每吨干泥量所消耗的成本表示。单位为：元/tDs。

顾名思义，排泥水处理成本应该是处理单位重量干泥量或单位体积的排泥水所消耗的成本，比较符合第二种表示方法。第一种方法是将排泥水处理费用平均分摊在每立方米原水上，得出每立方米原水因排泥水处理所增加的费用。

目前常用第一种方法表示。这种表示方法与净水厂制水成本表示方法相同，两者直接相加可得出净水厂制水总成本。能一目了然地看出排泥水处理成本在整个水厂制水成本中所占的比重，在财务分析和计算中比较方便。但也有不足之处，这种方法所表示的排泥水处理成本从字面上看只与所处理的原水水量有关，而实质上主要是由原水中所携带的干泥量决定的，因为净水厂排泥水处理规模主要是由所处理的干泥量的多少决定的，而不完全是由水厂所处理原水水量决定。处理水量只是影响干泥量多少的因素之一。水厂规模大，干泥量不一定就大。例如，一个 50 万 m^3/d 规模的水厂，原水年平均浊度 50NTU，另一个 100 万 m^3/d 规模的水厂，原水年平均浊度 5NTU，规模为 50 万 m^3/d 的水厂所产生的干泥量是 100 万 m^3/d 规模水厂的好几倍。因此，前者虽然水厂规模比后者小 1 倍，但由于原水浊度高，排泥水处理规模却比后者大。

第一种方法不能直观地表示排泥水处理的难易程度和处理工艺流程的相对合理性。而第二种方法正好克服了这一缺点，能比较直观地反映排泥水处理的难易程度和处理工艺流程的相对合理性。排泥水处理成本不仅与处理的干泥量的多少有关，而且还与排泥水的性质及排泥水处理的程度有关。对于难以处理的排泥水，沉降、浓缩、脱水的性能差，同样的干泥量，所需的浓缩面积大，脱水设备台数多，前处理工艺复杂，药剂消耗量大，电耗高，因而处理成本高。另外，处理程度越高，处理成本也随之升高，同样性质的排泥水，脱水后要求泥饼的含水率达到80%和60%，很明显，后者的排泥水处理成本高。例如，排泥水处理成本用第二种方法表示，一个水厂的排泥水处理成本为0.11元/tDs，另一个水厂为0.035元/tDs，一般认为第一个水厂排泥水处理成本之所以高，其原因之一可能是前一个水厂的排泥水较难处理，工序多，流程复杂；其二可能是两个水厂处理程度有差异，所要求达到的含水率不一样，要求含水率低的，处理成本高。如果是同一水源，排泥水性质相同，脱水后泥饼的含水率又一致，则说明后者采用的处理流程相对合理。

但第二种表示方法也有不足之处，表示方法与净水厂制水成本表示方法有所不同。求净水厂包括排泥水处理在内的总制水成本时，不能直接相加，仍需要换算成第一种表示方法。而且也不能一目了然地看出排泥水处理成本在整个净水厂制水成本中所占比重。

由于单用第一、二种方法表示排泥水处理成本均不够完善，但第一种表示方法是必须列出的。因此净水厂排泥水处理成本最好在第一种表示方法的基础上，增加处理每吨干泥量所增加的成本。即同时列出两种表示方法，第二种表示方法作为第一种表示方法的补充。

这两种表示方法可相互转换，假设处理每立方米原水所增加的排泥水处理成本费用用E表示，处理每吨干泥量的成本费用用e表示，则可写出：

$$e = \frac{EQ}{S} \tag{7.3.0-1}$$

同样，知道处理每吨干泥量的成本费用e后，可求出处理每立方米原水所增加的排泥水处理成本费用E：

$$E = \frac{eS}{Q} \tag{7.3.0-2}$$

式中 E——处理每立方米原水所增加的排泥水处理成本费用，元/m^3；

e——处理每吨干泥量的成本费用，元/tDs；

Q——水厂运行规模，m^3/d；

S——每日的干泥量，tDs/d。

在计算排泥水处理成本费用时，如果回收利用排泥水处理过程中所产生的上清液，也可考虑计其回收利用所带来的直接经济收入，以抵消部分成本费用。例如，回收滤池反冲洗废水和浓缩池上清液，可产生以下直接经济效果。

(1) 减少了水资源费，减少的费用可根据回收利用的水量与原水价格求出。特别是对于远距离输送原水的工程，回收利用所产生的经济效果不可忽略。

(2) 根据小型试验和工程实践可知，回收利用滤池反冲洗废水和浓缩池上清液不仅可以减少水资源费，而且还能降低净水厂的药剂消耗量。据一些文献资料报道，可降低净水厂药剂用量的10%左右。

附　　录

附录1　污水综合排放标准GB 8978—1996

第二类污染物最高允许排放浓度

（1998年1月1日后建设的单位）　　　　mg/L

序号	污染物	适用范围	一级标准	二级标准	三级标准
1	pH	一切排污单位	6～9	6～9	6～9
2	色度（稀释倍数）	一切排污单位	50	80	—
3	悬浮物（SS）	采矿、选矿、选煤工业	70	300	—
		脉金选矿	70	100	—
		边远地区砂金选矿	70	800	—
		城镇二级污水处理厂	20	30	—
		其他排污单位	70	150	400
4	五日生化需氧量（BOD_5）	甘蔗制糖、苎麻脱胶、湿法纤维板、染料、洗毛工业	20	60	600
		甜菜制糖、酒精、味精、皮革、化纤浆粕工业	20	100	600
		城镇二级污水处理厂	20	30	—
		其他排污单位	20	30	300
5	化学需氧量（COD）	甜菜制糖、合成脂肪酸、湿法纤维板、染料、洗毛、有机磷农药工业	100	200	1000
		味精、酒精、医药原料药、生物制药、苎麻脱胶、皮革、化纤浆粕工业	100	300	1000
		石油化工工业（包括石油炼制）	60	120	500
		城镇二级污水处理厂	60	120	—
		其他排污单位	100	150	500
6	石油类	一切排污单位	5	10	20
7	动植物油	一切排污单位	10	15	100
8	挥发酚	一切排污单位	0.5	0.5	2.0
9	总氰化合物	一切排污单位	0.5	0.5	1.0
10	硫化物	一切排污单位	1.0	1.0	1.0

续表

序号	污染物	适用范围	一级标准	二级标准	三级标准
11	氨氮	医药原料药、染料、石油化工工业	15	50	—
		其他排污单位	15	25	—
12	氟化物	黄磷工业	10	15	20
		低氟地区（水体含氟量<0.5mg/L）	10	20	30
		其他排污单位	10	10	20
13	磷酸盐（以P计）	一切排污单位	0.5	1.0	—
14	甲醛	一切排污单位	1.0	2.0	5.0
15	苯胺类	一切排污单位	1.0	2.0	5.0
16	硝基苯类	一切排污单位	2.0	3.0	5.0
17	阴离子表面活性剂（LAS）	一切排污单位	5.0	10	20
18	总铜	一切排污单位	0.5	1.0	2.0
19	总锌	一切排污单位	2.0	5.0	5.0
20	总锰	合成脂肪酸工业	2.0	5.0	5.0
		其他排污单位	2.0	2.0	5.0
21	彩色显影剂	电影洗片	1.0	2.0	3.0
22	显影剂及氧化物总量	电影洗片	3.0	3.0	6.0
23	元素磷	一切排污单位	0.1	0.1	0.3
24	有机磷农药(以P计)	一切排污单位	不得检出	0.5	0.5
25	乐果	一切排污单位	不得检出	1.0	2.0
26	对硫磷	一切排污单位	不得检出	1.0	2.0
27	甲基对硫磷	一切排污单位	不得检出	1.0	2.0
28	马拉硫磷	一切排污单位	不得检出	5.0	10
29	五氯酚及五氯酚钠（以五氯酚计）	一切排污单位	5.0	8.0	10
30	可吸附有机卤化物(AOX)(以Cl计)	一切排污单位	1.0	5.0	8.0
31	三氯甲烷	一切排污单位	0.3	0.6	1.0
32	四氯化碳	一切排污单位	0.03	0.06	0.5

续表

序号	污染物	适用范围	一级标准	二级标准	三级标准
33	三氯乙烯	一切排污单位	0.3	0.6	1.0
34	四氯乙烯	一切排污单位	0.1	0.2	0.5
35	苯	一切排污单位	0.1	0.2	0.5
36	甲苯	一切排污单位	0.1	0.2	0.5
37	乙苯	一切排污单位	0.4	0.6	1.0
38	邻-二甲苯	一切排污单位	0.4	0.6	1.0
39	对-二甲苯	一切排污单位	0.4	0.6	1.0
40	间-二甲苯	一切排污单位	0.4	0.6	1.0
41	氯苯	一切排污单位	0.2	0.4	1.0
42	邻-二氯苯	一切排污单位	0.4	0.6	1.0
43	对-二氯苯	一切排污单位	0.4	0.6	1.0
44	对-硝基氯苯	一切排污单位	0.5	1.0	5.0
45	2,4-二硝基氯苯	一切排污单位	0.5	1.0	5.0
46	苯酚	一切排污单位	0.3	0.4	1.0
47	间-甲酚	一切排污单位	0.1	0.2	0.5
48	2,4-二氯酚	一切排污单位	0.6	0.8	1.0
49	2,4,6-三氯酚	一切排污单位	0.6	0.8	1.0
50	邻苯二甲酸二丁酯	一切排污单位	0.2	0.4	2.0
51	邻苯二甲酸二辛酯	一切排污单位	0.3	0.6	2.0
52	丙烯腈	一切排污单位	2.0	5.0	5.0
53	总硒	一切排污单位	0.1	0.2	0.5
54	粪大肠菌群数	医院、兽医院及医疗机构含病原体污水	500 个/L	1000 个/L	5000 个/L
		传染病、结核病医院污水	100 个/L	500 个/L	1000 个/L
55	总余氯(采用氯化消毒的医院污水)	医院、兽医院及医疗机构含病原体污水	<0.5	>3(接触时间≥1h)	>2(接触时间≥1h)
		传染病、结核病医院污水	<0.5	>6.5(接触时间≥1.5h)	>5(接触时间≥1.5h)
56	总有机碳(TOC)	合成脂肪酸工业	20	40	—
		苎麻脱胶工业	20	60	—
		其他排污单位	20	30	—

注：其他排污单位：指除在该控制项目中所列行业以外的一切排污单位。

* 指 50 个床位以上的医院。

** 加氯消毒后须进行脱氯处理，达到本标准。

附录2　皮尔逊Ⅲ型曲线模比系数 K_p 值表

(1) $C_s=C_v$

C_v \ P(%)	0.01	0.1	0.2	0.33	0.5	1	2	5	10	20	50	75	90	95	99	P(%) / C_s
0.05	1.19	1.16	1.15	1.14	1.13	1.12	1.11	1.09	1.07	1.04	1.00	0.97	0.94	0.92	0.89	0.05
0.10	1.39	1.32	1.30	1.28	1.27	1.24	1.21	1.17	1.13	1.08	1.00	0.93	0.87	0.84	0.78	0.10
0.15	1.61	1.50	1.46	1.43	1.41	1.37	1.32	1.26	1.20	1.13	1.00	0.90	0.81	0.77	0.67	0.15
0.20	1.83	1.68	1.62	1.58	1.55	1.49	1.43	1.34	1.26	1.17	0.99	0.86	0.75	0.68	0.56	0.20
0.25	2.07	1.86	1.80	1.74	1.70	1.63	1.55	1.43	1.33	1.21	0.99	0.83	0.69	0.61	0.47	0.25
0.30	2.31	2.06	1.97	1.91	1.86	1.76	1.66	1.52	1.39	1.25	0.98	0.79	0.63	0.54	0.37	0.30
0.35	2.57	2.26	2.16	2.08	2.02	1.91	1.78	1.61	1.46	1.29	0.98	0.76	0.57	0.47	0.28	0.35
0.40	2.84	2.47	2.34	2.26	2.18	2.05	1.90	1.70	1.53	1.33	0.97	0.72	0.51	0.39	0.19	0.40
0.45	3.13	2.69	2.54	2.44	2.35	2.19	2.03	1.79	1.60	1.37	0.97	0.69	0.45	0.33	0.10	0.45
0.50	3.42	2.91	2.74	2.63	2.52	2.34	2.16	1.89	1.66	1.40	0.96	0.65	0.39	0.26	0.02	0.50
0.55	3.72	3.14	2.95	2.82	2.70	2.49	2.29	1.98	1.73	1.44	0.95	0.61	0.34	0.20	−0.06	0.55
0.60	4.03	3.38	3.16	3.01	2.88	2.65	2.41	2.08	1.80	1.48	0.94	0.57	0.28	0.13	−0.13	0.60
0.65	4.36	3.62	3.38	3.21	3.07	2.81	2.55	2.18	1.87	1.52	0.93	0.53	0.23	0.07	−0.20	0.65
0.70	4.70	3.87	3.60	3.42	3.25	2.97	2.68	2.27	1.93	1.55	0.92	0.50	0.17	0.01	−0.27	0.70
0.75	5.05	4.13	3.84	3.63	3.45	3.14	2.82	2.37	2.00	1.59	0.91	0.45	0.12	−0.05	−0.33	0.75
0.80	5.40	4.39	4.08	3.84	3.65	3.31	2.96	2.47	2.07	1.62	0.90	0.42	0.06	−0.10	−0.39	0.80
0.85	5.78	4.67	4.33	4.07	3.86	3.49	3.11	2.57	2.14	1.66	0.88	0.37	0.01	−0.16	−0.44	0.85
0.90	6.16	4.95	4.57	4.29	4.06	3.66	3.25	2.67	2.21	1.69	0.86	0.34	−0.04	−0.22	−0.49	0.90
0.95	6.56	5.24	4.83	4.53	4.28	3.84	3.40	2.78	2.28	1.73	0.85	0.31	−0.09	−0.27	−0.55	0.95
1.00	6.96	5.53	5.09	4.76	4.49	4.02	3.54	2.88	2.34	1.76	0.84	0.27	−0.13	−0.32	−0.59	1.00
1.05	7.38	5.83	5.35	5.01	4.72	4.21	3.69	2.98	2.41	1.78	0.82	0.22	−0.17	−0.37	−0.63	1.05
1.10	7.80	6.14	5.62	5.25	4.94	4.40	3.84	3.08	2.47	1.81	0.80	0.19	−0.21	−0.41	−0.67	1.10
1.15	8.25	6.46	5.90	5.50	5.17	4.59	3.99	3.19	2.54	1.85	0.79	0.14	−0.26	−0.45	−0.71	1.15
1.20	8.69	6.77	6.18	5.74	5.39	4.78	4.14	3.29	2.61	1.88	0.77	0.11	−0.30	−0.49	−0.74	1.20
1.25	9.16	7.11	6.48	6.01	5.63	4.98	4.31	3.40	2.68	1.91	0.75	0.07	−0.34	−0.53	−0.77	1.25
1.30	9.63	7.44	6.77	6.27	5.86	5.17	4.47	3.50	2.74	1.94	0.73	0.094	−0.38	−0.56	−0.79	1.30
1.35	10.13	7.79	7.08	6.54	6.11	5.38	4.63	3.61	2.81	1.97	0.71	0.10	−0.42	−0.60	−0.88	1.35
1.40	10.62	8.13	7.38	6.81	6.36	5.58	4.79	3.72	2.88	1.99	0.69	−0.02	−0.46	−0.64	−0.85	1.40
1.45	11.13	8.49	7.70	7.09	6.62	5.79	4.95	3.82	2.94	2.02	0.66	−0.06	−0.50	−0.67	−0.87	1.45
1.50	11.64	8.85	8.02	7.36	6.87	6.00	5.11	3.92	3.00	2.04	0.64	−0.10	−0.53	−0.70	−0.89	1.50

续表

(2)$C_s=2C_v$

$P(\%)$ / C_v	0.01	0.1	0.2	0.33	0.5	1	2	5	10	20	50	75	90	95	99	$P(\%)$ / C_s
0.05	1.20	1.16	1.15	1.14	1.13	1.12	1.11	1.08	1.06	1.04	1.00	0.97	0.94	0.92	0.89	0.10
0.10	1.42	1.34	1.31	1.29	1.27	1.25	1.21	1.17	1.13	1.08	1.00	0.93	0.87	0.84	0.78	0.20
0.15	1.67	1.54	1.48	1.46	1.43	1.38	1.33	1.26	1.20	1.12	0.99	0.90	0.81	0.77	0.69	0.30
0.20	1.92	1.73	1.67	1.63	1.59	1.52	1.45	1.35	1.26	1.16	0.99	0.86	0.77	0.70	0.59	0.40
0.25	2.22	1.96	1.87	1.81	1.77	1.67	1.58	1.45	1.32	1.20	0.98	0.82	0.74	0.63	0.52	0.50
0.30	2.52	2.19	2.08	2.01	1.94	1.83	1.71	1.54	1.40	1.24	0.97	0.78	0.64	0.56	0.44	0.60
0.35	2.86	2.44	2.31	2.22	2.13	2.00	1.84	1.64	1.47	1.28	0.96	0.75	0.59	0.51	0.37	0.70
0.40	3.20	2.70	2.54	2.42	2.32	2.16	1.98	1.74	1.54	1.31	0.95	0.71	0.53	0.45	0.30	0.80
0.45	3.59	2.98	2.80	2.65	2.53	2.33	2.13	1.84	1.60	1.35	0.93	0.67	0.48	0.40	0.26	0.90
0.50	3.98	3.27	3.05	2.88	2.74	2.51	2.27	1.94	1.67	1.38	0.92	0.64	0.44	0.34	0.21	1.00
0.55	4.42	3.58	3.32	3.12	2.97	2.70	2.42	2.04	1.74	1.41	0.90	0.59	0.40	0.30	0.16	1.10
0.60	4.85	3.89	3.59	3.37	3.21	2.89	2.57	2.15	1.80	1.44	0.89	0.56	0.35	0.26	0.13	1.20
0.65	5.33	4.22	3.89	3.64	3.44	3.09	2.74	2.25	1.87	1.47	0.87	0.52	0.31	0.22	0.10	1.30
0.70	5.81	4.56	4.19	3.81	3.68	3.29	2.90	2.36	1.94	1.50	0.85	0.49	0.27	0.18	0.08	1.40
0.75	6.33	4.93	4.52	4.19	3.93	3.50	3.06	2.46	2.00	1.52	0.82	0.45	0.24	0.15	0.06	1.50
0.80	6.85	5.30	4.84	4.47	4.19	3.71	3.22	2.57	2.06	1.54	0.80	0.42	0.21	0.12	0.04	1.60
0.85	7.41	5.69	5.17	4.77	4.46	3.93	3.39	2.68	2.12	1.56	0.77	0.39	0.18	0.10	0.03	1.70
0.90	7.98	6.08	5.51	5.07	4.74	4.15	3.56	2.78	2.19	1.58	0.75	0.35	0.15	0.08	0.02	1.80
0.95	8.59	6.49	5.86	5.38	5.02	4.38	3.74	2.89	2.25	1.60	0.72	0.31	0.13	0.07	0.01	1.90
1.00	9.21	6.91	6.22	5.70	5.53	4.61	3.91	3.00	2.30	1.61	0.69	0.29	0.11	0.05	0.01	2.00
1.05	9.86	7.35	6.59	6.03	5.59	4.84	4.08	3.10	2.35	1.62	0.66	0.26	0.09	0.04	0.01	2.10
1.10	10.52	7.79	6.97	6.37	5.88	5.08	4.26	3.20	2.41	1.63	0.64	0.23	0.07	0.03	0.00	2.20
1.15	11.21	8.24	7.36	6.71	6.19	5.32	4.44	3.30	2.46	1.64	0.61	0.21	0.06	0.02	0.00	2.30
1.20	11.90	8.70	7.76	7.06	6.50	5.57	4.62	3.41	2.51	1.65	0.58	0.18	0.05	0.02	0.00	2.40
1.25	12.63	9.18	8.16	7.41	6.82	5.81	4.80	3.51	2.56	1.65	0.55	0.16	0.04	0.01	0.00	2.50
1.30	13.36	9.67	8.57	7.76	7.14	6.06	4.98	3.61	2.60	1.65	0.52	0.14	0.03	0.01	0.00	2.60
1.35	14.13	10.17	8.99	8.13	7.46	6.31	5.16	3.71	2.65	1.65	0.50	0.12	0.02	0.01	0.00	2.70
1.40	14.90	10.67	9.41	8.50	7.78	6.56	5.35	3.81	2.69	1.64	0.47	0.10	0.02	0.01	0.00	2.80
1.45	15.71	11.20	9.85	8.89	8.11	6.82	5.54	3.91	2.73	1.64	0.44	0.09	0.01	0.00	0.00	2.90
1.50	16.53	11.73	1.30	9.27	8.44	7.08	5.73	4.00	2.77	1.63	0.42	0.07	0.01	0.00	0.00	3.00

续表

(3)$C_s=2.5C_v$

$P(\%)$ / C_v	0. 01	0. 1	0. 2	0. 33	0. 5	1	2	5	10	20	50	75	90	95	99	$P(\%)$ / C_s
0. 05	1. 20	1. 16	1. 15	1. 14	1. 14	1. 12	1. 11	1. 08	1. 07	1. 04	1. 00	0. 97	0. 94	0. 92	0. 89	0. 12
0. 10	1. 43	1. 35	1. 31	1. 29	1. 28	1. 25	1. 22	1. 17	1. 13	1. 08	1. 00	0. 93	0. 88	0. 84	0. 79	0. 25
0. 15	1. 70	1. 55	1. 50	1. 47	1. 44	1. 39	1. 34	1. 26	1. 20	1. 12	0. 99	0. 89	0. 82	0. 77	0. 70	0. 38
0. 20	1. 97	1. 76	1. 70	1. 65	1. 61	1. 54	1. 46	1. 35	1. 26	1. 16	0. 98	0. 86	0. 76	0. 70	0. 61	0. 50
0. 25	2. 29	2. 00	1. 92	1. 85	1. 79	1. 70	1. 60	1. 45	1. 33	1. 20	0. 97	0. 82	0. 70	0. 64	0. 54	0. 62
0. 30	2. 62	2. 25	2. 14	2. 05	1. 98	1. 86	1. 73	1. 5	1. 40	1. 24	0. 96	0. 78	0. 65	0. 58	0. 47	0. 75
0. 35	3. 00	2. 53	2. 39	2. 27	2. 19	2. 03	1. 87	1. 65	1. 47	1. 27	0. 95	0. 75	0. 60	0. 53	0. 41	0. 88
0. 40	3. 38	2. 81	2. 64	2. 50	2. 40	2. 21	2. 02	1. 75	1. 54	1. 30	0. 94	0. 71	0. 55	0. 47	0. 36	1. 00
0. 45	3. 82	3. 12	2. 91	2. 75	2. 62	2. 40	2. 17	1. 85	1. 60	1. 33	0. 92	0. 67	0. 51	0. 43	0. 32	1. 12
0. 50	4. 26	3. 44	3. 19	3. 00	2. 85	2. 59	2. 32	1. 96	1. 67	1. 36	0. 90	0. 63	0. 47	0. 39	0. 29	1. 25
0. 55	4. 75	3. 79	3. 50	3. 27	3. 10	2. 79	2. 48	2. 07	1. 73	1. 39	0. 88	0. 60	0. 43	0. 35	0. 26	1. 38
0. 60	5. 25	4. 14	3. 81	3. 54	3. 35	3. 00	2. 64	2. 17	1. 80	1. 42	0. 86	0. 56	0. 39	0. 32	0. 24	1. 50
0. 65	5. 80	4. 52	4. 14	3. 83	3. 61	3. 21	2. 81	2. 27	1. 86	1. 44	0. 83	0. 53	0. 36	0. 30	0. 23	1. 62
0. 70	6. 36	4. 90	4. 47	4. 13	3. 88	3. 43	2. 98	2. 39	1. 92	1. 46	0. 81	0. 50	0. 33	0. 27	0. 22	1. 75
0. 75	6. 96	5. 31	4. 82	4. 44	4. 16	3. 66	3. 15	2. 49	1. 98	1. 47	0. 78	0. 46	0. 31	0. 26	0. 21	1. 88
0. 80	7. 57	5. 73	5. 18	4. 76	4. 44	3. 89	3. 33	2. 60	2. 04	1. 49	0. 75	0. 43	0. 28	0. 24	0. 21	2. 00
0. 85	8. 22	6. 17	5. 55	5. 09	4. 73	4. 12	3. 50	2. 70	2. 10	1. 50	0. 72	0. 40	0. 27	0. 23	0. 21	2. 12
0. 90	8. 88	6. 61	5. 93	5. 43	5. 03	4. 36	3. 68	2. 80	2. 15	1. 50	0. 70	0. 37	0. 25	0. 22	0. 20	2. 25
0. 95	9. 59	7. 09	6. 33	5. 78	5. 34	4. 60	3. 86	2. 90	2. 20	1. 51	0. 67	0. 35	0. 24	0. 21	0. 20	2. 38
1. 00	10. 30	7. 55	6. 73	6. 13	5. 65	4. 85	4. 04	3. 01	2. 25	1. 52	0. 64	0. 33	0. 23	0. 21	0. 20	2. 50
1. 05	11. 05	8. 04	7. 14	6. 49	5. 97	5. 10	4. 22	3. 11	2. 29	1. 52	0. 61	0. 31	0. 22	0. 20	0. 20	2. 62
1. 10	11. 80	8. 54	7. 56	6. 85	6. 29	5. 35	4. 41	3. 21	2. 34	1. 52	0. 58	0. 29	0. 21	0. 20	0. 20	2. 75
1. 15	12. 61	9. 06	8. 00	7. 23	6. 62	5. 60	4. 59	3. 30	2. 38	1. 51	0. 55	0. 27	0. 21	0. 20	0. 20	2. 88
1. 20	13. 42	9. 58	8. 44	7. 61	6. 95	5. 86	4. 78	3. 40	2. 42	1. 50	0. 53	0. 26	0. 21	0. 20	0. 20	3. 00
1. 25	14. 27	10. 12	8. 90	8. 01	7. 29	6. 12	4. 97	3. 50	2. 44	1. 49	0. 50	0. 25	0. 21	0. 20	0. 20	3. 12
1. 30	15. 13	10. 67	9. 37	8. 41	7. 64	6. 38	5. 16	3. 60	2. 47	1. 48	0. 48	0. 24	0. 20	0. 20	0. 20	3. 25
1. 35	16. 02	11. 24	9. 84	8. 80	8. 00	6. 64	5. 34	3. 68	2. 50	1. 46	0. 45	0. 23	0. 20	0. 20	0. 20	3. 38
1. 40	16. 92	11. 81	10. 31	9. 20	8. 35	6. 91	5. 52	3. 76	2. 53	1. 45	0. 43	0. 23	0. 20	0. 20	0. 20	3. 50
1. 45	17. 86	12. 40	10. 79	9. 61	8. 70	7. 17	5. 70	3. 83	2. 56	1. 43	0. 40	0. 22	0. 20	0. 20	0. 20	3. 62
1. 50	18. 81	12. 99	11. 28	10. 03	9. 06	7. 44	5. 88	3. 91	2. 58	1. 41	0. 37	0. 22	0. 20	0. 20	0. 20	3. 75

(4)$C_s=3C_v$

P(%) / C_v	0.01	0.1	0.2	0.33	0.5	1	2	5	10	20	50	75	90	95	99	P(%) / C_s
0.05	1.20	1.17	1.15	1.14	1.14	1.12	1.11	1.08	1.07	1.04	1.00	0.97	0.94	0.92	0.89	0.15
0.10	1.44	1.35	1.32	1.30	1.29	1.25	1.22	1.17	1.13	1.08	0.99	0.93	0.88	0.85	0.79	0.30
0.15	1.71	1.56	1.51	1.48	1.45	1.40	1.35	1.26	1.20	1.12	0.99	0.89	0.82	0.78	0.70	0.45
0.20	2.02	1.79	1.72	1.67	1.63	1.55	1.47	1.36	1.27	1.16	0.98	0.86	0.76	0.71	0.62	0.60
0.25	2.35	2.05	1.95	1.88	1.82	1.72	1.61	1.46	1.34	1.20	0.97	0.82	0.71	0.65	0.56	0.75
0.30	2.72	2.32	2.19	2.10	2.02	1.89	1.75	1.56	1.40	1.23	0.96	0.78	0.66	0.60	0.50	0.90
0.35	3.12	2.61	2.46	2.33	2.24	2.07	1.90	1.66	1.47	1.26	0.94	0.74	0.61	0.55	0.46	1.05
0.40	3.56	2.92	2.73	2.58	2.46	2.26	2.05	1.76	1.54	1.29	0.92	0.70	0.57	0.50	0.42	1.20
0.45	4.04	3.26	3.03	2.85	2.70	2.46	2.21	1.87	1.60	1.32	0.90	0.67	0.53	0.47	0.39	1.35
0.50	4.55	3.62	3.34	3.12	2.96	2.67	2.37	1.98	1.67	1.35	0.88	0.64	0.49	0.44	0.37	1.50
0.55	5.09	3.99	3.66	3.42	3.21	2.88	2.54	2.08	1.73	1.36	0.86	0.60	0.46	0.41	0.36	1.65
0.60	5.66	4.38	4.01	3.71	3.49	3.19	2.71	2.19	1.79	1.38	0.83	0.57	0.44	0.39	0.35	1.80
0.65	6.26	4.81	4.36	4.03	3.77	3.33	2.88	2.29	1.85	1.40	0.80	0.53	0.41	0.37	0.34	1.95
0.70	6.90	5.23	4.73	4.35	4.06	3.56	3.05	2.40	1.90	1.41	0.78	0.50	0.39	0.35	0.34	2.10
0.75	7.57	5.68	5.12	4.69	4.36	3.80	3.24	2.50	1.99	1.42	0.76	0.48	0.38	0.35	0.34	2.25
0.80	8.26	6.14	5.50	5.04	4.66	4.05	3.42	2.61	2.01	1.43	0.72	0.46	0.36	0.34	0.34	2.40
0.85	9.00	6.62	5.92	5.40	4.98	4.29	3.59	2.71	2.06	1.43	0.69	0.44	0.35	0.34	0.34	2.55
0.90	9.75	7.11	6.33	5.75	5.30	4.54	3.78	2.81	2.10	1.43	0.67	0.42	0.35	0.34	0.34	2.70
0.95	10.54	7.62	6.76	6.13	5.62	4.80	3.96	2.91	2.14	1.43	0.64	0.39	0.34	0.34	0.34	2.85
1.00	11.35	8.15	7.20	6.51	5.96	5.05	4.15	3.00	2.18	1.42	0.61	0.38	0.34	0.34	0.34	3.00
1.05	12.20	8.68	7.66	6.90	6.31	5.32	4.34	3.10	2.21	1.41	0.58	0.37	0.34	0.33	0.33	3.15
1.10	13.07	9.24	8.13	7.31	6.65	5.57	4.53	3.19	2.23	1.40	0.55	0.36	0.34	0.33	0.33	3.30
1.15	13.96	9.81	8.59	7.70	7.00	5.83	4.70	3.26	2.26	1.38	0.53	0.35	0.34	0.33	0.33	3.45
1.20	14.88	10.40	9.07	8.12	7.36	6.10	4.89	3.35	2.30	1.36	0.51	0.35	0.33	0.33	0.33	3.60
1.25	15.84	11.00	9.57	8.53	7.72	6.36	5.07	3.44	2.31	1.34	0.49	0.35	0.33	0.33	0.33	3.75
1.30	16.81	11.60	10.06	8.94	8.09	6.64	5.25	3.15	2.33	1.31	0.47	0.34	0.33	0.33	0.33	3.90
1.35	17.80	12.21	10.57	9.38	8.45	6.91	5.42	3.59	2.34	1.30	0.45	0.34	0.33	0.33	0.33	4.05
1.40	18.84	12.82	11.10	9.81	8.82	7.18	5.60	3.66	2.34	1.27	0.43	0.34	0.33	0.33	0.33	4.20
1.45	19.88	13.47	11.62	10.26	9.20	7.45	5.77	3.72	2.35	1.23	0.42	0.34	0.33	0.33	0.33	4.35
1.50	20.95	14.12	12.14	10.96	9.59	7.72	5.95	3.78	2.35	1.21	0.40	0.34	0.33	0.33	0.33	4.50

续表

(5)$C_s=3.5C_v$

P(%) / C_v	0.01	0.1	0.2	0.33	0.5	1	2	5	10	20	50	75	90	95	99	P(%) / C_s
0.05	1.20	1.17	1.16	1.15	1.14	1.12	1.11	1.09	1.07	1.04	1.00	0.97	0.94	0.92	0.89	0.18
0.10	1.45	1.36	1.33	1.31	1.29	1.26	1.22	1.17	1.13	1.08	0.99	0.93	0.88	0.85	0.79	0.35
0.15	1.73	1.58	1.52	1.46	1.46	1.41	1.35	1.27	1.20	1.12	0.99	0.89	0.82	0.78	0.71	0.52
0.20	2.06	1.82	1.74	1.69	1.64	1.56	1.48	1.36	1.27	1.16	0.98	0.86	0.76	0.72	0.64	0.70
0.25	2.42	2.09	1.99	1.91	1.85	1.74	1.62	1.46	1.34	1.19	0.96	0.82	0.71	0.66	0.53	0.88
0.30	2.82	2.38	2.24	2.14	2.06	1.92	1.77	1.57	1.40	1.22	0.95	0.78	0.67	0.61	0.53	1.05
0.35	3.26	2.70	2.52	2.39	2.29	2.11	1.92	1.67	1.47	1.26	0.93	0.74	0.58	0.57	0.50	1.22
0.40	3.75	3.04	2.82	2.66	2.53	2.31	2.08	1.78	1.53	1.28	0.91	0.71	0.58	0.53	0.47	1.40
0.45	4.27	3.40	3.14	2.94	2.79	2.52	2.25	1.88	1.60	1.31	0.89	0.67	0.55	0.50	0.45	1.58
0.50	4.82	3.78	3.48	3.24	3.06	2.74	2.42	1.99	1.66	1.32	0.86	0.64	0.52	0.48	0.44	1.75
0.55	5.41	4.20	3.83	3.55	3.34	2.96	2.58	2.10	1.72	1.34	0.84	0.60	0.50	0.46	0.44	1.92
0.60	6.06	4.62	4.20	3.87	3.62	3.20	2.76	2.20	1.77	1.35	0.81	0.57	0.48	0.45	0.43	2.10
0.65	6.73	5.08	4.58	4.22	3.92	3.44	2.94	2.30	1.83	1.36	0.78	0.55	0.46	0.44	0.43	2.28
0.70	7.43	5.54	4.98	4.56	4.23	3.68	3.12	2.41	1.88	1.37	0.75	0.53	0.45	0.44	0.43	2.45
0.75	8.16	6.02	5.38	4.92	4.55	3.92	3.30	2.51	1.92	1.38	0.72	0.50	0.44	0.43	0.43	2.62
0.80	8.94	6.53	5.81	5.29	4.87	4.18	3.49	2.61	1.97	1.37	0.70	0.49	0.44	0.43	0.43	2.80
0.85	9.75	7.05	6.25	5.67	5.20	4.43	3.67	2.70	2.00	1.36	0.67	0.47	0.44	0.43	0.43	2.98
0.90	10.60	7.59	6.71	6.06	5.54	4.69	3.86	2.80	2.04	1.35	0.64	0.46	0.44	0.43	0.43	3.15
0.95	11.46	8.15	7.48	6.47	5.89	4.95	4.05	2.89	2.06	1.34	0.61	0.45	0.43	0.43	0.43	3.32
1.00	12.37	8.72	7.65	6.86	6.25	5.22	4.23	2.97	2.09	1.32	0.59	0.45	0.43	0.43	0.43	3.50
1.05	13.31	9.31	8.13	7.27	6.60	5.49	4.41	3.05	2.11	1.29	0.56	0.44	0.43	0.43	0.43	3.68
1.10	14.28	9.91	8.62	7.69	6.97	5.76	4.59	3.13	2.13	1.28	0.54	0.44	0.43	0.43	0.43	3.85
1.15	15.26	10.51	9.13	8.12	7.33	6.03	4.76	3.20	2.14	1.26	0.53	0.43	0.43	0.43	0.43	4.02
1.20	16.29	11.14	9.65	8.56	7.71	6.29	4.95	3.28	2.15	1.23	0.51	0.43	0.43	0.43	0.43	4.20
1.25	17.33	11.78	10.18	8.99	8.10	6.56	5.12	3.34	2.16	1.20	0.50	0.43	0.43	0.43	0.43	4.38
1.30	18.41	12.44	10.70	9.44	8.46	6.84	5.29	3.40	2.16	1.18	0.48	0.43	0.43	0.43	0.43	4.55
1.35	19.50	13.11	11.24	9.89	8.84	7.11	5.45	3.44	2.16	1.14	0.47	0.43	09.43	0.43	0.43	4.72
1.40	20.66	13.78	11.78	10.35	9.23	7.37	5.62	3.49	2.15	1.11	0.47	0.43	0.43	0.43	0.43	4.90
1.45	21.80	14.46	12.34	10.81	9.61	7.64	5.78	3.55	2.14	1.07	0.46	0.43	0.43	0.43	0.43	5.08
1.50	23.00	15.17	12.90	11.28	10.91	7.89	5.95	3.59	2.12	1.04	0.45	0.43	0.43	0.43	0.43	5.25

续表

(6)$C_s=4C_v$

$P(\%)$ / C_v	0.01	0.1	0.2	0.33	0.5	1	2	5	10	20	50	75	90	95	99	$P(\%)$ / C_s
0.05	1.21	1.17	1.16	1.15	1.14	1.12	1.11	1.03	1.06	1.04	1.00	0.97	0.94	0.92	0.89	0.20
0.10	1.46	1.37	1.34	1.31	1.30	1.26	1.23	1.18	1.13	1.08	0.99	0.93	0.88	0.85	0.80	0.40
0.15	1.76	1.59	1.54	1.50	1.47	1.41	1.35	1.27	1.20	1.12	0.98	0.89	0.82	0.78	0.72	0.60
0.20	2.10	1.85	1.77	1.71	1.66	1.58	1.49	1.37	1.27	1.16	0.96	0.85	0.77	0.72	0.65	0.80
0.25	2.49	2.13	2.02	1.94	1.87	1.76	1.64	1.47	1.34	1.19	0.96	0.82	0.72	0.67	0.60	1.00
0.30	2.92	2.44	2.30	2.18	2.10	1.94	1.79	1.57	1.40	1.22	0.94	0.78	0.68	0.63	0.56	1.20
0.35	3.40	2.78	2.60	2.45	2.34	2.14	1.95	1.68	1.47	1.25	0.92	0.74	0.64	0.59	0.54	1.40
0.40	3.92	3.15	2.92	2.74	2.60	2.36	2.11	1.78	1.53	1.27	0.90	0.71	0.60	0.56	0.52	1.60
0.45	4.49	3.54	3.25	3.03	2.87	2.58	2.28	1.89	1.59	1.29	0.87	0.68	0.58	0.54	0.51	1.80
0.50	5.10	3.96	3.61	3.25	3.15	2.80	2.45	2.00	1.65	1.31	0.84	0.64	0.55	0.53	0.50	2.00
0.55	5.76	4.36	3.99	3.68	3.44	3.03	2.63	2.10	1.70	1.31	0.82	0.62	0.54	0.52	0.50	2.20
0.60	6.45	4.85	4.35	4.03	3.75	3.29	2.81	2.21	1.76	1.32	0.79	0.59	0.52	0.51	0.50	2.40
0.65	7.18	5.34	4.78	4.38	4.07	3.53	2.99	2.31	1.80	1.32	0.76	0.57	0.51	0.50	0.50	2.60
0.70	7.95	5.84	5.21	4.75	4.39	3.78	3.18	2.41	1.85	1.32	0.73	0.55	0.51	0.50	0.50	2.80
0.75	8.76	6.36	5.65	5.13	4.72	4.03	3.36	2.50	1.88	1.32	0.71	0.54	0.51	0.50	0.50	3.00
0.80	9.62	6.90	6.11	5.53	5.06	4.30	3.55	2.60	1.91	1.30	0.68	0.53	0.50	0.50	0.50	3.20
0.85	10.50	7.46	6.58	5.93	5.42	4.55	3.74	2.68	1.94	1.29	0.65	0.52	0.50	0.50	0.50	3.40
0.90	11.41	8.05	7.06	6.34	5.77	4.82	3.92	2.76	1.97	1.27	0.63	0.51	0.50	0.50	0.50	3.60
0.95	12.37	8.65	7.55	6.75	6.13	5.10	4.10	2.84	1.99	1.25	0.60	0.51	0.50	0.50	0.50	3.80
1.00	13.36	9.25	8.05	7.18	6.50	5.37	4.27	2.92	2.00	1.23	0.59	0.50	0.50	0.50	0.50	4.00
1.05	14.38	9.87	8.57	7.62	6.87	5.63	4.46	3.00	2.01	1.20	0.57	0.50	0.50	0.50	0.50	4.20
1.10	15.43	10.52	9.10	8.05	7.25	5.91	4.63	3.06	2.01	1.18	0.56	0.50	0.50	0.50	0.50	4.40
1.15	16.51	11.18	9.62	8.50	7.62	6.18	4.80	3.12	2.01	1.15	0.54	0.50	0.50	0.50	0.50	4.60
1.20	17.62	11.85	10.17	8.96	8.01	6.45	4.96	3.16	2.01	1.11	0.53	0.50	0.50	0.50	0.50	4.80
1.25	18.78	12.52	10.71	9.41	8.40	6.71	5.12	3.21	2.00	1.07	0.53	0.50	0.50	0.50	0.50	5.00
1.30	19.94	13.22	11.27	9.88	8.79	6.99	5.29	3.25	1.99	1.04	0.52	0.50	0.50	0.50	0.50	5.20
1.35	21.14	13.92	11.83	10.33	9.17	7.24	5.44	3.29	1.97	1.00	0.52	0.50	0.50	0.50	0.50	5.40
1.40	22.38	14.64	12.40	10.80	9.55	7.50	5.59	3.32	1.94	0.96	0.51	0.50	0.50	0.50	0.50	5.60
1.45	23.65	15.37	12.99	11.27	9.95	7.77	5.74	3.36	1.91	0.93	0.51	0.50	0.50	0.50	0.50	5.80
1.50	24.91	16.10	13.57	11.72	10.34	8.02	5.88	3.39	1.83	0.90	0.51	0.50	0.50	0.50	0.50	6.00

参 考 文 献

1. 上海市政工程设计研究院．第 3 册：城镇给水(第二版)//给水排水设计手册．北京：中国建筑工业出版社，2004.

2. 上海市政工程设计研究院．GB 50013—2006. 室外给水设计规范[S]. 北京：计划出版社，2006.

3.(日)日本水道协会．水道施设设计指针[M]，2000.

4.(法)德格雷蒙公司．水处理手册[M]. 王业俊等译．北京：中国建筑工业出版社，1983.